中國近代建築史料匯編（第一輯）

第八册

中國近代建築史料匯編 編委會 編

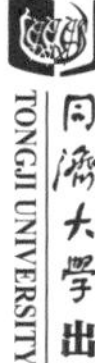

同濟大學出版社
TONGJI UNIVERSITY PRESS

第八册目録

中國近代建築史料匯編（第一輯）

建築月刊

第四卷　第九期

刊月築建
9
50 CENTS
"The BUILDER"

SPECIFY T. M. T. TILES

Attractive
Available in any Colour
Durable
Dustproof
Waterproof
Low in Cost

BUILT FOR WEAR.

For heaviest wear use our NEW Non-Slip Carborundum surfaced SUPERTILES – they're extra durable. Ask for samples and prices: no obligation.

TERRAZZO MARBLE & TILE CO.

WAYFOONG HOUSE,
220 SZECHUEN ROAD,
SHANGHAI.

OFFICE: 11225. FACTORY: 51612

請指明採用T.M.T.花磚（卽美藝花磚）

因具有下項特色！

式樣美觀
各種顏色俱全
經久耐用
不染汚穢
完全避水
價格低廉
且歷久不易損耗

尙有最新創造不易滑跌之金剛砂面花磚更爲堅固耐久

如蒙垂詢價格或索取樣品不勝歡迎

美藝雲石公司

上海四川路二二〇號匯豐大廈一樓
電話 事務所一一二二五 製造廠五一六一二號

工程一斑

中滙銀行大廈　京城大飯店
國際大飯店　大光明電影院
漢彌登大廈　新亞大酒店
河濱大廈　百老匯大廈
雷氏德工藝學院　華懋大廈

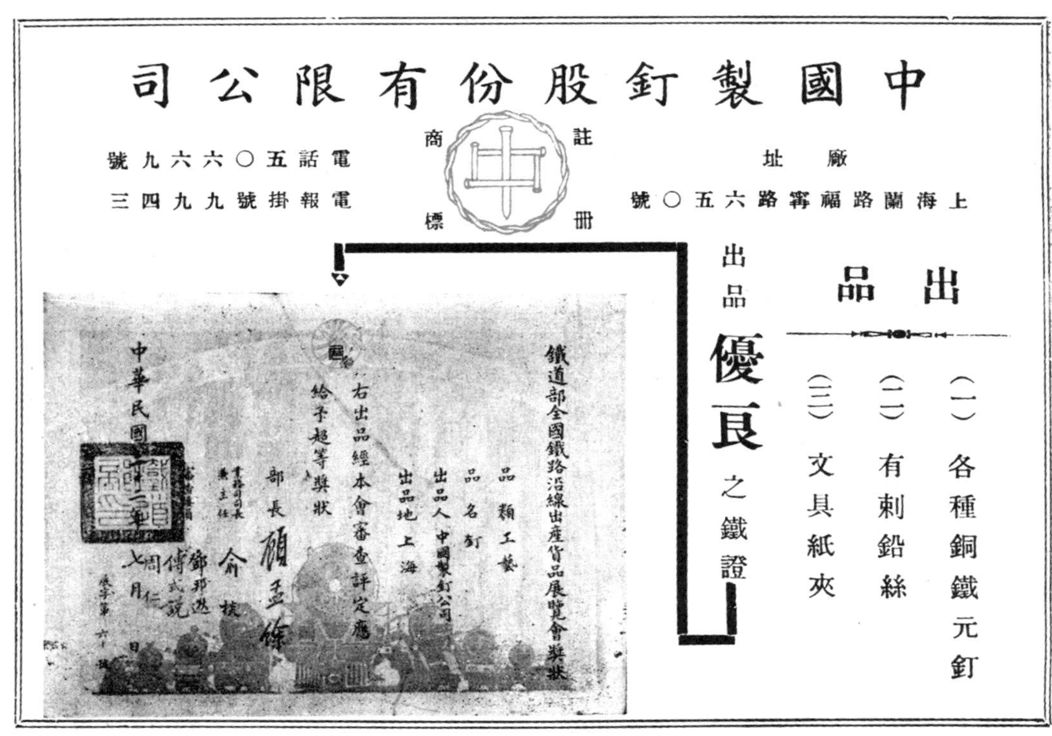
中國製釘股份有限公司
註冊商標
廠址 上海蘭路福寧路六五〇號
電話五〇六六九號
電報掛號九九四三
出品
(一)各種銅鐵元釘
(二)有刺鉛絲
(三)文具紙夾
出品優良之鐵證
鐵道部全國鐵路沿線出產貨品展覽會獎狀
品類 工藝
品名 釘
出品人 中國製釘公司
出品地 上海
右出品經本會審查評定應給予超等獎狀
部長 顧孟餘
中華民國

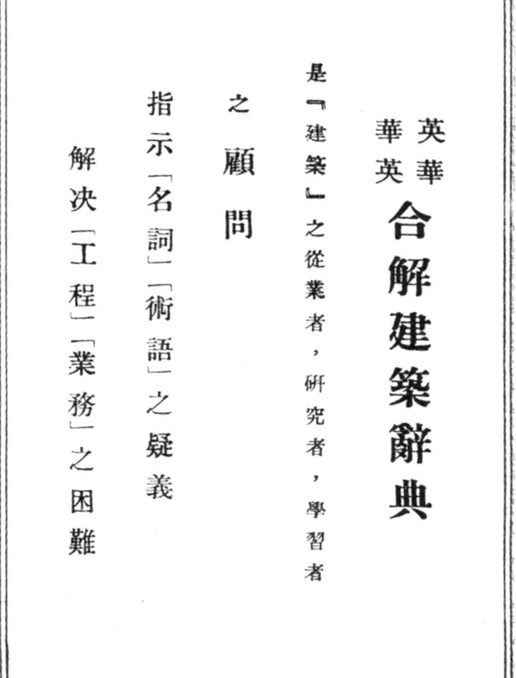
英華華英合解建築辭典
是「建築」之從業者，研究者，學習者
之顧問
指示「名詞」「術語」之疑義
解決「工程」「業務」之困難

業已風行全國之

康元廠

四〇四彈子插鎖

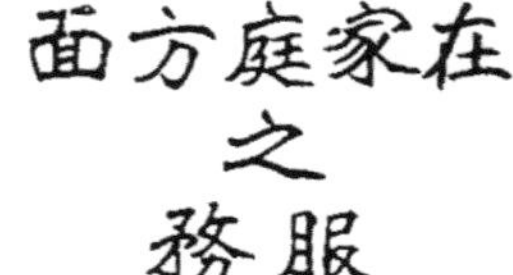

在家庭方面之服務

（一）家防 能使閤府入晚安睡無虞盜竊

（二）點綴 能使府上門景室景平添光輝

在建築方面之服務

（一）添錦 美輪美奐得此點綴無殊錦上添花

（二）取材 建築取材用到此鎖便是名建築師

首腦部縱剖圖

重要機構 纖微畢露

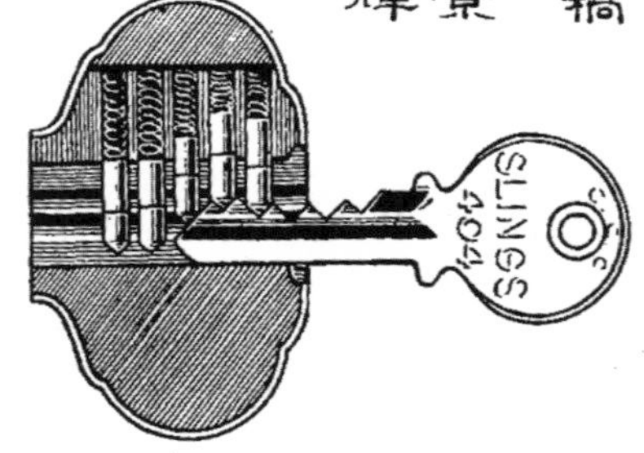

圖（一） 鑰匙半入表現 彈子與匙齒之關係

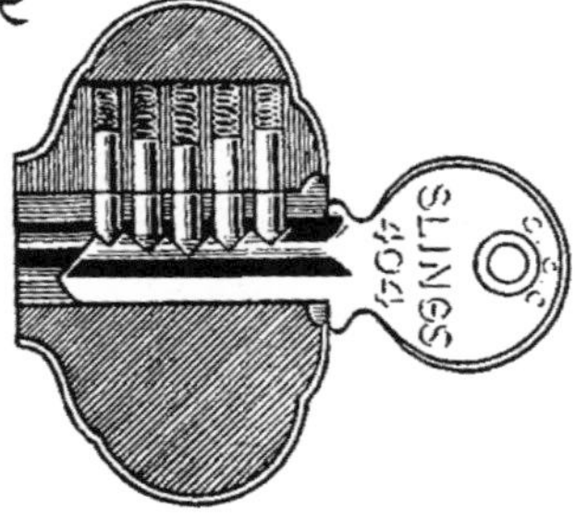

圖（二） 鑰匙全入表現 直線與鎖斗之關係

總發行所 上海廣東路河南路角二四七號 電話一七八九四

各大五金店均有出售

KRUPP
中國銀行大廈
採用
德國「克虜伯」廠出品之
「益斯得」(STEG)鋼骨
「益斯得」鋼骨曾經上海工部局試驗
准許用作鋼骨以禦拉力
「益斯得」鋼骨拉力每英方寸工部局
許用貳萬伍千磅較普通鋼骨之拉力每
英方寸祇可用壹萬陸千磅者其相差
甚大故在鋼骨水泥建築物中若用
「益斯得」鋼骨可省鋼料百分之
三十三可省費百分之二十
上海總經理
立基洋行
四川路二二〇號 電話 一九二一七 一八二二二
"ISTEG" STEEL
Manufactured by
FRIED. KRUPP A. G. RHEINHAUSEN-STEEL WORKS
SOLE IMPORTERS FOR CHINA:
KNIPSCHILDT & ESKELUND
220 Szechuen Road, Shanghai.
Tel: 19217-18222

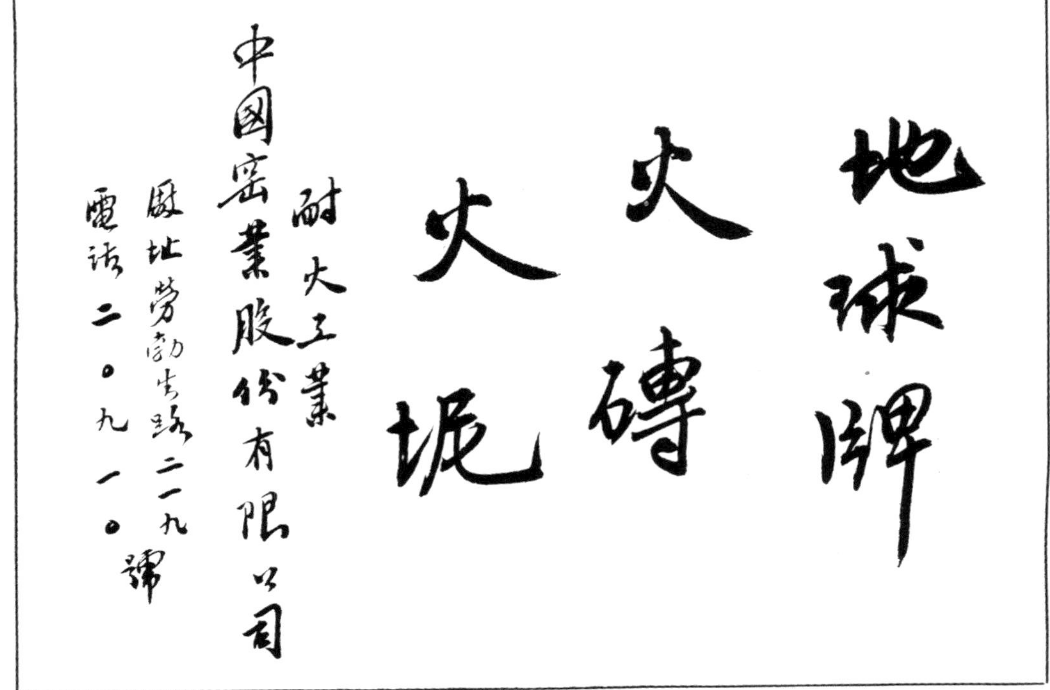
地球牌
火磚
火坭
中国窑業股份有限公司
耐火工業
廠址勞勃生路二一九號
電話二〇九一〇

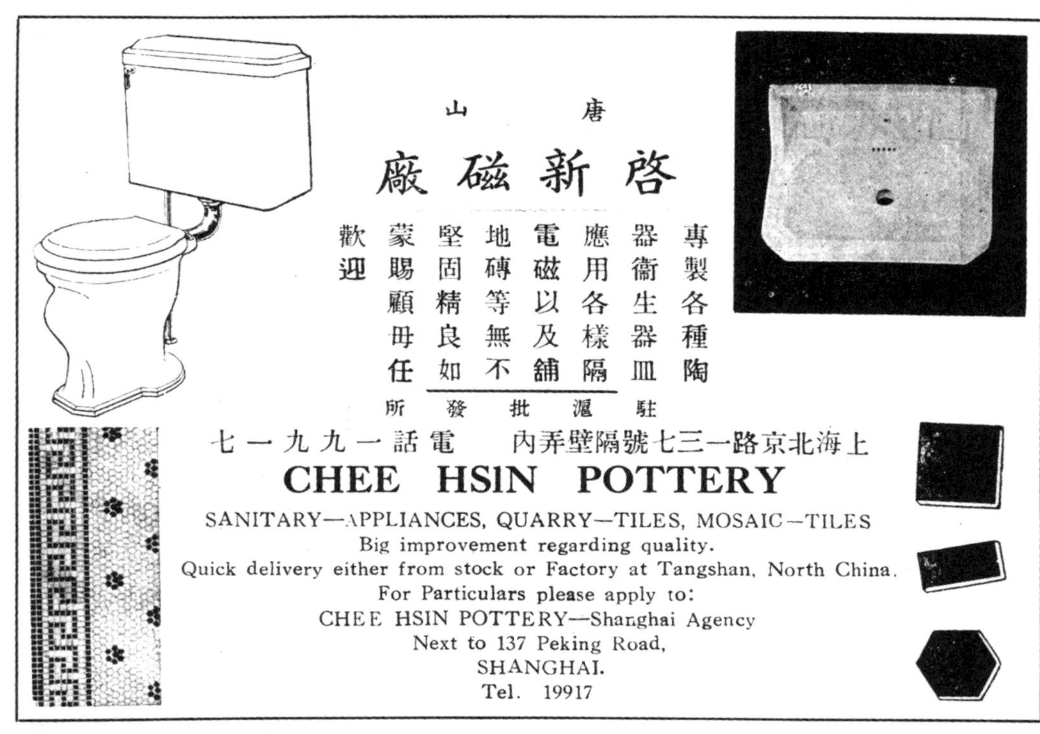

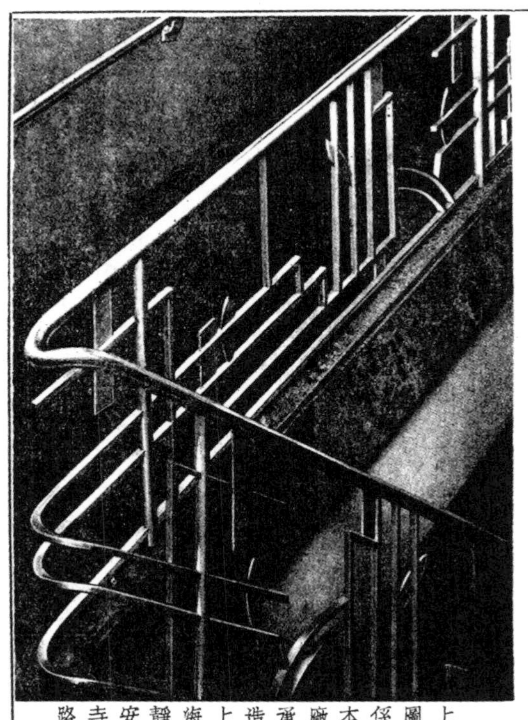
上圖係本廠承造上海靜安寺路四行大廈內部鋁金裝修之一

目 錄

第四卷第九號

插 圖

頁數

論 著

引索告廣

上海市建築協會附設
私立正基建築工業補習學校招生

民國十九年秋創立 ○ 上海市教育局備案

宗旨 本校以利用業餘時間進修工程學識培養專門人才爲宗旨（授課時間每晚七時至九時）

編制 普通科一年專修科四年（普通科專爲程度較低之入學者而設修習及格升入專修科一年級肄業）

招考 本屆招考普通科一年級專修科一二三年級（專四並不招考）各級投考程度如左：

普通科一年級　高級小學畢業或具同等學力者（免試）

專修科一年級　初級中學肄業或具同等學力者

專修科二年級　初級中學畢業或具同等學力者

專修科三年級　高級中學工科肄業或具同等學力者

報名 即日起每日上午九時至下午五時親至南京路大陸商場六樓六二〇號上海市建築協會內本校辦事處填寫報名單隨付手續費一元（錄取與否概不發還）領取應考証憑証於指定日期到校應試

考科 各級入學試驗之科目　（專一）英文・代數　（專二）英文・三角　（專三）英文・微積分

考期 二月二十日（星期六）下午六時起在本校舉行

校址 派克路一三二弄（協和里）四號

附告 （一）普通科一年級照章得免試入學投考其他各年級者必須經過入學試驗（二）本校章程可向派克路本校或大陸商場上海市建築協會內本校辦事處函索或面取

中華民國二十六年一月　日　校長　湯景賢

上海靜安寺路馬霍路畔，新添一座壯嚴燦爛之舞場，厥名薛維爾，其設計殊爲別緻，蓋牆間不置窗戶，室內空氣係藉電氣之調節，故大有四季常春之概。尤足稱者，雖場中賓客衆多，吸烟時噴出之煙霧，有空氣調節機爲之抽送，故場內常呈清朗，不若他處舞場之烟霧迷漫滿室也。場外之停車場，寬大特甚，自駕汽車停放於大門口正中場上，汽車夫駕駛者則停於左首曠場。

全院建築費約二十五萬元，於上年五月底開工，至十一月底完竣，閱時六月。設計者爲世界實業公司，承造者爲新仁記營造廠。

此舞場之平面佈置，殊爲精密，洵近今舞場之佳構也。但因原圖係鉛筆線，頗不清晰，不易製版，因特用墨線重繪，耗時月餘，致本期月刊，又復脫期，幸讀者諒之。

上海靜安寺路薛羅架舞場

新仁記營造廠承造

Ciro's Ball Room—Bubbling Well Road, Shanghai—Another prominent amusement house added to Shanghai night-goers.

Graham & Painter, Ltd., Architects.
Sing Jin Kee & Co., Contractors.

編者瑣話

漸

（一）貢獻於本會第四屆委員

本會第四屆會員大會，已於去年十一月二十八日舉行，（詳見專載欄）職員亦經改選，當選者胥屬一時俊彥，因此對於本會前途，也抱着無限的期望。編者趁此時機，略貢芻議，以作參攷。

（甲）永久會所問題　吾人在發起本會伊始，即有自建會所之提議。因爲會所造成，對於會的基礎鞏固，一切會務亦得向前邁進。無疑地，我們的理想中，這個建築，對于社會必有很大的裨益。我們假想的會所，位於滬市商業繁盛的中區，除下層作爲協會的辦事處外，以上各層，都租給建築師，工程師，營造廠，建築材料商作事務所。如此凡建築師，工程師，營造廠等，祇須租一間小小的辦事室，便夠應用，無須如現在般的辦事室裏，要有繪圖員室，事務員室，圖書室，圖樣及樣品儲存室，會客室，候待室等的設置，以致日常開支浩繁。有事的時候，這種開支等於虛耗；沒事或事務清淡的時候，亦不便遽行減縮，則强爲支持，實感難言的痛楚。因此協會會所中闢置公共會客室及私人會客室，事務員，繪圖員設計員，估賬員等，每個事務所不必各自僱用，這許多人材由協會任用，以便各事務所的顧問。這樣各事務所有事時不致感到人手缺乏；無事時，不必負擔巨大開支。如此聚建築師工程師營造廠材料商於一個大廈內，是多麼便利的事。會所最高一層，闢作俱樂部，凡集會宴敍演講，都可在這裏舉行。另闢一部，作爲附設夜校課室，以便教授失學青年的專門智識。每層的中央闢陳列室，例如一層名爲「建築層」，陳列建築圖案模型等；另一層名爲「營造層」，凡營造廠所用之器械機件等雛型及印刷物等，都陳列於此。此外如「工程層」「材料層」等，陳列工程與材料等之樣品標本模型，藉供參考。

吾們的弱點，是缺乏團結，究其癥結，由於各自經營其自已的業務，是以各人謀面的機會很少，在不知不覺間各人在做分化團體的工作，所以業務也大受這分化工作的影響。編者每遇同業，問起他們近年的營業，都各自縐眉搖頭，嘆息深埋在這分化的陷阱中，苦不能拔，倘協會有了永久會所，會員間謀面的機會一多，有何問題發生，立即可召集會議，一切阻礙團體健全的荊棘，自可迎刃而解，從此深信各人的業務，也會有轉好的希望。總之，我們的會所若成，宛如有了一處大本營，一切會務自可逐步做去，不受任何環境的拘束。所以編者抱着深切的熱忱，希冀我們的會所，要在這一屆中落成，替本會的會史上創一頁重要的紀錄。

（乙）建築銀行　建築銀行，差不多與會所有連帶的關係。我們以前也曾有過一度的討論，可惜因着時局的嚴重，接着不景氣的氛圍的壓迫，所以這個建築，也就擱淺起來。現在時過境遷，建設猛進，工商業都現欣欣向榮的趨勢。因此建築銀行的創設，似屬必要；況協會會所的能否成功，實繫於銀行的能否成立。

(丙)製造模型　製造模型的問題，已於上年九月八日第二十四次的常會中議決通過；但因規定的經費太少，所以祇把製模型的工塲造成，模型則迄未着手。不過模型也是協會重要工作之一，務要在最短期內，促其實現。

(二)歡送導淮委員會須總工程師赴歐攷察水利工程

導淮委員會總工程師須愷先生，在去年十一月初被派充國際聯盟會臨時職員，攷察各國水利工程，將於本年一月二十六日搭寶士特郵船離滬赴歐。我們想到須總工程師對於導淮工程，平日多所擘劃，這次奉命出國攷察歐洲各國水利工程，我們期待着他，將如唐玄奘遊西域般的挾着無數法寶歸來，救濟在水深火熱中的蒼生，而登袵蓆罷。在這歡送聲中，我們預祝着成功！

這裏，再將須先生的略歷介紹一下：須先生字君悌，是江蘇無錫人，在民國六年畢業於河海工程專門學校，從事測量。越三年，至美國入加利福尼大學研究水利工程，民國十三年回國後，歷充陝西水利局工程師，西北大學工科主任，河海工程大學，中央大學水工教授，華北水利委員會總技師等職。民國十八年，導淮委員會成立，奉簡命任該會技正兼副總工程師，後又兼代總工程師，並兼任黃河水利會委員。其著作有江蘇沿海新運河計劃，導淮問題等。

(三)美國建築事業復呈活躍

讀了美國李英華(Ralph W. Reinhold)建築師刊於「筆尖」建築雜誌裏的一封信，因知美國過去數年中，建築事業陷于極端潦倒的境地，從去年起又呈顯着活躍的氣象。

他說：從一九三〇年起，美國的建築自由職業人受着空前的打擊；但若輩對于市面衰落，能支撑起奮鬥的精神，爲我生平所從未見過，值得稱許。我曾對此下迫切的注視：覺得嚴重的不景氣與勇敢的挽救刼運相奮爭，然而年復一年，大有每況愈下的趨勢，像失業問題呀！各人的窘迫問題呀！幾呈不可分解的惡象。可是，在這時候，各人都能沉着忍受，靜待轉機。這一點，誠使我不禁脫帽而呼：「啊！這是建築師與設計者的壯烈之表演！」

現在，滿天的風雲與惡氛，都已驅散。我們已踏着康莊的大道邁進，詛咒着一九三三年惡運的年頭已逝去，欣幸的祝禱着光明的途徑已呈獻在眼前。但是，經過了極度的衰落，我人不必立即奢求時機之即行勃興。現在住宅建築業已恢復以前的盛況，那麼其他建築亦必繼之而起，我們期待着一九三七年終以前的佳音罷！

美國建築事業的復興，我人在上面的信中已可窺見其一斑。茲更將美國東部三十七州之建築工程歷年比較表轉載，以饗讀者。

美國東部三十七州之建築工程歷年比較表

0　100　200　300　400　500　600

商業建築物：1936　1935　1934

工廠：1936　1935　1934

教育建築物：1936　1935　1934

其他非住宅建築：1936　1935　1934

公寓及旅舍：1936　1935　1934

住宅：1936　1935　1934

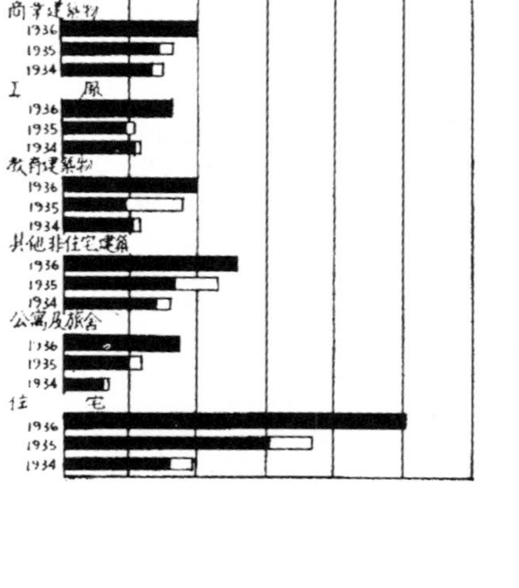

（表中所列數字係以百萬爲單位）

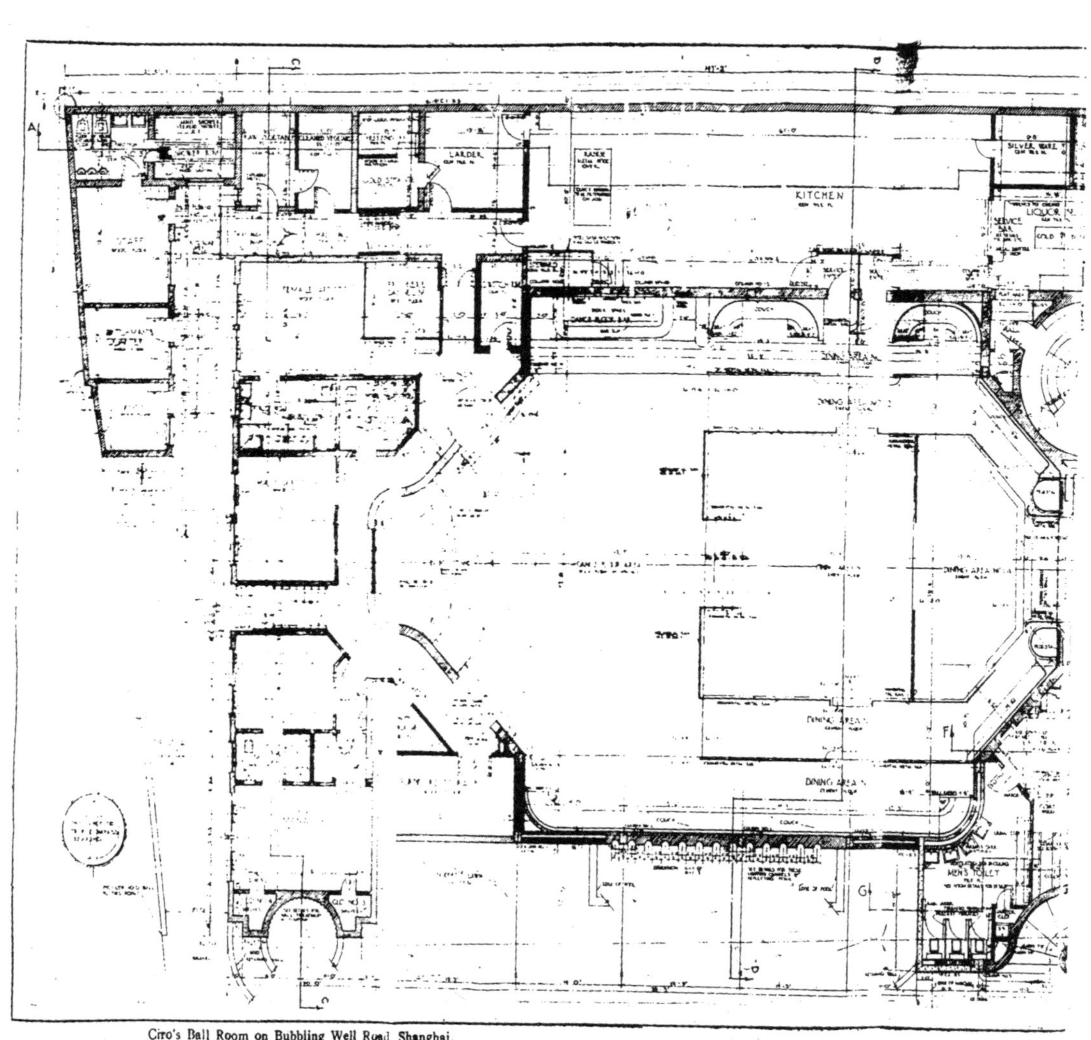

Ciro's Ball Room on Bubbling Well Road, Shanghai.

5

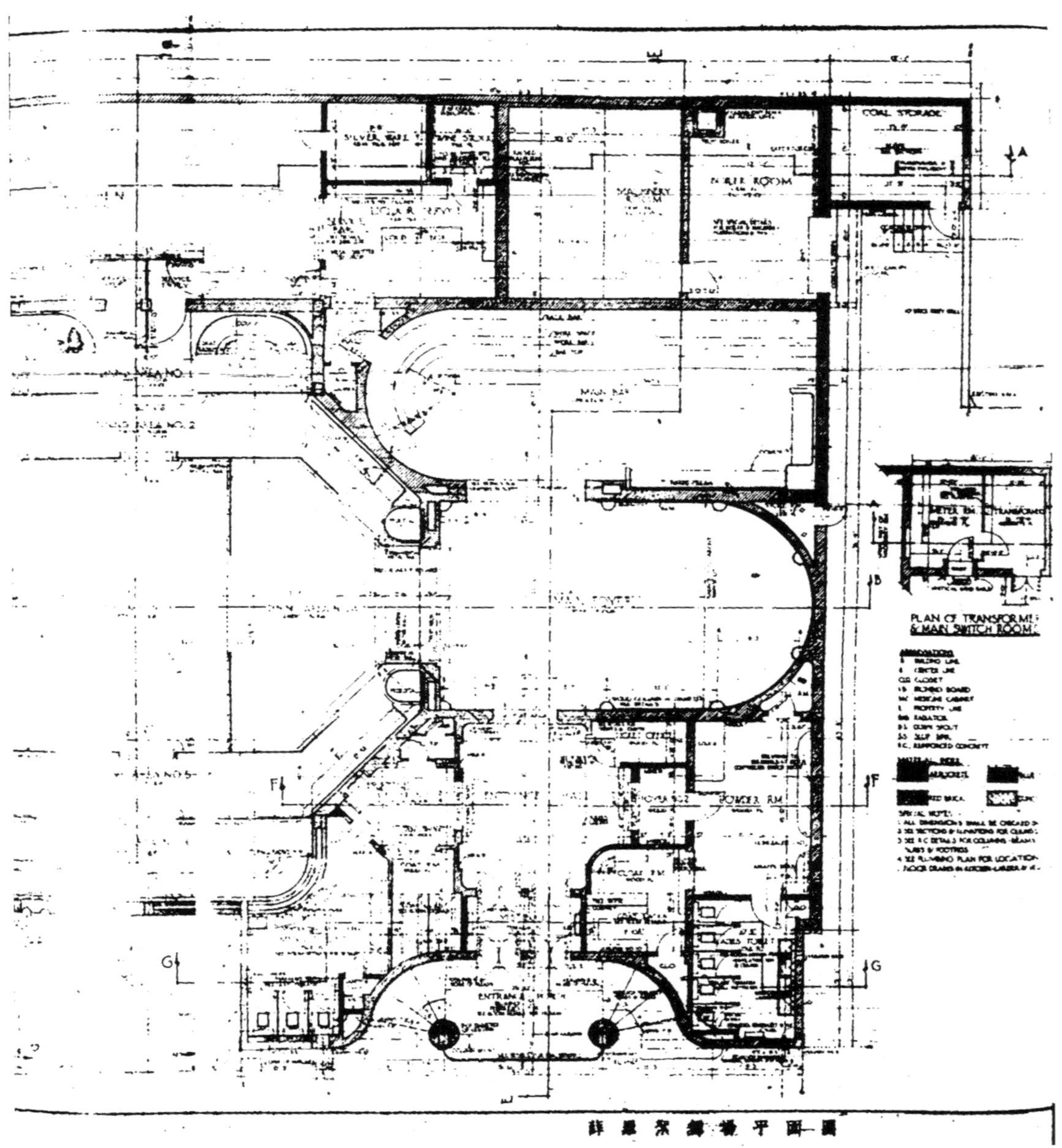
COAL STORAGE
BOILER ROOM
MAIN BAR
MAIN FOYER
POWDER RM
CLOAK RM
ENTRANCE
PLAN OF TRANSFORMERS & MAIN SWITCH ROOMS

詳[illegible]架鋼樓平面圖

薛羅絮舞場立面圖

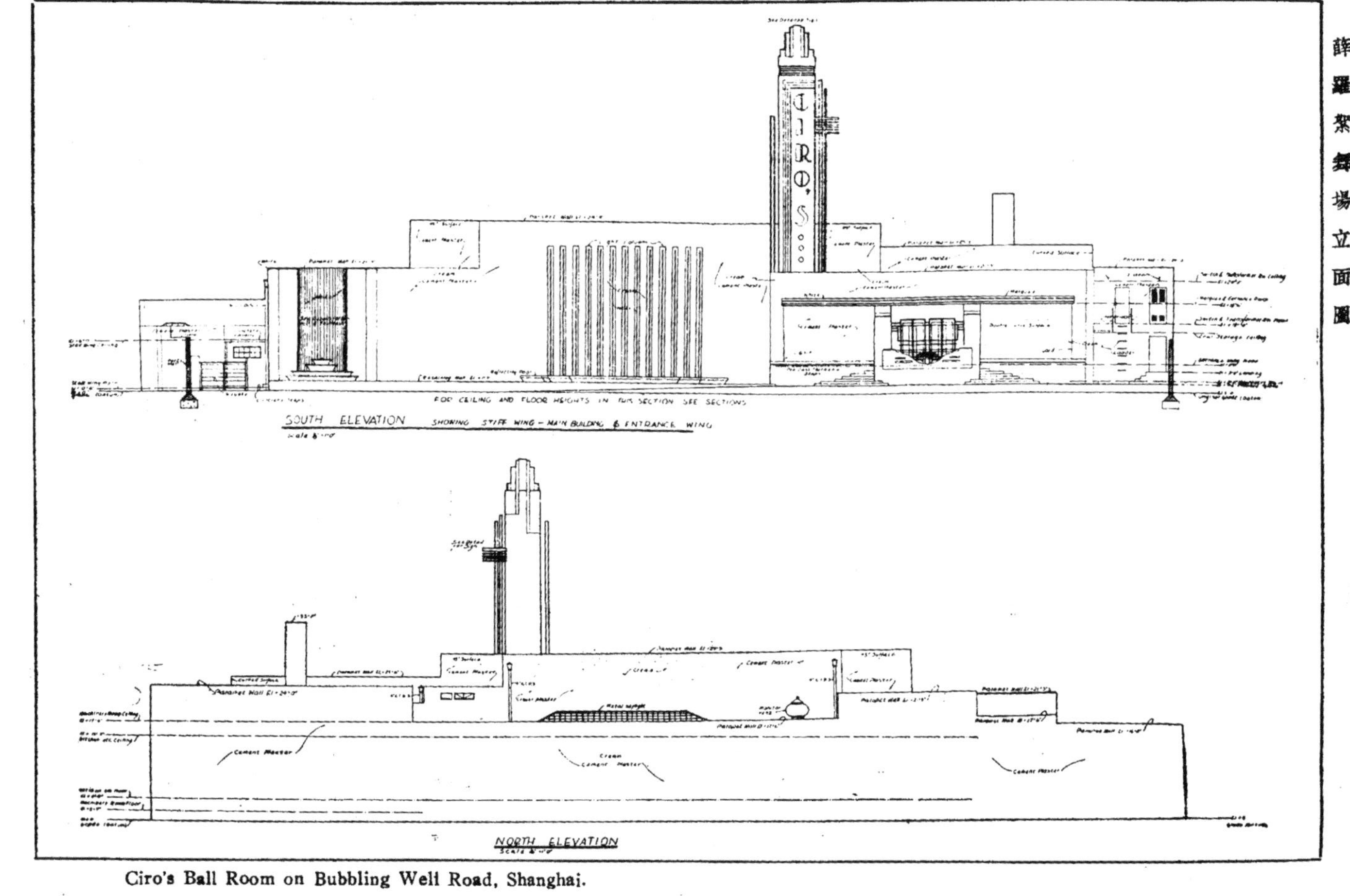

Ciro's Ball Room on Bubbling Well Road, Shanghai.

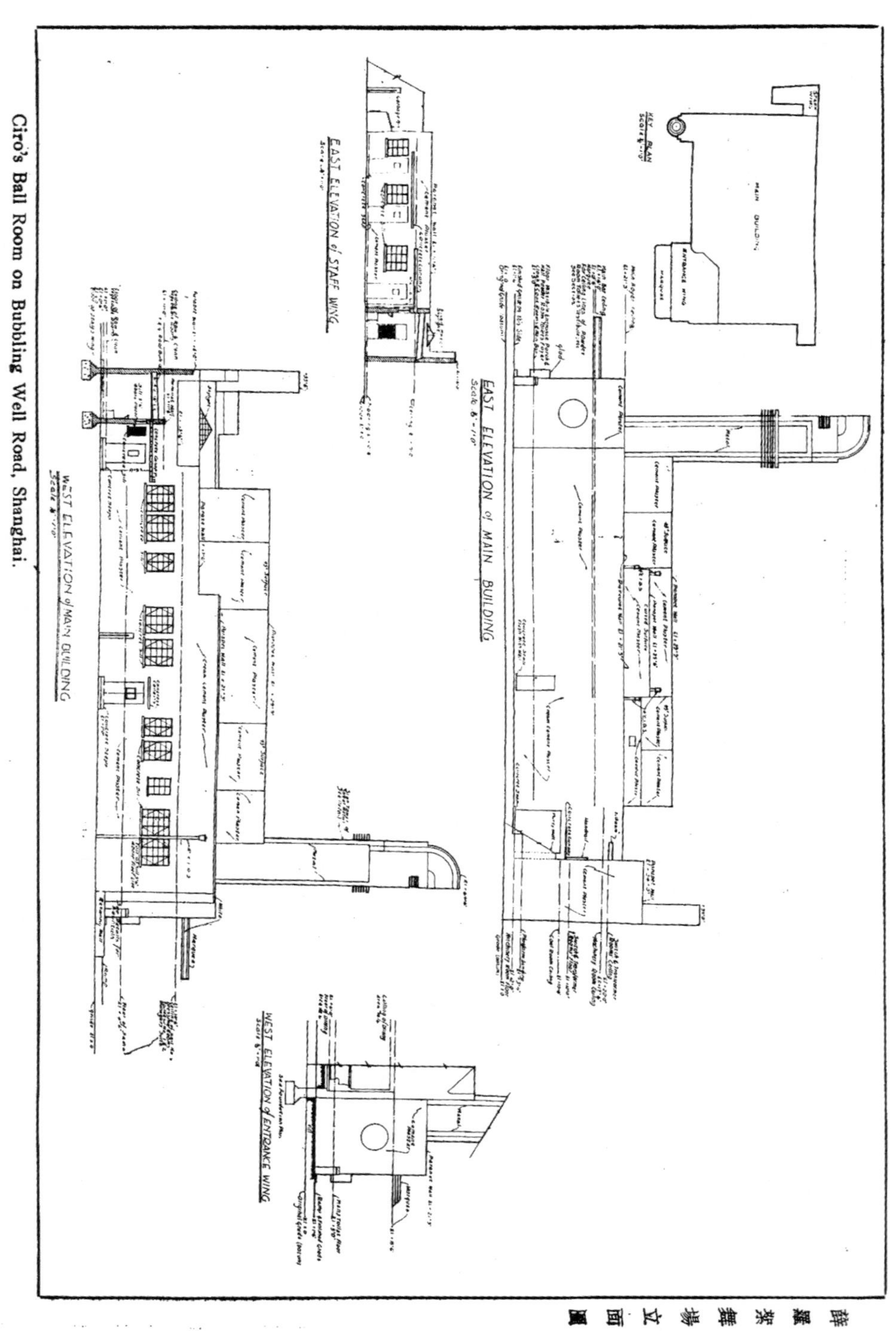

Ciro's Ball Room on Bubbling Well Road, Shanghai.

8

薛羅紮舞場立面圖

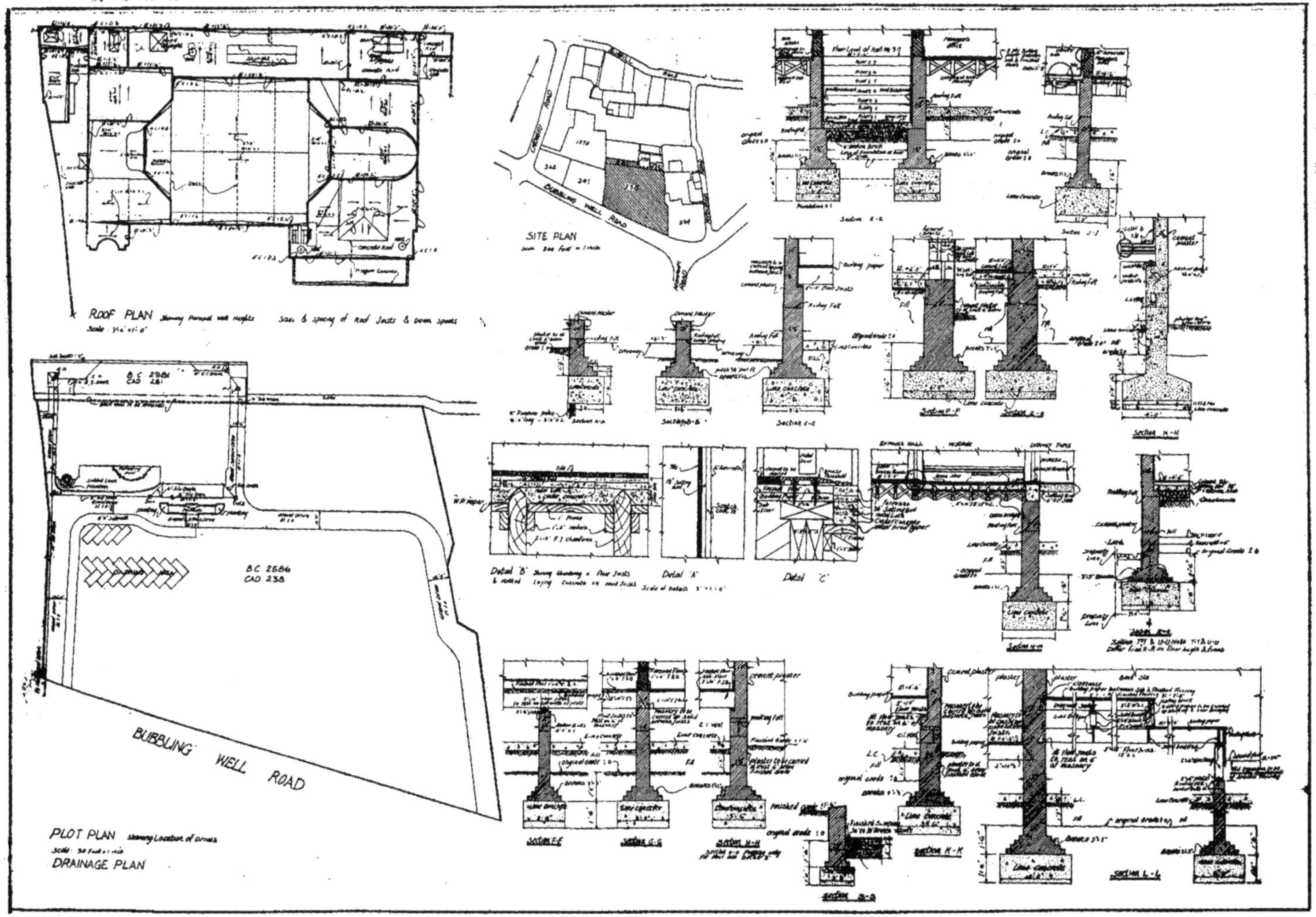

薛羅架舞場剖面圖等

ROOF PLAN Showing Parapet wall Heights Sizes & spacing of Roof Joists & Down Spouts

SITE PLAN

BUBBLING WELL ROAD

PLOT PLAN Showing Location of Drains

DRAINAGE PLAN

B.C. 2686 CAD 238

B.C. 2381 CAD 281

Section A-A

Section B-B

Section C-C

Section D-D

Section E-E

Section F-F

Section G-G

Section H-H

Section J-J

Section K-K

Section L-L

Section M-M

Section N-N

Detail 'A'

Detail 'B'

Detail 'C'

Ciro's Ball Room on Bubbling Well Road, Shanghai.

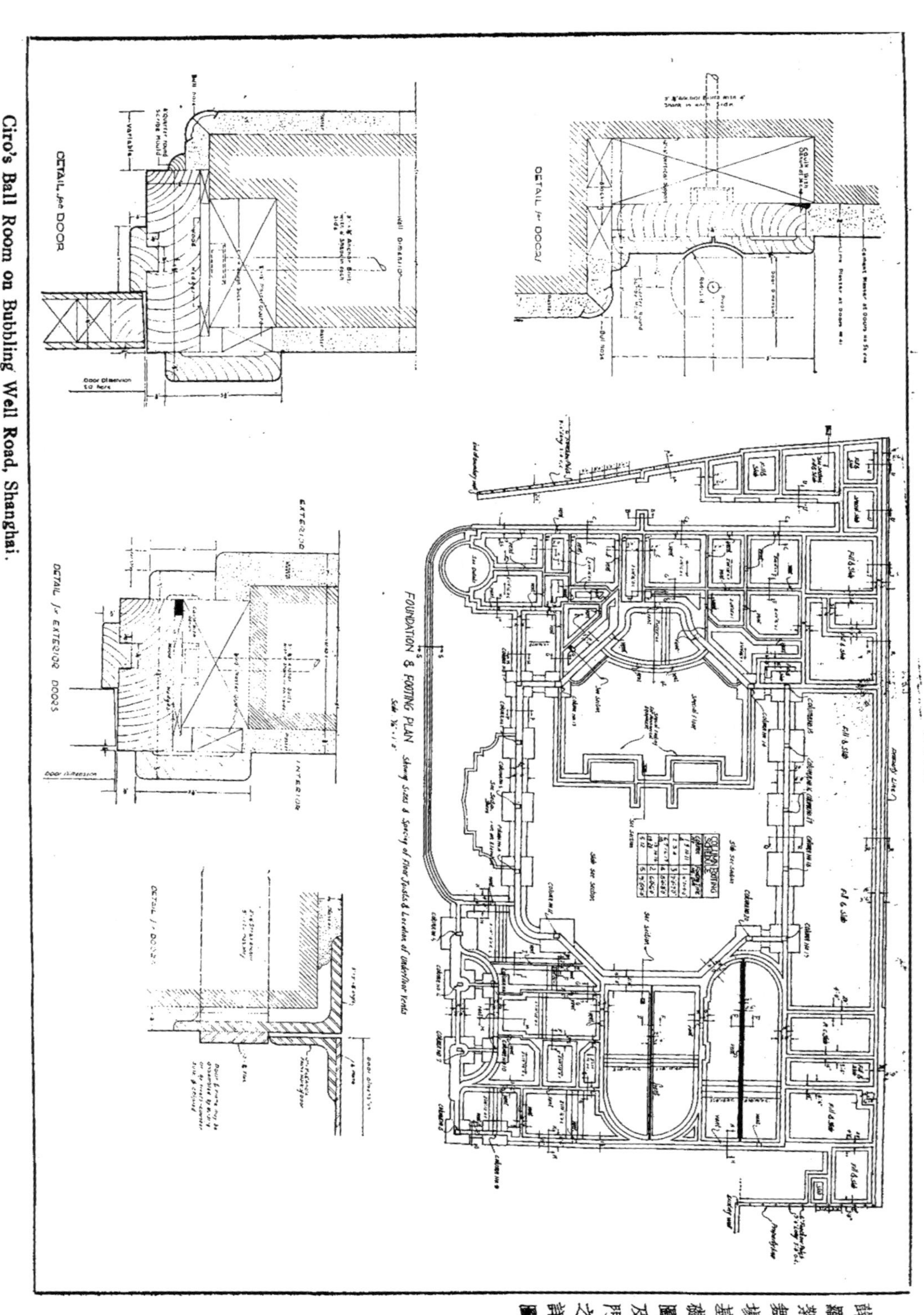

Ciro's Ball Room on Bubbling Well Road, Shanghai.

薛羅架舞場基礎圖及門之詳圖

薛羅絮舞場

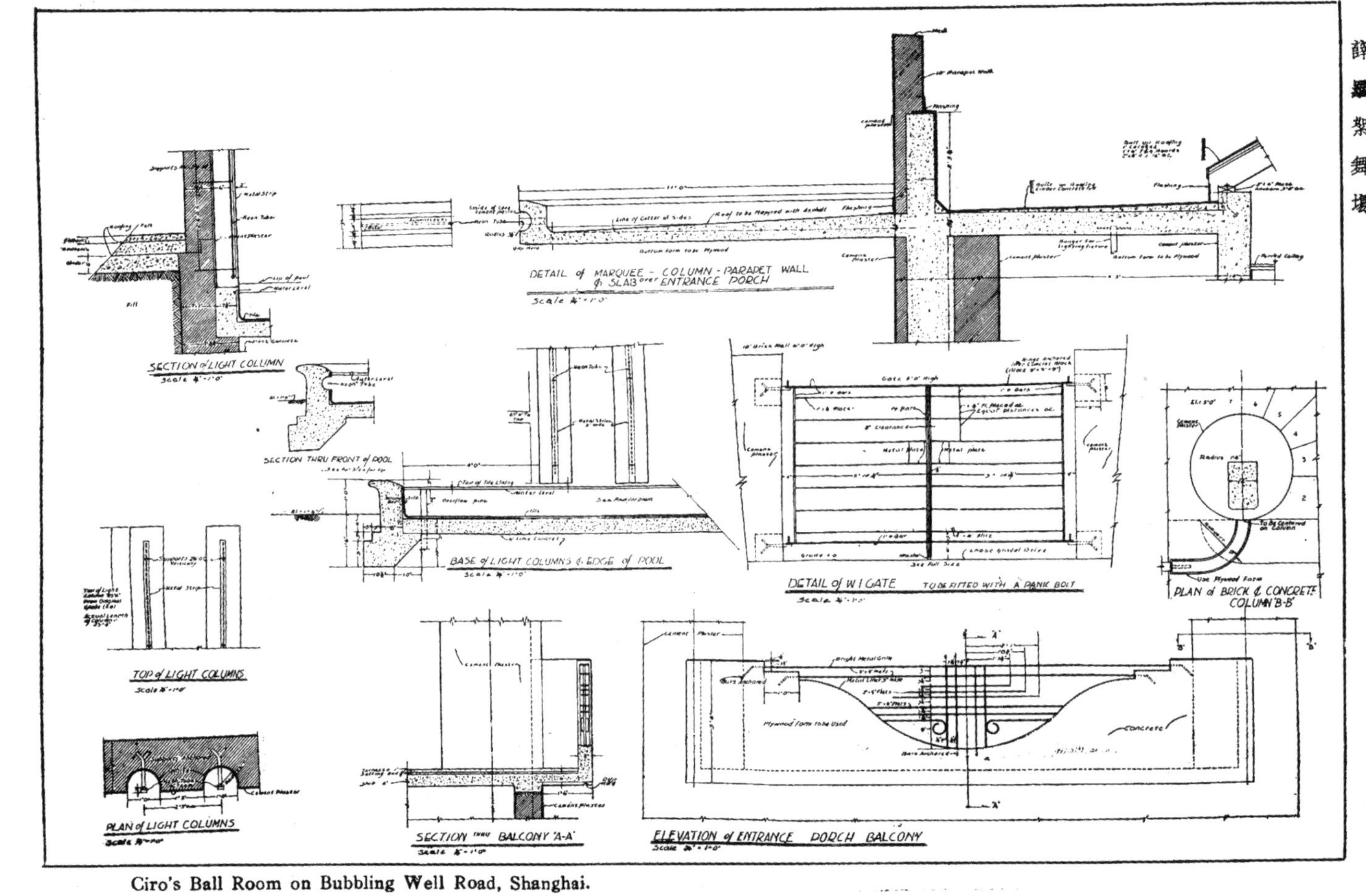

Ciro's Ball Room on Bubbling Well Road, Shanghai.

薛羅跳舞場

（餘有圖樣，容下期續刊。）

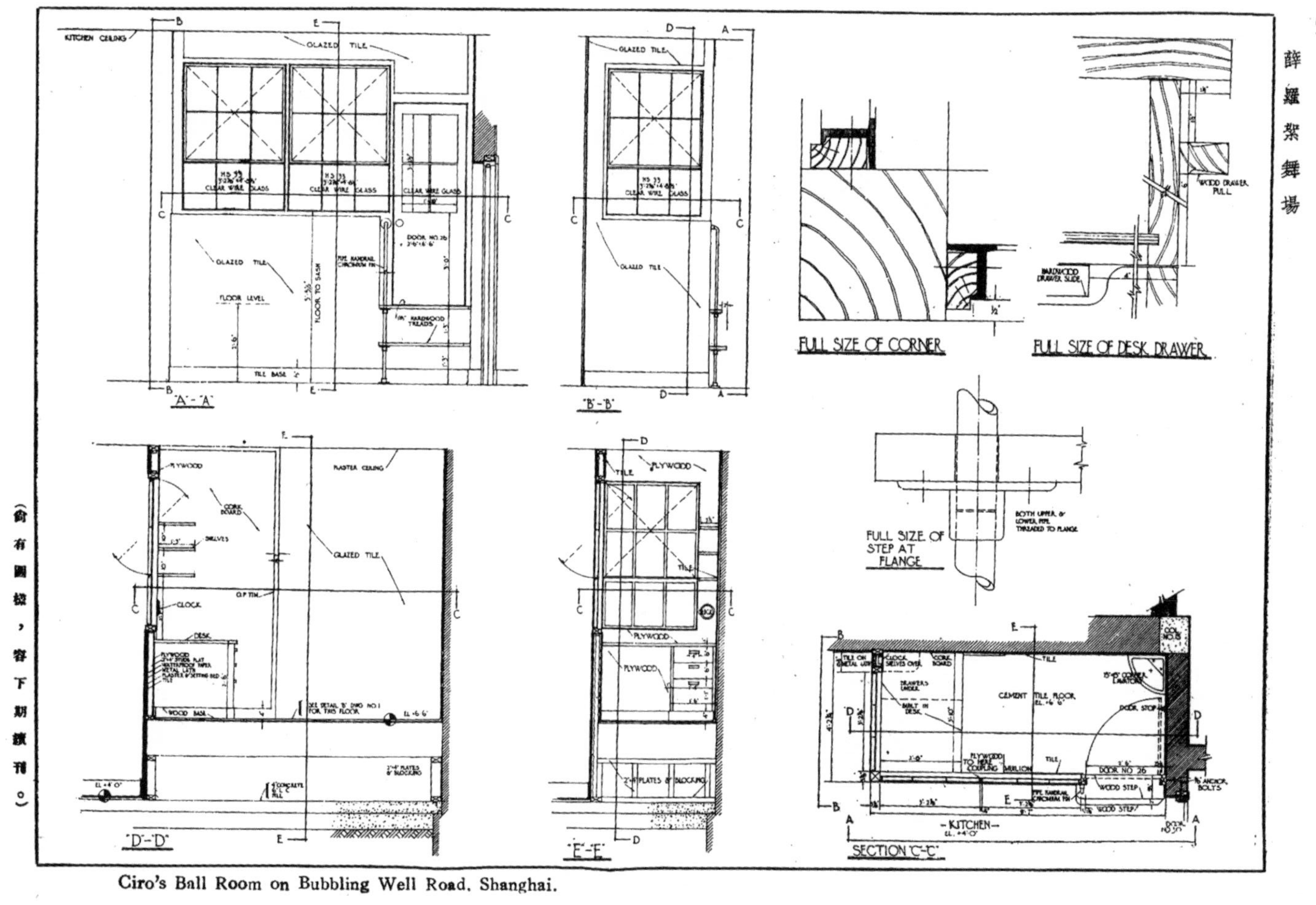

Ciro's Ball Room on Bubbling Well Road, Shanghai.

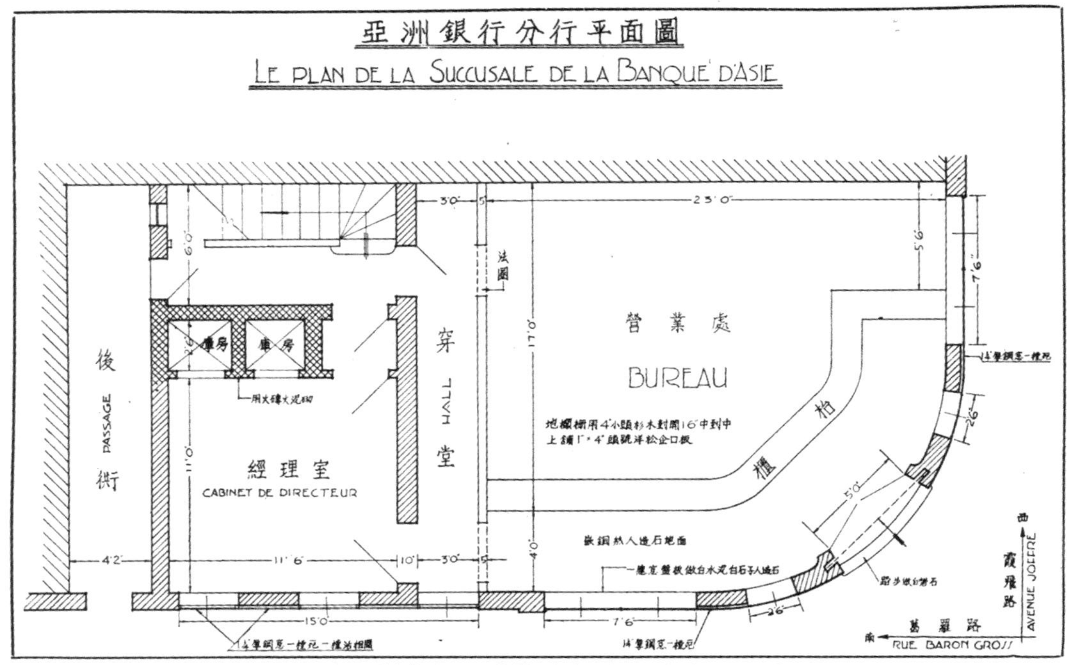

上海亞洲銀行霞飛路分行透視圖及平面圖

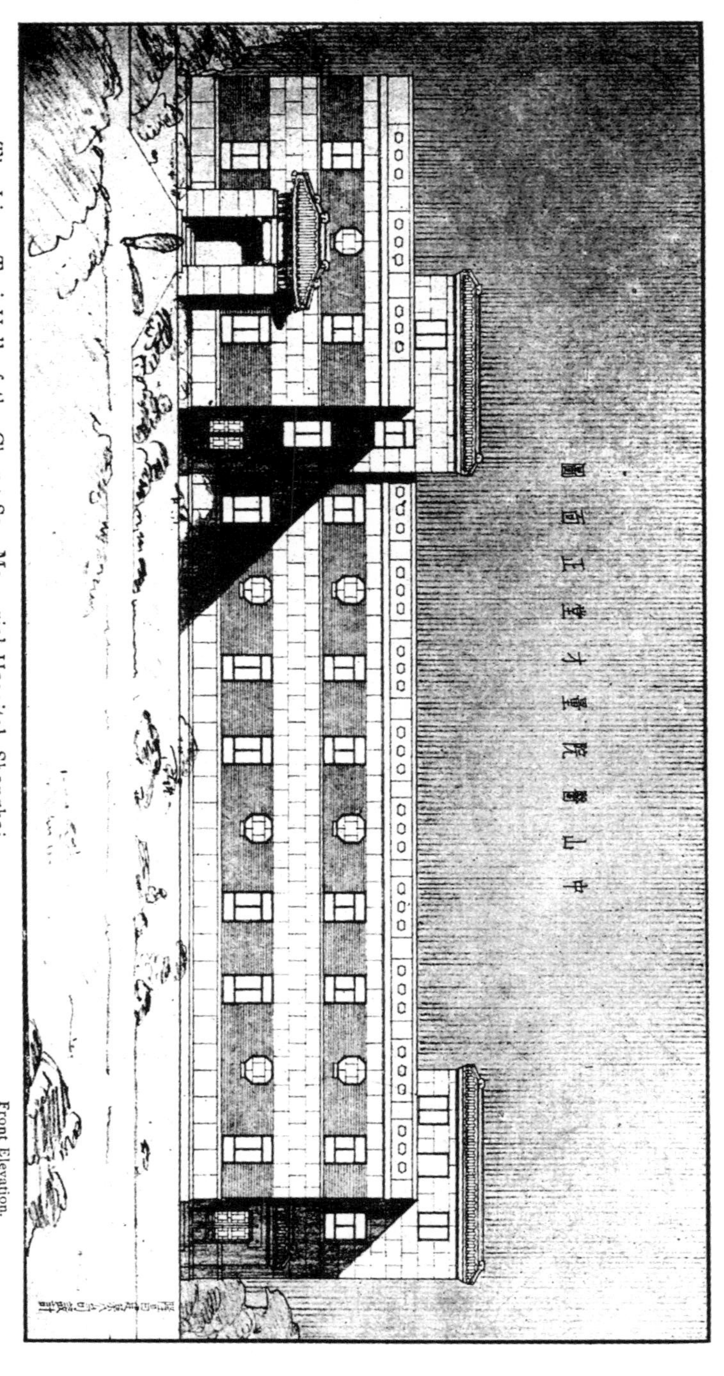

The Liang Tsai Hall of the Chung San Memorial Hospital, Shanghai.

Front Elevation.
Architects: The Pacific Engineering Co.

中山醫院量才堂

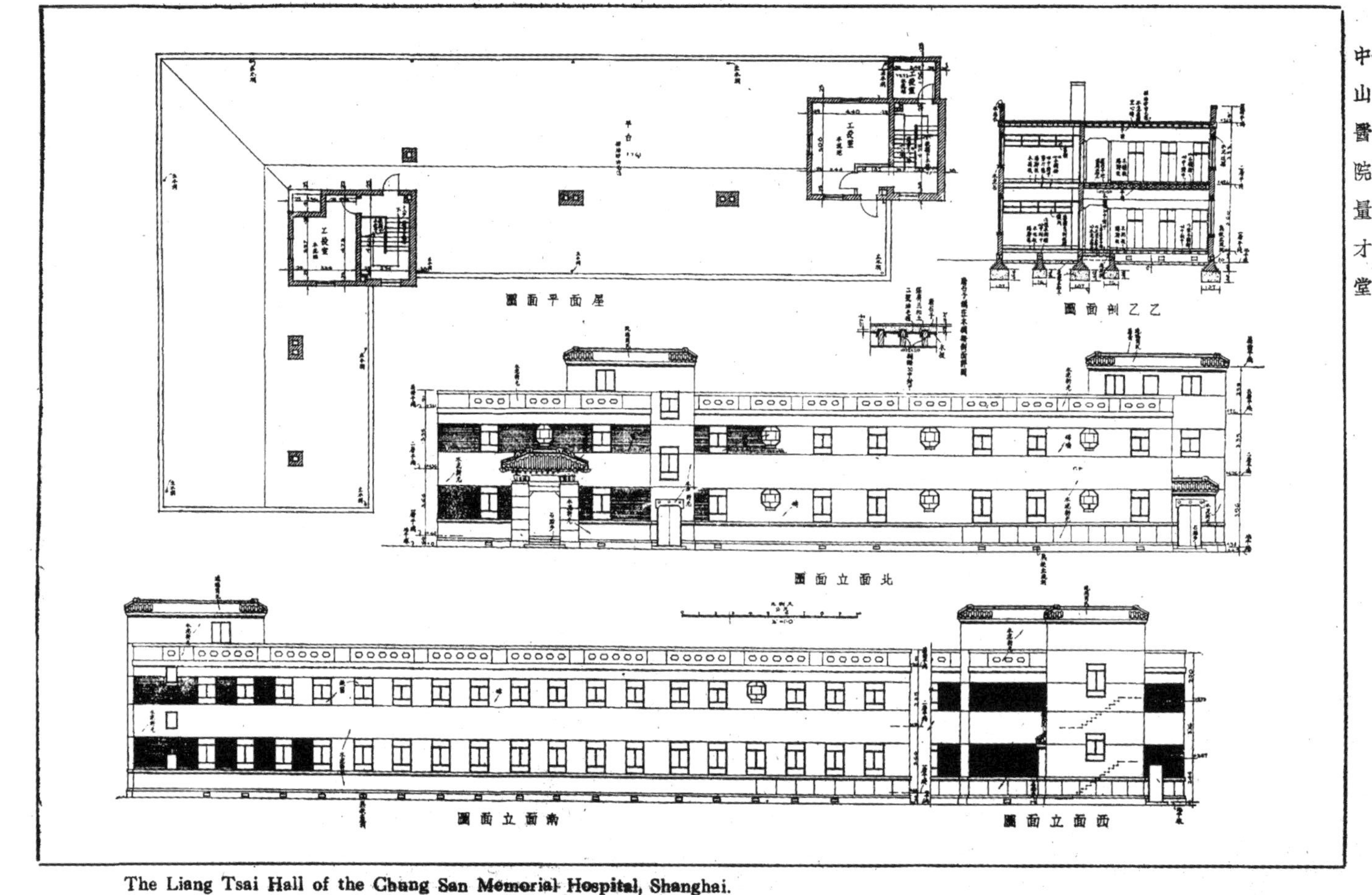

The Liang Tsai Hall of the Chang San Memorial Hospital, Shanghai.

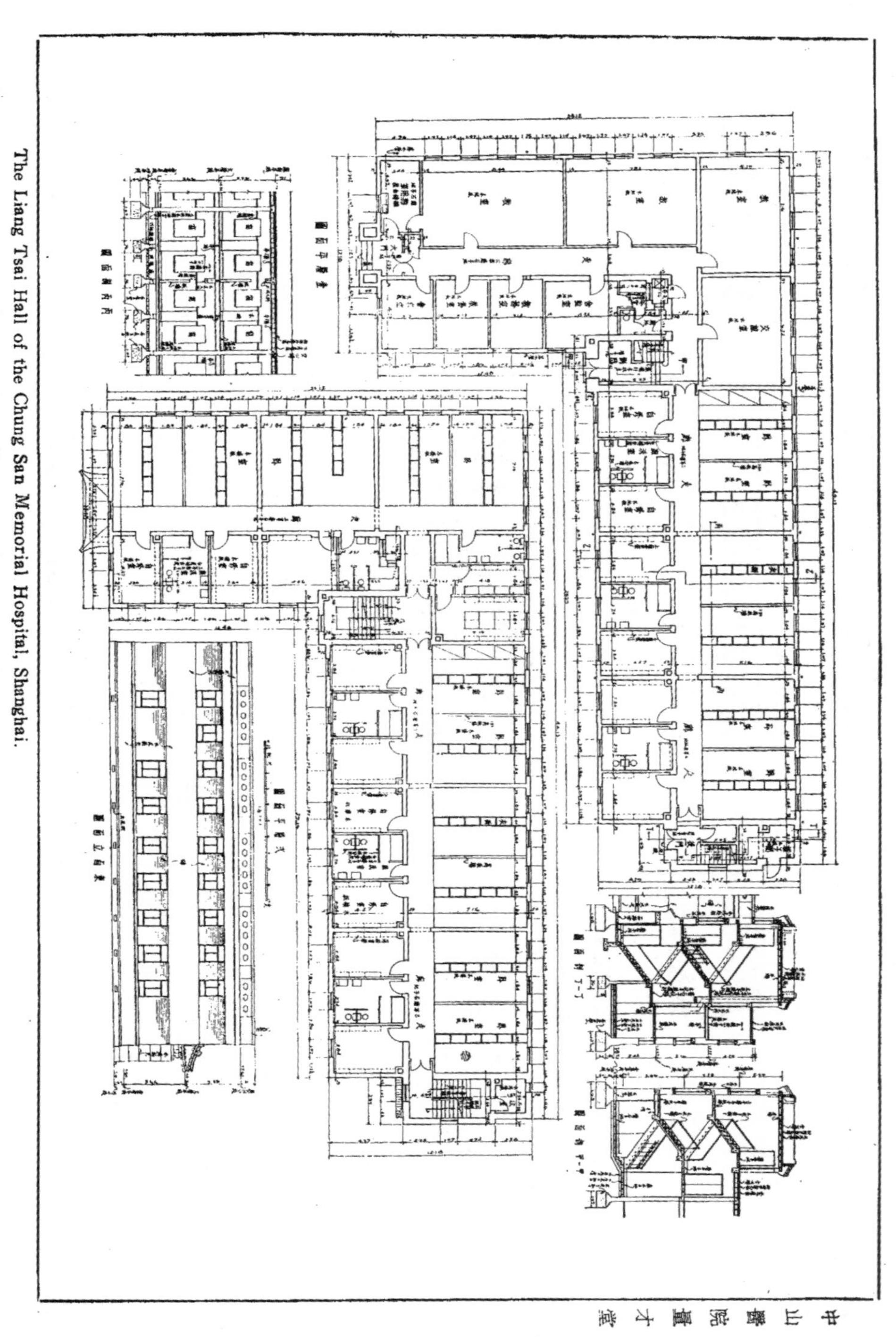

The Liang Tsai Hall of the Chung San Memorial Hospital, Shanghai.

中山醫院量才堂

16

羅馬古典式

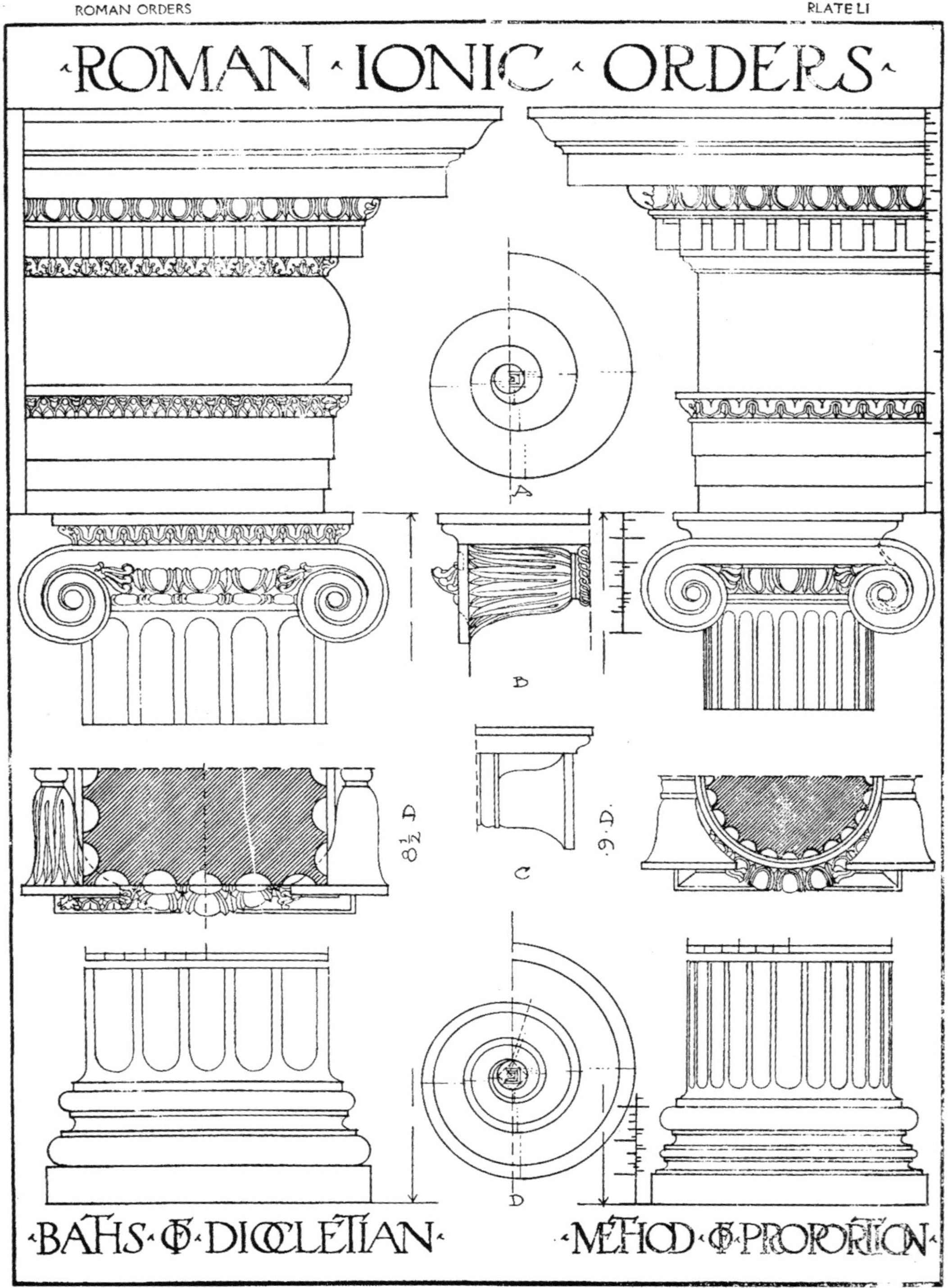
ROMAN IONIC ORDERS
A
B
C
D
$8\frac{1}{2}$ D
9 D
BATHS OF DIOCLETIAN
METHOD OF PROPORTION

ROMAN ORDERS
PLATE LII
ROMAN CORINTHIAN ORDERS
JUPITER OLYMPUS
ATHENS
TEMPLE OF SATURN
ROME

ROMAN CORINTHIAN ORDERS
FROM THE
PANTHEON
ROME
0 .5 1 M 2 M
EXTERIOR
INTERIOR

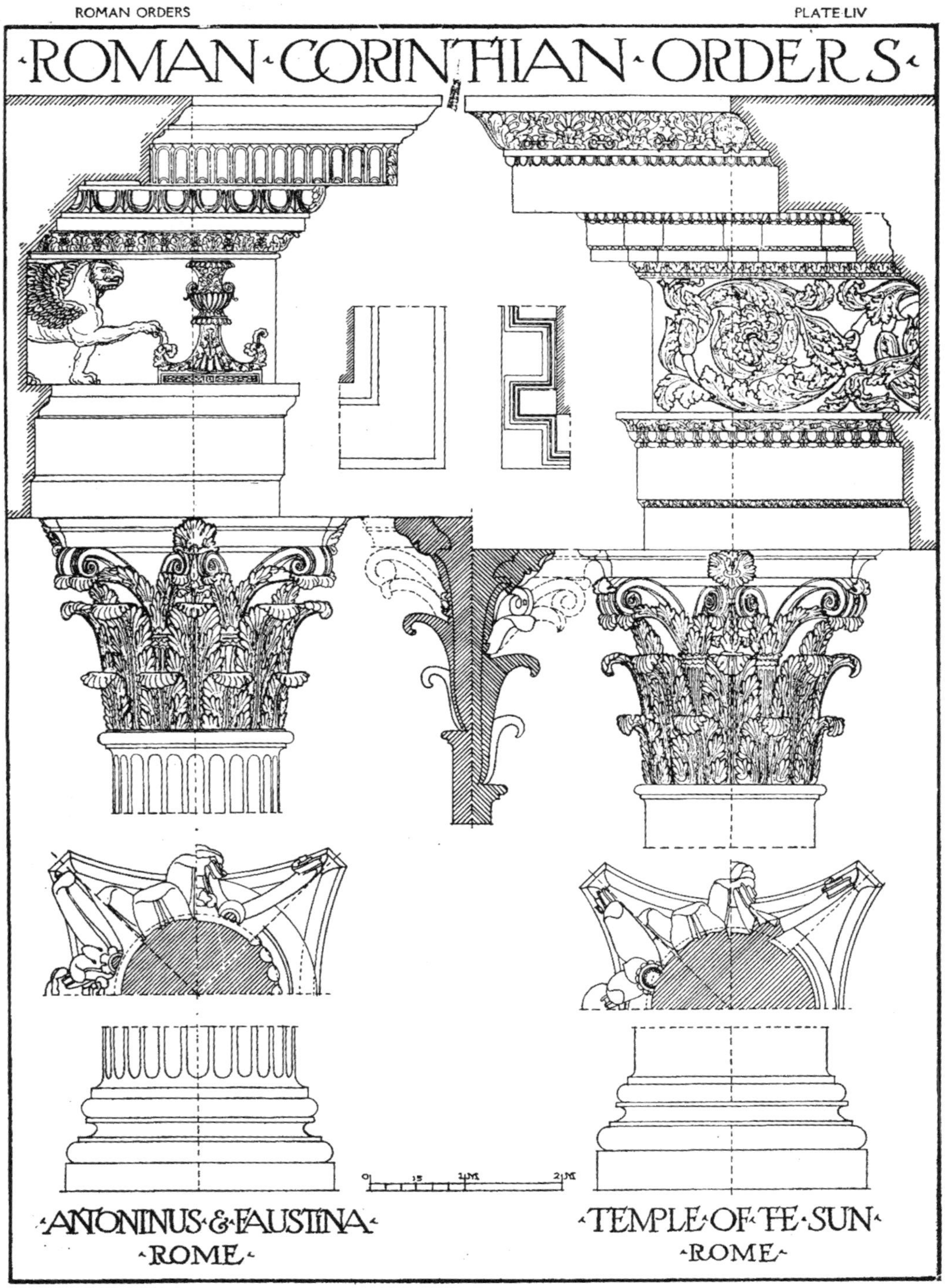

ROMAN CORINTHIAN ORDERS

ANTONINUS & FAUSTINA
ROME

TEMPLE OF THE SUN
ROME

中國建築〔第二編〕（十三）

杜彥耿譯

回教建築

歷史小誌

回教及其藝術之進步

四七、回教帝國之興起　在第十七世紀之初，當卑祥丁帝國威勢熾盛之時，有一不甚顯著之阿剌伯人名穆罕默德者，創立清真教義，將游牧散居之阿剌伯人，聯合一致。此突起之回教，進展神速，在歷史上實爲稀有之事件。至六三二年，穆罕默德逝世，其時爲回教十一年，整個半島形之阿剌伯，統治於一君主及一宗教之下。在不能置信之短時期內，征服巴力斯坦，敍利亞，及美索不達米；波斯，埃及，及非洲亦盡入阿剌伯帝國之版圖，西班牙並成爲新帝國之附庸焉。

四八、回教徒進展之受挫　在七三一年，阿剌伯人征服法國南部之羅亞爾 (Loire)；但在七三二年，此無敵之阿剌伯人，在都爾(Tours)受挫於馬試爾 (Charles Martel)，潰遁不敢再犯。馬氏之子不平 (Pepin) 並解放法國所受阿剌伯人之羈束；西班牙繼續爲其附庸，則仍有五百餘年之久。西西里，干地亞 (Gaudia)，塞浦路斯 (Cyprus)，羅得(Rhodes)及摩爾太 (Malta) 等，則均入阿剌伯帝國之版圖。時在七五五年，國境之大，包有非洲，地中海流域，及亞洲之大部份等地。

四九、回教徒之征服印度　在第八世紀之末，正值阿剌伯文化昌盛之時，政府中心原在達馬士革(Damascus)者，遷至巴格達 (Bagdad)。但不久阿剌伯帝國分裂成爲無數省份，最後埃及，敍利亞，波斯，及小亞細亞盡被土耳其人所佔。在十一世紀之初，回教徒在嘎自尼 (Ghazni) 領導之下，歸併印度之北部。在十六世紀時，蒙古人由巴白(Babar) 率領，進佔印度之北部及中部，受其統治者足逾二世紀。

五〇、摩洛哥王國之衰落　公元七一〇年，凱理法(Khalifate)在西班牙之哥爾多華(Cordova)地方，集合自摩洛哥來之阿剌伯人，建立帝國。摩爾族之名稱，亦由茲而起。迨後此帝國漸形瓦解，如格拉那達(Granada)，塞維爾(Seville)，托利多(Toledo) 等，咸獨樹一幟，而成羣雄割據之局。洎一四九二年，摩爾族佔領西班牙之命運，乃告終焉。核計其佔領之期間，爲七八二年。

五一、土耳其克服巴爾幹　在一二九九年，土耳其始征服卑祥丁之塞爾柱王朝(Seljuk)。土耳其既佔握卑祥丁之大部領土，復於一四五三年奪獲君士坦丁堡，遂傾覆東帝國。十七世紀時，土耳其更轄治巴爾幹各地，並謀擴展其勢力，及於匈牙利與奧地利。

五二、阿刺伯文明之影響　阿刺伯之文明　實予被毀滅之東帝國，橫暴之政治以反映。回教之教義，由多方面之立場觀之，在異教中誠屬難能可貴者，故予基督教自由發展上以相當之打擊。此無他，實由穆罕默德之文明，淵源於中國與印度，而確具上乘之條件。故阿刺伯之文明，實佔人類進化史重要之一頁。是以近東各國，雖當西班牙之昌盛時，尤復感念其教義不衰。至今仍約有二萬萬人，信奉回教。

五三、回教建築之特徵　回教建築，根據穆罕默德藉攻克各地之氣候，習俗，原料，藝術等，熔冶而成者。故對于其主體系之建築物，如發券之形狀，磚子及圓頂等等，在表現阿刺伯藝術之特徵；因之無論回教建築之在印度，埃及，西班牙或波斯者，均能保持其原狀，毫無混雜之觀感。

五四、外形之觀感　阿刺伯藝術之孵育，幾皆由於穆罕默德攻佔各地時，吸收各地之精粹，聚而成者。例如阿刺伯人在其本土之麥地那(Medina)大寺院，建於第八世紀之初期，建築殊為簡單；內含一個庭心，中央為噴泉，以資洗淨者，一座多柱廊，作為祈禱之所，神龕則隱於壁間。但在敍利亞，美索不達米，波斯，卑祥丁等地之回教寺院，中間含有薩薩彌(Sassamian)之雋味，雖達馬士革及耶路撒冷之圓頂寺院，亦具有上述之色彩。薩薩彌時代之名，起於薩薩彌王，為古波斯之最末一代，其統治年表自公元二二六年至六四二年。此時影響及於波斯回教寺院建築，惟此中並無庭心及神龕上面之圓頂。大門藏於巨大之尖頂發券內，而尖塔之形體則渾圓。總之，薩薩彌時代之藝術，受益於波斯及羅馬者甚大。

五五、　土耳其，小亞細亞及巴爾幹半島之早期回教建築，實胚胎於卑祥丁及波斯之建築藝術。卑祥丁建築之結構，其平面佈局，當君士坦丁堡覆亡之時，土耳其人幾全部將其採襲，而吸入回教建築矣。回教堂之最大者，曰「Suleimaniyeh」，為蘇利曼(Saliman)所建，時在一五五三年，係具有卑祥丁建築半圓頂及汽樓等之象徵。

五六、　阿刺伯之藝術，實在第八世紀至第十五世紀時，啟自埃及者。圓頂則祗加於回教堂及坟墓之上。回回教寺院之尖塔，形狀甚多，大抵為層層加冠之狀，尖頂發券有時以濶大之方頭門頭線盤繞之。

五七、阿刺伯宗教建築　阿刺伯有價值之藝術品，可得之於西班牙者頗多；例如在格拉那達之阿爾漢布拉(Alhambra)碉壘，塞維爾之阿爾卡塔(Alcazar)及裘蘭特(Girlanda)宮或塔，惟其中最具特徵者，則以回教寺院及誦經膜拜之處為最，是皆回人勢力所及，而興建於各地者。最古之回教寺院，中有天井一方，週繞遊廊。廊之形成也，係以一帶或兩帶連環發券夾峙之；廊之在兩端者特濶，其濶度有自二倍或三倍。天井之一面對大門者，有時導以多至六排之磚子或拱道。在特濶之廊下，為祈禱之所，而於對面牆際，塑一神龕，中供神像及可蘭經一部。可蘭經又名摩斯倫經(Mosleem Bible)。

五八、回回教寺院之尖塔　另一型之回回教寺院，內含廣大之中殿，上冠圓頂，殿之四週，繞以甬道。此較後之回教寺院建築，顯係受卑祥丁建築藝術之影響，當其傾覆君士坦丁堡後，此種建築，盛行於土耳其及埃及等地。回回教寺院之尖塔，或僅係一座高塔，塔巔置傳喚誦拜之聲器，此爲回教寺院建築特有之例證。

五九、接待室與閨閫　裔皇典麗之卡麗府(Caliphs)與愛茂爾(Emirs)宮，其內部之搆築，實遠勝於外觀。多數房屋，咸環繞巨型天井，因之在外週之牆垣，恆爲連續不斷者、穹頂之室，曰Diwan，較大天井睪高。該室闢作“dar”，蓋卽男子之室；所以別於“harem”卽女子之室也。大天井或花園中，有噴泉，魚池，小溪等。宮中主要住所，裝飾富麗，無不極盡奢侈之能事。

六〇印度回教建築　印度回教建築，可分爲兩個時期：第一個時期自十二世紀起；第二個時期自一四九四年至一七〇六年，在印度斯坦(Hindostan)之大摩加爾(Mogul)時代，其裝飾彩色等，不若波斯回教或摩爾建築之盛。但印度回教建築之觀感，則遠勝上述者，半由主要材料均爲雲石及其他石工，半由當地藝術之巧妙所致也。圓頂起於方形之地盤，此係普通習用之故，非採自卑祥丁者也。回教建築之尖塔及巨大尖頂之拱道，在印度回教建築中，頗多片叠式之掛落，形成穹窿者，以及幾何畫形之鑲嵌工，星形之浜子等，此皆於他處不能多覯，而於此習見者也。

建築式例

回回教寺院及在埃及與西班牙之宮殿

六一、凱德碑寺院　凱德碑(Kaid Bey)寺院，在開羅(Cairo)地方，建於一四六九年。巨大之門口，與單個三角形之發券，爲其最顯著者，如十八圖。其一種精緻之建築，如華麗之圓頂，乖巧之塔，以與埃及早期祇一層高，而古樸之平屋面，無圓頂，亦無尖塔之寺院相對映，誠令人與雍容與素樸之感喟。

六二、其他在埃及之寺院　其他寺院之在埃及開羅地方者，尚有吐侖(Tulun)，上有尖塔並一屋外之盤梯。薩爾坦哈森(Sultan Hassan)寺院，其搆築係依照希臘十字式，而中央則留一

〔第十八圖〕

天井。圓頂冠於紀念堂之上，十字式之一端爲神殿。

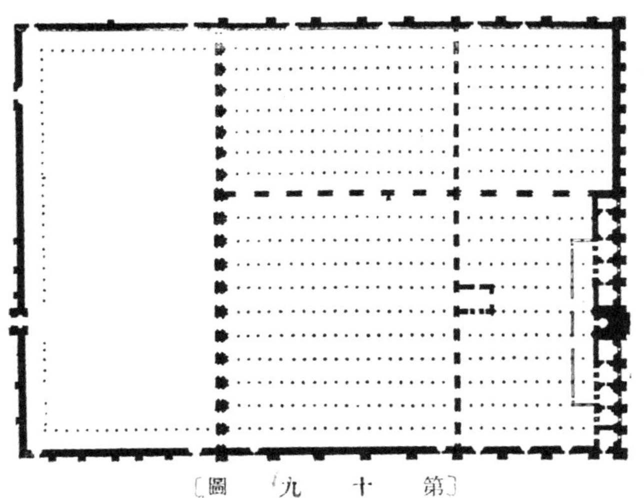

〔第十九圖〕

六三、在哥爾多華之寺院

此院初建於第八世紀末葉，至第十世紀時，經二次擴展。著名偉大之哥爾多華寺院平面佈局，見第十九圖，係一巨大之方形建築，分劃十九個甬道，各以連環發券分隔之。美觀之木平頂，係藉馬蹄形發券之襯托。券分二層，一上一下。衆多之雲石柱子，傳係取自舊之古典式建築者，用以支撐下層一帶發券，見第二十圖。但此項柱子，高僅九呎，故柱頂帽盤之上，復加砌磡子，藉以抵達大殿三十呎之高度，並資支托上層一

〔第二十圖〕

〔第二十一圖〕

帶發券。其下層之一帶發券，券脚起於柱子花帽頭之頂。

六四、阿爾漢布拉　十三世紀及十四世紀之碉樓在格拉那達者，曰阿爾漢布拉（Alhambra），見第二十一圖，是爲研究摩爾宮殿者最感興味之一個題材，若精緻盛飾之川堂及房間，係繞列於內面庭心之四週，其間較大之房間，即爲石榴堂及獅子堂。關於上述兩堂名稱之由來，因前者於水渠之旁，遍植石榴樹。後者因許多噴水泉之中心基礎，列有獅形雕像，故名。輕巧之連環券，綴以美麗之花飾，與佳妙之阿刺伯畫飾等。在主要室之兩邊或兩端，有阿刺伯層疊式之掛落，幾何形圖案之鑲嵌工，星形之浜子；此等飾物，在宮中殿堂或主要各室之牆上，均可見之，而頗能引起興味者也。阿爾漢布拉之外形，極如碉壘，因之摩爾最後之君波阿布第爾（Boabdil）被斐迪南（Ferdinand）與伊薩伯拉（Isabella）兩人所敗，而避難於此者。

六五、在塞維爾之阿爾卡塔宮　又一早期之摩爾宮宇，建於十三世紀時，厥名阿爾卡塔（Alcarza），在塞維爾（Seville）地方。其內部情形，見第二十二圖，是幾冶阿爾漢布拉，吉刺達（Giralda），或在塞維爾之塔之各種精銳裝璜於一爐。後者，即在塞維爾之塔，見第二十三圖，乃一偉大精緻之方塔；其上部構築，係於一五六八年加建者，爲採集各種不同式之美術而成。但其下部牆面之浜子與格塊等，皆爲摩爾建築之實例。塔之平面形方邊，闊約四十五呎。塔之高度，其內部每層高之剖面尺寸無，外部總高爲一八五呎，其後加建者高九十呎。

第二十二圖

在印度之回教寺院及紀念建築

六六、德利城之庫吐勃塔　在印度德利（Delhi）古城之庫吐勃（Kuteb）塔，爲早期阿刺伯藝術之一。塔爲偉大之圓形紀念建築，高達五層，每層均有陽臺，以帶形花條之裝飾，盤繞於幾何形者。此紀念建築工程，開始於一一九九年。

六七、亞格伯寺院　在摩加爾時代，或即後期之印度回教

〔第二十三圖〕

〔第二十四圖〕

藝術，足資典範者，有偉大之亞格伯(Akbar)寺院，在塞克 (Sikhri)之夫忒坡(Futtehpore)地方，時在一五五六及一六〇五年之間。其建築之宏偉，大門之雄壯，可稱無匹，見第二十四圖。

六八、亞格剌之寺院及紀念堂

紀念堂 在亞格剌(Agra)有數處絕佳之摩加爾紀念建築。若配耳(Pearl)及塔日馬哈爾(Taj Mehal)，係一座紀念堂，建於十七世紀之中葉，建之者為沙耶罕(Shah Jehan)王。內有巨大之方形建築，上冠六十呎直徑之雲石圓頂，高達八十呎，更有四個較小之圓頂環繞之。紀念堂建於十八呎高臺基之正中，四座尖塔則居臺基之四角；此外綴以各種雲石盆等，其佈置一如花園。

〔第二十五圖〕

（待續）

建築師之教育

——美國各大學建築科之教育實施概況——

談敦

美國各大學建築科及各建築專科學校，為培養青年建築師，造就建築專門人才起見，現正規訂改變實施教育有効方法；但在過去五年中，尚無一學校實行改變制度，修正學科。惟自現在起，各學校均已次第履行新制矣。

下列所述係美國最著名學校建築科之教育實施方法。

(一)辛省大學

在一九〇六年，辛辛納的省大學 Herman Schneider 君發明教育合作制度。在一九二二年又將建築科之一部，表示與其他學科有所區別；蓋建築科之教育方法，須以實習所得之經驗，輔助學理之不足。在教育合作制度下，學生需要從書本中得到理論的智識，同時亦需要從實際工作上得到實際的經驗。如此學生離校後，對於執行建築業務，已有充分準備，而能勝任愉快也。

辛省大學建築科，其實施方法運用五年之久，並不更變。每學生每學年之求學期間為十一個月，將每級學生分成兩部，實習與受課輪流替換，即一部學生在校內受課，另一部學生則在校外實習，如此輪替，每七個星期為一種學科之完成期，全校課程，均支配於此種制度之下。學生在校方指定之地點或工場實習，俾與建築工業之各方面，接觸機會較多，將來出校後，對於業務之困難，自可迎刃而解矣。辛省大學自此種教育合作制度實行以來，在短期內，學生之獲益，自匪淺鮮也。

(二)麻省理工大學

自一九三五年起，麻省理工大學建築系第一年學生，已實行新制。開始即以養成建築經驗之基礎，俾將來逐步將各門學識完成，並為人計劃一價值一萬至一萬二千金之住宅。倘學生對於繪劃圖樣，以前尚未學過者，則初步教其繪圖。迨學生將室內設計工作，房屋計劃原理等讀畢後，即着手計劃一房屋，並繪製全套詳圖。此種工作在第一學年中，每星期包括十小時，然後再由校方指定一校產，開始實地計劃。

在第一學期之第二年，每星期中抽出一個下午，學生至營造場地，實地考察，直至房屋造成為止。此完成之房屋，由校方在市場出售，售得基金，再作第二批學生實地建造之用。

在第一學年中，學生對於建築學識，實已獲得重大之啓示。按照過去事實，學生初步研習繪圖設計，大都選擇中等房屋，蓋中等房屋較其他建築普遍廣泛也。但有許多學生實習，則以小住宅為始。

城鎮計劃係由建築科城鎮計劃系第五年學生，共同實習。此種工作，在全學期中須佔六個星期以上。其課程可分作三大部：即「土地測量」，「地區計劃」，及「市鎮設計」。後兩者須同時工作。

工作地點係指定開闢『奈犇塞河流域』(Neponset River)，面積約佔一百方哩，在美國麻省鮑士敦城之西南，該河經越不少都城而流入斗策斯特海灣(Dorchester Bay)。其流域範圍包括著名都城，如密爾頓(Milton)，得丹(Dedham)，諾武德(Norwood)，衞斯特武德(Westwood)，干敦(Canton)，斯都頓(Stoughton)，窩爾坡(Walpole)及沙倫(Sharon)等，中間橫亙美國第一號路線，而與鮑士敦城相毗連。

他如地勢學，商業及交通，給水，溝渠，社會及經濟等，均包含於「土地測量」內，爲學生所必修之課。在第八個星期之終時，每學生必須擬就報告及繪成地圖交呈。「地區計劃」由全級學生合作，在一哩半等於一吋之比例下，必須將公路，馬路，市區等分別配示，將意見繪就圖樣。圖內尙須標明地區分配，市政制度，學校及公園等。每市區之比例爲八百至一千呎等於一吋。此種課程完成後，學生之修業期亦告終了。

(三)密歇根大學

密歇根大學建築科學生之初步，係攻習現代房屋之原理及計劃。此種基本學識完成後，對於繪圖之要點及線條之注意等，亦爲初步必修之課。然後再繼以設計一極簡單之三個房間或四個房間之小住宅。此種初步設計房屋之課程，規定於十二個星期內完成。完成後再分下列三種步驟，以求研得建築上更進之學問。

第一步：由校方指定地基一所，街道，河，山均佔一定之位置，每個學生在此地基上擇地一方，從事實地計劃建造房屋。

第二步：將所計劃之房屋內部結構，及房間之分配，設計妥善。然後依照此計劃，連同傢具佈置，製成石膏模型。

第三步：將房屋之各部製成大樣，如牆壁之構造，門窗之尺寸及形式等，均在一定限制之下，成就詳細圖樣。

此三種步驟完成後，學生各將自己課作物，加以修正；隨後將修正圖樣，用顏色畫顯示於紙上，復按照此改正之圖樣，將模型修正呈交教授。

無疑地將此種建築學及建築計劃之根本學識，灌輸於學生；再佐以實施建築上較廣義之學問，如審美學，聲學等，俾學生對於建築有深切之認識也。

(四)密歇根喀蘭勃羅工藝學院

密歇根省喀蘭勃羅(Cranbrook)工藝學院建築門，在Eliel Saariner君主持之下，學生開始卽須研習城市計劃，此與各大學建築科之教育實施方法，完全相反。學生須選定一城市，作開發之計劃。至於房屋設計，裝飾學等，反佔較少之鐘點也。

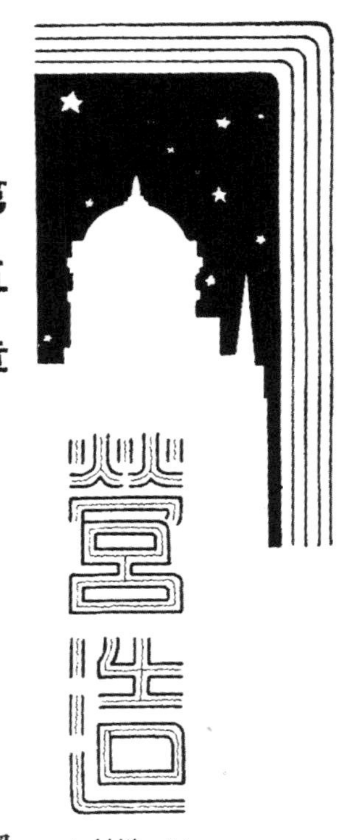

營造學（十八）

杜彥耿

第五章

木工之鑲接

應力與變形　當外力加之於材料上時，卽有應力之產生；亦卽材料之內部發生抵抗力也，通常以材料單位面積之重力，卽磅或公斤等爲單位。變形卽材料受外力載重所變形態之總數，其測算之法，或自原有之位處量一垂直之距至變形處；或平均減縮或伸長其長度。

拉力，卽材料有伸長其長度或有拖拉之趨向。類如屋架中之大料，及任何材料，完全受拉力而作牽繫者。

壓力，卽木材受壓碎或推力之作用，猶如短柱及任何受壓力之材料，而用作支撑者。

外力載重在樑上與樑之長度成直角時，其兩端有支撑者，則有彎曲或横變形之狀態，例如受載重之擱柵。其上部有彎弧或凹陷之情狀發生；則此木材之纖維發生於上部爲壓力，於下部者爲拉力。但在兩者之間既無拉力，亦無壓力，是爲中性層，此層在於無應力之下；可依論理上講健全之彈性材料，其中性層決在斷面之中央。

倘力之傳播，使其有絞扭或扭曲狀發生者，則其應力可名之曰扭力；此種應力在建築中之木工上，鮮有遇之者，但在螺旋及機件之一部，則須計算其扭力矣。

剪力卽切斷之應力；但順木紋切斷之情形，特別名之曰摧斷(Detrusion)。

設計接縫　在設計接縫時，下列各主要條件，根據藍開敎授(Prof.Rankine)之建議，均須注意及之：

（一）木料之開割，俾資鑲接之佈置，務使其弱點愈少愈佳。

（二）置每個毗接平面於接縫內，必須緊合，與壓力成垂直線，使之易於傳佈爲佳。

（三）每一對平面，其製作必須準確，俾使應力平均分佈各部。再每個平面之面積，須能平均承托其壓力，則每個平面之本身，自能抵禦其外力之傷損矣。

（四）鑲接必須相稱，則其接合之部份亦有相等之强度。

（五）置鑲接於每塊木料內，其接縫處之木料須有充足之抵禦力，以資抵抗鑲接處之剪力或壓碎力。

接縫之類別　接縫可分下列諸類.

(甲)縱長接　如搭接，夾接，嵌接，斜接及鑲做。

(乙)承托接　如開膠接，開跨接，對合接，燕尾筍接，鑲筍接，雌壳雄筍接，嵌條接，嚙合筍接，筍頭接，鑲筍及燕尾形筍頭接，出筍接，倒杓榫接，三角接等。

(丙)斜肩接　如陽角轉彎接，鳥喙接，對合與馬牙筍接，斜筍頭接，對面接，三角接等。

當設計木工之接縫時，須明瞭接合材料之强度，即此材料有鑲接之製作，則螺釘及應力之抵禦，此材料要有勝任的本能。

熟鐵，鋼及木材之安全抵禦力，見下表：

材料	每方吋之安全抵禦力（以磅爲單位）			
	拉力	壓力	剪力	順木紋之剪力
北松	1120	1120	——	150
紅松	1345	1500	——	——
亞克木	1845	1515	——	——
柚木	——	1500	——	——
熟鐵	11200	9000	11200	——
鋼	16800	16800	12000	——

各種材料之抵禦力之比，可由上表中推算得之。

鉚釘及螺釘最大之剪力及承托力表

（以噸爲單位）

鉚釘直徑（吋爲單位）	鉚釘面積（方吋爲單位）	最大剪力		各種厚薄之承托荷重（以十一噸爲單位）							
		單剪（以五·五噸爲單位）	複剪（以九·六二五噸爲單位）	二分	二分半	三分	三分半	四分	四分半	五分	五分半
3/8	.1104	.607	1.062	1.031	1.288						
1/2	.1963	1.079	1.889	1.375	1.718	2.062					
5/8	.3068	1.687	2.953	1.718	2.148	2.578	3.007				
3/4	.4418	2.430	4.250	2.062	2.577	3.093	3.609	4.125	4.639		
7/8	.6013	3.307	5.787	2.406	3.007	3.609	4.210	4.812	5.414	6.015	
1	.7854	4.319	7.559	2.750	3.437	4.125	4.812	5.500	6.187	6.875	7.562

〔附註〕任何承托重在右表梯形粗線右上者，較複剪爲大。任何承托重在梯形粗線左下者，較單剪爲小，在此情形之下則由鉚釘負荷之。

縱長木材　製作接縫，應用縱長木材，可分別如下：(一)木工接縫適合於縱長者，拉應力或壓應力；(二)接縫適合於無縱長應力者，如墊頭，小擱柵等等。

（一）前者之設計，須將應力導之使其均佈，卽接連之木材，其鑲接與螺釘須有相等之强度，若應力衰損於某一點處，則其他均須衰損於某一點處。欲解决此項問題，則須求出各種不同之比，及組合部份之面積，亦須佈置一致。由上列表中，熟鐵與北松之比爲十，及鋼與北松之比約十五。其目的在可能範圍之內求其最大之效用；卽斷面未割去木材之接合，其接縫處之强度，所得之百分率愈高超愈佳。

螺釘用以接合，但或爲剪割與承托所破壞。其單剪之安全荷重每方吋爲五•五噸，複剪則每方吋爲九•六二五噸，及承托每方吋爲十一噸，其螺釘之單剪與北松順木紋之拉力或壓力之比爲一與十，複剪則爲一與十八之比。螺釘之損壞在承托方面者，必係通過不足厚度之鐵板。在各種不同厚度之鐵板，其螺釘之抵承托力，可由上表中得之。

若第五〇七及五〇八圖之搭接，其木材在接縫處，均不割去，將木材之兩端用螺釘將熟鐵箍絞合在無支端。此處

木材面積＝6×6吋＝36方吋

熟鐵箍面積＝1/10×36＝3.6方吋用8/1½×3/8吋

單剪螺釘面積＝1/10×36＝用8/7/8吋直徑之螺釘

木材之未割去，而以螺釘絞緊者，可得百分之一百之效能；但木材收縮時在兩桿件之間者，則有滑溜之虞。是以木材未割去之接合，僅頗適宜於暫時。

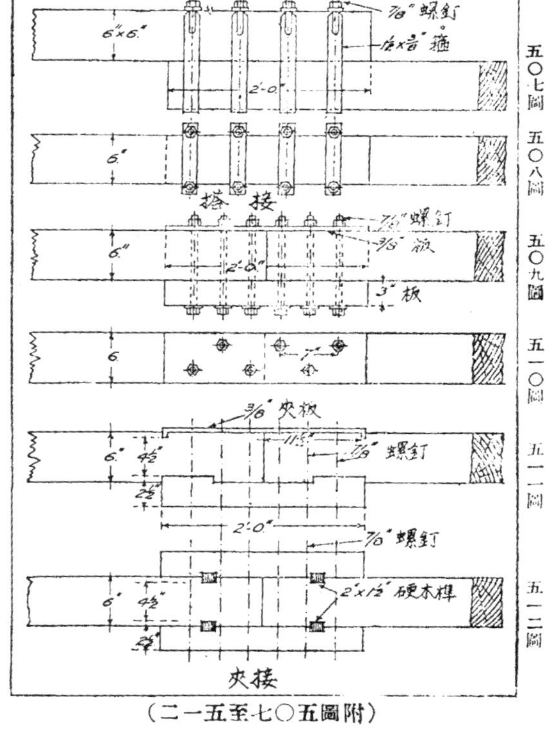

（附圖五〇七至五一二）

第五〇九及五一〇圖爲夾接。係將木材鋸成方形，使兩端相連。置鐵或木夾板於相對之兩面，而用螺釘絞合之。

今假定用七分之螺釘，面積等於六•〇一三方吋。

若在木材面積中祇減去一個螺釘眼，則

木材淨面積　$6(6-\frac{7}{8})$＝30.75方吋

木材抵禦力　$\frac{1120\times30.75}{2240}$＝15.4噸

螺釘複剪面積　$\frac{30.75}{18}$＝1.705方吋

螺釘隻數　$\frac{1.705}{.6013}$＝3隻（每接縫之一邊）

螺釘之抵承托力統制鐵板之厚度；七分螺釘在三分厚之鐵板，其承托抵禦力爲三●六〇九噸。所以用兩塊鐵板等於2×3×3.609＝21.654噸。

此種接縫用於壓應力爲宜。倘用於拉力處，則夾板須伸長至四呎九吋，使木材有足夠之剪力面積，以防螺釘被拉拽之虞。

第五一一圖示又一夾接之法，但夾板伸進木內，其目的使抵剪力增强。於此覺鐵板較木材爲佳，因等長之夾板，其剪力面積較木材爲大。木材之强度，在縱應力之下須減去斲口處之深度。

譬如每個鋸齒口爲六分深，及用七分之螺釘，面積等於〇●六〇一三

木材淨面積　＝6×(6—1.5)＝27方吋

複剪螺釘面積＝1/18×27＝1.5方吋

螺釘隻數　＝1.5÷0.6013＝2.5隻(用3隻螺釘)

夾板面積　＝1/10×27＝2.7方吋

夾板厚度　＝2.7÷2×6＝.225吋用3/8吋

木材抵禦力　＝27×1120＝30200磅

木材兩端夾板接合處之抵剪力＝2×23×6×150＝41300磅

是以上述之接縫適應於拉力。倘夾板用鐵時，則在壓力處亦同樣適宜。設木夾板用於拉力處，必須放長二呎，以增剪力之面積也。

五一三圖　五一四圖　五一五圖　五一六圖　五一七圖　五一八圖　五一九圖

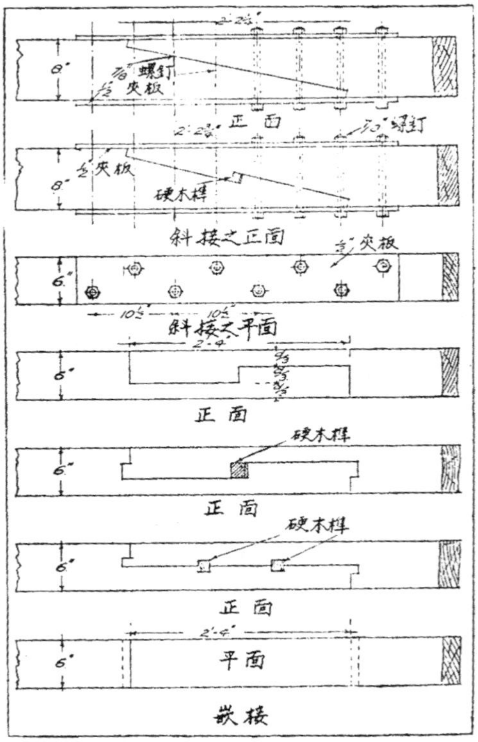

（附圖五一三至五一九）

第五一二圖示木夾接中嵌硬木榫，置於順木紋與應力相横。此種接縫適宜於壓力。倘在拉力處，則夾板較原有長二呎，與前述例題相同。

拉力之接斜

第五一三及五一四圖示用兩塊鐵夾板之斜接，以資抵抗拉應力者；若接合之木材爲深度之一半，則木夾板可以鐵夾板代之。此因啓示其極拙劣之狀態，故寧取鐵夾板以代之也。第五一三圖示平斜接。第五一四圖係有斲口之斜接中嵌硬木榫者，後者並將接合處拉緊。平斜接取其製作時消費少，而在拉拽接縫相合至螺釘在原位時，又與普通情形無異，且無困難。接縫破壞之趨向(一)被拉力拉過一螺釘之眼；(二)被剪力切斷螺釘，大概發生此種情形者爲單剪；(三)木材被剪力所破壞，因此將螺釘拉出。因之接縫在上述三種情形之下，須具有相等之抵禦力。用七分螺釘其面積。

為〇・六〇一三方吋

木材淨面積 $=8\times(6-\frac{7}{8}\text{吋})=41$方吋

木材抵禦力 $=\dfrac{41\times1120}{2240}=36.6$噸

單剪螺釘面積 $=\dfrac{36.6}{10}=3.66$方吋

$\frac{7}{8}$吋螺釘隻數 $=\dfrac{3.66}{.6013}=6.1$隻(用7隻)

用八隻螺釘使之中線兩邊相等。

鐵板之厚度：

$$2\times t\times\text{闊}\times f=36.6$$

$$t=\frac{36.6}{2\times5.125\times7.5}=.475$$

用½吋厚鐵板

木材之剪力面積，大概以三分之二之深度為有效，及木材之剪力沿螺釘之兩線者。所以

$$\frac{l\times\frac{2}{3}\times8\times2\times150}{2240}=36.6$$

$$l=\frac{36.6\times2240\times3}{2\times8\times2\times150}$$

$$l=51.25\text{吋}$$

倘螺釘之距為10½吋，及木材之斜接為26¾吋，殊適合於拉力之三種情形。接縫之効力

$$=\frac{\text{木材淨斷面}}{\text{木材原斷面}}$$

$$=\frac{41}{48}=85\frac{1}{2}\%$$

第五一六至五一九圖之三種接縫，適合於木材不多縱長之應力者，因其斷面鋸去大部材料，則接縫之効能減少至夥矣。此種接縫即稱之曰平嵌接，殊適宜於小木工程中之木材接長。

鑲做 彎樑形之圓頂，屋面，中心及標準之起重機式塔，及木架梁之橫桁，均用垂直薄板層以經濟方法建造之。

第五二〇至五二五圖示用平板層拱，其應用有如木橋之支持桿件在一六十呎之跨度。

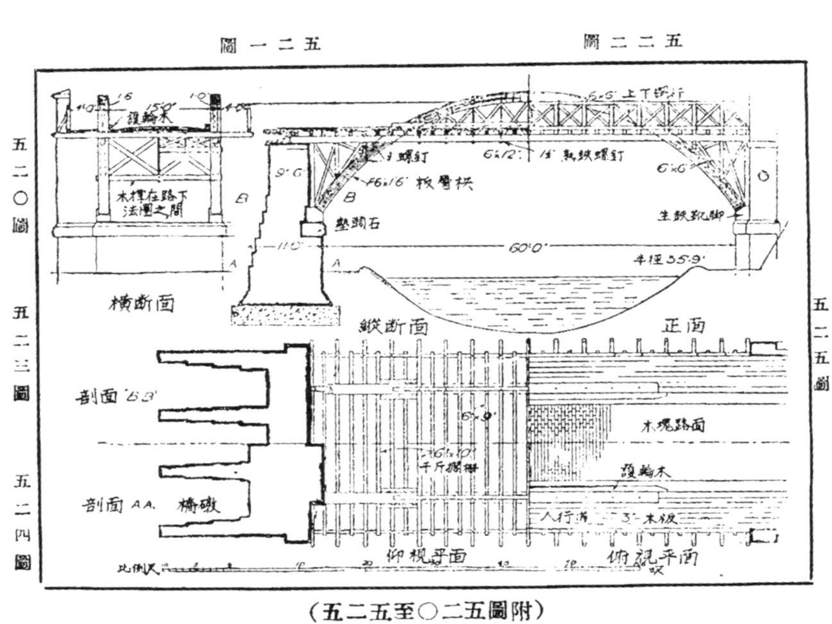

(附圖五二〇至五二五)

彎樑用六薄板層構造，每塊三吋厚，彎成三十五呎九吋半徑之弧形。其端末穩置在砌於橋礅兩端之生鐵靴脚上。薄板層用二排二呎中距之六分螺釘絞合。薄板層之接縫須距離相等，約爲八呎，及任何斷面不能超過一個接縫。用垂直薄板層之鑲做方法，其効用有二：(一)接縫較少；(二)木紋之接連少間斷。

此種彎樑之强度，可作一實體等深之彎樑視之，惟其厚度則等於各塊之和減去一。

支持橋樑之車道，係用六吋×十二吋之木料建造於彎樑拱，及其穿越後者之中心。外力傳佈於拱腰，係由豎直撑頭之樑之下部至拱之上部，樑之中部用螺釘絞合於拱頂，在螺釘與撑頭間用斜撑支持，見五二二圖；因此彎樑與橋礅更形堅固，並可避免彎樑拱有彈直之趨勢。在彎樑之拱腰處用斜撑支持於車道之下，見第五二二圖。

用六吋×九吋之木樑支持車道，俾使伸長挑出於彎樑之外作爲人行道，車道中心須有足夠之隆起，彎形之木條即釘於木樑之上；其上再釘以三吋厚木板一層，在此木板層上則舖以木塊用瀝青嵌縫成路面。爲避免車輪撞碎彎樑起見，置堅硬之護輪木於其傍。人行道之欄杆擱置於木樑之上，在每間隔之木樑置一斜撑，見五二○圖。

横互應力　當橋樑之跨度過大時，須用整個木樑構成架形，是以每個桿件均感受及縱長應力，至若接縫之設計，雖極盡巧思與高貴之能事，然亦不能適用矣。

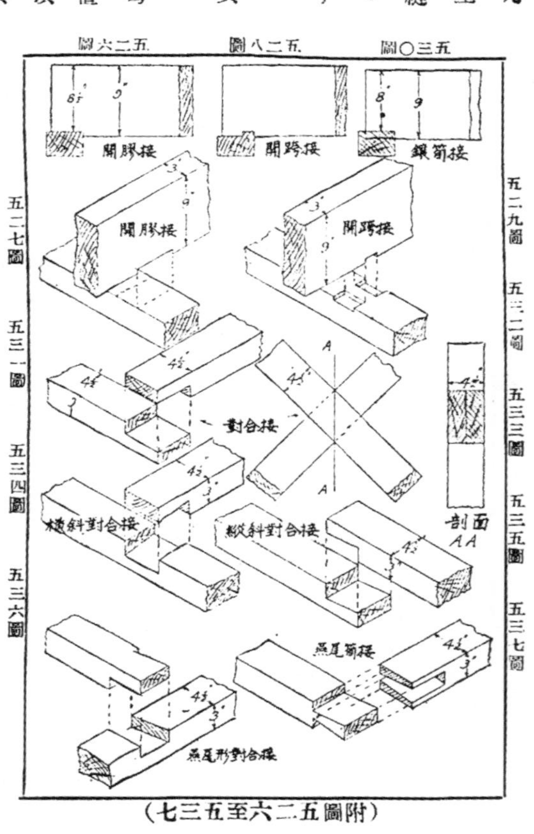

（附圖五二六至五三七）

（附圖五三八至五四四）

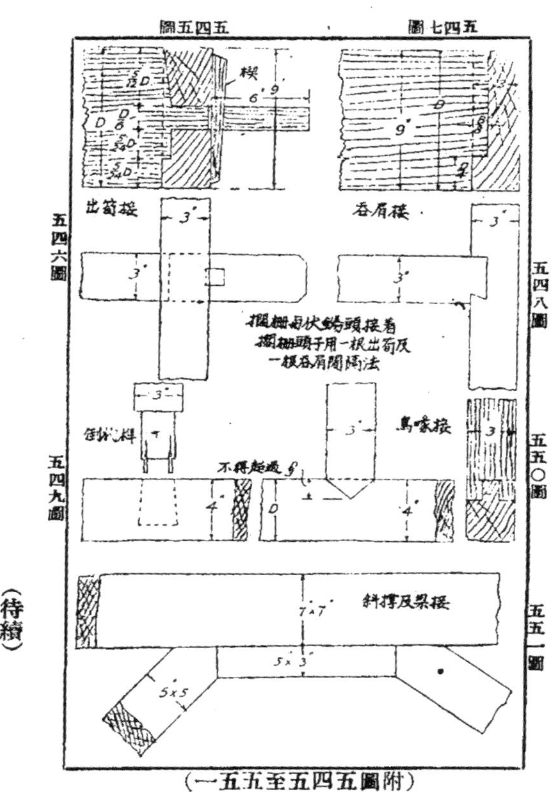

（附圖五四五至五五一）

（待續）

上海公共租界工部局工務處報告

上年十二月份有二百十六處房屋建築

根據上海工部局工務處報告：滬市商業，漸有向榮之趨勢。試觀上年十二月份一個月中有二百十六處房屋建築工程之進行，同時有一百五十四份建築圖樣，請求營造執照，其中七十八份業已審核合格，頒給執照，准予開工建造。

在山西路東首之蘇州河一帶，鋼筋混凝土壩之上段壩身，與鋼筋欄干礅子等，均已澆擣水泥。烹飪與針線中區公立女子學校之建築，亦已竣工，且待裝置暖氣，水管，煤氣電氣等之設備。

沙競路屠宰場之殺豬場建築，工程及一切設置均在順利進行中。場之建築，將次完工，設備方面，約已裝置過半。牲畜檢驗所之加添工程，其柏油牛毛毡屋頂，業已完成；鋼窗已裝就。內部佈置，亦已裝配就緒。

虹橋路之肺病療養院全部工程，除南面陽臺外，業已告竣。內部裝修正在建築中。他如暖氣，管子及電氣，均將次第告成；而舊屋陽臺口之撲蓋棚，亦已支起矣。

河南路臨時救火車間，已經完工，業由救火會接收。公平路人力車捐照處接出之棚，亦已完竣。

工部局之旗杆，本在黃浦灘。現移至跑馬廳，並經運動委員會之許可，作爲紀念該場之創辦人。

十二月份路上垃圾共掃去一千二百五十八噸。溝渠中挖去汚泥一千三百六十六噸。澆灑馬路之洒水車共耗去水八萬六千四百介侖。洗掃街路用去水共六十四萬九千八百介侖。

平面圖

這所住宅，既很古雅，又是動人。無疑地，能抓住一般業主們的心理。

這所簡單而別饒奇趣的住屋，治英國式與腦門式於一爐。地盤及各個房間的佈局，十足顯示出適合於現代美國人的生活。下層有特大之起居室，上層三個臥室，都有充分的空氣流通，這是它的特點。

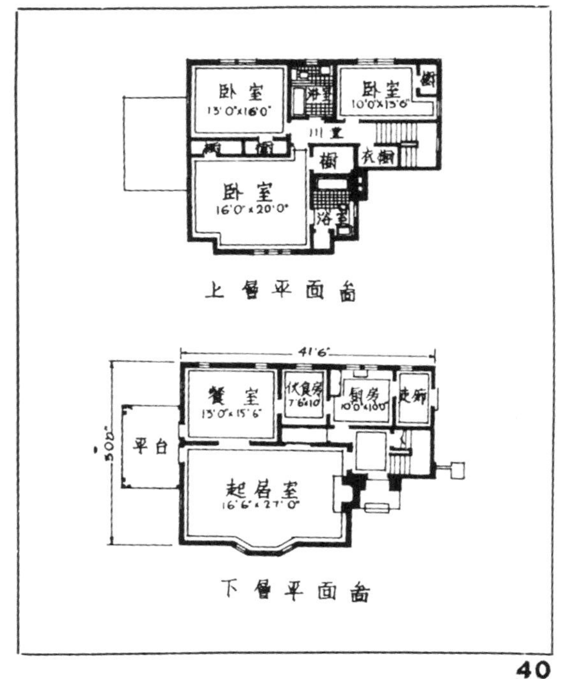

上層平面圖

下層平面圖

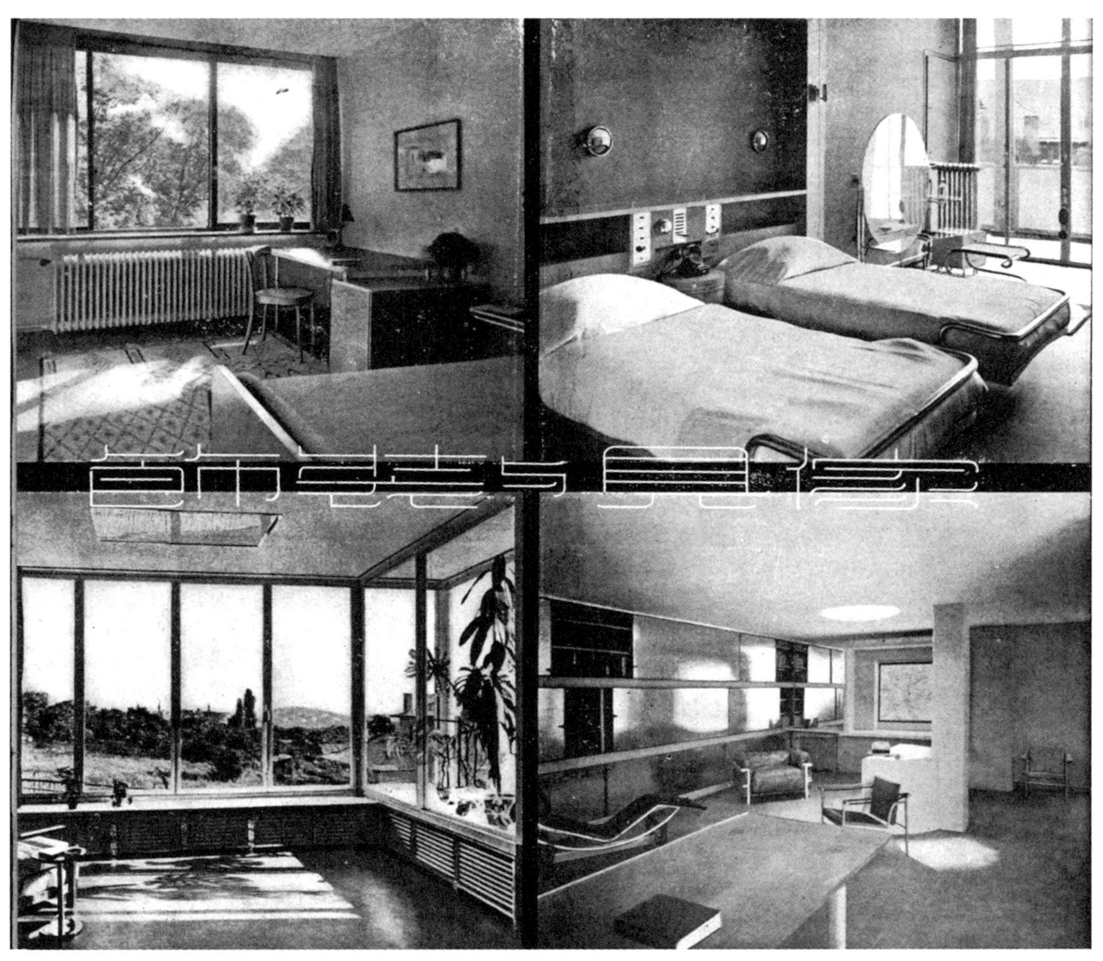

1 公寓臥室佈置之一種

光線充足，空氣清新，加以窗外景色宜人，室內溫暖如春，佈置之適宜，可謂盡善盡美。

2 公寓臥室之又一式

活動之臥具，可以收斂自如，既便利，又淨潔，佐以玻璃及五金之飾物，尤覺雅潔宜人。

3 日光室與養花房

四週配以玻窗，利用卓越之地位，頗適宜於花木之培栽。

4 起居室之佈置

壁間書櫥，配用硬木扯門，頗覺別饒風味。

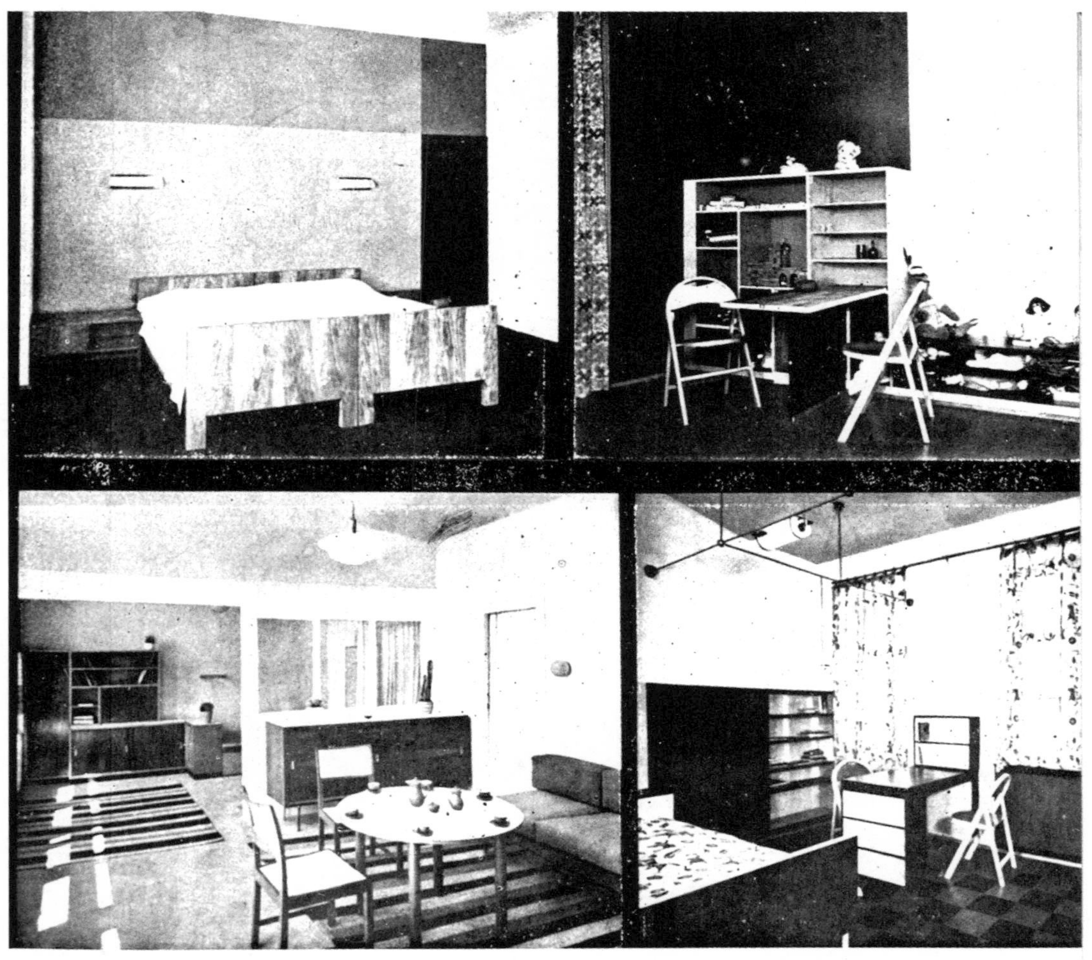

1 新型之臥室佈置

將牆壁漆成數種顏色，此種生動之背景，所以與臥具之色調相諧和也。

2 兒童玩耍室之一角

3 餐室與起居室

此佈置簡潔而又適用之進膳與起居兩用室，頗合經濟之原則。

4 臥室之一角

此臥室之佈置，雖似嫌繁多，然亦不失生動之目標。

上海市建築協會第四屆會員大會攝影

專載

本會第四屆會員大會

本會第四屆會員大會，已於上年十一月二十八日下午三時，假座上海南京路大陸商場七樓正誼社舉行，除到會員一百餘人外，並有市黨部代表楊家麟等，出席指導。公推陳松齡應興華陶桂林賀敬第江長庚姚長安等爲主席團。主席領導行禮如儀後，首由應興華委員代表主席團致開會詞，繼由賀敬第委員報告會務及刊務，應興華委員報告附設正基建築工業補習學校校務概況、陳松齡委員報告全部賬略。末由市黨部楊代表致訓詞，語多激勉。次修訂會章，全文二讀通過，並無修改　繼卽照章改選職員，由市黨部代表監選。選舉結果：計（一）執行委員九人：陶桂林（五〇票）江長庚（四八票）陳松齡（三七票）應興華（三六票）謝秉衡（三六票）竺泉通（三五票）賀敬第（三三票）湯景賢（三二票）孫德水（二七票）；（二）候補執行委員三人：姚長安（二　票）王皋蓀（九票）陳士範（五票）；（三）監察委員三人：陳壽芝（一六票）邵大寶（一二票）陶桂松（一一票）；（四）候補監察委員二人：杜彥耿（一〇票）盧松華（一〇票）。當場宣誓就職，由市黨部代表監誓。至七時攝影散會。

附本會兩年來大事記

▲二十四年三月十一日　實業部函請將現行度量衡法各種單位名稱及定義等，發表意見。推杜彥耿湯景賢二委員研究報告。

▲五月七日　杜湯二委員將修訂度量衡制度意見書擬就，開會審查通過，繕送實業部。

▲五月十五日　接上海特別市黨部訓令，限期設立識字學校。

▲五月二十一日　議決在馥記營造廠南京路大新公司工程處及陶桂記營造廠南京路永安公司工程處，各設識字學校一班。

▲六月十日　附設識字學校開始授課。

▲九月十七日　決議舉辦建築學術演講會，推陳松齡杜彥耿湯景賢江長庚四委爲籌備員。

識字學校修業期滿，請市黨部識字教育協進會派員抽考。

▲十一月三日　假座南京路大陸商場梵皇渡俱樂部舉行第一次建築學術演講會，請上海市工務局長沈君怡博士演講，題爲「中國建築界應有之責任」。

▲十一月二十四日　下午七時在本會交誼廳舉行第一次全體會員年會。

▲二十五年三月十二日　參加葉恭綽等發起之「中國建築展覽會」，列爲團體發起人。

▲四月十二日　中國建築展覽會在上海市中心區博物館及中國航空協會新廈開幕，本會送圖樣百餘件參加展覽。

▲四月十九日　中國建築展覽會閉幕。

▲五月二十二日　參加中國航空協會購機祝蔣壽委員會爲發起人。

▲六月十六日　聯合上海市營造廠業同業公會，上海市木材業公會及浦東同鄉會發起「張效良先生追悼會」，推陳松齡應興華江長庚杜彥耿四委代表本會參加籌備會。

▲八月二十九日　張效良先生追悼會在馬浪路通惠小學舉行。

▲九月八日　議決製造模型。

▲十月十三日　本會與保裕保險公司聯合舉辦建築職工團體意外傷害保險。

▲十一月二十四日　聯合上海市營造廠業同業公會發起籌募援綏捐款。

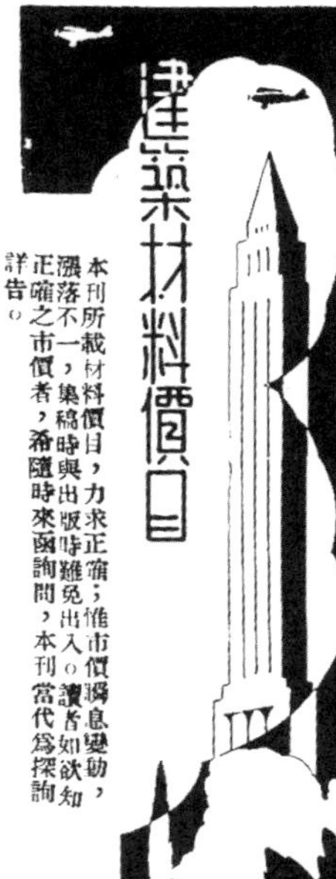

本刊所載材料價目，力求正確；惟市價瞬息變動，漲落不一，集稿時與出版時難免出入。讀者如欲知正確之市價者，希隨時來函詢問，本刊當代爲探詢詳告。

磚 瓦

(一) 空心磚

規格	價格
十二寸方十寸六孔	每千洋二百十元
十二寸方九寸六孔	每千洋一百九十元
十二寸方八寸六孔	每千洋一百六十元
十二寸方六寸六孔	每千洋一百二十五元
十二寸方四寸四孔	每千洋八十元
十二寸方三寸三孔	每千洋六十五元
九寸二分方六寸六孔	每千洋六十五元
九寸二分方四寸半三孔	每千洋五十元
九寸二分方三寸三孔	每千洋四十元
四寸半方九寸二分四孔	每千洋三十二元
九寸二分四寸半三寸二孔	每千洋二十元
九寸二分・四寸半・二寸半・二孔	每千洋十九元
九寸三分・四寸半・二寸・二孔	每千洋十八元

(二) 八角式樓板空心磚

規格	價格
十二寸方八寸八角四孔	每千洋一百八十元
十二寸方六寸八角三孔	每千洋一百三十五元
十二寸方四寸八角三孔	每千洋九十元

(三) 深淺毛縫空心磚

規格	價格
十二寸方十寸六孔	每千洋二百二十五元
十二寸方八寸半六孔	每千洋一百八十九元
十二寸方八寸六孔	每千洋一百八十元
十二寸方六寸六孔	每千洋一百三十五元
十二寸方四寸四孔	每千洋九十元
十二寸方三寸三孔	每千洋七十二元
九寸三分方四寸半三孔	每千洋五十四元

(四) 實心磚

規格	價格
九寸四寸三分二寸半特等紅磚	每萬洋一百三十元
又　普通紅磚	每萬洋一百二十元
八寸半四寸一分二寸半特等紅磚	每萬洋一百三十四元
又　普通紅磚	每萬洋一百十四元
十寸・五寸・二寸特等紅磚	每萬洋一百二十元
又　普通紅磚	每萬洋一百十元
九寸四寸三分二寸特等紅磚	每萬洋一百元
又　普通紅磚	每萬洋九十元
九寸四寸三分二寸二分特等紅磚	每萬洋一百十元
又　普通紅磚	每萬洋一百元
九寸四寸三分二寸二分拉縫紅磚	每萬洋一百六十元
十寸五寸二寸特等青磚	每萬一百三十元
又　普通青磚	每萬洋一百二十元
九寸四寸三分二寸特等青磚	每萬一百十元
又　普通青磚	每萬洋一百元
九寸四寸三分二寸二分特等青磚	每萬一百二十元
又　普通青磚	每萬一百十元

(以上統係外力)

(五) 瓦

品名	價格
一號紅平瓦	每千洋五十五元
二號紅平瓦	每千洋五十元
三號紅平瓦	每千洋四十元
一號青平瓦	每千洋六十元
二號青平瓦	每千洋五十五元
三號青平瓦	每千洋四十五元
西班牙式紅瓦	每千洋四十五元
西班牙式青瓦	每千洋四十八元
英國式灣瓦	每千洋三十六元
一號古式元筒青瓦	每千洋六十元
二號古式元筒青瓦	每千五十元

(以上統係連力)

品名	價格
新三號青放	每萬洋五十三元
新三號老紅放	每萬洋六十三元

以上大中磚瓦公司出品

輕硬空心磚

規格	價格	每塊重量
十二寸方十五寸四孔	每千洋二八八元	卅六磅
十二寸方十寸四孔	每千洋二三六元	廿六磅
十二寸方八寸二孔	每千洋一七七元	十九磅半
十二寸方六寸二孔	每千洋一三三元	十七磅
十二寸方四寸二孔	每千洋八十九元	十四磅

十二寸方三寸二孔　每千洋七十元　十三磅半

九寸三分方八寸三孔　每千洋九十三元　十二磅

九寸三分方六寸三孔　每千洋七十元　九磅半

九寸三分方四寸半三孔　每千洋五十四元　八磅五

九寸三分方三寸二孔　每千洋五十元　七磅五

硬磚

二寸二分四寸五分九寸半　每萬洋一〇五元　六磅

二寸二分四寸一分八寸半　每萬洋八十五元　四磅半

以上長城磚瓦公司出品

鋼條

四十尺四分普通花色　每噸一四〇元

四十尺五分普通花色　每噸一二六元

四十尺六分普通花色　每噸一三二元

四十尺七分普通花色　每噸一三六元

四十尺一寸普通花色　每噸一三六元

盤圓絲　每市擔六元六角

泥灰石子

象牌水泥　每桶洋六元三角

泰山水泥　每桶洋五元七角

馬牌水泥　每桶洋六元角元

拔灰　每擔洋一元二角

黃沙　每噸洋三元

石子　每噸洋三元半

木材

洋松　八尺至卅二尺再長照加　每千尺一百二十元

一寸洋松　每千尺洋一百二十二元

寸半洋松　每千尺洋一百二十三元

洋松二寸光板　無市

四尺洋松條子　每萬根洋一百六十元

一寸四寸洋松一號企口板　每千尺洋一百五十五元

一寸四寸洋松副頭號企口板　每千尺洋二百十元

一寸四寸洋松二號企口板　每千尺洋二百〇五元

一寸六寸洋松一號企口板　每千尺洋一百六十元

一寸六寸洋松副頭號企口板　每千尺洋二百二十五元

一寸六寸洋松二號企口板　每千尺洋一百〇八元

一二五四寸洋松一號企口板　無市

一二五四寸洋松二號企口板　無市

一二五六寸洋松一號企口板　無市

一二五六寸洋松二號企口板　無市

柚木（頭號）僧帽牌　每千尺洋六百元

柚木（甲種）龍牌　每千尺洋五百三十元

柚木（乙種）龍牌　每千尺洋五百元

柚木（旗牌）　每千尺洋五百三十元

柚木（盾牌）　每千尺洋四百八十元

硬木　無市

硬木（火介方）　每千尺洋一百八十五元

柳安　每千尺洋一百九十元

紅板　每千尺洋一百六十元

抄板　每千尺洋一百八十元

十二尺三寸六八皖松　每千尺洋七十元

十二尺二寸皖松　每千尺洋七十元

一二五四寸柳安企口板　每千尺洋二百十元

一寸六寸柳安企口板　每千尺洋二百十元

一二五四寸企口紅板　無市

二寸一寸半建松片　市尺每千尺洋八十元

九尺四分建松板　市尺每丈洋五元

九尺八分建松板　市尺每丈洋八元五角

六尺半五分青山板　市尺每丈洋五元

品名	價格
本松毛板	市尺每塊洋三角五分
本松企口板	市尺每塊洋三角七分
六尺半二分杭松板	市尺每丈洋二元四角
七尺半二分甌松板	市尺每丈洋二元五角
六尺半八分皖松板	市尺每丈洋六元
九尺八分皖松板	市尺每丈洋七元
六尺半五分皖松板	市尺每丈洋四元八角
台松板	市尺每丈洋五元
七尺半四分坦戶板	市尺每丈洋三元二角
七尺半三分坦戶板	市尺每丈洋三元
六尺二分機鋸紅柳板	市尺每丈洋二元九角
六尺三分毛邊紅柳板	市尺每丈洋二元九角
六尺二分俄松板	市尺每丈洋三元
六尺半二分俄松板	市尺每丈洋三元二角
七尺半毛邊二分坦戶板	市尺每丈洋二元一角
六尺半五分機介杭松	市尺每丈洋四元九角
白松方	每千尺洋九十五元
紅松方	每千尺洋一百十五元
麻栗方	每千洋一百三十五元
啞克方	每千洋一百三十五元
俄麻栗板	每千尺洋一百四十元

五金

(一) 釘

品名	價格
美方釘	每桶洋二十元〇九分
平頭釘	每桶洋二十元八角
中國貨元釘	每桶洋六元五角

(二) 防水粉及牛毛毡

品名	價格
建業防水粉（軍艦）	每磅國幣三角
雅禮避水漿	每介侖一元九角五分
雅禮避水粉	每介侖一元九角五分
雅禮避水漆	每介侖三元二角五分
雅禮紙筋漆	每介侖三元二角五分
雅禮避潮漆	每介侖三元二角五分
雅禮透明避水漆	每介侖四元二角
雅禮膠珞油	每介侖四元
雅禮保地精	每介侖四元
雅禮保木油	每介侖二元二角五分
雅禮快燥精	每介侖二元

（以上出品均須五介侖起碼）

品名	價格
五方紙牛毛毡	每捲洋二元八角
半號牛毛毡（馬牌）	每捲洋二元八角
一號牛毛毡（馬牌）	每捲洋三元九角
二號牛毛毡（馬牌）	每捲洋五元一角
三號牛毛毡（馬牌）	每捲洋七元

(三) 其他

品名	價格
鋼絲網（27"×96" 2¼lbs.）	每方洋四元
鋼版網（8"×12" 六分一寸半眼）	每張洋卅四元
水落鐵（每根長二十尺）	每千尺五十五元
牆角線（每根長十二尺）	每千尺九十五元
踏步鐵（每根長十尺或十二尺）	每千尺五十五元
鉛絲布（闊三尺長百尺）	每捲二十三元
綠鉛紗（同上）	每捲洋十七元
銅絲布（同上）	每捲四十元

水木作工價

品名	價格
木作（包工連飯）	每工洋六角三分
水作（同上）	每工洋六角
水木作（點工連飯）	每工洋八角五分

蘇俄莫斯科之
未來建造房屋計劃

蘇俄自實行十年建設計劃以來，其首都莫斯科之建造房屋章程，亦頗多改訂之處；蓋房屋建造，關係建設之推進至大也。雖在過去五年中，約有二千萬方呎面積之房屋建造；但在未來之十年中，預料莫斯科可有一萬六千五百萬方呎之面積、加建房屋，其趨勢將使無數小住宅，改造大型建築，如學校，戲院，商場，公共建築，及事務所建築等，因蘇俄處處爲公衆着想也。（敦）

建築月刊

THE BUILDER

中華郵政特准掛號認為新聞紙類

內政部登記證警字第二五五四號

第四卷 第九號

民國二十五年十二月發行

刊務委員 江長庚 陳壽芝 姚長安

主編 杜彥耿

廣告 藍克生 (A. O. Lacson)

發行 上海市建築協會 南京路大陸商場六二〇號 電話九二〇〇九號

印刷 新光印書館 上海聖母院路聖達里三〇號 電話七四六三五號

定價

每月一冊 全年十二冊

訂購辦法	價目	郵費 本埠	郵費 外埠及日本	郵費 香港澳門 國外
零售	五角	二分	五分	一角八分
預定全年	五元	二角四分	六角	二元一角六分

二十六年
勤鐵廠股份有限公司之新貢獻
山脊住宅之美化佈置
勤
鉛絲網籬
築建園高
二十二之工程籬網
網絲鉛鋅鍍圍外圖上
物品出新最廠本係籬
化美觀美樣式款堅質
也籬網此無能不宅住
總廠
上海楊樹浦臨青路
電話 五〇二二四
五〇一六七

永光油漆
出品
厚漆
調合漆
凡立水
水牆粉
乾牆粉
地板蠟
其他花色繁多不勝備載
註冊商標
狗牌
牛牌
熊牌
羊牌
猴牌
特點
原料——多數購自歐美名廠
製造——聘請英國著名油漆專家督製
品質——優良並經各大建築師認與舶來品無異
定價——特別低廉
服務——凡遇有油漆工程發生困難問題本公司備有專家可供諮詢
上海永光油漆有限公司
總經理 太古公司 法租界外灘 電話八二〇二〇
瑪瑙石

中國近代建築史料匯編（第一輯）

建築月刊

第四卷 第十期

建築月刊
10
50 CENTS
THE BUILDER

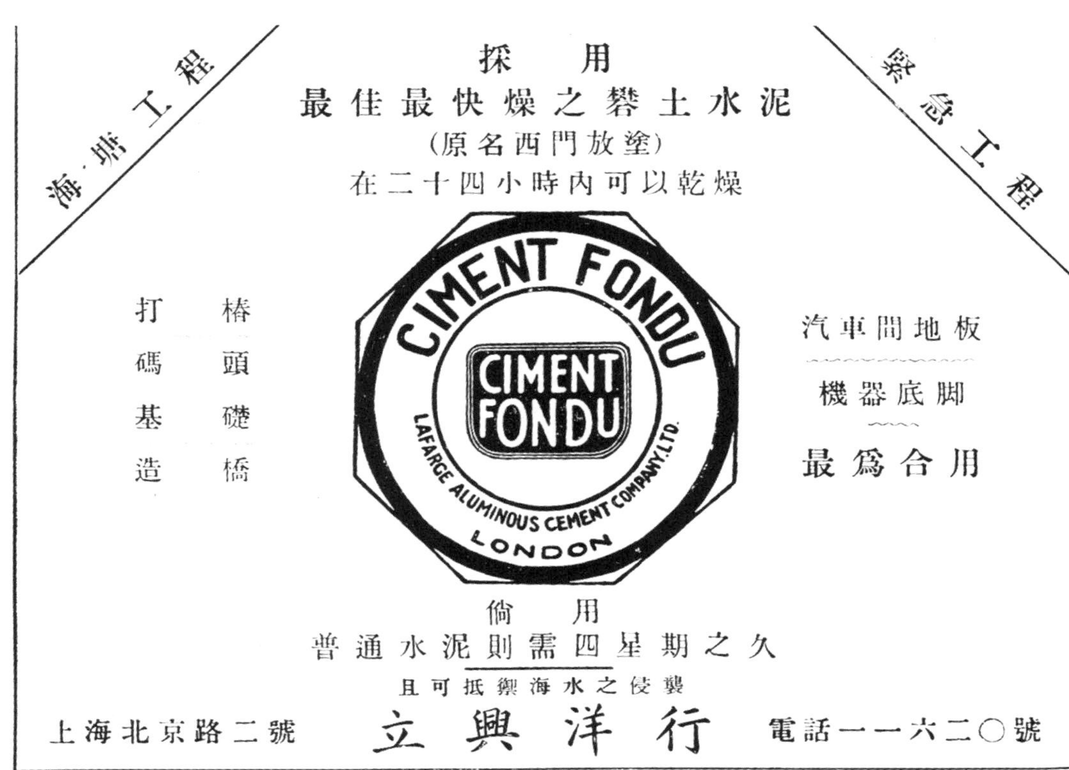
海塘工程
緊急工程
採用
最佳最快燥之礬土水泥
(原名西門放塗)
在二十四小時內可以乾燥
打椿
碼頭
基礎
造橋
CIMENT FONDU
CIMENT FONDU
LAFARGE ALUMINOUS CEMENT COMPANY, LTD.
LONDON
汽車間地板
機器底脚
最爲合用
倘用
普通水泥則需四星期之久
且可抵禦海水之侵襲
上海北京路二號
立興洋行
電話一一六二〇號

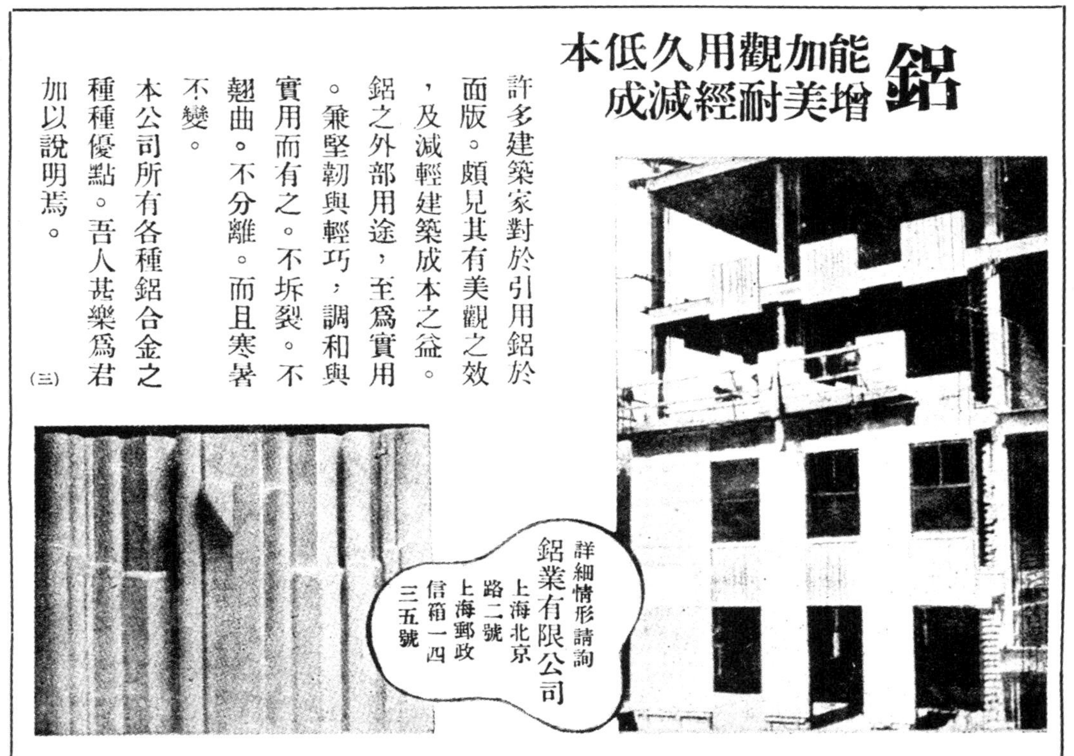
鋁能增加美觀耐用經久減低成本
許多建築家對於引用鋁於面版。頗見其有美觀之效，及減輕建築成本之益。鋁之外部用途，至爲實用。兼堅韌與輕巧，調和與實用而有之。不坼裂。不翹曲。不分離。而且寒暑不變。
本公司所有各種鋁合金之種種優點。吾人甚樂爲君加以說明焉。
(三)
詳細情形請詢
鋁業有限公司
上海北京路二號
上海郵政信箱一四三五號

業已風行全國之

康元廠

四〇四彈子插鎖

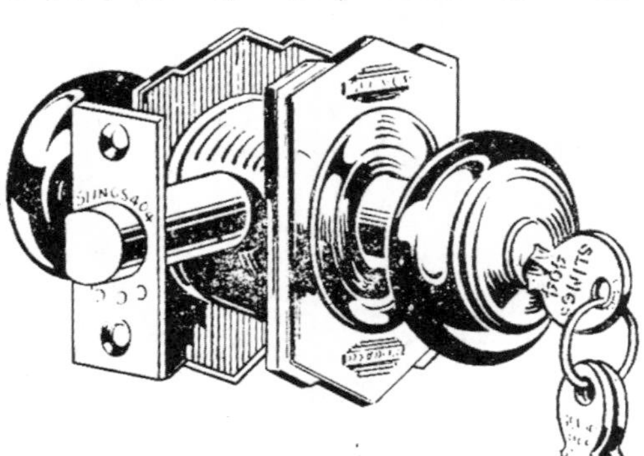

在家庭方面之服務

（一）家防

能使閤府入晚安睡無虞盜竊

（二）點綴

能使府上門景室景平添光輝

在建築方面之服務

（一）添錦

美輪美奐得此點綴無殊錦上添花

（二）取材

建築取材用到此鎖便是名建築師

首腦部縱剖圖

重要機構　纖微畢露

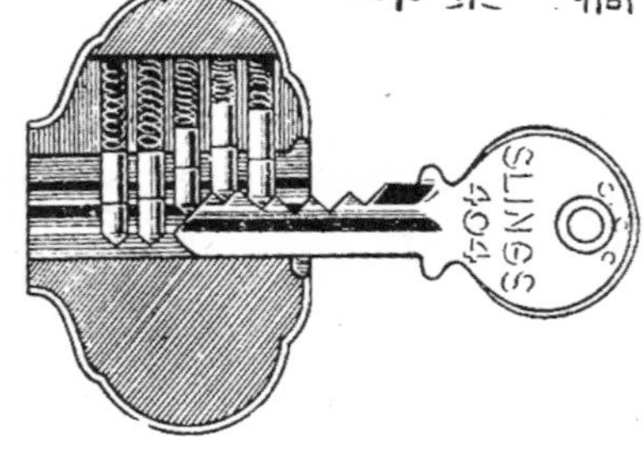

圖（一）鑰匙半入表現彈子與齒匙之關係

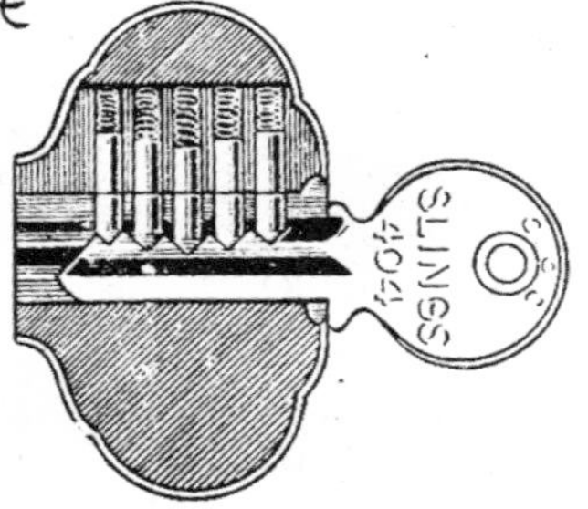

圖（二）鑰匙全入表現直線與鎖斗之關係

總發行所　上海廣東路河南路角二四七號　電話一七八九四

各大五金店均有出售

雅禮避水漿

國產建築物的兩大貢獻

房屋潮濕。能使病菌易於滋生。有礙衛生甚大。雅禮避水漿能使一切水泥建築避水—防潮—耐久。爲地下層、屋頂、游泳池、水塔、水池、庫房等之必需品。曾用於全國大小工程不下數百餘處。

無論水泥、白鐵、油毛毡、瓦磚等屋頂不幸漏水。用雅禮避水漆修理。立卽滴水不漏。經濟簡便。建築工程界一致贊美。

君如感覺現在之居室有潮濕漏水等不良事件請打電話九〇〇五一號卽當派專家前來視察估計免費

南京路大陸商場六二三號

上海雅禮製造廠出品

本廠備有「建築避水法」小冊及出品說明書函索卽寄

雅禮避水漆

國產建築材料展覽會特獎

五千年前偉大壯麗之埃及金字塔，迄今猶巍然聳立，其膠凝材料，據克拉第納布氏所分析，純係採用燒石膏粉，可見石膏粉對於建築上之功能！

本廠所製之三寶牌石膏粉，品質純潔細密，駕乎舶來品之上，極合建築上各種用途。說明書樣品函索卽奉。

上海分銷處 應城石膏公司上海辦事處

上海愛多亞路中匯大樓四樓四〇五號 電話八三七五〇號電報掛號〇七六二

漢口鼎安里三號 應城石膏公司石膏粉製造廠謹啓

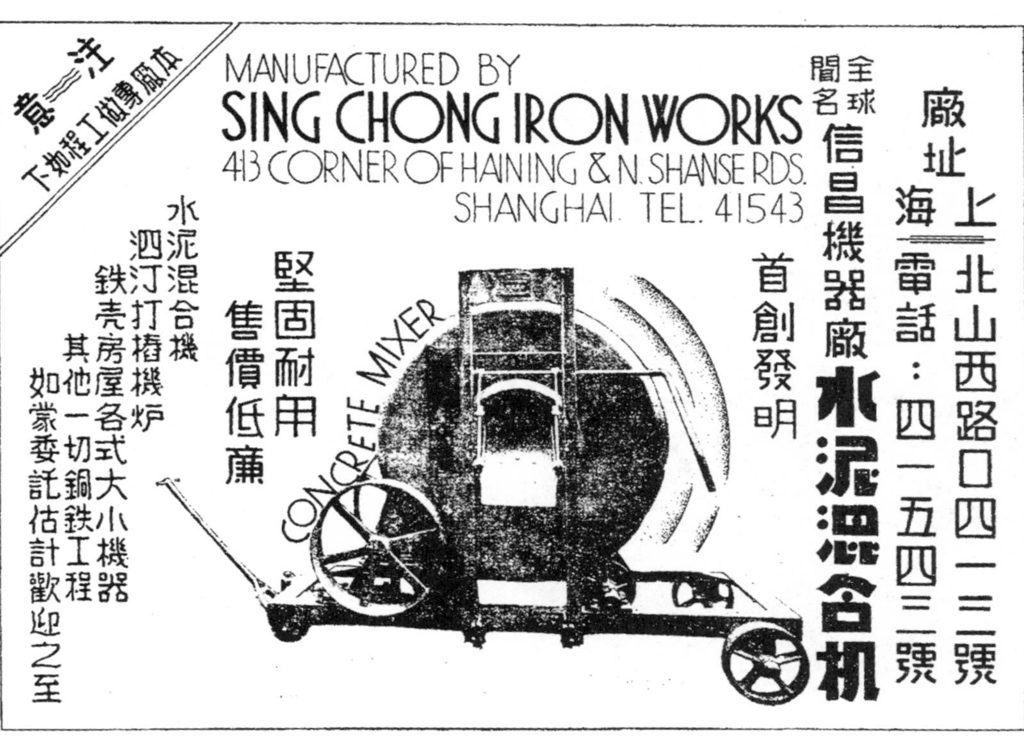

建築界的唯一大貢獻

科學倡明萬象競爭我國建設方興未艾對於電氣建築所用物品向多採自舶來利權外溢數實堪驚本廠有鑒於斯精心研究設廠製造電氣應用大小黑白鋼管月灣開關箱燈頭箱等貢獻於建築界藉以聊盡國民天職挽回利權而塞漏巵當此國難時期務望愛國諸君一致提倡實爲萬幸但敝廠出品曾經實業部註冊批准以及軍政各界中國工程師學會各建築師贊許風行全國質美價廉早已膾炙人口予以樂用現爲恐有魚目混珠起見特製版刊登千乞認明鋼鉗商標庶不致誤

新成鋼管電機製造廠股份有限公司

上海閘北東橫浜路德培里十八號 電話華界四一二四六

樣品及價目單 函索即寄

接洽處：利泰電料行 上海吳淞路三七五號 電話租界四三四七九

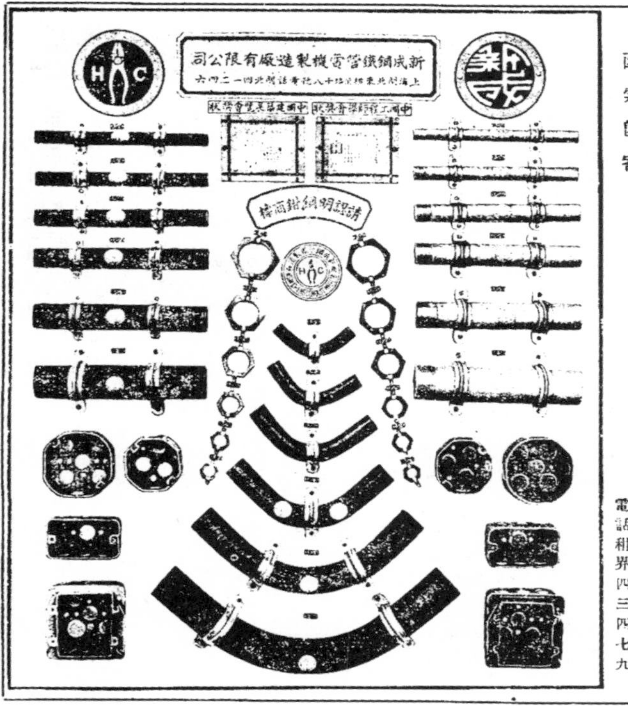

迦陵大樓

採用"恆大"鋼窗鋼門,樹膠美術

地磚及"曼爾沙"油毛毡屋頂及地坑

"DUNCAN'S" Metal Windows

"MOULTILE" Flooring

"MALTHOID" Roofing & Waterproofing Materials

ARE SUPPLIED TO

THE LIZA HARDOON BUILDING

BY

DUNCAN & COMPANY

HAMILTON HOUSE, SHANGHAI.

上海恆大洋行

江西路一七〇號

A. WALKER & CO.

Factory:
120 Chemulpo Road
Phone 51114

Town Office:
110 Central Arcade
Phone 13211

Manufactures of veneered panels, hardwood, figured plwyood, doors, cabinet making & wood work of all discriptions.

Figured hardwood floors, Fireproofing and waterproof Glue.

Designes & estimates submitted on application.

專門製造膠夾板門，硬木，圖案膠合板，門，傢具及其他一切木作工程兼備圖案硬木地板，及避火避水膠質倘承函囑設計估價即當奉答不悞

愛華客洋行

工廠
齊物浦路一百二十號
電話五一一一四

事務所
南京路中央房子一一〇號
電話一三二一一

——英華·華英——

合解建築辭典

定價每部拾元

（寄費二角）

建築工程師胡宏堯著

聯樑算式

▲每冊實售國幣五元

（外埠另加寄費二角）

上海市建築協會出版

建築工程叢書

A-444 "Odin"

元芳洋行

建築材料部

上海四川路一二六弄十號　電話一七四八八號

獨家經理

世界化學工業廠

唯一在滬製造

各種生鐵搪瓷器

衛生設備如廁所面盆，水盤，浴缸等

保證滿意　德國專家監製　價廉物美

目錄

插圖

論著

第四卷第十號

廣告索引

本廠正在建築中之上海南京路四川路口十四層迦陵大廈壯觀

陶記營造廠

DAO KEE & Co.

BUILDERS & GENERAL CONTRACTORS.

本廠專門承造一切大小建築鋼骨水泥房屋堆棧以及碼頭橋樑道路等工程如蒙委託估價或承造毋任歡迎

駐京辦事處
南京中山東路聚興誠銀行二樓
電話二三三三八

Branch Office
1st Floor, Young Bros. Banking Corporation Bldg.
Chung San Tung Road, Nanking.
Tel. 23338

總事務所
上海南京路大陸商場六樓六二六號
電話九四二一四

Head Office
6Th Floor, Room 626 Continental Emporium Bldg.
Nanking Road, Shanghai.
Tel. 94214

上海南京路四川路角正在建築中之迦陵大樓透視圖

建築工程師：德利洋行 世界實業公司

Liza Hardoon Building — Rendering by P. K. Peng of "THE BUILDER".

Architects and Engineers: Percy Tilley Graham & Painter, Ltd.

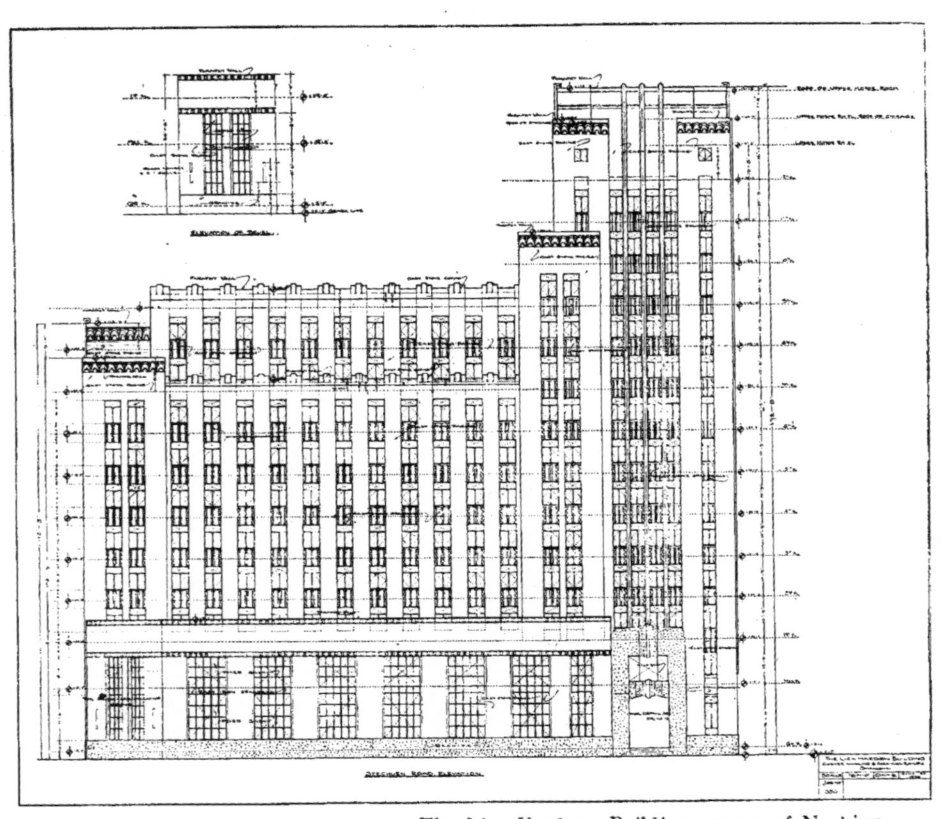

The Liza Hardoon Building, corner of Nanking and Szechuen Roads, Shanghai.

上海南京路四川路角迦陵大樓正面圖

上海南京路四川路角正在建築中之迦陵大樓，佔地二畝餘，屋高十層，塔高十四層，下設地窖，裝置冷暖氣等之機件鍋爐等。屋之構築，全以鋼筋水泥爲主，門面用斫毛水泥假石，勒脚用蘇州產之花崗石，銅門鋼窗，內部裝修，用桃木及柳安。其下層全由美商大通銀行租賃，作爲該行行址，係由南京路大門出入。上部各層爲出租寫字間，共計面積五萬餘方尺，大門闢於四川路。該屋於上年春開始打築樁基，繼於十月間由陶記營造廠承造全部房屋工程，定本年年底完成。屆時黃浦江畔，又將增添一座巍峨之大建築矣。茲將設計該廈之建築師工程師及承造各部工程之總分包商等，臚列如下：

建築師：德利洋行
世界實業公司

承造者：陶記營造廠

打樁工程：新申營造廠

鋼窗鋼門及樹膠地磚工程：恆大洋行

木材：愛華客洋行

磁磚及瑪賽克：益中福記瓷電公司

大理石及磨石子：美藝雲石花磚公司

磚瓦：大中磚瓦公司

2

歡送導淮委員會須總工程師及雷局長赴歐考察水利工程大會

附淮史述要

二十六年一月二十五日晚，上海市建築協會假座八仙橋青年會九樓東廳，餞別導淮委員會須總工程師君悌與雷工程局長曉峯，赴歐攷察水利工程，到者五十餘人。主席張繼光致歡送詞後，由須總工程師演說，茲錄其演詞如後：

須君悌先生演詞

今天承蒙上海市建築協會設讌餞行，自覺萬分榮幸。更藉此機會，與列位建築界前輩，相聚一堂，尤生無限快感，因爲兄弟與建築界有滿懷積愫，苦無傾吐機會，今趁此自可與諸位一談。諸位已往之努力，其成績在在可睹。惟以前較大工程，十九出諸外國工程師之手；現在大都已由國人取而代之，實差堪告慰。而建築界近幾年來在極度困苦環境之下，而成就如是之偉績，尤屬難能可貴。故兄弟深信國人若能如建築界人士堅毅苦幹之精神做去，則國家强盛可立而待。

兄弟服務於導淮委員會，茲將導淮工程向諸位作簡略的報告。

導淮的範圍很廣，所佔地區，若江蘇，安徽，河南，山東等省三十七縣，七千萬人口。轉輾於百年以來淮河失治之災害也，自屬有加無已。從可知淮河之失治，影響於國計民生特甚。然已往百年間因政治經濟之顛沛失序，迄不能將治淮之計，一一施諸實踐。

自國民政府奠都南京以來，鑒於被災區域人民之疾苦，毅然決然定下導治淮河之大計。然導淮問題不只導淮，須牽及黃河運河諸水溝通揚子，方可將淮區一帶大水成災天旱亦災之害除去。

然而談到是項工程，單就土方一項，已是大不可當，勢不能於短時期內完成，而在政府方面，籌得多少款項，增築多少工程，如是以力之所及，逐漸做去。數年以來所成工程既已不少，然與導淮全部工程經費預算二萬萬元之數，距離尚遠，故以後尚有許多工程，需要建築界之努力與服務。

兄弟常感工程師與建築家要合作，此話或有人要問，工程師與建築家現在尚不合作麼？工程師計劃成了圖樣，建築者依照圖樣建築成一座實物，道難這尚不能算作工程師與建築界的合作麼？然而我之所謂合作，除表面之外，尚需要澈底合作的精神。

工程師所設計之圖樣，在實施工程時，多少或有須要糾正之點，俾收避重就輕之效，庶不必多耗物力，人力與時間的錯誤。此則須要實施建築之營造廠，積其過去經驗，傍及陳於當前之實施工作，覺有未妥，儘可不必避諱，應提示工程師申請糾正之。工程師也要虛心接受，不應如現在般工程師與營造廠間，似有階級觀念，橫梗胸際；以為工程師駕乎營造廠之上，只應命令營造廠，斷無接受營造廠建議之可能者，實爲大謬不然。夫工程師之職務，是在以新的學理求工程之穩固永久與經濟，故對實施工作之步驟，亦以能合上述原則爲要旨。工程師暨工人等，尤應與營造廠精誠合作，不應自視過高，致怠工事者；蓋以前無工程師時，亦有偉大之工程，而營造廠包辦工程，自非專造塌房屋塌橋樑者。故箝制過甚，反失合作之效。此種情境，縈迴於心者久矣，苦無傾吐機會。今乘過滬赴歐之便，與諸君一抒積愫，而貴會設讌餞行，拳拳之般，兄弟尤感謝不置者也。

按淮河為中國四瀆之一，本係獨流入海，自南宋黃河奪淮而淮始病，迄清末河棄淮而淮始涸，從此七千萬畝之長淮流域，水去則旱，水來成潦，蓋十年而九災，其為禍亦酷且久矣。此七八十年間，若督臣，紳衿，客卿，其所為復淮導淮之計者良夥，然歸江歸海之爭，役民役軍之議，莫有定策，而工艱費鉅，尤使人望之却步，以是此七八十年間之前人心血，終於僅為導淮計劃之史料，而莫覩工程之實施。迨吳興陳公，以導淮委員會副委員長來主蘇政，銳欲以完成導淮自任，自設計分工籌款募債，徵工開挑，迄茲兩載，幸獲覩初步入海工程之成功，天下快愉之事，有若逾此者乎？然檢討此次成功之因，有可述者數事，當議徵工疏導之始，人人震駭於工程之瀚漫，困難之念，交橫於胸，陳公知難之念，為一切事業成功之賊，思有以破除之，因曰：「無論任何偉大事業，當其開始之際，必須先有決心，認為事在必行，不可一味顧慮」。又曰：「此事成敗，分言之，有關各縣長均應負有相當責任，合言之，自係省政府之責任；均屬無可推諉，惟有先具決心毅力，鼓起勇氣，一往直前，縱有困難，亦不難迎刃而解」。自今計之，中途所遭之困難，雖屬匪尠，然而困難之結果，只益為解除困難方法之增加，曾未嘗影響吾人事工之進展，此則克服困難一念，貫於上下，誠為此次成功之因。

淮史述要

淮古稱四瀆之一，其水獨流入海，不聞有水患，自淮為河奪，入海路塞，瀦為洪澤，旁洩入江，更穿運河以入海，淮始有患。洎河北徙，淮不能自復其故道，為患如故；導之則利，古有徵矣。導淮自禹始，禹既導淮，不立隄防，無所謂洪澤湖及高堰，淮東地平衍，歲月遷遠，水有時旁溢。漢獻帝建安五年，廣陵太守陳登築堰捍淮，此為淮堤立堰之始。魏明帝時鄧艾修白水塘，立三堰，開八水門。晉南北朝白水塘之利亦溥，其西與破釜塘相連。隋煬帝大業中，幸江都，道破釜澗，久旱遇雨流汛，改名洪澤浦；自是破釜塘壞，水北入淮，白水塘亦壞，洪澤名浦，尚未成湖，汛水所鍾，其界不廣。唐慶修治白水塘，置洪澤官屯；築堰，鑿諸涇。宋仁宗時，鑿洪澤渠六十里。神宗熙甯四年，發運副使皮公弼，請復浚治洪澤河，避淮險；起十一月壬寅，盡明年正月丁酉畢工。元豐六月正月戊辰，命發運副使蔣之奇開龜山運河，二月巳未告成，長五十七里。宋室南遷，金人利河南行，河始奪淮。元代因之，明代黃河入淮之流漸盛，沿淮郡邑志乘，屢書淮溢及大水成災。明太宗永樂十三年，平江伯陳瑄，築淮安大河南堤，起清江浦沿鉢池山柳浦迤東，凡四十餘里，又築高家堰，自新莊鎮至越城，計一萬八千一十八丈。河淮下流之有防禦工程，始於此也。英宗正統二年，泗州城東北隄垣崩，水內注，高與簷齊。山陽縣城內行舟，天順中，作山陽浦石鋸牙，殺河淮衝勢。世宗嘉靖二十四年，大河由徐州出淮安，決草灣。三十二年；浚淮安劉伶臺至赤晏廟凡八十里，築塞草灣，建隄磯甃，以備沖擊；淮之下流，水患日急。明穆宗隆慶四年，河決邳睢，淮決高堰，河蹤淮後，逕趨大澗口。六年，漕撫王宗沐，築高家堰，自武家墩至石家莊三十餘里，並塞大澗等決口。神宗萬曆元年，開草灣導河自安東縣至金城五港入海。是年冬王宗沐大修淮安西長堤，計工八千餘丈。四年春，漕撫吳桂芳，大開草灣河浚工萬一千餘丈。五年，清口淤墊，淮水由高堰出黃浦，並決高寶諸隄，六年，大築高家堰，長六十餘里，塞大澗等決口三十三。八年，築王簡口隄，是年冬，潘季馴興築高堰中段石隄。十一年秋，高堰石工完竣，長三千一百餘丈。十三四年，河淮決淮安范家口，灌三城，入射陽湖，全河幾奪，副經科臣常居敬督塞，並砌范家口石隄長二里餘。十七年，淮安草灣河奪正河十之七，至赤晏廟仍歸大河，故河湮淤。十八年，按築安東縣大河南堤。二十一年夏，淮水大漲，高堰決高良澗周家橋等二十二口，高寶諸隄，決口無算。明年築塞。二十三年，夏秋淮漲，開武家墩閘以洩水勢。二十四年春，總河楊一魁役山東河南江北丁夫二十萬，開桃源黃壩新河，長三百

〔接至第五十五頁〕

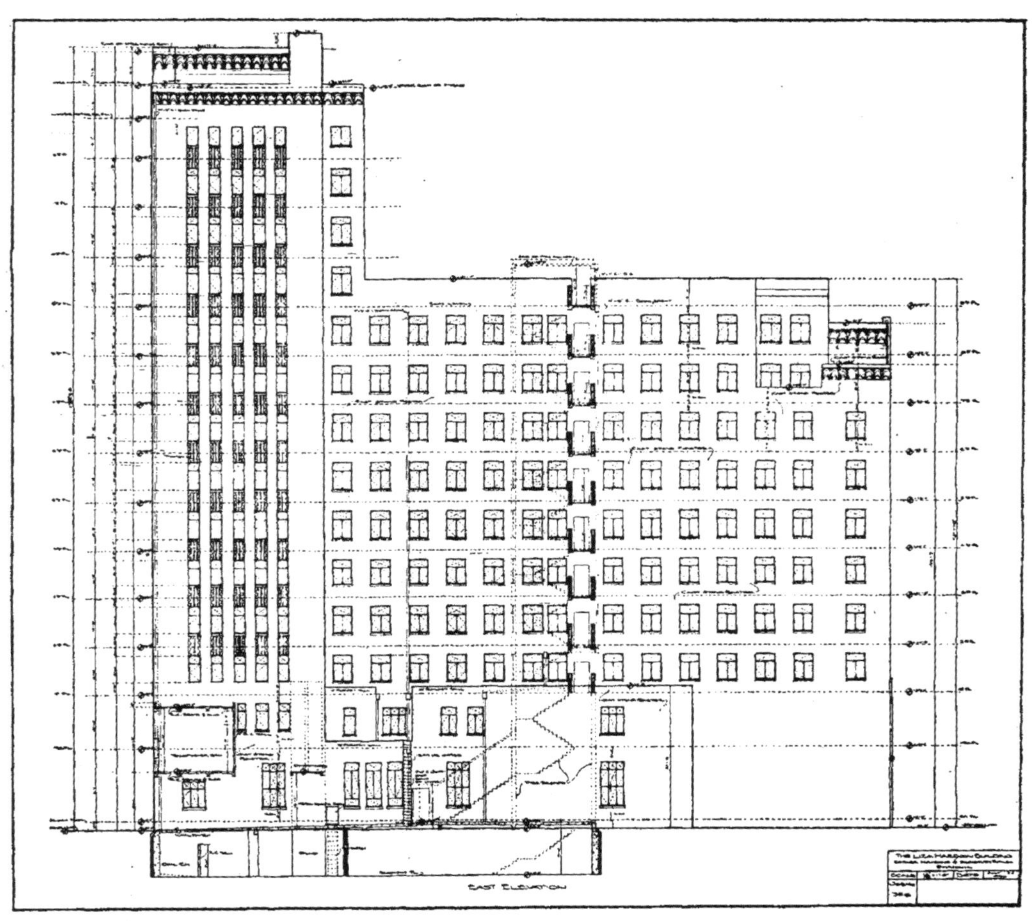

The Liza Hardoon Building, corner Nanking and Szechuen Roads, Shanghai.

上海南京路四川路角迦陵大樓東立面圖

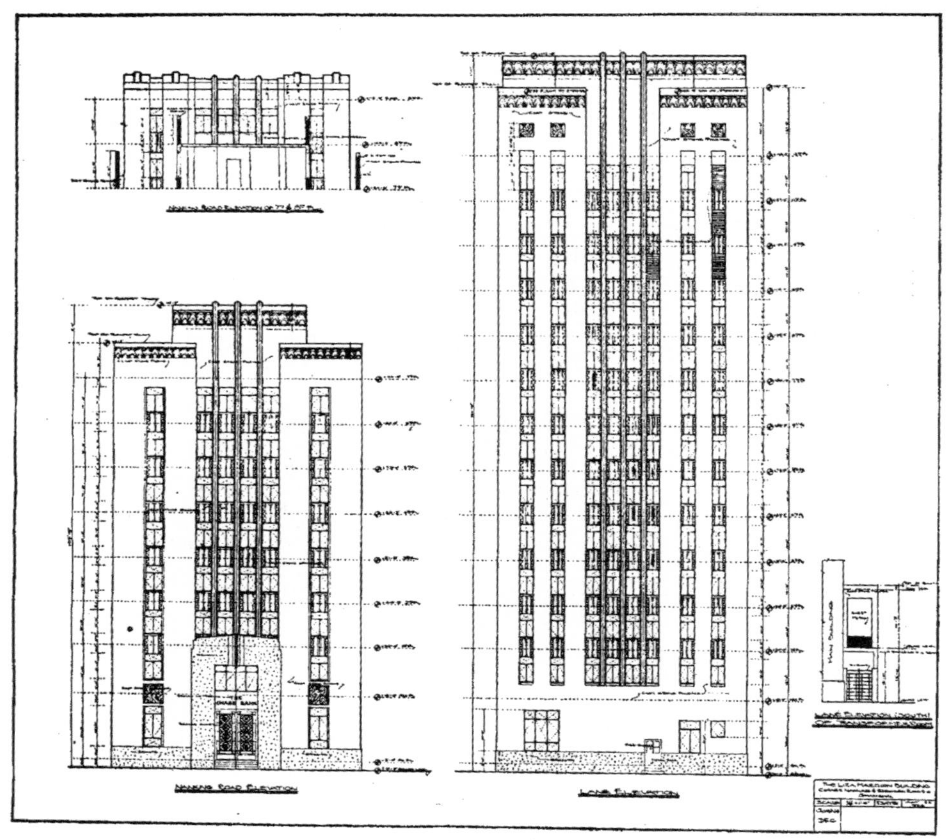

The Liza Hardoon Building, corner Nanking and Szechuen Roads, Shanghai.

上海南京路四川路角迦陵大樓北及南立面圖

6

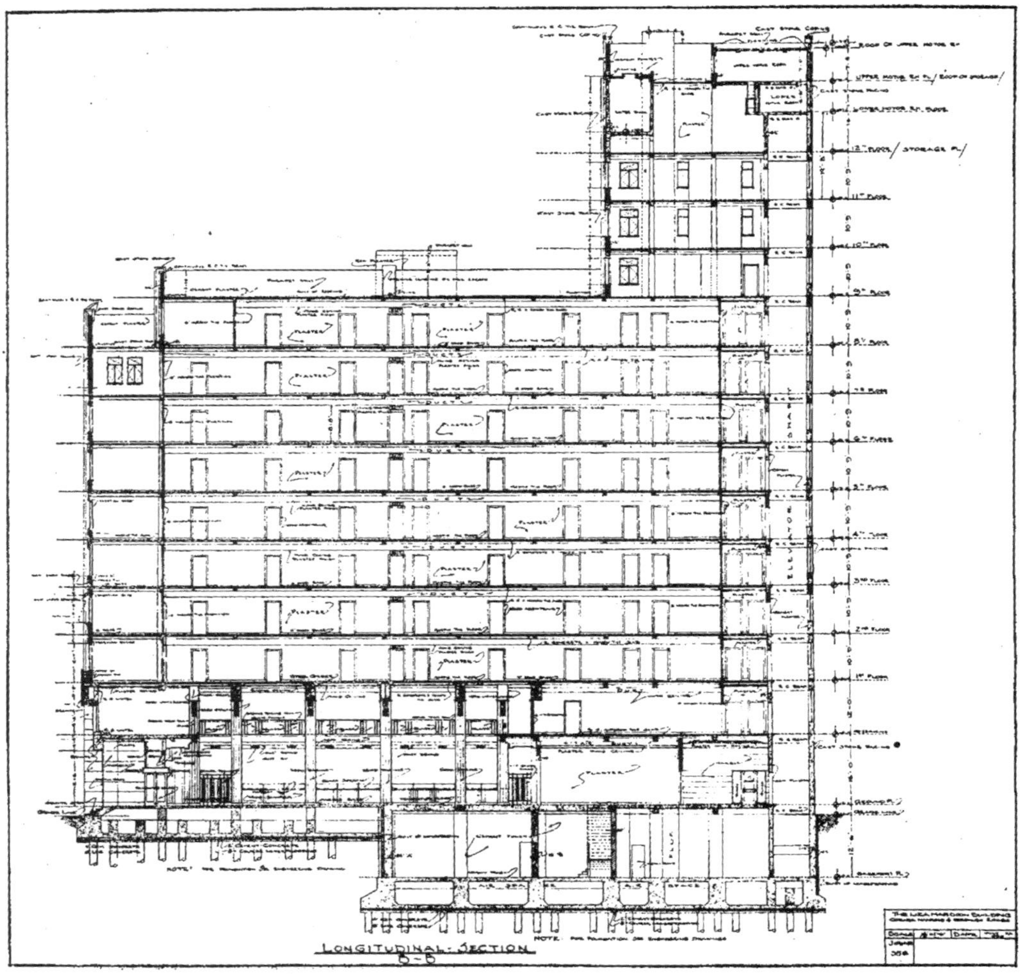

LONGITUDINAL SECTION B-B

The Liza Hardoon Building, corner Nanking and Szechuen Roads, Shanghai.

上海南京路四川路角迦陵大樓剖面圖

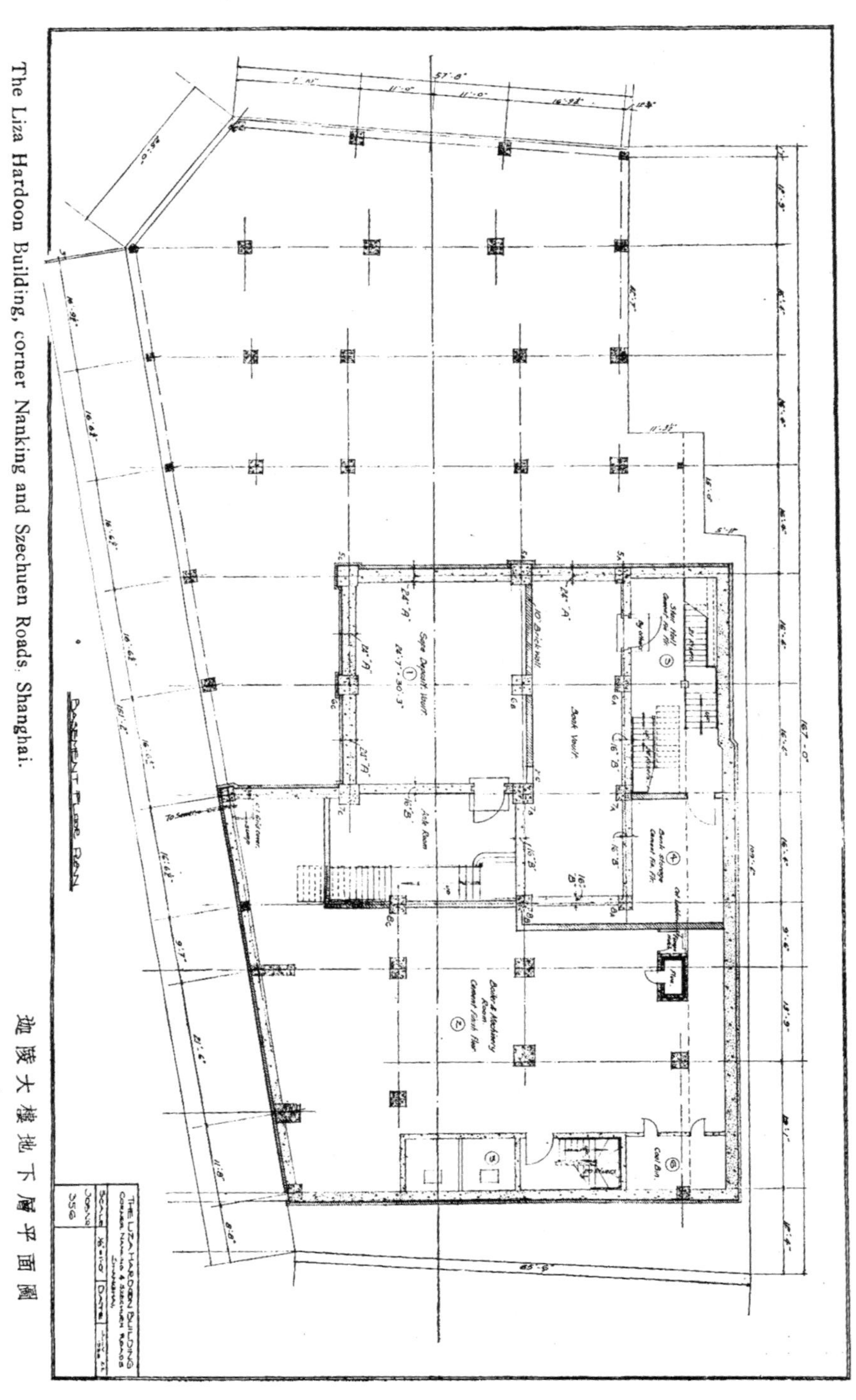

The Liza Hardoon Building, corner Nanking and Szechuen Roads, Shanghai.

迦陵大樓地下層平面圖

The Liza Hardoon Building, corner Nanking and Szechuen Roads, Shanghai.

GROUND FLOOR PLAN

迦陵大樓下層平面圖

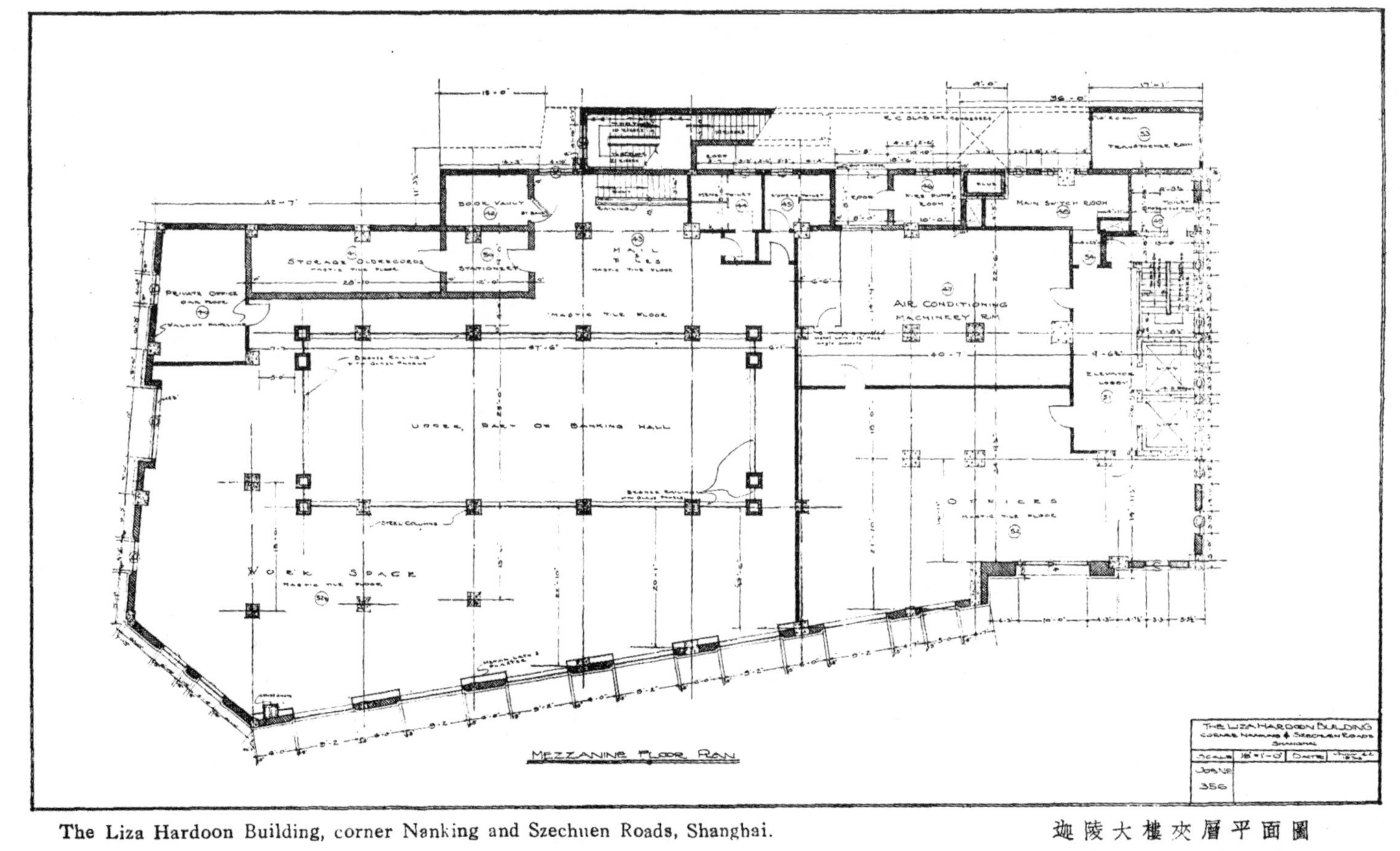

The Liza Hardoon Building, corner Nanking and Szechuen Roads, Shanghai.

迦陵大樓夾層平面圖

The Liza Hardoon Building, corner Nanking and Szechuen Roads, Shanghai.

迦陵大樓第一層至第六層平面圖

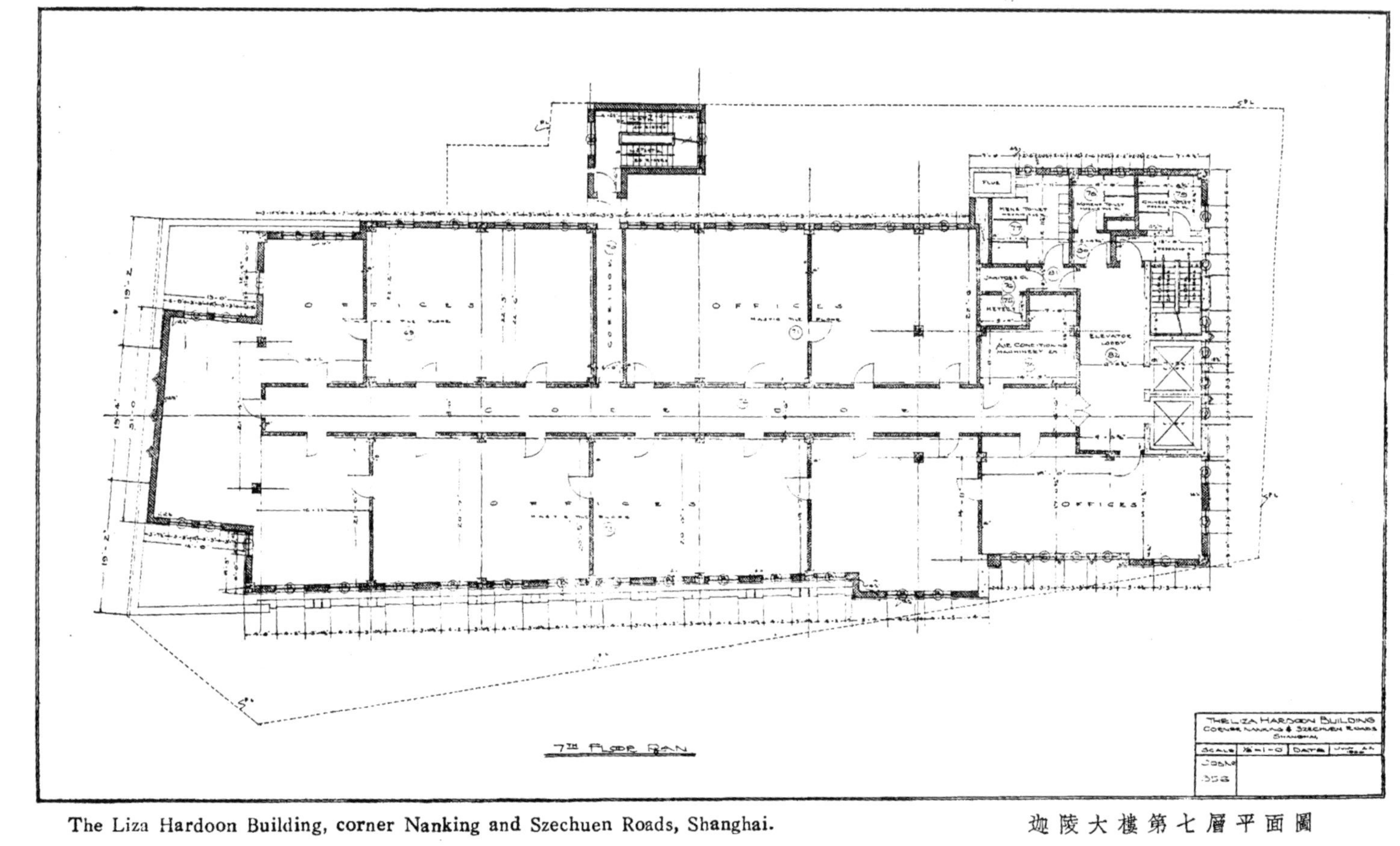

The Liza Hardoon Building, corner Nanking and Szechuen Roads, Shanghai.

迦陵大樓第七層平面圖

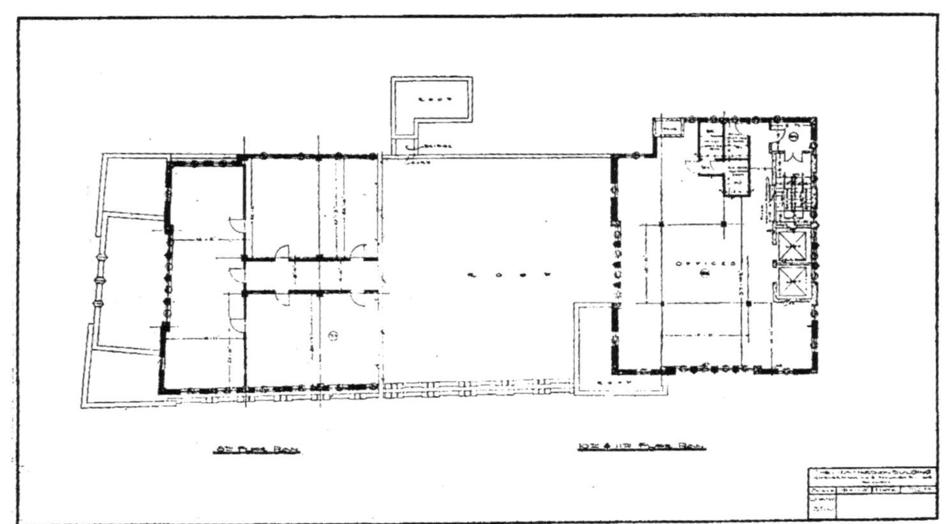

迦陵大樓第八層及第十層第十一層平面圖

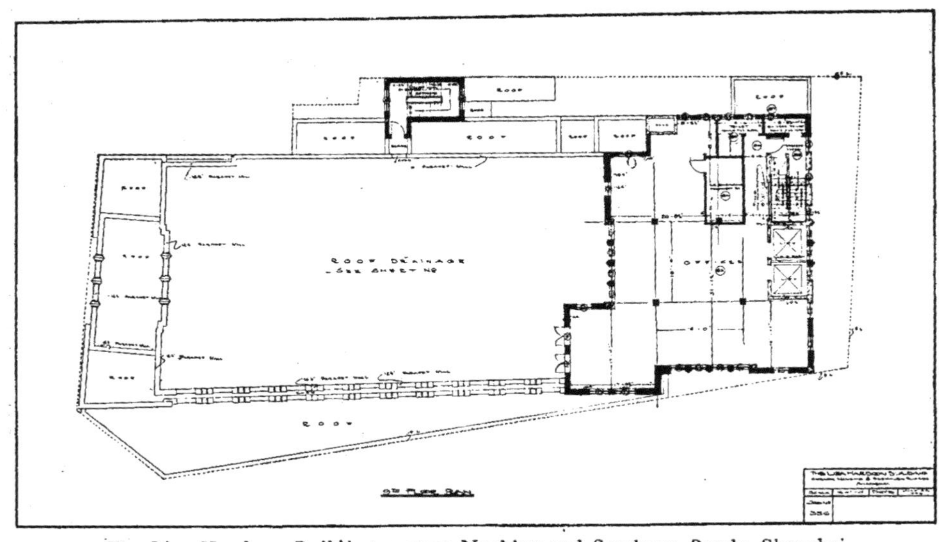

The Liza Hardoon Building, corner Nanking and Szechuen Roads, Shanghai.

迦陵大樓第九層平面圖

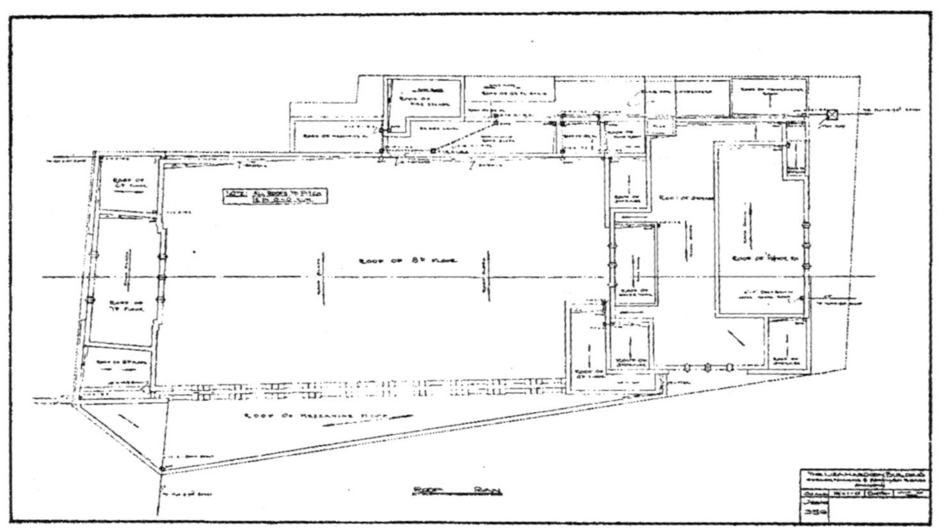

迦陵大樓屋頂平面圖

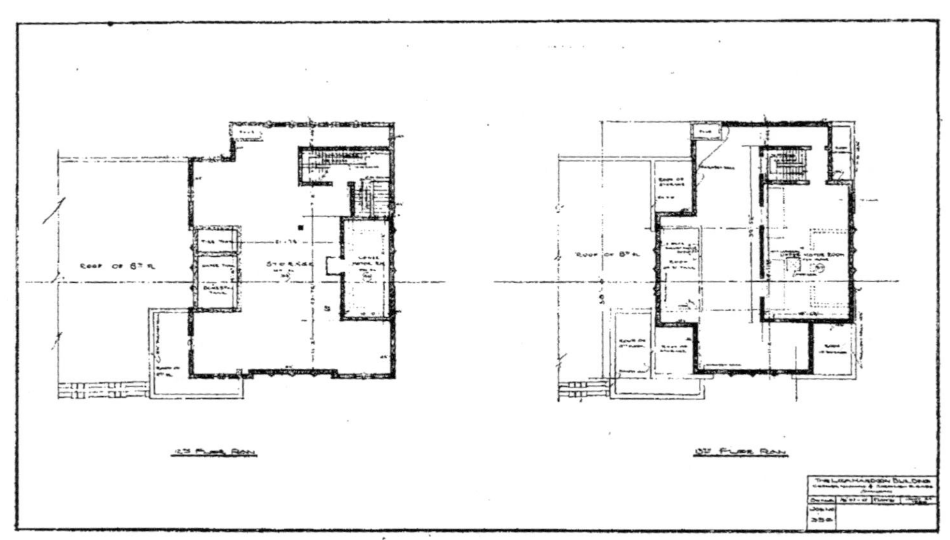

The Liza Hardoon Building, corner Nanking and Szechuen Roads, Shanghai.

迦陵大樓第十二層及第十三層平面圖

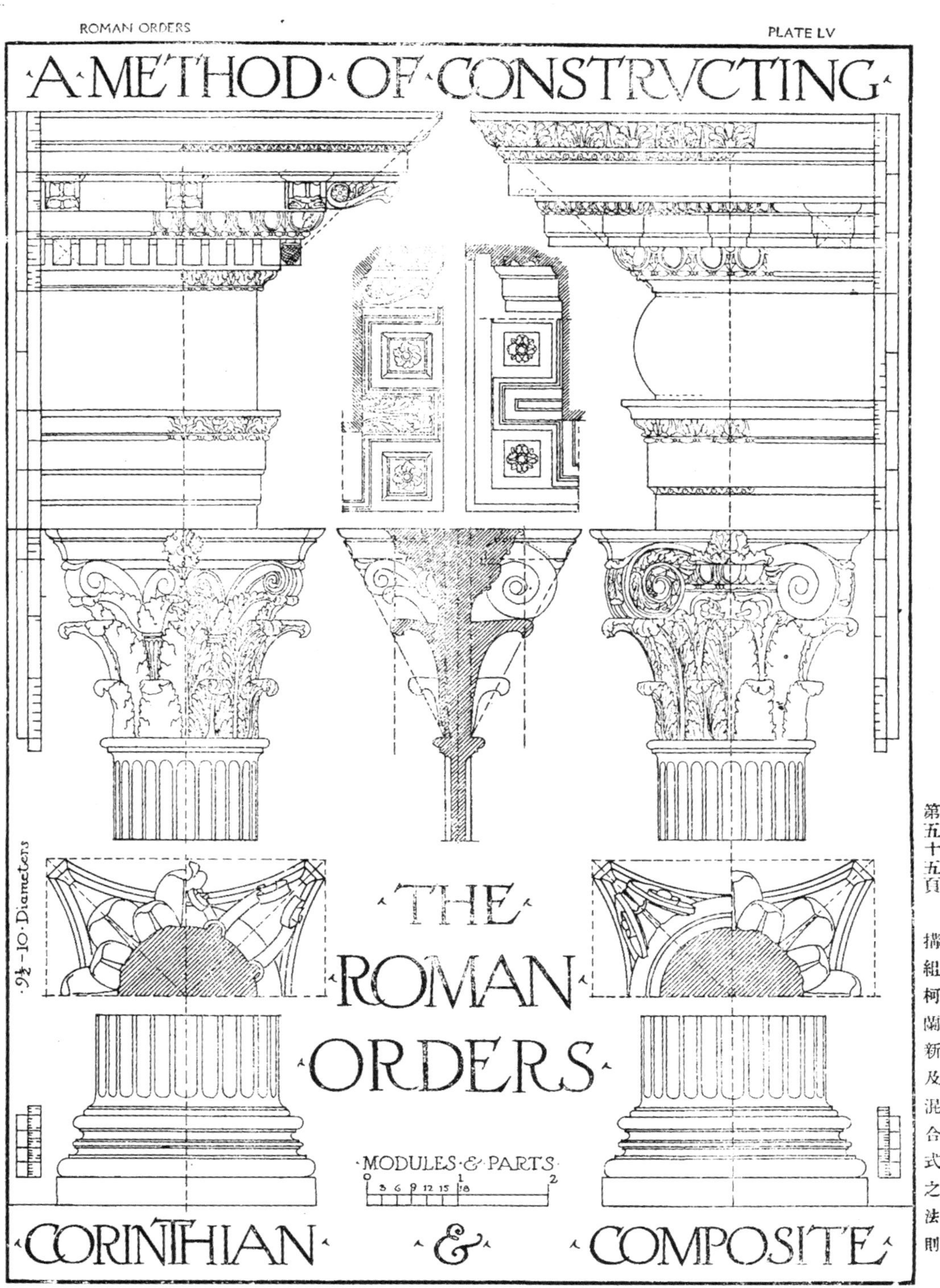

第五十五頁 構組柯蘭新及混合式之法則

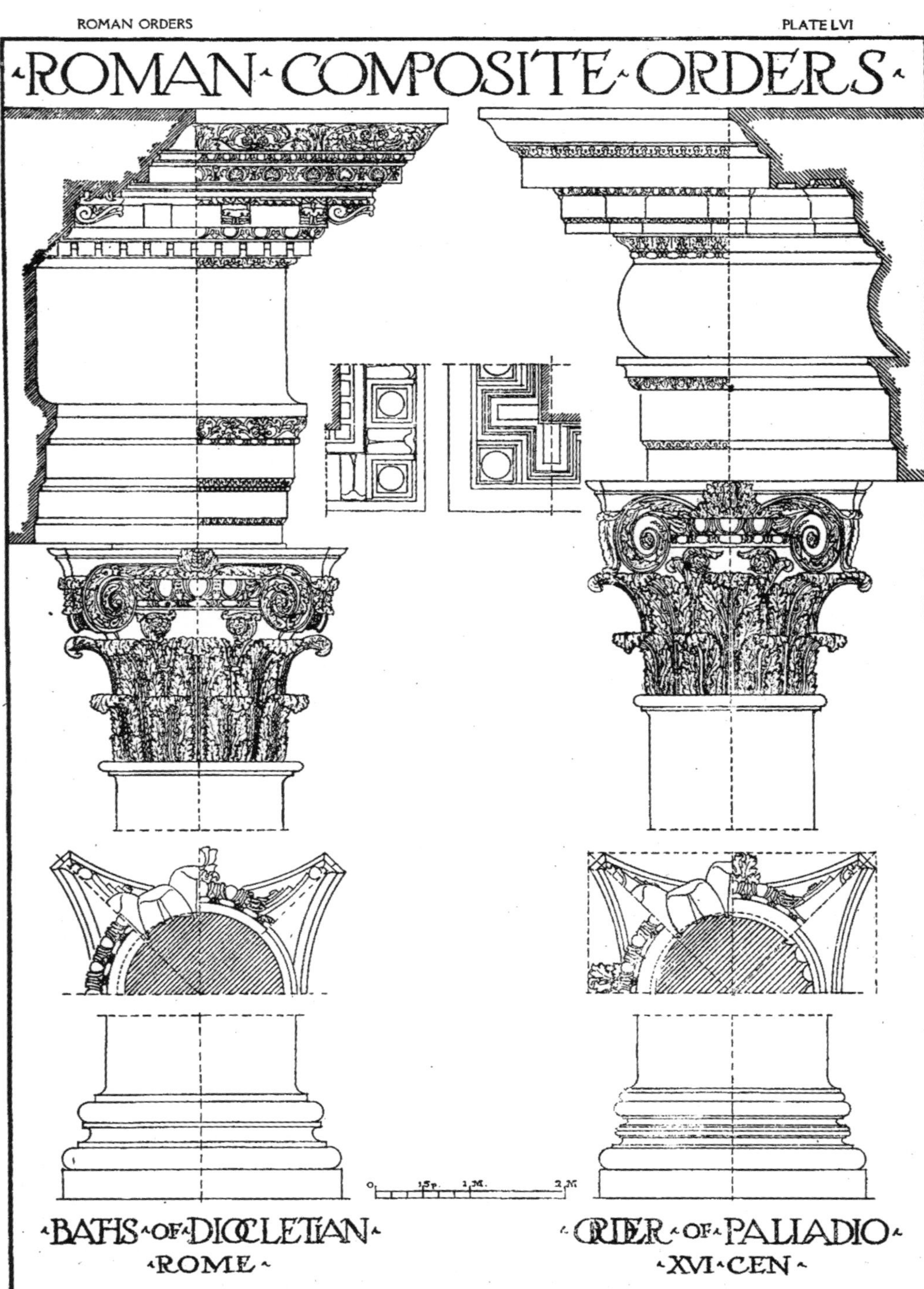

第五十六頁　依據帕拉第奧式之戴克里先浴場之混合法式

上海靜安寺路詳羅架舞場剖面圖

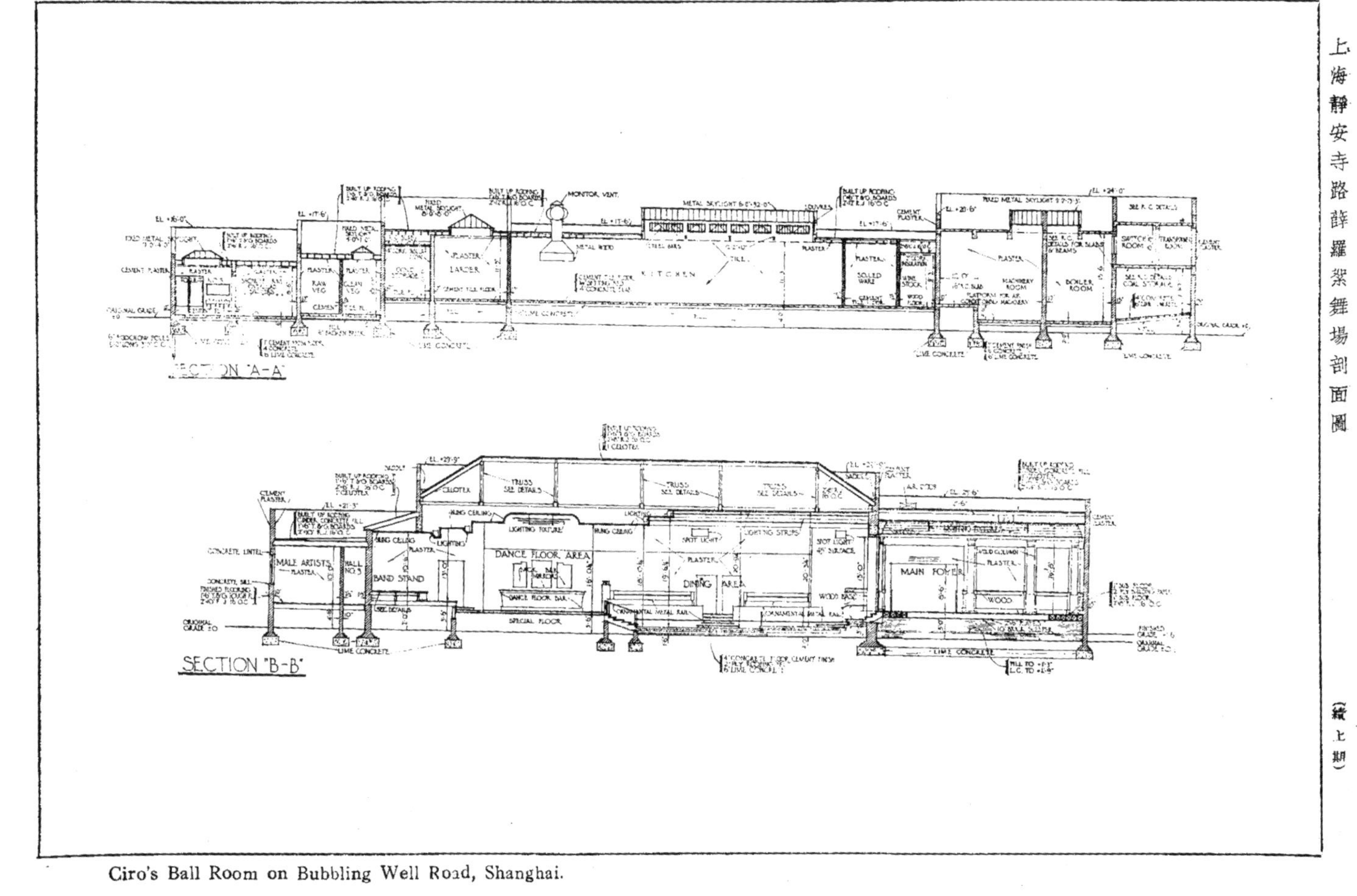

Ciro's Ball Room on Bubbling Well Road, Shanghai.

（續上期）

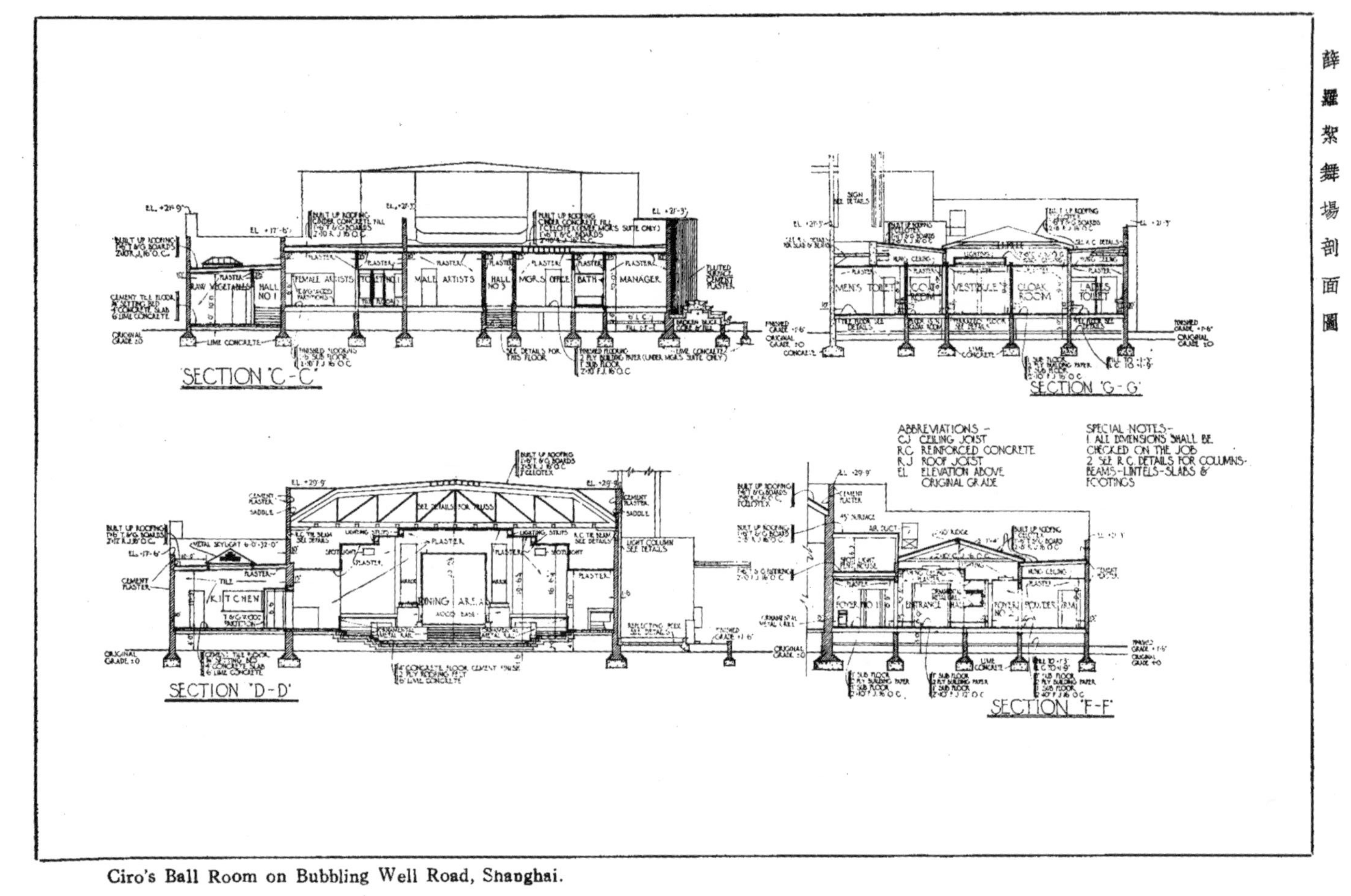

Ciro's Ball Room on Bubbling Well Road, Shanghai.

薛羅舞場剖面圖

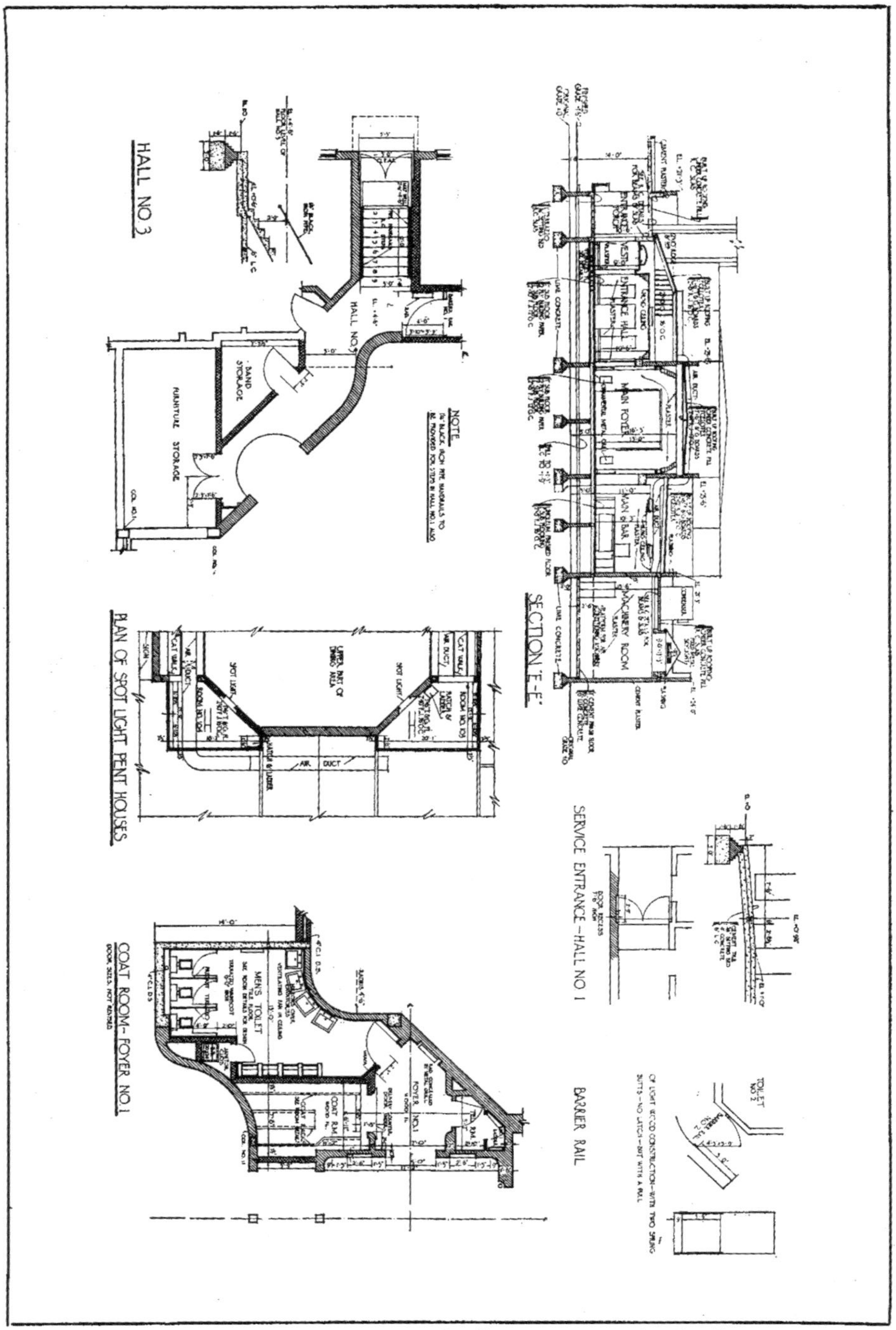

薛羅架舞場剖面圖及其他

Ciro's Ball Room on Bubbling Well Road, Shanghai.

SECTION E-E

HALL NO 3

PLAN OF SPOT LIGHT PENT HOUSES

SERVICE ENTRANCE-HALL NO 1

BARRIER RAIL

COAT ROOM-FOYER NO.1

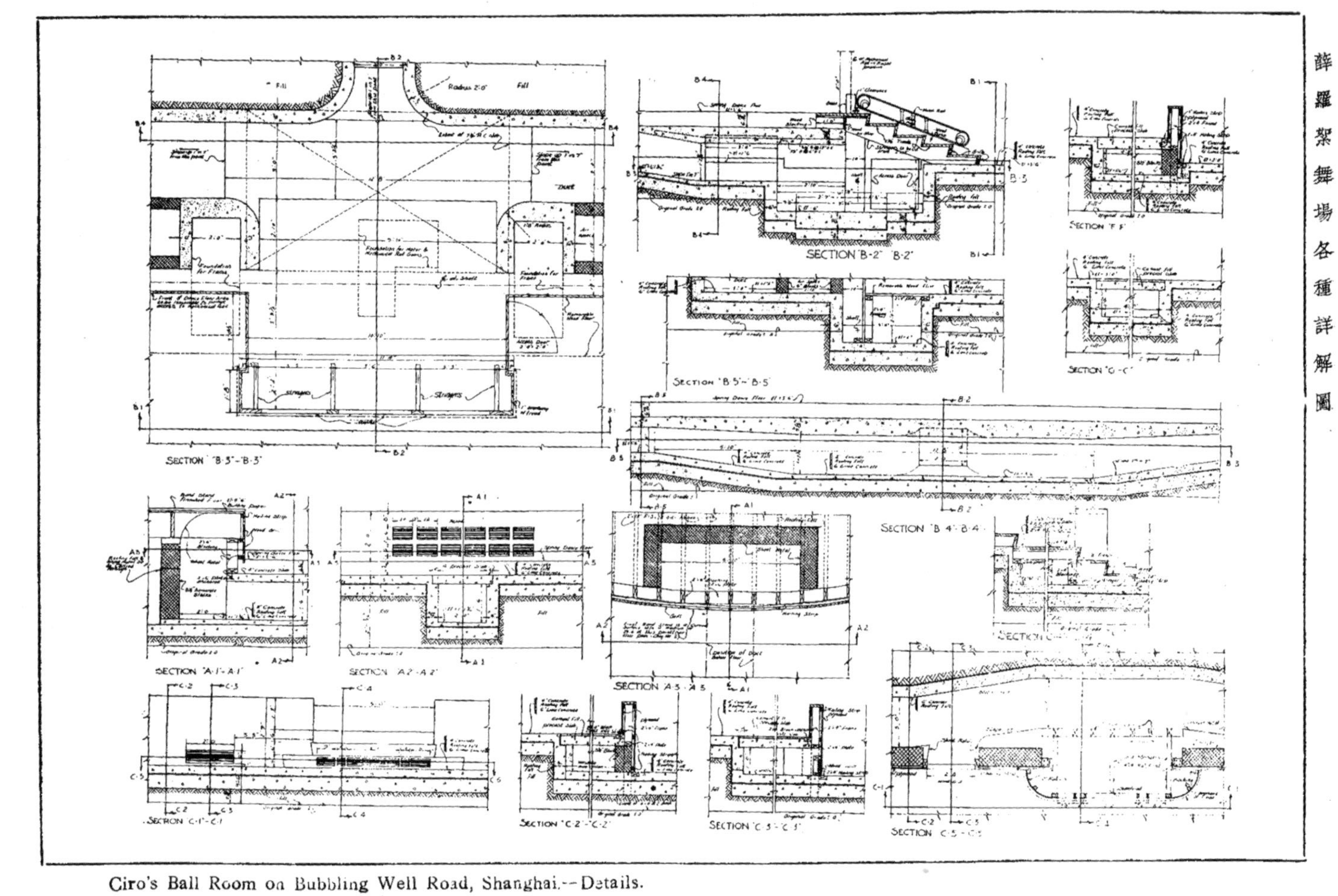

Ciro's Ball Room on Bubbling Well Road, Shanghai.--Details.

薛羅架舞場各種詳解圖

20

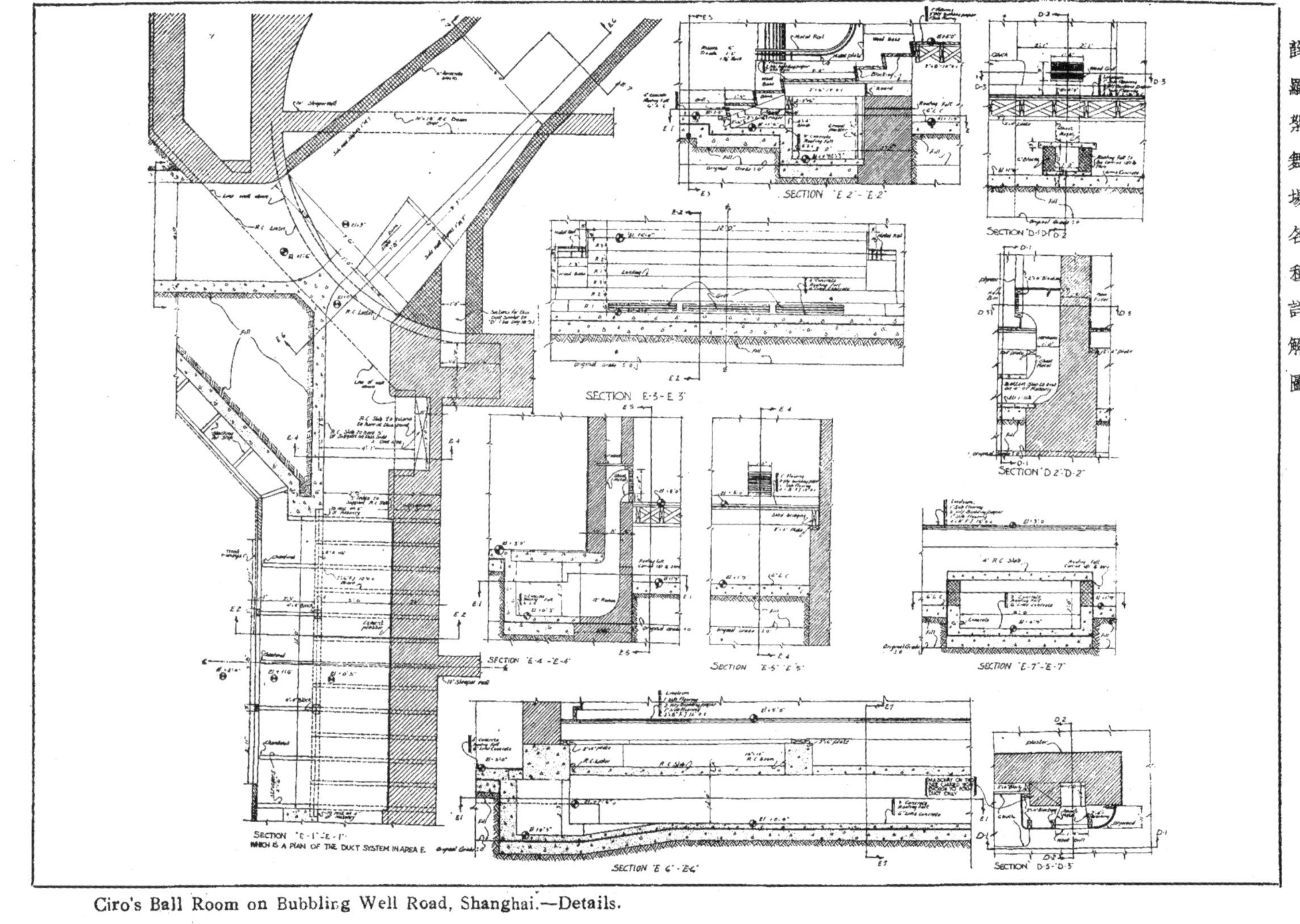

Ciro's Ball Room on Bubbling Well Road, Shanghai.—Details.

薛羅舞場各種詳解圖

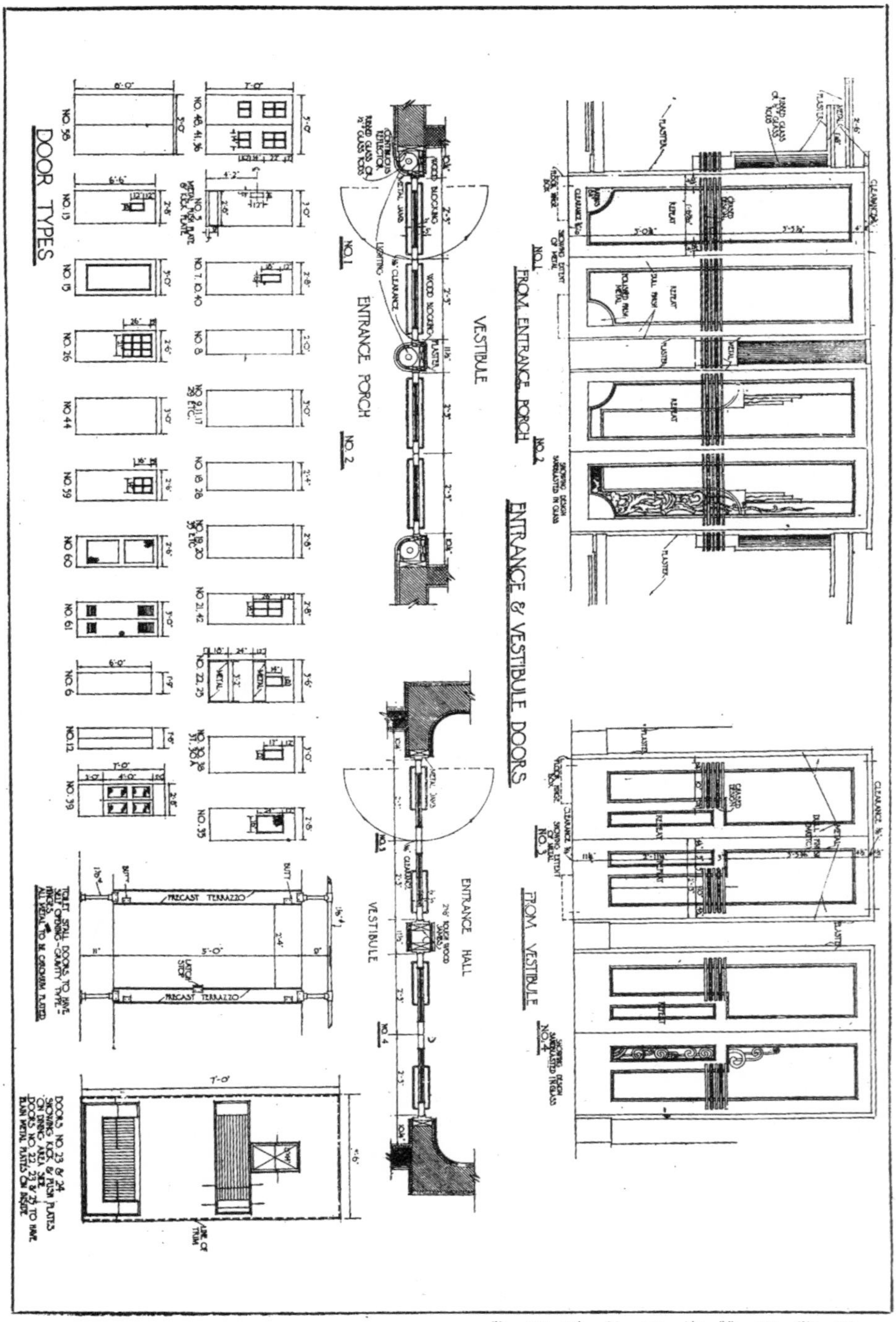

Ciro's Ball Room on Bubbling Well Road. Shanghai.—Detail of Doors.

薛羅粲舞場門之詳圖等

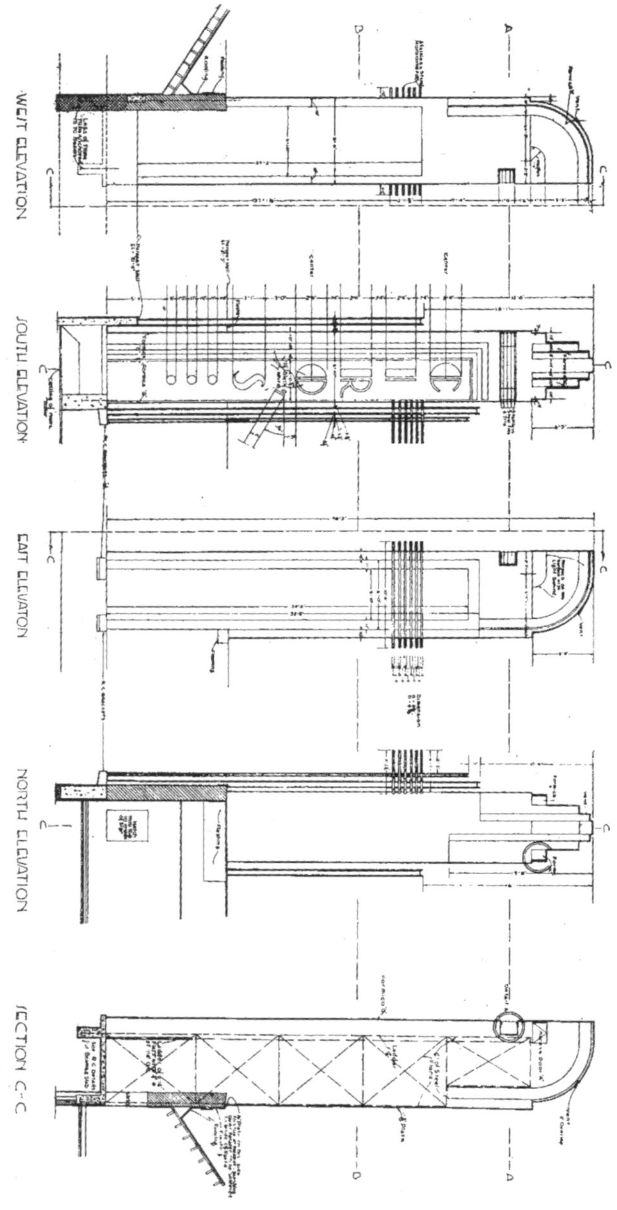

WEST ELEVATION

SOUTH ELEVATION

EAST ELEVATION

NORTH ELEVATION

SECTION C-C

Ciro's Ball Room on Bubbling Well Road, Shanghai.—Detail of light tower.

薛羅架舞場燈塔立面圖及剖面圖

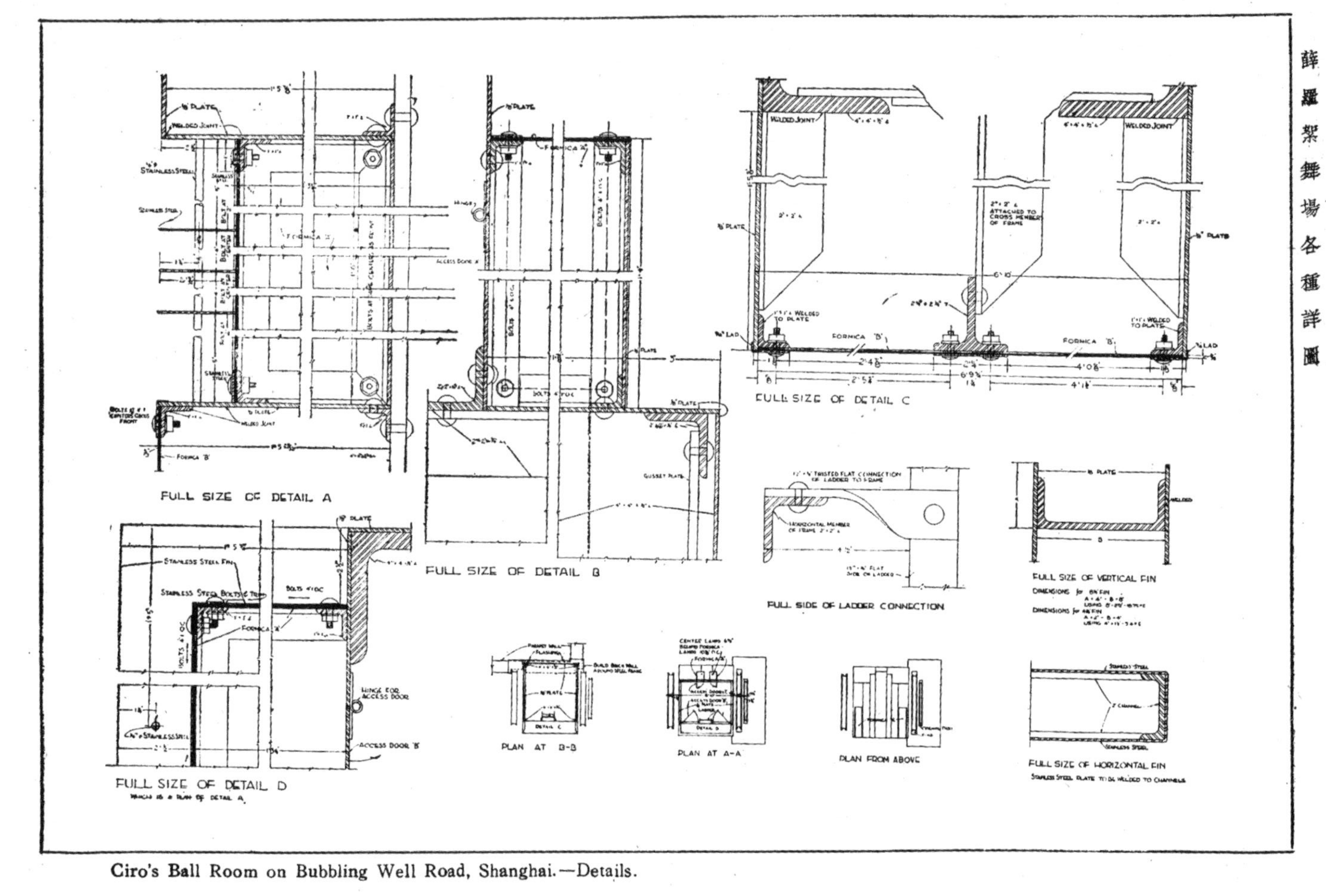

Ciro's Ball Room on Bubbling Well Road, Shanghai.—Details.

薛羅架舞場各種詳圖

建築史〔第二編〕(十四)

杜彥耿譯

回教建築(續)

房屋之詳解

地盤，牆垣，屋頂及裝飾

六九、地盤 阿剌伯早期之房屋，無論其為寺院，宮殿或住屋，通常例於屋中闢巨大之庭心，因之此亦成為穆罕默德建築之特徵矣。凡庭心之在寺院及宮殿者，業於五十七及五十九節中敍述之矣；惟庭心之在住屋者(見二十五圖)是為庭心內部與一帶面對庭心之內院之外面，其光線由庭心透入者。

七〇、牆垣 穆罕默德房屋用磚或石建築，平常每於裏外面施以美飾。外牆常以白色之石及顏色之石條分之而隔成美觀之設施。並用各種發券或其他以色分格之浜子等，綜錯配置，務臻美觀。穆罕默德房屋之在各國者，內部牆面以雲石，磁磚及面磚或毛粉刷做成幾何形之條紋，及各種設色。圖二十六為阿爾漢布拉之內部牆面，敷以喬皇之粉刷，而於台度之上舖砌磁面磚。

七一、屋頂 平屋頂之構築，有用木料，磚或瓦者。惟其具有卑蘚丁色彩者，球形不論其係泡形或錐圓形者，例用磚或石料構成。穆罕默德圓頂，每用燦爛之磁磚舖之，或以帶條繞成幾何形之紋飾，如十八圖。

〔第二十六圖〕

七二、柱子 若其地有古典式建築之便者，阿剌伯人卽取古建築之柱子用之。然一經配置，每便發生一種波斯或卑蘚丁式之雋味矣。普通式樣之柱子，其立方體形之花帽頭，下角混圓。此種花帽頭上常用一墊加於其上，如圖二十七(a)及(b)與二十八，二十九諸圖所示。

七三、空堂 窗堂普通小而不佔重要性者，上冠各種形式之發券。有許多窗堂更以木或雲石做成美觀幾何形之窗柵。發券之於回教建築，種類頗多，包括圓形及尖頂；而此項發券每建坐於瘦弱之柱上，猶如高蹺般者，如圖二十五及二十六亦有發券之形如馬

(a)

(b)

（第二十七圖）

（第二十九圖）

（第二十八圖）

蹄者(見圖二十八)，又如二十九圖之形如鋸齒，二十四圖之形同船底，二十圖之三角形，及各種形制之發券間砌與重叠。高脚或發券之起於花帽頭上直立之墊者，見圖二十二及二十六是，可為此種發券之型。

七四、線脚　回教建築絕少用線脚，故無特種式制之線脚可以載出之。

七五、裝飾　飾物之用自然物作為楷模，既非回教聖經所許，故回教建築之裝飾，幾皆完全用幾何形體之變化幻成阿剌伯裝飾之大體矣。回教經典上蜿曲之字體刻於黑底，而字體上金亦作為裝飾者。牆面用價值頗昂之雲石，磁質青色或白色之磚舖砌，輝煌之彩色與綜錯之帶條，穿綴而成星形及多角形飾。門堂之裝飾有以石鐘乳狀之挑頭及發券底面割切成齒形等之飾者。帶條裝飾或小線脚，連續盤繞於門堂或窗堂上發券之頂者，如圖二十六及二十八。而門頭上每以二三條台口線，繞成方頭，如圖二十四。

七六、　內部裝璜，於台口線中復有蜂窠及石鐘乳狀之飾者，如圖二十二。壁龕及圓頂之天花幔，係四方塊之木鑲嵌，嵌成各種體制及繁奢之五彩美紋。

七七、　圖三十一係示回教經典之引用於壁緣作為裝飾之一種的樣子。圖三十二(a)及(b)係以彩紋作表而以幾何圖案作底之藻飾。其他之用幾何形者，如(c)及(d)。石鐘乳形初本用為盪柱，後被變改，作為裝飾，見二十七圖(a)及(b)之發券底及券脚挑頭，又復如二十七圖(a)之花帽頭。許多平常幾何形體幻成之迴紋及嵌帶等，見三

(第三十圖)

(第三十一圖)

十三圖(a)至(e)。

第三十圖如花邊之彫飾加諸門頭之上者，是可見其匠工之精緻與其工作之奇偉。

七八、 阿剌伯彩色裝飾，特提例數則，以窺一斑。普通此項設施，係在灰粉之面者，見三十四圖(a)至(d)。在此數種樣子之中，每個底層全係紅色，羽毛則紅色或藍色間作，其特殊之帶條及捲渦等，則鍍以金色，此類式制之藻飾，咸係淺刻，而為出面部份之裝飾者，見之於摩爾帝室宮闕，是亦特著。

(a)

(b)

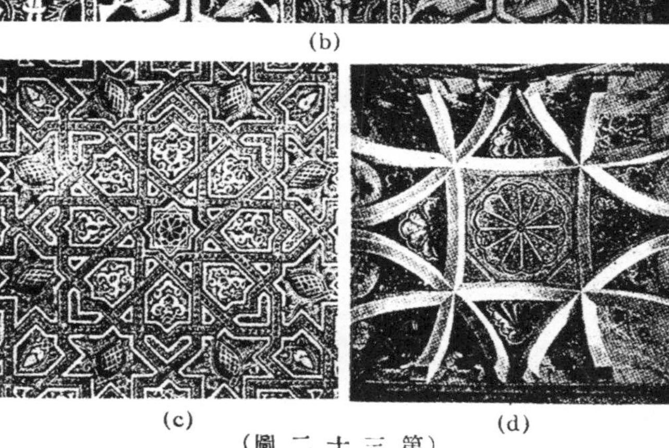

(c) (d)

（第三十二圖）

亦有完全用幾何圖案作裝飾者，如圖三十五(a)及(b)並(c)至(n)，表示如荷將生硬之簇葉，捲曲旋渦，參雜幾何圖形，或單獨組成阿剌伯風尚之出面裝飾。葉形之彎曲點，是為顯露阿剌伯作風之最特徵象。

圖三十六示一盛飾之方體花帽頭。此間之葉飾與捲渦，配依緊湊，加以上冠幾何形之帽盤，更增美感。

七九、 阿剌伯瑪賽克係用碎小之雲石及磁磚拼湊而成，因之其幾何形之圖案，自可自由發揮，見圖三十七(a)至(f)。鑲邊之用於瑪賽克墊地或牆面者，見圖(g)及(h)。印度藻飾如圖三十八者，誠與波斯作法實有不可解結之淵源。其循環重複之作法，見圖(a)(b)及(c)，普通用流動之妙筆繪出如花如葉之圖案，但有時亦有如(d)及(e)之板方生硬之筆者，祇分兩色，而此一邊之色，與彼一邊者絕對相同。荷花，薔薇，石竹及石榴等，是皆作為藻飾圖案之基礎者。阿剌伯之藻飾，初只以

（第三十四圖）

（第三十七圖）

（第三十三圖）

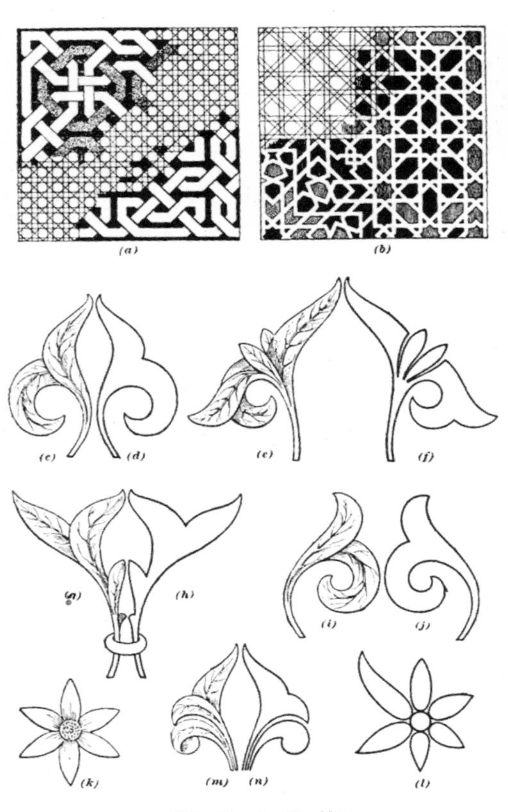

（第三十五圖）

幾何形星形及多角形之圖案爲飾，而至第八世紀遂受印度及中國之影響，變易其作風，故於該時代有多數彫刻，却用飛禽走獸，花之捲狀與果實等之圖案矣。此種圖案，相傳在距此更早百年之時，基督徒尙於敍利亞及埃及彫刻象牙。

（第三十六圖）

(回敎建築完)

(第三十八圖)

美國培士利鋼廠定貨踴躍

邇來我國一般建築，向美國廠家訂購鋼料者，倍見踴躍。如最近求新廠承造之江海關輪一艘，洽興建築公司承造之電廠一座及創新建築廠承造之青島二大紗廠等，其全部鋼料，均向美國培士利鋼廠訂購。聞該廠由上海圓明園路二〇九號德惠洋行獨家經理云。

上海楊樹浦博德運蜜蜂牌毛絨廠之鍋爐房舖用"合不脫"手藝紙柏水泥屋瓦

「合不脫」手藝紙柏水泥屋瓦介紹

中國因實業日趨發展，故工業建築繁興，甚爲活躍。過去二年間，上海四週及中國主要貿易及實業區域，各種廠房，棉花及羊毛紡織廠，電力廠，碼頭，飛機棚等，到處林立。建築之程序，大部告成，雖有一小部份現時尚在進行，但已足證中國實業之發達已甚有可觀，而建築材料之製造，電力及運輸設備等，實有無從供給此日增之需求。故若云中國之實業已發展至最後階段，相距尚遠，現時尚僅及於初步而已！

工業建築之設計與構造，在結構工程師觀之，必須愼選建築材料，以適合其特殊需要及當地氣候概况。而結構工程師當前之主要問題，厥爲選擇一種屋頂，足以應付此種建築之性質及其宗旨，兼可不受氣候影響，而不過度增高造價者。

此種理想中之屋頂，必須備具下列條件：

經濟耐久，無需修葺，並能抵禦烟灰及氣候，避水避熱，透明堅韌。

上述特質，惟見之於英國環球紙柏製造廠所製造之「合不脫」手藝紙柏水泥屋瓦，係在英國製造，設廠於華福(Watford)，在過去五年間，中國大部工業建築及公共建築，均加採用。此種屋瓦，其最長度有達十尺者，並附同屋脊等件，在中國由上海香港路五十一號闔闢洋行獨家經理。下列數處建築，均經採用此瓦，認爲極度滿意，茲試舉如下：

上海北火車站
上海楊樹浦路博德運蜜蜂牌毛絨廠
上海楊樹浦自來火公司
上海永光油漆廠
上海徐家匯貧兒院工場
上海自來水公司
南昌中意飛機廠
武昌軍用飛機棚

圖示武昌軍用飛機棚用"合不脫"手藝紙柏水泥屋瓦

七聯樑算式

胡宏堯

通常習見之聯樑，大都爲六節以下者，故在拙著"聯樑算式"中之聯樑，亦以六節爲限，但事實上支距短而節數多者，可至七節八節或九節十節，使無相當之算式，幾無從措手。茲爲補救拙著"聯樑算式"之缺憾起見，先將七聯樑之各算式，排列如次：

說　明　本算式所用之符號字，與拙著"聯樑算式"略有不同及新增若干數，如本算式中所用之B,B',C,C'等字，卽相當於"聯樑算式"中之O,P,Q,R等字，又如b,b',c,c'等字係新添出者。N_{AB},N_{BA}指AB樑A端及B端之硬度，N'_{AB},N'_{BA}指AB樑上改變之硬度，$\overline{N}_{BC}$,$\overline{N}_{CD}$等爲新增函數。至本算式推求之基本原理，係根據林氏之直接力率分配法（可參閱本刊第二卷九期），故函數之計算較便，且算式亦別開生面。卽未讀林氏之力率分配法者，與問題之推算，毫無關係。

〔甲〕雙動支七聯樑

（一）不等硬度

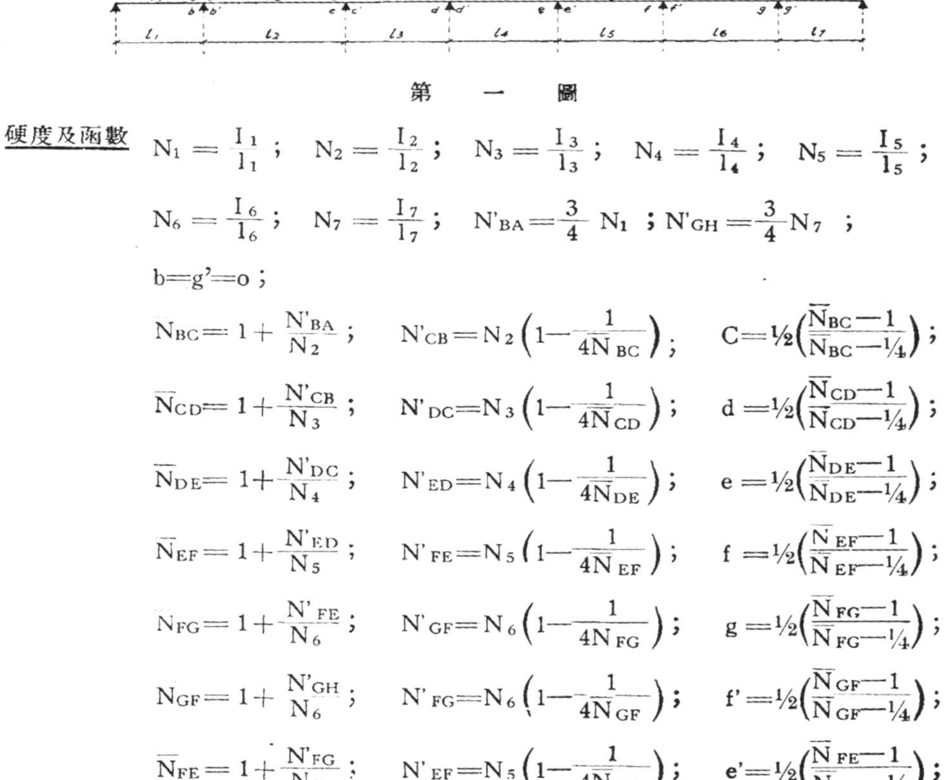

第　一　圖

硬度及函數

$N_1=\frac{I_1}{l_1}$；$N_2=\frac{I_2}{l_2}$；$N_3=\frac{I_3}{l_3}$；$N_4=\frac{I_4}{l_4}$；$N_5=\frac{I_5}{l_5}$；

$N_6=\frac{I_6}{l_6}$；$N_7=\frac{I_7}{l_7}$；$N'_{BA}=\frac{3}{4}N_1$；$N'_{GH}=\frac{3}{4}N_7$；

$b=g'=o$；

$N_{BC}=1+\frac{N'_{BA}}{N_2}$；　$N'_{CB}=N_2\left(1-\frac{1}{4N_{BC}}\right)$；　$C=\frac{1}{2}\left(\frac{\overline{N}_{BC}-1}{\overline{N}_{BC}-\frac{1}{4}}\right)$；

$\overline{N}_{CD}=1+\frac{N'_{CB}}{N_3}$；　$N'_{DC}=N_3\left(1-\frac{1}{4\overline{N}_{CD}}\right)$；　$d=\frac{1}{2}\left(\frac{\overline{N}_{CD}-1}{\overline{N}_{CD}-\frac{1}{4}}\right)$；

$\overline{N}_{DE}=1+\frac{N'_{DC}}{N_4}$；　$N'_{ED}=N_4\left(1-\frac{1}{4\overline{N}_{DE}}\right)$；　$e=\frac{1}{2}\left(\frac{\overline{N}_{DE}-1}{\overline{N}_{DE}-\frac{1}{4}}\right)$；

$\overline{N}_{EF}=1+\frac{N'_{ED}}{N_5}$；　$N'_{FE}=N_5\left(1-\frac{1}{4N_{EF}}\right)$；　$f=\frac{1}{2}\left(\frac{\overline{N}_{EF}-1}{\overline{N}_{EF}-\frac{1}{4}}\right)$；

$N_{FG}=1+\frac{N'_{FE}}{N_6}$；　$N'_{GF}=N_6\left(1-\frac{1}{4N_{FG}}\right)$；　$g=\frac{1}{2}\left(\frac{\overline{N}_{FG}-1}{\overline{N}_{FG}-\frac{1}{4}}\right)$；

$N_{GF}=1+\frac{N'_{GH}}{N_6}$；　$N'_{FG}=N_6\left(1-\frac{1}{4N_{GF}}\right)$；　$f'=\frac{1}{2}\left(\frac{\overline{N}_{GF}-1}{\overline{N}_{GF}-\frac{1}{4}}\right)$；

$\overline{N}_{FE}=1+\frac{N'_{FG}}{N_5}$；　$N'_{EF}=N_5\left(1-\frac{1}{4N_{FE}}\right)$；　$e'=\frac{1}{2}\left(\frac{\overline{N}_{FE}-1}{\overline{N}_{FE}-\frac{1}{4}}\right)$；

$\overline{N}_{ED}=1+\frac{N'_{EF}}{N_4}$； $N'_{DE}=N_4\left(1-\frac{1}{4\overline{N}_{ED}}\right)$； $d'=\frac{1}{2}\left(\frac{\overline{N}_{ED}-1}{\overline{N}_{ED}-\frac{1}{4}}\right)$；

$\overline{N}_{DC}=1+\frac{N'_{DE}}{N_3}$； $N'_{CD}=N_3\left(1-\frac{1}{4\overline{N}_{DC}}\right)$； $c'=\frac{1}{2}\left(\frac{\overline{N}_{DC}-1}{\overline{N}_{DC}-\frac{1}{4}}\right)$；

$\overline{N}_{CB}=1+\frac{N'_{CD}}{N_2}$； $N'_{BC}=N_2\left(1-\frac{1}{4\overline{N}_{CB}}\right)$； $b'=\frac{1}{2}\left(\frac{\overline{N}_{CB}-1}{\overline{N}_{CB}-\frac{1}{4}}\right)$；

$B=\frac{N'_{BA}}{N'_{BA}+N'_{BC}}$； $B'=1-B$； $C=\frac{N'_{CB}}{N'_{CB}+N'_{CD}}$； $C'=1-C$；

$D=\frac{N'_{DC}}{N'_{DC}+N'_{DE}}$； $D'=1-D$； $E=\frac{N'_{ED}}{N'_{ED}+N'_{EF}}$； $E'=1-E$；

$F=\frac{N'_{FE}}{N'_{FE}+N'_{FG}}$； $F'=1-F$； $G=\frac{N'_{GF}}{N'_{GF}+N'_{GH}}$； $G'=1-G$；

第一節荷重

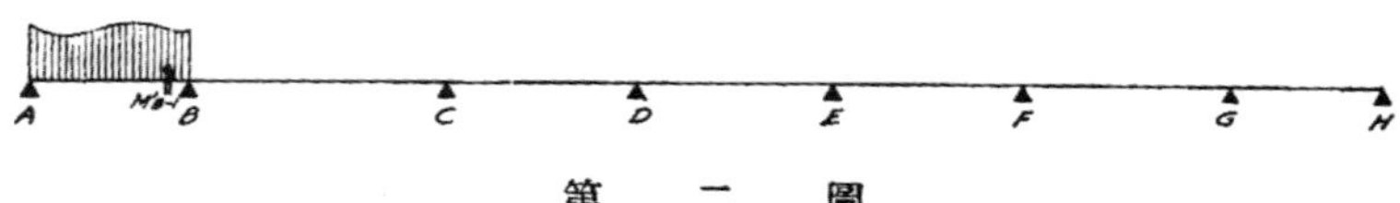

第　二　圖

$M_B=\mathring{B}'M'_{B\cdot1}$； $M_C=-b'M_B$； $M_D=-C'M_C$； $M_E=-d'M_D$；

$M_F=-e'M_E$； $M_G=-f'M_F$；

第二節荷重

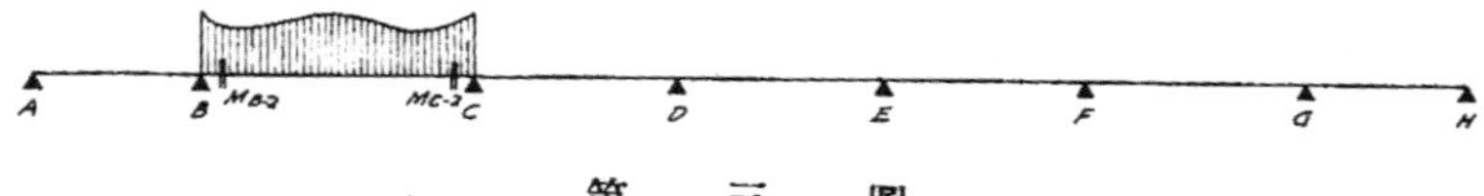

第　三　圖

$M_B=+BM_{B\cdot2}+cCM_{C\cdot2}$； $M_C=+b'B'M_{B\cdot2}+C'M_{C\cdot2}$； $M_D=-c'M_C$；

$M_E=-d'M_D$； $M_F=-e'M_E$； $M_G=-f'M_F$；

第三節荷重

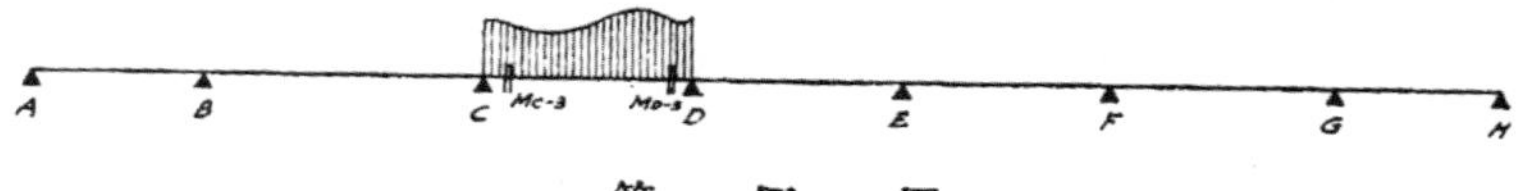

第　四　圖

$M_B=-cM_e$； $M_c=+CM_{c\cdot3}+dDN_{D\cdot3}$； $M_D=+c'CM'_{c\cdot3}+D'M_{D\cdot3}$；

$M_E=-d'M_D$； $M_F=-e'M_E$； $M_G=-f'M_F$；

第四節荷重

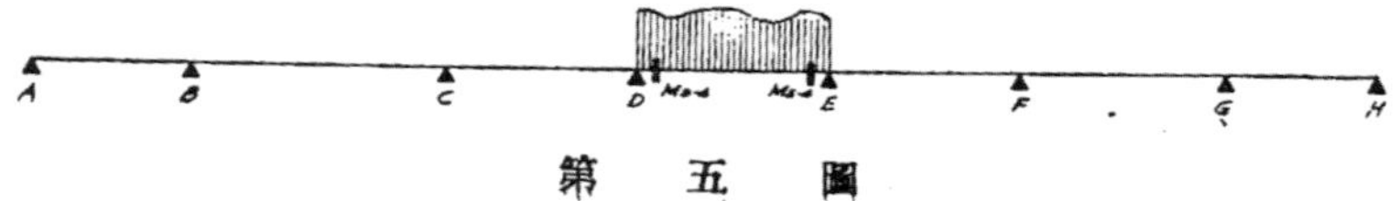

第　五　圖

$M_B = -cM_C$;　　$M_C = -dM_D$;　　$M_D = +DM_{D\cdot4} + eEM_{E\cdot4}$;

$M_E = +d'D'M_{D\cdot4} + E'M'_{E\cdot4}$;　　$M_F = -e'M_E$;　　$M_G = -f'M'_F$;

第五節荷重

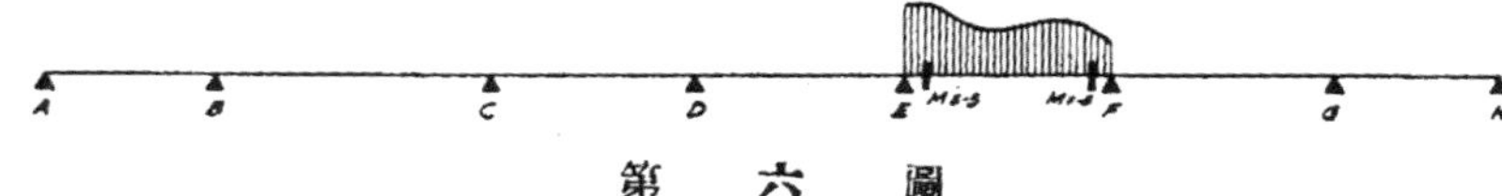

第　六　圖

$M_B = -cM_C$;　　$M_C = -dM_D$;　　$M_D = -eM_E$;　　$M_E = +EM_{E\cdot5} + fFM_{F\cdot5}$;

$M_F = +e'E'M_{E\cdot5} + F'M_{F\cdot5}$;　　$M_G = -f'M_F$;

第六節荷重

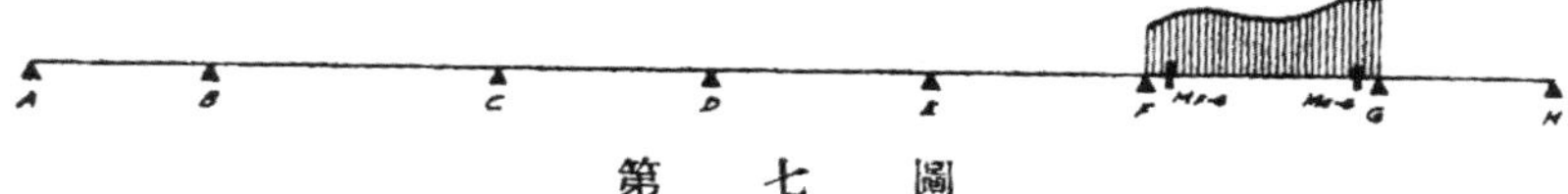

第　七　圖

$M_B = -cM_C$;　　$M_C = -dM_D$;　　$M_D = -eM_E$;　　$M_E = -fM_F$;

$M_F = +FM_{F\cdot6} + gGM_{G\cdot6}$;　　$M_G = +f'F'M_{F\cdot6} + G'M_{G\cdot6}$

七第節荷重

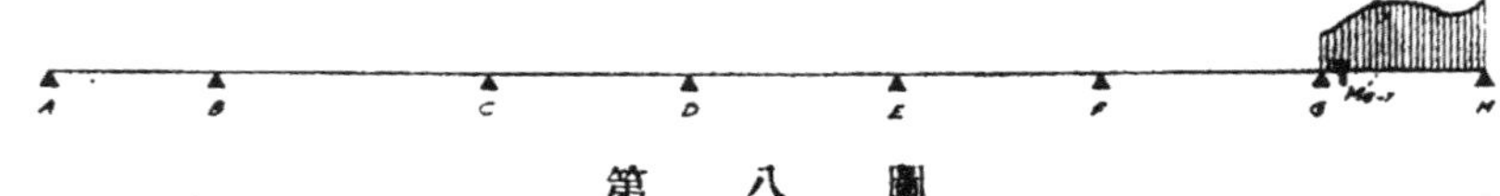

第　八　圖

$M_B = -cM_C$;　　$M_C = -dM_D$;　　$M_D = -eM_E$;　　$M_E = -fM_F$;

$M_F = -gM_G$;　　$M_G = GM'_{G\cdot7}$

七節全荷重

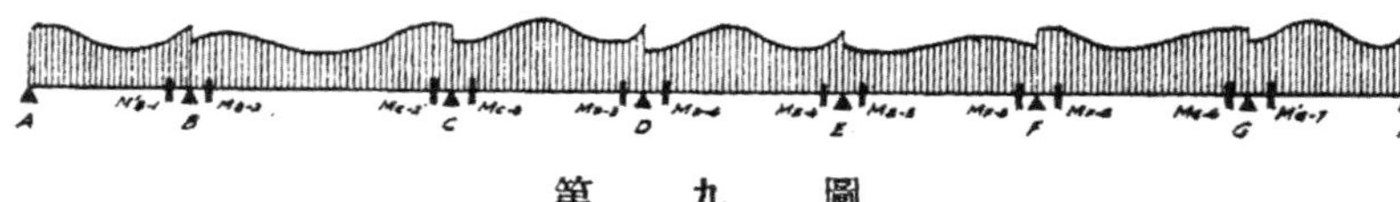

第　九　圖

$M_B = M_{B\cdot2} + B'd_B + cCd_C - cdDd_D + cdeEd_E - cdefFd_F + cdefgGd_G$;

$M_C = M_{C\cdot3} - b'B'd_B + C'd_C + dDd_D - deEd_E + defFd_F - defgGd_G$;

$M_D = M_{D\cdot4} + b'c'B'd_B - c'C'd_C + D'd_D + eEd_E - efFd_F + efgGd_G$;

$M_E = M_{E\cdot5} - b'c'd'B'd_B + c'd'C'd_C - d'D'd_D + E'd_E + fFd_F - fgGd_G$;

$M_F = M_{F\cdot6} + b'c'd'e'B'd_B - c'd'e'C'd_C + d'e'D'd_D - e'E'd_E + F'd_F + gGd_G$;

$M_G = M'_{G\cdot7} - b'c'd'e'f'B'd_B + c'd'e'f'C'd_C - d'e'f'D'd_D + e'f'E'd_E - f'F'd_F + G'd_G$;

式中 $d_B = M'_{B\cdot1} - M_{B\cdot2}$;　　$d_C = M_{C\cdot2} - M_{C\cdot3}$;　　$d_D = M_{D\cdot3} - M_{D\cdot4}$;

$d_E = M_{E\cdot4} - M_{E\cdot5}$;　　$d_F = M_{F\cdot5} - M_{F\cdot6}$;　　$d_G = M_{G\cdot6} - M'_{G\cdot7}$;

（未　完）

長管形燈泡的裝飾價值

燈光固然是任何房屋所需要的，不過現代的建築，除了利用燈光照明外，更須考慮燈光對於裝飾的關係。以前所裝的燈，衹能在燈罩的式樣上謀美觀，終究不能發出柔和的光度，產生優美的形式。所以建築界對於特具作風的燈泡，需要非常迫切。

長管形燈泡，就是足以供應這種新需要。因爲長管形燈泡所發的光線，光亮而柔和，散佈在燈的四週，毫不刺激眼睛。所以在新式的大廈裏，我們時常可以看見這種長管形燈泡，如國際飯店，百老滙公寓，和建設大廈等，都一致採用。

天花板上裝置長管形燈泡，可以得到一種特殊的舒適景象。

以長管形燈泡的式樣而論：細長的管子，正可以和現代建築物的形式和傢具的式樣相調和；如果連成一長條，就可以在屋頂的四週裝飾起來。牠們所產生的效果，不是普通燈罩所可以辦到的；不論在公共場所，或是家庭裏的任何地方，都可以很合宜的裝置起來。在禮廳，商店，戲院，舞廳裏，不論戶內戶外，如果裝置長管形燈泡，就可以造成很美觀的環境，使人得到精神的舒快。

長管形燈泡除了白色之外，還有黃、橙黃、紅、草色、青色、綠色、藍色等，可以隨着各處不同的需要而採用。更可以將這種燈泡，合成各種式樣和圖案，這一點，又是普通燈罩所不能辦到的。

同時利用長管形燈泡，作爲廣告之用，可以在燈泡上寫上廣告字句，隨時拭去。

長管形燈泡，無論交流電直流電，都可以應用，共有下列幾種式樣：

直形圓管　一米突半長

直形方管　半米突長

小灣形　八隻　可合成圓形

大灣形　四隻　可合成圓形

長管形燈泡，共有奇異安迪生，亞司令，飛利浦三種牌子，可以向四川路一一

在書桌旁可以裝置長管形燈泡

長管形燈泡的形式和現在的傢具
相調和，合在一起，非常美觀。

○號中和燈泡公司索取詳細說明書。

何謂"KRUPP ISTEG"鋼？

"KRUPP ISTEG" 鋼，乃最近倡明之特等鋼料，專作混凝土中鋼筋之用；其成效之卓越，已能與現代混凝土建築工程之進步並駕齊驅。茲將其優點列舉如次：一

"KRUPP ISTEG"鋼之「降伏點」(YIELD POINT)比較普通炭鋼至少可高百分之五十，故此鋼料用作拉力鋼筋時，其安全拉力較諸普通炭鋼至少亦可增加百分之五十。

"KRUPP ISTEG" 鋼筋，業經上海公共租界工部局試驗核准，且經規定其安全拉力爲每英方寸25,000英磅，但普通炭鋼僅達16,000磅而已。

混凝土中之拉力鋼筋，倘能採用"KRUPP ISTEG"鋼筋者，其所用鋼料在重量方面當可減省百分之三十五，在造價方面當可減省百分之二十，而在內地之建築工程復得因鋼料重量之減省，其運費亦可減省百分之三十五。

每件"KRUPP ISTEG"鋼筋均經廠方個別試驗，並保證其最小「降伏點」爲每英方寸51,000磅。

"KRUPP ISTEG' 鋼筋在混凝土中可無「滑脫」之虞。其與混凝土之粘着力，經多次試驗之證明，較諸普通炭鋼筋得增百分之四十至七十。

"KRUPP ISTEG"鋼筋因其用料之較省，故舖放工費與普通炭鋼筋比較亦可省百分之三十五。

舖放工作與普通炭鋼筋完全相同，可用手工或機械使之灣折，一切按置工作，亦與普通鋼筋無異，故原有工人殊無另行訓練學習之必要。

"KRUPP ISTFG"鋼筋現爲上海各大建築工程所採用者，已屢見不鮮，如工部局之各大房屋及道路工程，中國銀行總行新屋工程，以及藏穀庫等工程內，均已採用，頗著成效。

"KRUPP ISTEG"鋼筋由上海立基洋行(MESSRS. KNIPSCHILDT & ESKELUND)獨家經理。倘蒙賜顧或承索說明書者，請隨時向上海四川路二百二十號該行接洽，自當竭誠奉覆，以報雅意。該行電話19217電報掛號"上海KNIPCO"。貴客惠顧，幸垂注及之！

現代博物館設計概要

談福綏

博物館建築在美國，在形式上及建築設計方面，雖無瑕疵可擊。然因公私家投資於此之不甚踴躍，故亦未見若何發達。加以多數博物館在設計時，對於造價之支配，雖無十分限制，然以排列之不善，故亦難切實用。

美國全國博物館財產保管人，曾聯合與博物館有關之人及著名建築師，會商數年之結果，逐漸規定建築博物館所應備具之條件，及其主要之點。茲迻譯如下：

一、博物館在可能範圍內，須位於人煙稠密之市中心；惟倘建於地價高貴之商業區，則亦大可不必。僅須能隣近市政中心或在行人必經之通衢要道；故主要者，地點適當，運輸便利。

二、博物館建築，正與普通紀念建築物之性質相似，故設計時須與城市計劃有關。因博物館爲民衆游覽之公共場所，亦爲城市中至重要之建築，與市政廳，法院，圖書館，音樂廳等，同爲一個良好計劃之城市之權威。

三、何爲博物館之最佳式樣？現尚成懸案。總之，其式樣以不失生動爲唯一要點；惟必須待建築師之最後决定，而作歸依。

四、博物館之下層，必須有一廣大之入口，所以使遊覽者出入方便而安全也。梯階之設置，不僅爲心與物之裝飾而已；蓋須預估有多量之遊覽者，踐踏其上；設遇風雨冰雪及其他變故時，俾有數百遊客，同時可安然離去也。

倘博物館設較多之入口，似又不合實用；蓋入口增多，對於展覽室之秩序，易於紊亂，而於管理方面，亦不能統一，且須加多對號室，及扶梯，升降機，管理員等。

五、設計博物館，正與設計其他建築物一樣，下層大廳必須位於入口之旁，俾遊覽者可直驅入內；其他次要之室，可置於上層。

以前一般設計者，均將主要之展覽室，置於上層，因此可得充分之光線，然現在已無人採取矣。蓋一般光學工程師已以最高超之方法，發明人造光亮，而其代價則又甚低。故現在建築師已採用最可靠之天然光於建築物之下層；係用玻管廣播連續不斷之光。故實際上已無須强令主要各室，置於較遠之處。

六、建築師在設計博物館時，須注意於館中之環行問題。到館遊覽者，務使其通行無阻，而免置身歧途或受阻於建築飾物之感。環行之佈置須爲連續而易於管理者，最低限度須經由館中之各主要分部，俾指導者及其職員可將展覽品分部陳列，望之秩然有序，佈置聰穎。

在較小博物館中，展覽室之佈置宜相連續，使遊覽者自此至彼，無意間一若預定行程，秩序井然。館中職員可將展品佈置得法，並有教育之意味。在大博物館因有頗多文化組之設置，此種限制性之環行，最宜應用於各主要部分，因遊覽者同時不欲見數部份也。

七、博物館之佈置，須甚相稱，其主要點可分別如下：

(甲)展覽品置於各主要展覽室者，須分門別類，劃分數大部份。

(乙)博物館之事務室及預備室，可置於上層，或遠置兩翼，蓋此與遊覽者接觸較少也。

(丙)其他各室，如收發室，庫房，木工房，機器間，印刷間，塑模室，盌碟室等，可置於光線充足之地下層，或較遠之邊翼。

(丁)貨物房——任何博物館必須有一能避火，避塵，避潮及冷氣設備之貨物房。此貨物房可置於乾燥之地下層或邊翼，須接近收發室及升降機，俾與博物館之各層相連絡；但並不需要外來光線。

(戊)特種展覽室爲臨時特殊展覽之用者，可置於下層接近入口處，俾不用時可以阻閉，不致妨礙他部。

(己)課室，放款室，文化組辦公室，酒吧間及管理室，亦須接近大門總入口處。

八、博物館之穿堂，所以給與遊覽者以新鮮之空氣，而使之遊覽其間，不覺其混濁也。是以穿堂須直接通達第一層各主要展覽室，且可直達至升降機及扶梯，俾與上層各展覽室，特種展覽室，對號室，男女盥洗室，電話室，管理及問訊處互通聲氣。

博物館有時假作公共集會之所，故穿堂必須寬大整潔，俾遊覽者同時可以離散，不致爲門及階梯所阻塞，而成擁擠之勢。

九、博物館之扶梯，宜居於中央。其扶梯衖之構造，須能避火，而與穿堂相毗接。

十、博物館之升降機，須用容量及面積最大者，俾能容多量之乘客。設遇一大組乘客時，可以用一次吊送，或至多二次。低速度之升降機用於博物館，最爲適宜，蓋其服務極少有超過五層至六層者。

十一、博物館之內部應避免建築上之裝飾，或將其減至最低限度。博物館內部之建築裝飾，其功用無非作爲一種背景而已；然反能分遊覽者注視展覽品之目標而轉向裝飾。如果爲一美術博物館，除用較少之裝璜，藉以調和外；裝飾部份亦不能過份擴大，不致壓罩美術展覽。

十二、博物館之建築，務使其組織及構造方面，如何縝密，搜集陳列之博物，如何豐富。其他建築上之過份裝飾，如內圓頂，列柱，紀念台階及不相稱之各種裝飾背景，徒足以迷亂遊覽者之目光，故設計時宜少列入爲妙。

十三、博物館中每室之主軸應使隱藏，俾展覽品得以展露。門及浜子應處於室之角端。牆上不宜有阻礙物，並將縫隙減至最低限度，以便配置展覽品。

十四、最適當之展覽室，莫如二十至二十五呎闊之狹長房間。面積大而方形之展覽室，不易使遊覽者尋得其目標，且秩序上亦易於混亂。

十五、每間展覽室至少有一或二不易觸目之金屬架，俾展覽品裝置其上，而不致損及牆壁。

十六、最經濟之牆壁，可用灰粉刷塗，而末塗施以色粉或油漆。

十七、博物館至最後裝修時，平頂必須刷白，俾光線可廣播而反射滿室。牆壁最好染成淡藍色，以其能顯示展覽品也。地下舖灰色石板，俾能阻遏光線之反射，不致有傷目力也。且灰色石板舖地，均較其他色調爲佳，且於任何裝配，無不適宜，而十分和諧。

十八、所有博物館之光線，均須間接射入，並須防光線之自玻璃反射至展覽架上。

十九、館中設置不宜陳舊，致減生氣。凡館中活動之設備，均宜保持現代化。

二十、博物館在可能範圍內應調節空氣。牆上固不宜裝置設備，故空氣調節機可在底板上用兩寸濶之洩氣栅欄，而在近天花板處裝設供氣栅欄。此種栅欄若排成圍帶之形，佈置得法，實不易見。供氣栅欄須裝在天花板之上或近天花板處，俾免礙視線。

二十一、在設計博物館時，各層地板之平均載力，每方呎至少須有一百五十磅之荷重力。尚有許多特殊之博物館，更需要較重之載力。

異軍突起之 國產水泥建築防水品

人類文明，隨文化之進步而日趨美備，即如建築一項而言，基礎工作，既有水泥之發明，但欲求其避潮增燥，加强壓力拉力，俾建築物益臻堅固，居室清潔衞生。建業防水粉之發明，能具備上述之優點，又可防止水泥之滲漏發霉鬆動等弊，經久耐用，增加建築物之經濟良多。如上海浦東同鄉會，曹氏墓園，大夏大學，中央信託局等百數十處工程均經採用，足徵該粉確著巨績。最近廣州中山大學建造校舍，先向該處索樣品，認爲非常滿意。乃採辦大宗，特將來函製版刊登，以資證明。

（十九）

杜彥耿

第五章

木工之鑲接（續）

開膠接 擱柵擱置於牆垣之沿油木上，通常須開斲，其目的在使擱柵之面部平衡，其肩架能助成堅固及保守工作正確，詳見第五二六及五二七圖。若擱柵須以整個之深度承托者，在沿油木之上開割之，如第五三〇圖。

開跨接 在沿油木，桁條，椽子或其他木材之另有木材橫過者，及須用整個木材承托深度，及連絡下部與鑲嵌不同，祇以釘釘之；此材之割斷與鑲置，見第五二九圖，下面之木材挖以兩條長方形之凹槽，上面則挖一條長方形凹槽，俾與下面凸起之榫相合；此謂之開跨接。擱柵之端末未伸出沿油木者，則在沿油木之一端凸起如第五二八圖，如承托面之斷面有超越之强力，使開跨之後有極大之剪力面。

對合接 木材之交叉，其一面或兩面須有平面者，及雙方之材料有相等之凹部，卽名之對合，及可鋸成普通斜角或燕尾形對合接。

（甲）普通對合接，見第五三一至五三三圖；適宜於牆之沿油木或木板牆之撑頭須交叉者。

（乙）斜對合接，釘木材時助其握持，見第五三四及五三五圖。

（丙）燕尾形對合接，用於一種材料以牽制沿油木者，如第五三六圖；但馬牙筍在木工中製作頗潤，一旦木材收縮則接合處鬆弛，遂失其効用。

燕尾筍接 邊框，溝口板等方角接合之木材，通常較普通沿油木爲厚，則須用燕尾筍接，見第五三七圖。

鑲筍接 當木材整個之端末或厚須鑲接在另一木材時，名曰鑲筍接。此係遇有沈重工作之處，其他接合均覺過弱或浪費，祇有鑲筍接最爲適合。材料之接合則由螺釘，鞴，筍頭及楔或燕尾筍或他種扭緊牽制之，見第五四五至五四七圖。

雌壳雄筍接 若係簡易之構造及効能，則雌壳雄筍接自屬超越一切之接合；而無疑的較其他接合之應用爲廣泛。

普通雌壳雄筍接 木材之端末割鑿如雄筍，其厚度爲材料之三分之一；同時在另一木材挖一孔，名曰雌壳，與雄筍相仿，最後在孔之另一面用榫榫緊，見第五三八及五五二圖，用梢子者見五五三圖，為增加力量起見；有時榫與梢子並用。

倒杓榫

（附圖五五二）

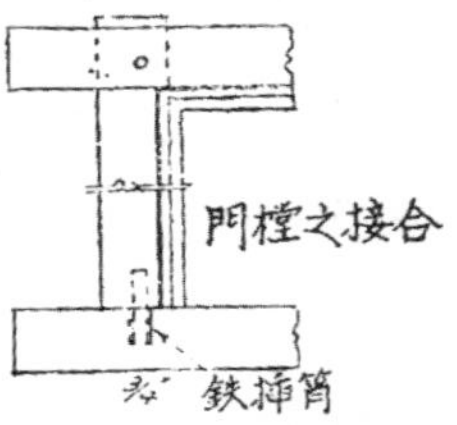

門樘之接合

鉄插筍

（附圖五五三）

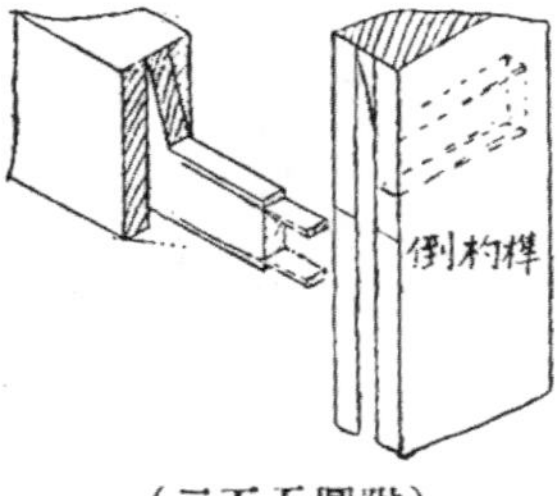

嵌條接　若木材須裝置於已固定而不可移動之主要木材上，則宜用嵌條接之法，即將木材之一端用普通方法接合，另一端鋸成雄筍，沿主要木材之雌壳滑鑲至最深之槽處，即作為中心，見第五四一圖。相同主要之構成，將其割成垂直凹槽，使木材之雄筍落鑲在內，見第五四二圖；但此法僅割斷木紋，而不須切斷雌壳，是以其力亦為之減縮矣。最佳之法式為挖鑿平行之凹槽，其效用則不能減少拉應力。在雙重平頂筋及雙重結構之樓板處，恆以此法為之，每個擱柵割切之三角形，替以長方形凹槽，於每間隔之擱柵中在雌壳之間切割之。

嚙合接　短小筍頭之一種，在切割後更為顯著，見第五三九圖，其効用為避免柱腳有溜滑出檻外之虞。

筍頭及鑲筍接　為普通之一種筍頭，因補足承托力之不足起見，扶手或帽頭須鑲一段於柱或梃內。第五四三圖示此種方法之構造，其肩頭之緊接全依賴楔榫之。

燕尾形筍頭　用雌壳雄筍不固定之分隔，接合兩塊木材，其筍頭鋸成燕尾形，而雌壳之眼鑿成須使筍頭穿過，再以硬木榫榫緊，如第五四三圖。倘結構與上述相同，惟雌壳之眼並不穿越者，如第五四四圖。

出筍接　以同等深度之擱柵相互聯繫，而其應力之破壞，使之愈少愈佳；但各種材料之接合，均宜緊接；其最佳之承托接而適合於此種情形者，厥為出筍接。木材之筍頭須置於深度之中心者，其理有二：一，在此情形，應力能使楔牽制上下肩架臻於同樣緊密。二，依據理論，雌壳最佳之地位在壓應力纖維處，俾能立即毗連至中心層，及受載重之樑，支持於兩端，木材用上選之北松，則其抵壓應力與抵拉應力之比，其變易由三至五不等，在第五四五圖係由五至四。長齒形筍之深度為$5/24$D，亦即由筍頭底面至擱柵面距離之半，及筍頭之厚度為$D/6$，見第五四五及五四六圖。

在同樣情形之卜束縛出筍接於千斤擱柵，最主要者為兩端之筍頭，其佈置須確切相對，前者之筍頭穿入後者僅三吋或四吋，再以大釘釘牢，或以堅木製之榫榫緊，其目的係減少千斤擱柵之斷面，越少越好。

第五四七及五四八圖示千斤擱柵之接法，用壅塞之燕尾形者。此法在英國北部擴大其應用範圍，其最適宜之地位，木材極易由上落下。

倒杓榫　木材鑲接之一種，見第五四九圖，其雌壳筍之眼不穿透其背面者。在小木工工作中構結各部之框子時，常可應用之，如製造高超工作之門梃及帽頭，其筍頭之筋紋，不使穿越門梃而可窺見者。

雌壳之眼子，大約挖至尙有半吋至一吋之餘地，同時亦鑿成略斜之燕尾形，筍頭恰能鑲進，在筍頭之兩邊，約離邊一分半之地位，用鋸鋸兩條槽縫。在縫內各置一榫；此種手續完備後，將膠塗在筍頭上，用力搾合之。在此工作之下，木榫受力向鋸縫推進，使筍頭之端末豁裂，俾將燕尾形之雌壳塡滿。

鳥喙接 此種接頭見五五()圖，係將木材鑿一筍眼或雌壳，用普通方法接筍，及另一木材之筍頭，須與雌壳吻合。此種製作，頗爲消費；但有許多特提出須用雌壳雄筍接者，因其極易檢出工人技術不安之點也。

斜撐及梁接 用斜撐增强橫梁或撐頭時，置一短塊橫栓於梁下，斜撐端末之切割見第五五一圖。倘橫梁過短，則可不用橫栓，

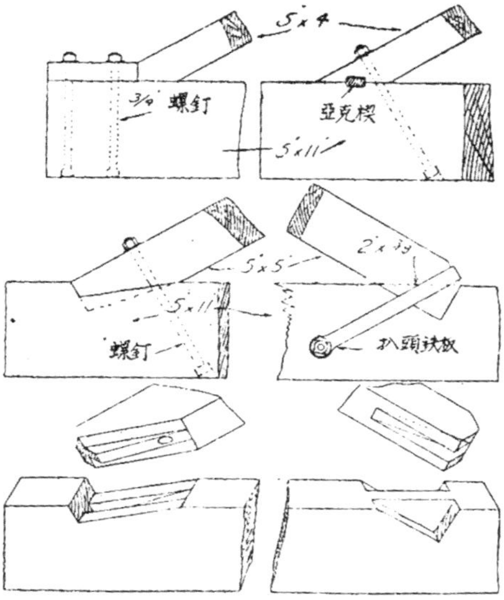

五五四圖　五五五圖　五五六圖　五五七圖　五五八圖　五五九圖

(附圖五五四至五五九)

使斜撐之端末相銜接可也。

斜撐及牽制接 此類之結構如下：

(甲)將一短栓用螺釘絞於大梁之上，斜撐則釘緊於短栓之端，如第五五四圖。

(乙)爲避免人字木與大梁有溜滑之狀態發生，故鑲一亞克木榫於開膠之中，見第五五五圖。

(丙)用單支撐及筍頭，如第五五六及五五八圖。此爲簡單而有効之方法，其應用於斜撐前之大梁，須有充足之距離以抵禦剪力。

(丁)鳥喙接——此法爲增加剪力之面積；其最適用者爲斜撐前大梁之距離抵禦推拉力爲小，見第五五七及五五九圖。至於有大剪力之面積，其効用在接合處之缺點，均能顯露。

緊密 木工中之接縫，須用刷帚將白油揩在接縫之處，使之成爲膠結之層，及用下列材料使之緊密：

(一)筍{木筍、釘、螺釘}

(二)榫

(三)箍

(四)帽釘，靴脚

筍 用木或鐵製，以其功能分之，如筍子，木釘，大釘，鈎，螺絲及螺釘。

筍釘 若木板之製造，在同一平面，不能抵禦木材之收縮，

則依笋子需要之直徑用亞克或硬木順木紋製造，而不必用鋸鋸之，是以對於木紋可謂毫無影響。其用於樓板之製造，見第五六〇圖。

笋子之用於固定雌壳雄筍接者，最適用者在巨大或三角形之框子，使其肩架緊密堅實，此種方法名之曰緊筍，在雌壳之木材上鑽一孔，再將筍頭加註記號而鑽孔，須近肩架之外角，當笋子用力拷打時，其結果使肩架緊接，見第五五三圖。此種方法，在十七世紀時，應用於小木工構造框子者殊廣。

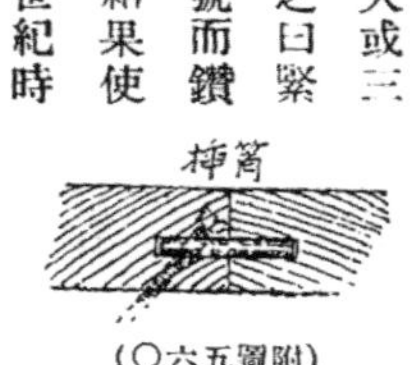

（附圖五六〇）

木釘 直徑極大之硬木笋，又名木榫；應用於造船工程或鋼鐵工程易生銹之處爲最廣。用英國亞克木製者，其剪應力每方吋爲四〇〇〇磅。

釘 釘以金屬板或絲製成，有圓錐形或三棱形，一端尖銳他端配頭，範鑄，切割或鑿剗之別。其用料大抵皆取自生鐵，熟鐵，鋼，鋅，銅，黃銅或金屬化合物。有許多其長度之相對面製成平行者，在敲釘入木材時，將平行面依木紋安置，使其減少每次拷打入木豁裂之趨向。釘之種類極廣，普通所應用者，均以熟鐵或鋼爲之。

生鐵釘 應用於舖石板工程，但因其性過脆，故現已棄而不用矣。

熟鐵及鋼釘 鋼扁釘之製造，用機械將熟鐵及鋼板切割而成，如第五六一圖中之狀，其用途甚爲普遍。鋼扁釘之長度超過四吋者，名曰大釘。釘之以熟鐵板用手工製者，如第五六一圖中所示，普通稱曰熟鐵扁釘，其功能須有足夠之曲性，而不斷裂者。近代皆用機械製造，其割切方法亦已改進，而採用含有黏韌性及軟韌性之上好熟鉄製作，對于保持不使毀易之功能，已足堪勝任。

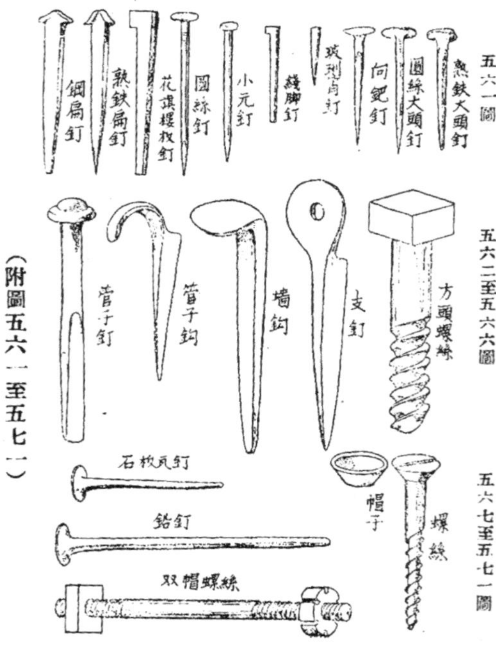

（附圖五六一至五七一）

大釘 大釘者，即鉄釘之謂也，長約三吋，對於接合木材之處，應用最廣。惟須極大之力用鎚擊打。大釘爲價廉之接合。

小圓釘 圓錐形之釘，其厚度均相同，而祇一端有帽頭者，如第五六一圖，於接合各部時須細小之釘眼者，均應用之。

小鋼釘 爲圓斷面，與普通之鍼針相似，惟無線眼。用於小木工釘硬木線脚，及在鑲板之工程中。

圓絲大頭釘 釘身有方形或圓形，及大圓平頭數種，如第五六一圖。大頭釘之頭小者曰小釘(Tack)。

石板瓦釘 以鋅，銅及其他金屬化合物製成，用以釘牢石板瓦者，其抵禦酸化較鉄爲佳。當石板瓦舖於木板條子或鐵絲網上，可

用鉛釘釘牢（見第五六九圖）

向鈀釘 狀與大頭釘同，幹身之斷面為方形，而下脚尖銳，其幹身之邊粗糙，如第五六一圖所示。

圓絲釘 此項釘之斷面，有圓形，長圓形；普通亦稱之曰法國釘。其性質為强韌與堅固，較之扁釘不易斷裂，但在釘時，常易損壞木材。圓形斷面之釘，見五六一圖，常用於裝箱之處。長圓形小頭之圓絲釘，在小木工釘線脚時亦應用之。

玻璃筲釘 一種方形之小鐵釘，一端尖銳他端無頭，見第五六一圖，用以筲牢玻璃，再嵌油灰。

管子釘 熟鐵製，圓身下端如鑿子頭及圓帽頭，如第五六二圖，用以釘牢管子身幹至砌磚工程中。

管子鈎 第五六三圖示熟鐵製之繫接物，一端成鈎形，用使鈎住管子，同時有一肩架，以備鎚之擊打。

牆鈎 用熟鐵製成，如第五六四圖，一端使彎與幹身成九十度。應用時擊打於牆垣之灰縫內，使之拖拉木工者。

支釘 其身幹與牆鈎同，見第五六五圖。其頭平扁，中穿一螺絲孔，及有一肩架，可使擊打。當其擊入牆垣之灰縫，在木材或木工框子之邊，用螺絲穿入支釘之孔，將後者拖持。

方頭螺釘 用以接合鐵板與木，或木與木接。方頭，俾資用螺釘鉗鉗住後旋之，及須有木螺絲旋紋者，如第五六六圖。

螺絲 用以替釘之處，如任何震動之裝置均可用之或木材有時須移動者，如第四九〇圖。第五七一圖之螺絲形式用以裝置木工者。普通用熟鐵或黃銅製造，後者之抵禦酸化力較前者為佳。一端製成尖形，使易於絞入木材之內，而其螺絲旋紋極為粗大。其頭部之名稱，更據其形式而定，如圓頭螺絲，平頭螺絲等等。有時須將銅帽子套上，見第五七一圖，用以使平頭螺絲與木之間平齊美觀。

雙帽螺絲 第五六七圖示此種材料應用於小木工絞合接縫者。兩端均有螺絲旋紋，一端之帽頭為方形，他端則為圓形，且在四周挖以凹槽，將需要接合之木材鑽孔，以備安置螺絲；在每個材料規定之距離鑿一孔，供置螺絲帽頭及插入螺絲眼內；則方形之帽頭即落在一邊之雌売帽頭內，將螺絲插入絞之使兩頭螺絲旋紋勻襯，因雌売之眼為方形，故帽頭不能旋轉。今將圓帽頭置於另一木材之雌売內，將螺絲插入，最後用旋鑿或特種之鑽鑿器將圓帽頭絞緊，使接縫處極為緊密。

下列為赫斯德之公式，係計算螺絲在木材之大概抵禦力：

$$f = dpl \times 24,000$$ （42,000為軟木材，用83000則為硬木材），

d即螺絲之直徑，P等於螺絲旋紋之距離，l為木材之長度，皆以吋為單位，及f為抵禦力以磅為單位。

螺釘 在大釘或螺絲不能抵禦拉力時，則用熟鐵製之螺絲及方頭螺絲以代之。螺釘一端絞以旋紋，裝置一帽頭於其上，為避免兩頭螺釘帽頭絞入木材起見，可於帽頭之內襯以熟鐵華斯，在硬木處其華斯之大小為螺釘直徑之二倍半，在鬆木則須三倍半。

螺釘之六角形脚與帽頭，及方脚與帽頭等，其大小之比，係根據螺釘身幹之直徑為標準。

釘　用平或圓熟鐵製造，在端末彎起。其尖殊爲銳利，俾打入木材使其尾聯繫緊合。大概用於支撐，脚手架及臨時建築物者居多。其握力以磅計，每一吋長之大釘自六百磅至九百磅。

楔　係將木一端斬尖，用以緊合接縫如雌雄筍接；當應用一對時，其排列應爲勻襯。

榫　用硬木製作，與楔相同，其主要之工作効能係將接縫處榫緊，如第五四五圖之出筍接。

制童環　以熟鐵製造，其効用將木材絭緊在原有位置，而用筲子榫緊，見第五七三及五七五圖，或單一條箍或扒頭鐵板，及用螺旋絞合，如第五五七圖，用以避免大梁之端被剪力拖去。箍之螺釘絞於上面者，其功用能不損及木材之接合。

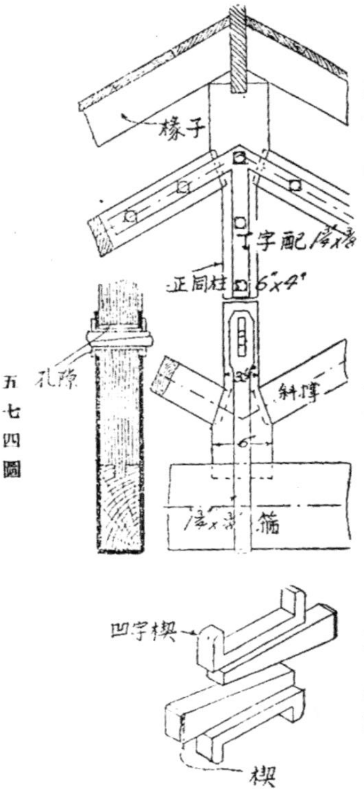

五七二圖

五七三圖

五七四圖

五七五圖

（附圖五七二至五七五）

帽頭　用熟鐵或生鐵製，以之包箍於木材之兩端，使其不致豁裂，及保持木材於需要之位置。若用於木材之下端者，曰靴脚。

（木工之鑲接完）

介紹愛華客洋行之圖案膠夾板

圖案膠夾板，用於牆垣及細木工程，其抵禦寒暑氣候之能力，遠較實木爲佳；而其美觀悅目，更較平淡無飾者爲優也。考其抵禦氣候之功用，實因摺叠建築之故。據吾儕所知，木之伸縮係在濶度，不在長度，所謂長度者，即順木紋趨向之處。而摺叠建築之法，係就木之紋路，反覆安置；如此構築，必賴膠合；而不論膠質若何，在膠合後必須避水，此又盡人皆知，否則實無用處，且較實木建築爲劣矣。

膠之原質，須經六小時之試驗，但用於鑲板，卽此亦嫌不足；如白蟻木瘤等，均足爲害；是故膠質又須具有避潮及害蟲之特質矣。

各樹之圖案，其美觀亦有限制。有種樹木，其紋理與色彩十分美觀，而有者外觀平庸，而其質地特佳。然此卽可覘知圖案美觀之樹木，而在解剖時，其面積之厚度設至三十二分之一英吋，與一吋厚之木板相較，其厚度又爲若何。

膠夾板亦可利用樹之廢材者，此種材料有時僅能供燃料之用；例如根端與樹瘤，近於地面者，其處紋理彎曲，卽可加以利用者也。

上等之膠夾板，在歐美採用者日多，此足證明此板在中國之價値。而在吾國售價之廉，同一貨物，僅及三分之一。吾人對於居住問題，既力求安適美觀，環境優良，則採用此板，實不可少也。

建築師之家

建築師周樂三 —— 本刊編者杜彥耿

後園池畔朱欄及假山茅亭

後廳

住宅正面

書房

會客室

臥室

平頂線
上層樓板
平台
水箱
平屋面
水泥粉刷
出風洞
東面圖
屋面
花棚正面圖
正面圖
柴間
.03水泥粉刷
.07水泥三和土
.13灰漿三和土
西面圖

周樂三建築師住宅

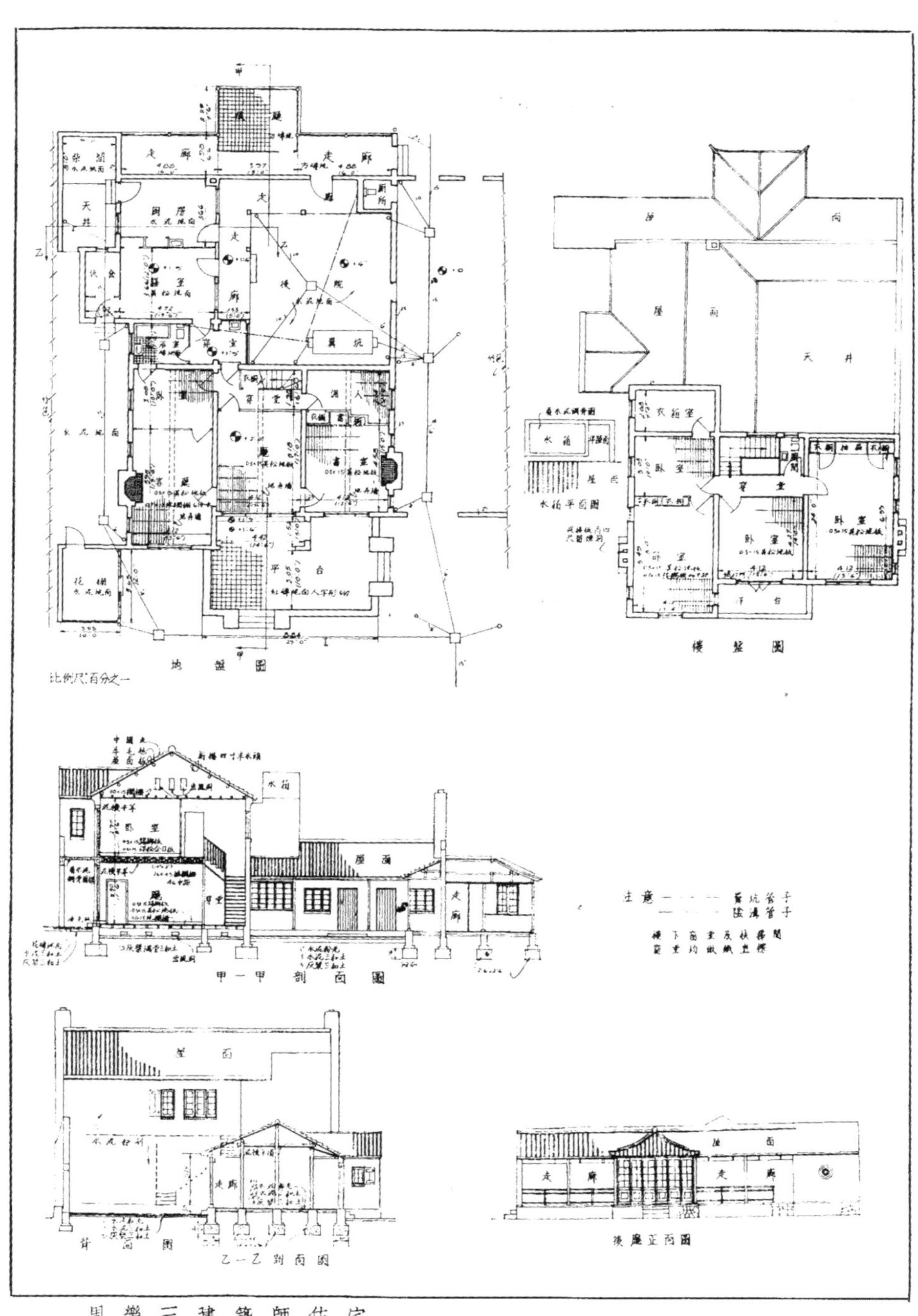
地盤圖
比例尺百分之一
樓盤圖
水箱平面圖
甲一甲剖面圖
乙一乙剖面圖
背面圖
後廳立面圖
主意
瓦坑管子
陰溝管子
樓下面室及扶梯間
窗室均做鐵直欄
走廊
廚房
天井
臥室
書室
平台
花棚
屋面
衣箱室
穿堂
水箱

周樂三建築師住宅

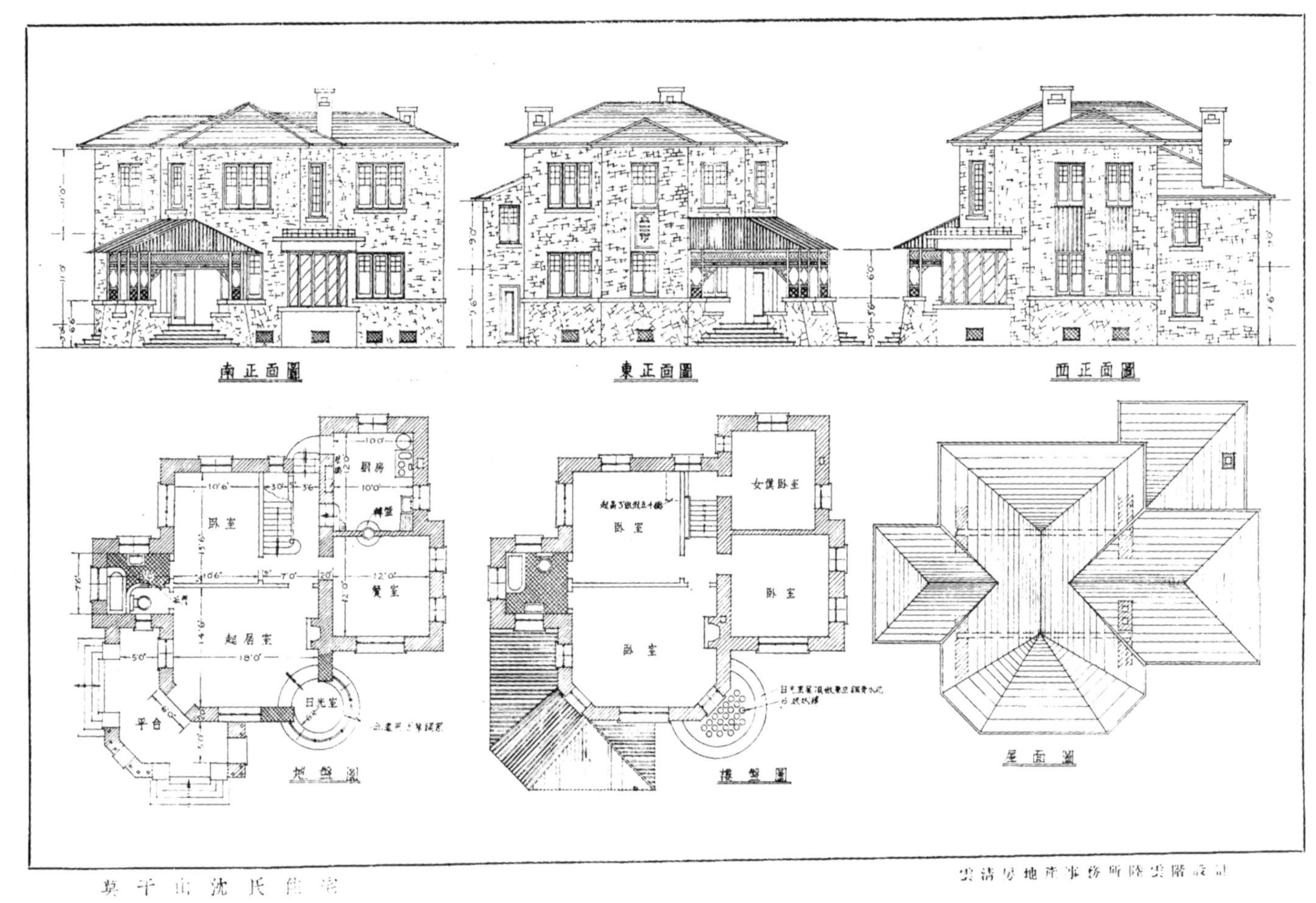

莫干山沈氏住宅

雲靖房地產事務所陸雲階設計

傢具之裝飾

1 店面裝飾

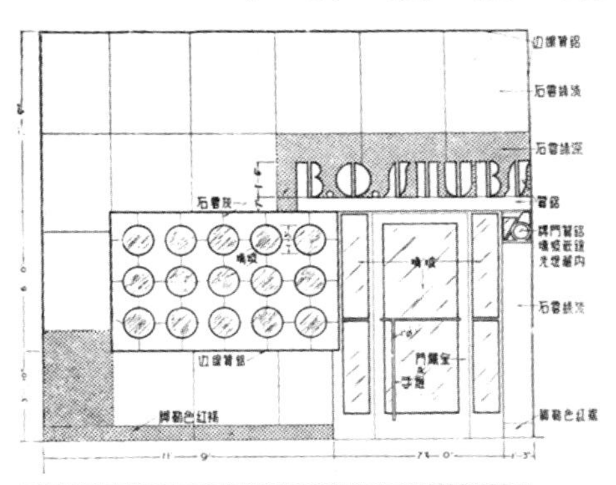

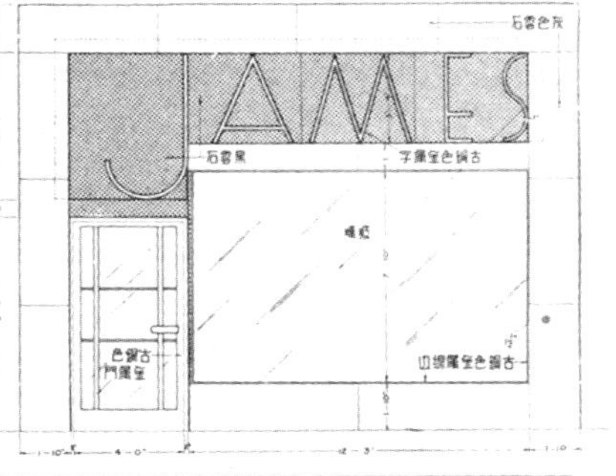

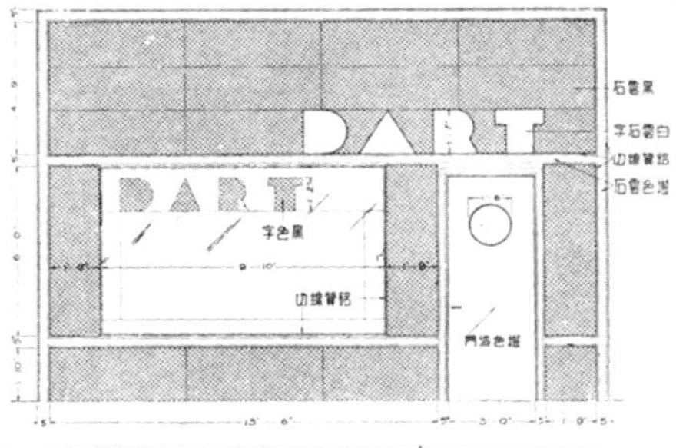

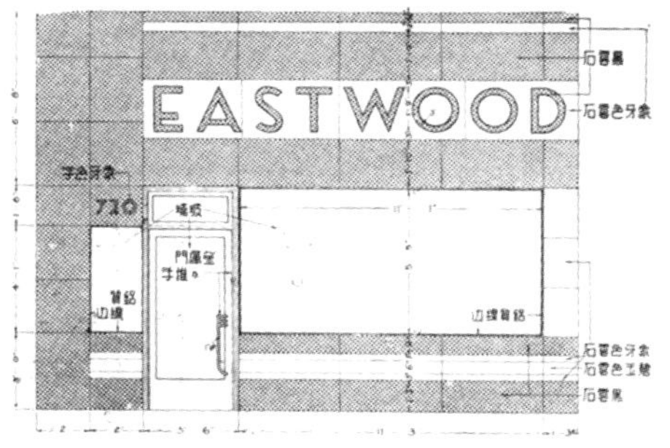

店面裝飾 2

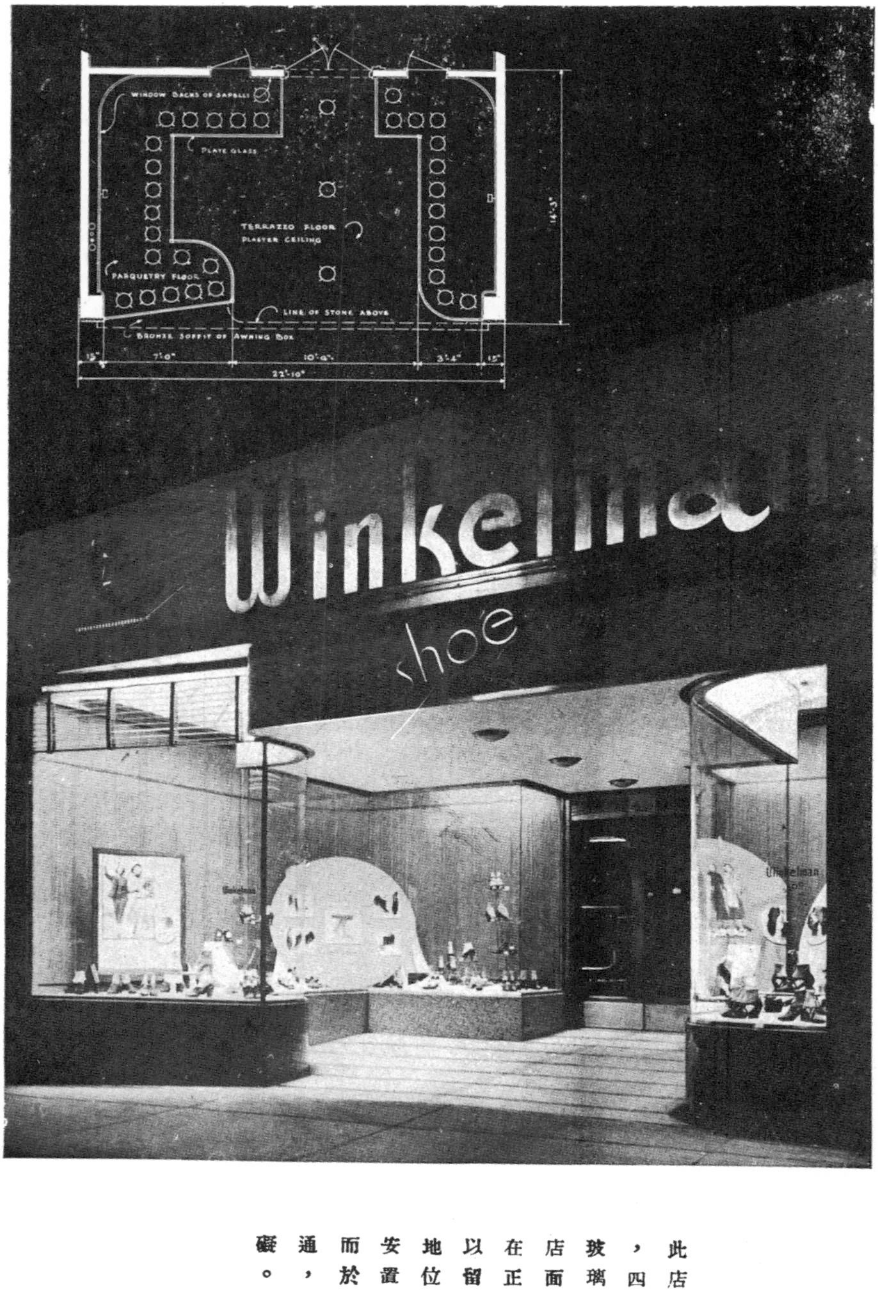

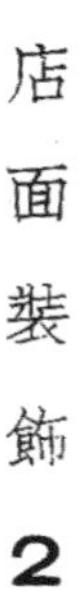

此店面設計，四週繞以玻璃櫥窗；店面入口不在正中，得以留出大部地位，專供安置櫥窗，而於進出交通，並不妨礙。

廣州市今後之園林建設

過沅熙

本市自曾市長蒞任以還，凡百設施，均以民衆樂利爲本位，頃如園林管理處之設，職在掌理全市園林建設，整頓及計劃公有園林，改善及增植市郊路樹，使廣州成爲一新式園林都市，藉以繁榮本市之工商事業，發揚本市之建設光輝，並在新生活運動中，提倡戶外運動及高尚正當之娛樂，增加兒童遊樂設備，以培養將來良好之國民，使男女市民於工作餘閑得遨遊於優美園林之下，以安慰其精神，舒適其體力，斯則本處之設，市長固具深意，吾人亦當敬奉斯旨，努力以赴之也。尤有進者，近代歐美各國園林建設，已具規模，惟多有取諸我國古代之庭園布置，而我國自古關於庭園花藝之研究，在歷史方面，亦均彰彰可考，斯則今之園林管理，非盡步歐美之後塵也，因引申之：

我國園囿之設，以黃帝之「圃」爲之濫觴；帝堯復設虞人以掌山林川澤，是爲古代設施專官掌理園圃之始，文王之圃方七十里，芻蕘者往焉，雉兔者往焉，與民同之故詩有云：「經始靈臺，經之營之，庶民攻之，不日成之，」文王以民力爲臺爲沼，而民歡樂，此則古代藝術之精華，庭園之豐美，於歷史上斑斑可考者也。秦滅六國，統一宇內建阿房宮，覆壓三百餘里復爲馳道於天下，東窮燕齊，南極吳楚，瀕海畢至，道廣五十步，三丈而樹，此爲行道樹之嚆矢。迨及明世，定鼎金陵，天下休閑，名公巨卿，點綴林泉，都麗閑雅，文人墨客，觸詠其間；降及清世，首都北遷，苑圃如圓明園，前經八國聯軍火毀無存外，其他如三海名勝，西山八大處及頤和園等現尚完美。而江南之蘇杭甯揚湖山秀麗，清高宗先後臨幸，名聞天下，誠不失爲東亞造園學術上之偉蹟也，然此等名勝前多屬帝皇貴族之遊樂地，自民國成立，始續漸公開遊覽，至若完全以民衆遊樂而從新建設者，則尚未之見也。現在國內各都市除南京廣州對於園林建設稍有進行外，其餘均步外人經營之後塵而已。例如青島北戴河，牯嶺上海等處均是也。故廣州市專設園林管理機關，實爲華南首創之偉舉。

粵地天氣溫暖，土質肥美，四季花木叢盛，爲全國冠。而廣州地據三江之口，爲華南最大之商埠，卽闢爲全國最新式之花園都市商埠，亦非難事也。顧廣州市之園林歷史，曩昔省會只有觀音山五層樓及羊城八景之勝，然經時已久，荒蕪不治，無足遊賞，清政推翻以還，官民漸知建設，馬路日闢，園林漸興，溯廣州市之有公園，實自民國九年所創始，是時由工務局負責開辦，卽以舊巡撫衙門，爲第一公園之址，披荊斬棘，鳩工庀材，至民國十二年漸告完成，民十三四年，市工務局特設園林股，隸屬於建築課，民廿年後，概由園林股負責，開闢公園，增植路樹，故本市公園之先後成立者，有由民九至民十二完成之第一公園，（今改稱中央公園）是時海珠公園，東山公園相繼成立（海珠公園因填築新堤今已廢）民十五開闢越秀公園，卽以觀音山全面爲園址，高低起伏，頗具天然公園之勝，民十七年，以河南尚缺園林，卽以海幢古寺改闢，名爲海幢公園，民十八年增闢中山公園（石牌林場場址）十九年闢動物公園（卽今永漢公園）查動物公園原爲法國領事府，林木陰鬱，風景天然，是年六月，復闢淨慧公園，查此園亦爲英國領事府，雜樹叢生，頗稱幽緻，幾經交涉，始得收回，闢爲公園，前之曠地寒林，今則遊人雜踏矣。此未始非國人努力之所致也。民十八年起，籌闢白雲山公園，先與中大林場清畫界址，續漸開闢，至民廿一而完成。爾後値市庫奇絀，園務進行，不無客阻，各公園只得保持現狀而已。民廿四年籌闢河南漱珠崗公園，現仍在推進中，於此可見廣州市園林之建設，確具雛形，但缺乏科學方法之栽培各種卉木，幷乏專門人才之計劃庭布置，及切實保護園路樹諸事責耳。

民廿五年夏，曾市長蒞任，有見園林建設及整飭市容調劑民衆生活，增加民衆幸福之必要；故於十一月命工務局園林股與社會局動物園合併，改組爲園林管理處幷委任過沅熙氏爲處長，飭從新規劃整理園林事務，而同時有名之荔枝灣亦決開闢為大規模之荔枝灣公園，大沙頭亦闢為大規模之公園及市植物園，正在設計籌畫中，且在市內各空地擬增闢小園林及兒童娛樂場，於長堤海珠一帶，增植路樹及籌廣場；又於市內馬路各處，補種及保護各路樹，均在積極實行中也，惟查園林建設，其成效，每見於十年或數十年後，現在建設期中，如設計得宜，則可減少將來鉅量之耗費，此點並不能忽視也。至若整頓各公園及急切建設諸事項，則市民現均能享受其利益，此亦本處所顧及施行者也，茲并分述之：

（一）市內公園方面：現在市公園共九處佔地八千畝，尚不及全市面積百分之三，若以人口一百萬計，則每百人中尚不能有八分而積綠葉繁密呼吸之餘地，而據中心區者，僅中央，永漢，淨慧，越秀四公園而已，園中樹木參天，遊人最稱擁擠，但花圃苗圃參差不一，宿舍草棚，污穢不雅，今已着手將花圃苗圃遷出草棚，酌量拆卸，在此讓出餘地，增加花壇布置，兒童遊樂場所，至於園內重新布置修築路面建築新式便所，改造公園大門，設置廢物箱等，各項工程務使公園表裏一新，質量同時並進，諸計劃均呈請市政府核辦中。

（二）市內小園林及兒童遊樂場：市區內人烟稠密，住屋連綿，室內黑暗污濕，疾病滋生，市長有見及此，着於市內空地開闢小園林并增設兒童遊樂設備，以資調節，現由財政局調查市內空地計有四十餘處，正按照計劃，續漸實施。

（三）路樹之保護及增植：路樹之設為使市內空氣新鮮風景雅緻。故路樹應於市內特殊環境之下，選擇易於長成且能禦風成陰者為宜，而路面之寬度，及人行道之寬度，樹苗之選擇，均須顧及，大概以枝葉繁茂強壯，及樹根不損路面及渠管者為標準，至於何路應植雙行樹三行樹或單行樹，並植何種樹木，則於城市計劃中，應有預定之支配，本市現尚無統一計劃，可以歸依。至若路樹之修枝保護等事，每感困難，蓋城市建設初興，市民尚未盡明路樹之重要，以後須嚴訂章則。會同警局實力保護，使臻完備也。

（四）新闢郊外公園保存名蹟：本市郊外風景優秀，山崗叢綠，名勝古跡，到處皆有，如白雲山之名泉古寺，黃婆洞之叢林，從化之溫泉，羅崗洞諸區，均適於遊賞或避暑，亟宜闢為郊外公園，給市民之享用，宜先將地點指定，着手登記測量及設計，務使與市區馬路全省公路之交通相連貫，與將來預定發展之區域，及人口比率職業等相均配，使續漸完成將來「大廣州市園林都市化計劃」此亦本處所希望能盡力供獻者也。

（五）開闢植物園：廣州地近熱帶，林木之雄偉及種類之繁多，為全國冠，今擇大沙頭沿岸適當地域，闢一廣州市植物園，園內設亭池廊閣，植異卉奇花，以備本市人士及學術機關之研究，并足供市民之遊賞，倘能於四時開花木展覽會，出售新奇品種，此亦本市特有之供獻也。

（六）開闢動物園：查本市只有永漢公園內藏禽鳥獸類百餘頭，實未足應市民之賞識，且地點與環境均不適合。動物之生長，輒有死亡，同時各界惠贈禽鳥動物者反日見增多，故最佳之辦法，即在越秀山麓大然之樹林中闢一動物園址也，現在該園地點，經已選擇，待時機一至，即搬遷永漢公園之動物至越秀山上便成矣。

（七）集中管理方法：本處為革新管理方針採取集中管理方法將花圃苗圃物料園工等概行集中從新分配，以資便利而收成效，花圃苗圃集中管理之後，各園空出各地，即增闢為花壇及兒童遊樂所：園工花匠集中管理之後，則易於考勤，且能訓練新法栽種花木方法：物料工具集中之後，則易於支配而多做工作，凡此計劃，均在實施也。

總上所述，本處所計劃而待施行之事甚多，且與市民樂利均有直接之關係，故祈民衆能時加督促，各學術機關，能多多合作，長官予以領導，則其成效，並非本處所敢獨專，本處不過負專責以推行耳。

（轉載廣州中山日報）

［接自第四頁］

餘里，分黃入海。二十五年，臨淮縣創建石隄，以障淮水，三載告成，東西長三百十餘丈。熹宗天啟元年，淮黃暴漲數尺，決高堰武家墩等處。明年塞。莊烈帝崇禎四年六月，河決淮安建義港及新溝蘇家嘴，水灌興鹽，越三歲始塞。

清初，承明末水政廢弛之後，洪澤之淮，仍會黃於清口，水勢壅而不宣，益為患於鳳泗淮揚間，有全局破碎之憂。世祖順治六年五月，淮水溢，息縣穎州霍丘五河泗州俱大水。十五年冬十月，黃淮交漲，沒清河縣治。十六年，歸仁隄決，黃水入洪澤湖。康熙元年，歸仁隄再決，開周橋閘，淮大洩。三年，淮溢。七年，穎泗大水，清口塞。八年，淮漲，周橋未閉，水益東趨。九年五月，淮黃大漲，壞高堰石工六十餘段。十二年，決高良澗。十五年五月，淮黃復大決高家堰。十六年七月，塞武墩高堰六安溝諸決口，修築高堰舊堤。十九年，靳輔創建武家墩高良澗周橋古溝東西及唐埂減水壩共六座，是為改閘為壩之始。是年修歸仁隄，斷絕黃水直灌洪湖之路，又建五堡減水壩。二十二年，伏秋淮大漲，啟放高良澗等減水壩六處。二十五年，靳輔於高堰東坡挑河運料，自武家墩至周橋，長六十餘里，名運料河，東岸築隄，為高堰外護。二十六年，開高堰六壩。二十七年正月，聖祖南巡，諭修高堰石工。三十四年，建高堰裏越壩一道，西面建石。三十五年，淮黃大漲，高堰決六壩。三十七年，董安國收縮清口，自張福隄尾接築臨清隄約三里，移清口於新隄尾東側，即於此處建東西束水壩。三十八年春，總河于成龍奉旨於清口外上流建挑水大壩一座。夏秋潰決十餘處，六壩皆傾圮，及冬併修堰工，大修高家堰大隄土石各工程，並籌堵六壩決口。三十九年四月，堵築高堰六壩。九月繼續大修高堰，北自武家墩隄頭起，南至棠梨樹止，計長八十餘里，一律培築土工，加幫高厚，又拆砌武家墩至小黃莊舊石工。秋冬堵閉六壩，又以六壩既塞，議另建滾水石壩三座，壩底加高三尺，仍留天然二壩以備異漲，是為高堰有石滾壩之始。又修砌歸仁隄石工，建歸仁安仁利仁雙門閘三座。洩睢水入洪澤湖，並修格隄，自五堡向東北至便民閘，修築自五堡迤東南之隄工，以為南束水堤；創築北束水隄。挑修引河，引睢水入黃河；於引河尾建祥符雙門大閘。閘東挑月河，建五瑞小閘，臨黃築草壩，節制睢黃入洪湖之路。四十年春，張鵬翮於運口舊大墩迤北建新大墩，創築攔湖新隄一百四十丈。四十一年，夏秋淮黃並漲，高壩自武家墩至棠梨樹，全賴子堰捍禦。四十五年正月，奉旨於高堰三壩之下，挑河築隄束水。七月開三壩，八月開天然北壩。是年冬建蔣家壩石閘。五十一年黃河大溜，過西壩直向卞家汪，諭於卞家汪建挑水壩一座。六十年，加修武家墩臨湖隄工。

清世宗雍正三年六月，睢寧縣朱家海河決，其水下注洪澤湖，三滾壩門檻太高，過水不暢；又啟放天然土壩二道。五六年，齊蘇勒改修山盱滾水石壩三座。九年，大修高堰石工六千三百餘丈，明年六月工成。清高宗乾隆元年，啟放山盱聽天然南北二壩。七年夏，拆展清口東水壩。八年，於天妃運口外築臨湖隄，自運口頭壩起，向南轉東，至濟運壩止，長一千七百四十八丈。十年，洪湖石滾壩過水，啟放天然土壩。十一年，淮湖水漲，山盱三滾壩過水，又啟天然壩及蔣家閘。十二年，勘建吳城臨湖甎工。十六年二月，高宗南巡，閱視堰盱工程，諭天然壩永禁開放，滾水石壩，增三為五。乾隆十七八年，接建吳城臨湖甎工。十九年，建武家墩湖甎工，自石工頭迤北至武家墩，長一百四十七丈，二十四五年，又接建至濟運壩，長一千六丈。二十七年，又接建甎工至太平莊。乾隆四十一年冬，築臨清臨黃各隄工，又於陶莊迤下。接築束水隄三里許。四十二年春，以清口展長，移東西束水壩於迤下一百六十丈之平成臺。四十三年春，疏洪湖引河，並開峯山祥符諸閘。四十五年二月，高宗南巡，親臨武家墩，令將卑矮石工，酌量加高，甎工改石，以為全湖屏障。四十六年六月，睢寧魏家莊河決，水入洪湖，拆展清口東西壩，次第啟放義智信三壩。五十一年七月，洪湖水漲，山盱五壩全開。五十四年，酌於五引河滙總處張福太平二口。各築柴壩一道。六十年二月，修砌堰盱石工甎工土工，並築禹王廟侯二門隄後越堰，以作重門保障，四月底報竣。

清仁宗嘉慶元年六月，洪湖長水，拆展東清禦黃兩壩。嗣又接漲，風浪掣卸甎石各工，啟放智壩。九年，重築臨清束水隄，自康熙舊西壩址起。至大河尾止，長一千另五十丈。十四年三月，改堰盱舊加一層之甎工爲石工，加幫子堰，培築高厚。十五年，拆修山盱智禮二壩，加高壩底，智壩加高四尺，禮壩加高三尺。十六年春，禦黃壩外，添做鉗口壩，禦黃壩南，添做二壩。十八年春，山盱智壩，接長石底，又修信壩，升高壩底一尺。二十二年，山盱仁字河頭建石滾壩。二十四年夏初，清口倒灌，堵閉禦黃東清兩壩。

清宣宗道光初年，禦黃壩或堵或開。三年，總河黎世序間段加高堰盱石工二千餘丈，義字河頭，建滾水石壩。五年，大修堰盱石工一萬一千六百七十餘丈，十月完竣。又建臨清東西堰於禦黃二壩之南。七年春，開塘河自河口草閘至臨清堰，長五百八十八丈。十三年春夏間，拆修山盱智壩林壩，及仁義兩河。十八年，山盱禮字河，建造石底，自是三河皆有壩。

清文宗咸豐元年，啓放山盱禮河壩。五年正月，堵築山盱禮字河越壩，蓄洪澤湖水，以濟鹽運。穆宗同治五年，設測量局。德宗光緒元年，江督劉坤一，擬挑黃河故道，親赴楊莊履勘，未及施工。七年二月，開濬舊黃河，自楊莊起，至安東縣東門外止。十三年八月，鄭州黃河漫溢入淮，挑楊莊以下舊黃河二百餘里。十七年三月，江督沈秉成，漕督松椿，修復山盱林智信三壩。宣統元年秋，江蘇諮議局張謇等，議設江淮水利公司於清江浦，籌辦測量，以爲導淮之預備。三年正月，改組爲江淮水利測量局，實測淮泗沂沭諸水各河湖水道，以爲導淮施工計劃之根據。

民國二年，設導淮局於北平，督辦張謇，發表導淮計畫宣告書。三年，改導淮局爲全國水利局。三年四月，張謇南下勘淮事竣，發表報告，分五施工。七月，美國工程團來華，攷察淮河情形，發表報告，主張導淮入江。五年，江淮水利測量局，測量關於淮水各處河湖底眞高及水位流量，以爲導淮計工之標準。六年，張謇發表江淮水利計劃書，分十年施工。八年，張謇依據測量結果，發表江淮水利施工計畫書，主張七分入江，三分入海，並治沂沭，分九年施工。九年，美國工程師費禮門，撰治淮計畫書，擬導淮由海州入海，利用天然水力衝鑿新河。十年伏秋，洪湖異漲較五年爲大，仍由三河口東注，其餘波北由故道入海。十四年，全國水利局，發表治淮計畫，合蘇皖豫三省。十七年，國民政府建設委員會，整理導淮測量圖案。十八年，國民政府設導淮委員會。分設工務處於清江浦，籌備導淮。二十年春，導淮委員會，公佈導淮工程計劃，預定三期。第一期，分五年施工。九月，導淮委員會開會討論導淮路綫，議決由張福河經廢黃河至套子口入海。二十二年春，導淮委員會，興挑張福引河，是年公佈主張導工程入海水道計劃。二十三年冬，江蘇省政府主席兼導淮委員會副委員長陳果夫，依據導淮會計劃，大挑廢黃河，自楊莊至七套以下，又闢新道至套子口，以爲導淮入海初步工程，分兩年施工。二十四年夏秋，導淮委員會開始建築三河口活動壩及楊莊活動壩。二十五年二月，江北運河工程局，修理洪湖大堤石工，四五六月先後完竣。七八月，初步導淮，已達十之八九，指日工成。

本刊所載材料價目，力求正確；惟市價瞬息變動，漲落不一，集稿時與出版時難免出入。讀者如欲知正確之市價者，希隨時來函詢問，本刊當代爲探詢詳告。

磚瓦

(一) 空心磚

十二寸方十寸六孔 每千洋二百三十元
十二寸方八寸六孔 每千洋一百八十元
十二寸方六寸六孔 每千洋一百三十五元
十二寸方四寸四孔 每千洋九十元
十二寸方三寸三孔 每千洋七十元
九寸二分方六寸六孔 每千洋七十五元
九寸二分方四寸半三孔 每千洋六十元
九寸二分方三寸三孔 每千洋四十五元
四寸半方九寸二分四孔 每千洋三十五元
九寸二分四寸半三寸二孔 每千洋二十二元
九寸二分·四寸半·三寸半·二孔 每千洋二十一元
九寸二分·四寸半·二寸·二孔 每千洋二十元

(二) 八角式樓板空心磚

十二寸方八寸八角四孔 每千洋二百元
十二寸方六寸八角三孔 每千洋一百五十元
十二寸方四寸八角三孔 每千洋一百元

(三) 六角式樓板空心磚

十二寸方十寸六角三孔 每千洋二百五十元
十二寸方八寸六角三孔 每千洋二百元
十二寸方七寸六角三孔 每千洋一百七十五元
十二寸方六寸六角三孔 每千洋一百五十元
十二寸方五寸六角三孔 每千洋一百二十五元
十二寸方四寸六角三孔 每千洋一百元
十二寸八寸十寸六角三孔 每洋千一百六十五元
十二寸八寸八寸六角二孔 每千洋一百三十五元
十二寸八寸七寸六角二孔 每千洋一百十五元
十二寸八寸六寸六角二孔 每千洋一百元
十二寸八寸五寸六角二孔 每千洋八十五元

(四) 深淺毛縫空心磚

十二寸方十寸六孔 每千洋二百四十元
十二寸方八寸半六孔 每千洋二百〇五元
十二寸方八寸六孔 每千洋一百八十五元
十二寸方六寸六孔 每千洋一百四十五元
十二寸方四寸四孔 每千洋九十七元
十二寸方三寸三孔 每千洋七十七元
九寸二分方四寸半三孔 每千洋六十四元

(五) 實心磚

九寸四寸三分二寸半特等紅磚 每萬洋一百四十元
又 普通紅磚 每萬洋一百三十元
八寸半四寸一分二寸半特等紅磚 每萬洋一百三十四元
又 普通紅磚 每萬洋一百二十四元
十寸·五寸·二寸特等紅磚 每萬洋一百三十元
又 普通紅磚 每萬洋一百二十元
九寸四寸三分二寸特等紅磚 每萬洋一百十元
又 普通紅磚 每萬洋一百元
九寸四寸三分二寸二分特等紅磚 每萬洋一百二十元
又 普通紅磚 每萬洋一百十元
九寸四寸三分二寸二分拉縫紅磚 每萬洋一百六十元
十寸五寸二寸特等青磚 每萬一百四十元
又 普通青磚 每萬洋一百三十元
九寸四寸三分二寸特等青磚 每萬一百二十元
又 普通青磚 每萬洋一百十元
九寸四寸三分二寸二分特等青磚 每萬一百三十元
又 普通青磚 每萬一百二十元
(以上統係外力)

(六) 瓦

品名	價格
一號紅平瓦	每千洋六十元
二號紅平瓦	每千洋五十五元
三號紅平瓦	每千洋四十五元
一號青平瓦	每千洋六十五元
二號青平瓦	每千洋六十元
三號青平瓦	每千洋五十元
西班牙式紅瓦	每千洋五十元
西班牙式青瓦	每千洋五十三元
英國式灣瓦	每千洋四十元
一號古式元筒青瓦	每千洋六十元
二號古式元筒青瓦	每千洋五十元
	(以上統係連力)

以上大中磚瓦公司出品

鋼條

品名	價格
四十尺四分普通花色	每噸二百三十元
四十尺五分普通花色	每噸二百二十元
四十尺六分普通花色	每噸二百十元
四十尺七分普通花色	每噸二百十元
四十尺一寸普通花色	每噸二百十元

泥灰

品名	價格
象牌水泥	每桶洋七元一角六分
泰山水泥	每桶洋七元九角
馬牌水泥	每桶洋七元一角五分

木材

品名	價格
洋松八尺至卅二尺再長照加	每千尺一百三十五元
一寸洋松	每千尺洋一百三十七元
寸半洋松	每千尺洋一百三十八元
四尺洋松條子	每萬根洋一百六十五元
一寸四寸洋松一號企口板	每千尺洋一百七十元
一寸四寸洋松副頭號企口板	每千尺洋一百三十五元
一寸四寸洋松二號企口板	每千尺洋一百二十元
一寸六寸洋松一號企口板	每千尺洋一百七十五元
一寸六寸洋松副頭號企口板	每千尺洋一百四十元
一寸六寸洋松二號企口板	每千尺洋一百三十三元
一二五四寸洋松一號企口板	無市
一二五四寸洋松二號企口板	無市
一二五六寸洋松一號企口板	無市
一二五六寸洋松二號企口板	無市
柚木(頭號)僧帽牌	每千尺洋六百元
柚木(甲種)龍牌	每千尺洋五百三十元

品名	價格
柚木(乙種)龍牌	每千尺洋五百元
柚木(旗牌)	每千尺洋五百三十元
柚木(盾牌)	每千尺洋四百八十元
硬木	無市
硬木(火介方)	每千尺洋一百八十五元
柳安	每千尺洋一百九十元
紅板	每千尺洋一百六十元
抄板	每千尺洋一百八十元
十二尺三寸六八皖松	每千尺洋八十元
十二尺二寸皖松	每千尺洋八十元
一二五四寸柳安企口板	每千尺洋二百十元
一寸六寸柳安企口板	每千尺洋二百十元
一二五四寸企口紅板	無市
二寸一半建松片	市尺每千尺洋八十元
九尺四分建松板	市尺每丈洋五元五角
九尺八分建松板	市尺每丈洋八元二角
六尺半五分青山板	市尺每丈洋四元五角
本松毛板	市尺每塊洋三角二分
本松企口板	市尺每塊洋二角四分

品名	價格
六尺半二分杭松板	市尺每丈洋二元二角
七尺半二分甌松板	市尺每丈洋二元三角
六尺半八分皖松板	市尺每丈洋六元五角
九尺八分皖松板	市尺每丈洋七元八角
六尺半五分皖松板	市尺每丈洋四元五角
台松板	市尺每丈洋四元六角
七尺半四分坦戶板	市尺每丈洋三元
七尺半三分坦戶板	市尺每丈洋二元八角
六尺二分機鋸紅柳板	市尺每丈洋二元八角
六尺三分毛邊紅柳板	市尺每丈洋二元五角
六尺二分俄松板	市尺每丈洋二元六角
六尺半二分俄松板	市尺每丈洋二元八角
七尺半毛邊二分坦戶板	市尺每丈洋一元八角
六尺半五分機介杭松	市尺每丈洋四元五角
白松方	每千尺洋九十五元
紅松方	每千尺洋一百十五元
廠栗方	每千洋一百三十五元
啞克方	每千洋一百三十五元
俄麻栗板	每千尺洋一百四十元

五金

(一) 釘

品名	價格
中國貨元釘	每桶洋十三元五角

(二) 防水粉及牛毛毡

品名	價格
建業防水粉（軍艦）	每磅國幣三角
雅禮避水漿	每介侖一元九角五分
雅禮避水粉	每介侖一元九角五分
雅禮避水漆	每介侖三元二角五分
雅禮紙筋漆	每介侖三元二角五分
雅禮避潮漆	每介侖三元二角五分
雅禮透明避水漆	每介侖四元二角
雅禮膠珞油	每介侖四元
雅禮保地精	每介侖四元
雅禮保木油	每介侖二元二角五分
雅禮快燥精	每介侖二元

（以上出品均須五介侖起碼）

品名	價格
五方紙牛毛毡	每捲洋二元四角
半號牛毛毡（人頭牌）	每捲洋二元五角
一號牛毛毡（人頭牌）	每捲洋三元九角
二號牛毛毡（人頭牌）	每捲洋四元五角
三號牛毛毡（人頭牌）	每捲洋七元五角

(三) 其他

品名	價格
鋼絲網（27"×96" 2¼lbs.）	每方洋四元二角
鉛絲布（闊三尺長百尺）	每捲二十五元
綠鉛紗（同上）	每捲洋十五元
銅絲布（同上）	每捲三十五元

新申營造廠

上海康腦脫路一七九弄十二號　電話三四一七一

上海南京路四川路角迦陵大樓之全部打樁工程由本廠承建

The Complete PILING of the FOUNDATION of the

LIZA HARDOON BUILDING

was done by the

NEW SHANGHAI CONSTRUCTION CO.

Lane 179, House 12 Connaught Road,　Tel. 34171

SHANGHAI.

內政部登記證警字第二五五四號

建築月刊
THE BUILDER

中華郵政特准掛號認為新聞紙類

定價

每月一冊　全年十二冊

訂購辦法	價目	郵費 本埠	郵費 外埠及日本	郵費 香港澳門	郵費 國外
零售	五角	二分	五分	一角八分	三角
預定全年	五元	二角四分	六角	二元一角六分	三元六角

第四卷第十號

民國二十六年一月發行

刊務委員　江長庚　陳壽芝　姚長安

主編　杜彥耿

廣告　藍克生 (A. O. Lacson)

發行　上海市建築協會　南京路大陸商場六二〇號　電話 九二〇〇九

印刷　新光印書館　上海聖母院路聖達里三一號　電話 七四六三五

廣告刊例
Advertising Rates Per Issue

地位 Position	全面 Full Page	半面 Half Page	四分之一 One Quarter
底封面外面 Outside back cover.	七十五元 $75.00		
封面及底面之裏面 Inside front & back cover	六十元 $60.00	三十五元 $35.00	
封面裏面及底面裏面之對面 Opposite of inside front & back cover.	五十元 $50.00	三十元 $30.00	
普通地位 Ordinary page	四十五元 $45.00	三十元 $30.00	二十元 $20.00
小廣告 Classified Advertisements	每期每格 一寸高 三寸半闊 洋四元 - $4.00 per column		

廣告概用白紙黑墨印刷，倘須彩色，價目另議；鑄版彫刻，費用另加。

Designs, blocks to be charged extra. Advertisements inserted in two or more colors to be charged extra.

上海市建築協會附設
私立正基建築工業補習學校招生

民國十九年秋創立 ○ 上海市教育局備案

宗旨 本校以利用業餘時間進修工程學識培養專門人才為宗旨（授課時間每晚七時至九時）

編制 普通科一年專修科四年（普通科專為程度較低之入學者而設修習及格升入專修科一年級肄業）

招考 本屆招考普通科一年級專修科一二三年級（專四並不招考）各級投考程度如左：

普通科一年級　高級小學畢業或具同等學力者（免試）

專修科一年級　初級中學肄業或具同等學力者

專修科二年級　初級中學畢業或具同等學力者

專修科三年級　高級中學工科肄業或具同等學力者

報名 即日起每日上午九時至下午五時親至南京路大陸商場六樓六二〇號上海市建築協會內本校辦事處填寫報名單隨付手續費一元（錄取與否概不發還）領取應考証憑証於指定日期到校應試

考科 各級入學試驗之科目　（專一）英文・代數　（專二）英文・三角　（專三）英文・微積分

考期 二月二十日（星期六）下午六時起在本校舉行（二月二十日以後隨到隨考）

校址 派克路一三二弄（協和里）四號

附告 （一）普通科一年級照章得免試入學投考其他各年級者必須經過入學試驗

（二）本校章程可向派克路本校或大陸商場上海市建築協會內本校辦事處函索或面取

中華民國二十六年二月　日　校長　湯景賢

國立同濟大學材料試驗館

證明書

品名 建業防水粉
出品人 中國建業公司
出品地 上海
試驗目的 建業防水粉加入混凝土後對於壓力拉力之變化

本證明書專證明建業防水粉加入混凝土後對於該混凝土之強力所發生之影響根據試驗結果具加有建業防水粉之混凝土較不加建業防水粉之混凝土壓力增加百分之一四.九八拉力增加百分之一一.九八

結論 建業防水粉加入混凝土後無論壓力拉力均有增加特此證明

校長 翁之龍
材料試驗館主任 華根納

中華民國二十五年七月十八日

中國工程師學會

國產建築材料展覽會獎狀

出品人 建業公司
出品地 上海
品名 防水粉

右出品經本會審查評定應給予特等獎狀

會長 顏德慶
展覽會主席 濮登青
審查委員會主席 沈怡

中華民國二十五年十月二十日

建業防水粉 任何建築上不可不用

建業防水粉爲吾國著名化學專家所發明原料悉採自本國品質高超售價低廉功效偉大遠勝舶來早爲建築界所公認歷經上海市工業試驗所國立同濟大學材料試驗館國貨工廠聯合會證明並經實業部審查出品委員會暨中國工程師學會主辦國產建築材料展覽會等審查委員會評定頒給特等獎狀各在案各界任何建築一經採用此粉不啻添一保障也

功效 凡建築房屋。地坑。屋頂。貯藏室。牆垣。游泳池。水塔。水池。堤岸。道路。庫房。橋樁。橋樑。及粉刷外牆。等所需之水門汀三合土或水泥灰漿中如和入建業防水粉即能保險乾燥潔淨永無滲漏潮濕之弊並能增加壓力拉力(詳國立同濟大學試驗證書)是更能使建築物多一保障誠於建築物之安全居處之衛生均大有裨益

用量 無論攙入水門汀三合土或鋼筋混凝土及水門汀灰漿中均占水門汀數量百分之二『即每壹百磅水門汀中加入建業防水粉二磅』攪和後即可應用手續捷便

注意用法 如用手工拌和之三合土或水泥灰漿請將水門汀與「建業防水粉」先行乾拌勻和再與黃沙等充分拌和然後照常加水倘用機器拌和之水泥三合土可將水泥與「建業防水粉」同時加入照常攪和之

中國建業公司出品

事務所 上海愛多亞路中滙銀行大樓二三一至二三三號

電話 第八三九八〇號

THE CHIEN YEH WATER PROOFING POWDER

MANUFACTURED BY

THE CHINA CHIEN YEH & CO.

TELEPHONE: 83980

OFFICE ROOM NO. 231-232 CHUNG WAI BANK BUILDING 147 AVENUE EDWARD VII SHANGHAI

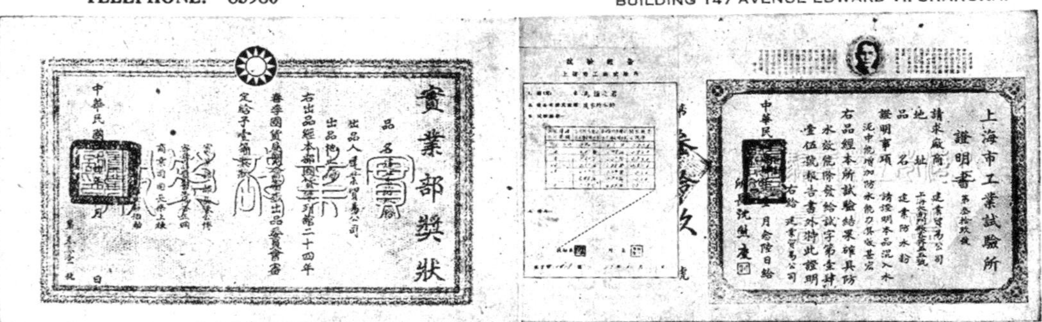

The Water Proofing Powder as invented by the Chinese chemists and manufactured with pure Chinese products, has been recognized to be the cheapest and best product.

As examined by the Industrial Testing and Research Laboratory and tested by the eminent Laboratory of Material Testings in Tung Chi University, this powder is of highest quality, much superior to the foreign commodities. The Association of Chinese Factories and The Exhibition of the Chinese Constructional Materials have applaused its best effects and highest merits for any structures announced by the Chinese Institute of Engineers through long experiences. It also has been approved and applaused by the Ministry of Indnstry with honorable Testimonial.

Surely, in any structure, should it be used, much security and safety will be Guaranteed.

EFFECT: Increasing pressure and tension of materials, thus protecting the safety of building and stability of structure

Preventing from wet and breaking of the wall, especially for roofs, swimming pool, cell basement, etc.

DIRECTION: Simply mixing with 2% in weight of this powder in any materials such as plain concrete, reinforce concrete cementmortar, etc. an enormous effect will be produced as above mentionen.

註冊商標
山脊住宅之美化佈置
公勤鐵廠股份有限公司
二十六年之新貢獻
網籬工程之二十二
上圖外圍鍍鋅鉛絲網
籬係本廠最新出品物
質堅鞏式樣美觀美化
住宅不能無此網籬也
總廠
上海楊樹浦臨青路
電話 五〇二二四 五〇一六七

建築家與冶金家合作

冶金家之科學智識，與建築家之特別設計融爲一體。對於現代建築方面。乃產生最優美之種種結果。

圖示挪威某著名報館辦公室，因採用鋁後，外觀與實用如何大見改良之情形。

鋁合金堅韌耐久，適於運用。若選擇得宜，則所得之運用，與永久之益。固遠在別種材料之上。

詳情請詢　鋁業有限公司　上海北京路二號　上海郵政信箱一四三五號

(四)

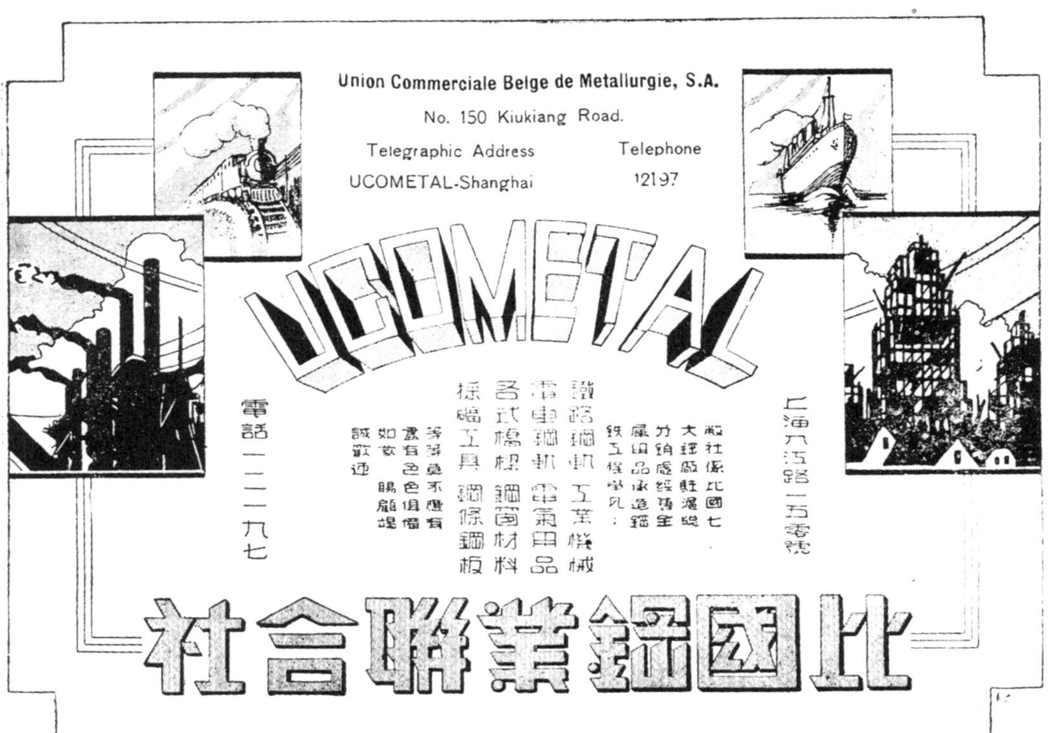

奇異安迪生

亞司令

飛利浦

長管形燈泡

不論屋內及屋外用以作爲裝飾最爲合宜電影院餐館銀行商店禮廳及私人住宅等均宜採用

詳細說明函索即寄

中和燈泡公司

營業部四川路一一〇號

電話一七二五〇

永光油漆
出品
厚漆
調合漆
凡立水
水牆粉
乾牆粉
地板蠟
其他花色繁多不勝備載
註冊商標
狗牌
牛牌
熊牌
羊牌
猴牌
特點
原料—多數購自歐美名廠
製造—聘請英國著名油漆專家督製
品質—優良並經各大建築師認與舶來品無異
定價—特別低廉
服務—凡遇有油漆工程發生困難問題本公司備有專家可供諮詢
上海永光油漆有限公司
總經理 太古公司
法租界外灘 電話八二〇二〇
瑪瑙石

中國近代建築史料匯編（第一輯）

建築月刊

第四卷　第十一期

建築月刊
11
50 CENTS
THE BUILDER

大中機製磚瓦股份有限公司

製造廠浦東南匯縣下沙鎮

本公司因鑒於建築事業日新月異材料選擇尤關重要特聘專門技師購置德國最新式機器精製各種青紅磚瓦及空心磚等品質堅韌色澤鮮明自應銷以來已蒙各界推爲上乘樂予採購茲略舉一二以資參攷其他惠顧諸君因限於篇幅不克一一備載諸希鑒諒是幸

大中磚瓦公司附啟

曾經購用敝公司出品各戶台銜列后：

本埠

名稱	地點	承造
國立中央實驗館	兆豐花園	和興公司承造
墾業銀行	北京路	趙新泰承造
開成造酸公司	軍工路	王錦記承造
中匯大廈	愛多亞路	久記承造
南成都路巡捕房	南成都路	新蓀記承造
四行念二層大樓	靜安寺路	馥記承造
工部局巡捕房	平涼路	新蓀記承造
申新第九廠	東京路	協盛承造
揚子飯店	雲南路	潘榮記承造
百老匯大廈	百老匯路	新仁記承造
雷氏德工藝學院	熙華德路	久泰錦記承造
博德運絨線廠	定海路	創新承造
中央巡捕房	福州路	新申承造
中華書局總廠	澳門路	湯秀記承造
上海市立醫院	市中心區府南左路	陸根記承造
國立上海商學院	西體育會路	陸根記承造
建設大廈	福州路	陶桂記承造
永安公司新廈	南京路	陶桂記承造
怡和啤酒廠	定海路	創新承造
三菱銀行大廈	四川路	余洪記承造
明星公司有聲攝影場	楓林橋	自建
哈同大廈	拋球場	陳永興承造
浦東同鄉會大廈	愛多亞路	新昇記承造
中國銀行	仁記路	陶桂記承造
迦陵大樓	四川路南京路口	陶記承造

外埠

名稱	地點	承造
金陵大學	南京	利源建築公司承造
航空學校	杭州	新金記康號承造
中國銀行	青島	錦生記承造
太古堆棧	廈門	嗬蘭治港公司承造
中央政治電政學校	南京	大昌公司承造
江蘇銀行	南京	鈕永記承造
中國國貨銀行	南京	成泰承造
永利硫酸錏廠	浦口卸甲甸	新金記康號承造
連雲港發電廠	海州	方記建築公司承造
國立戲劇研究院	南京	陸根記承造
天生港發電廠	南通天生港	自建
瓊州海關	廣東瓊州島	自建
江蘇省立蘇州女子師範學校	蘇州盤門新橋巷	自建
故宮博物保管庫	南京朝天宮	六合公司承造

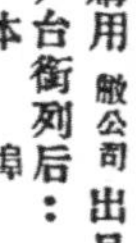

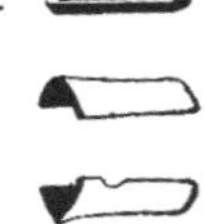

所出各品儲有大批現貨以備各界採用如蒙定製各色異樣磚瓦亦可照辦備有樣品如蒙索閱卽當送奉

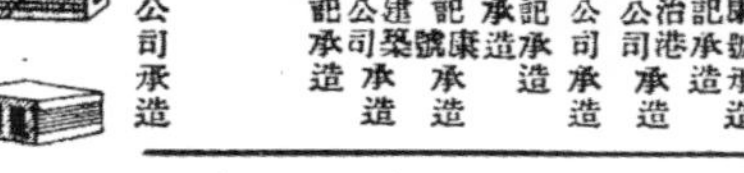
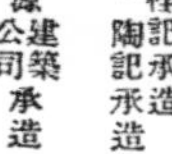
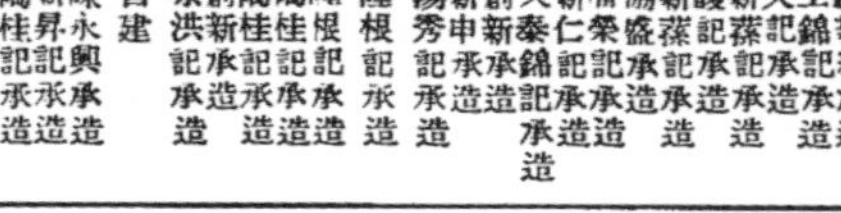

駐滬批發所

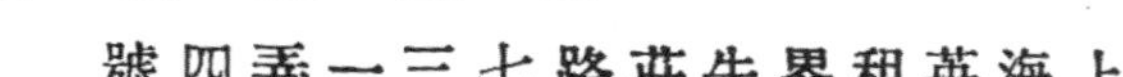

上海英租界牛莊路七三一弄四號　電話九〇三一一

DAH CHUNG TILE & BRICK MAN'F WORKS.

Sales Dept. House No. 4, Lane 731, Newchwang Road, Shanghai.

TELEPHONE 90311

REMEMBER, WE SPECIALISE IN

Marble
Imitation Marble
Terrazzo
Sanitary Jointless Flooring
Carborundum Non-Slip Flooring

and *Specialisation means a Better Job at a Better Price*

TERRAZZO MARBLE & TILE CO.

WAYFOONG HOUSE,
220 SZECHUEN ROAD,
SHANGHAI.

OFFICE: 11225. FACTORY: 51612

英商美藝雲石花磚公司

事務所 上海四川路二二〇號一樓

電話 一一二二五號

工程師……建築師……營造廠

幸共鑒諸！

本公司獨擅專長

眞雲石
人造雲石
磨石子
衛生無縫地砙
金剛沙不滑地砙
等各種工程

本公司爲上列各項工程之技術專家如荷以上述工程見委保證工程道地價格低廉迥非別家所可比擬謂予不信盍一試之

工程一覽表

中匯銀行大廈	京城大飯店
國際大飯店	大光明電影院
漢彌登大廈	新亞大酒店
河濱大廈	百老匯大廈
雷氏德工藝學院	華懋大廈

奧速立達乾燻紙

爲中西各國所歡迎

特點

1. 節省時間，捷速簡便。
2. 不用水洗，乾燻即妥。
3. 晒成之圖，尺度標準。
4. 經久貯藏，永不退色。
5. 紙質堅韌，久藏不壞。
6. 油漆皂水，浸沾無礙。

其他特點尚多不勝枚舉茲有大批到貨價目克己如蒙惠顧不勝歡迎敝行備有說明書價目單樣品俱全並有技師專代顧客晒印如有疑點見詢無不竭誠以告

德孚洋行

四川路二六一號

代理處 天津 濟南 香港 漢口 長沙 重慶（均有分行）

上海中國銀行大廈

採用

瑞昌銅鐵五金廠出品

銅門及內外部古銅裝飾

營業所

上海漢口路二五九-二六一號
電話九四四六〇

上海靜安寺路六六七-六六九號
電話三一九六七

工廠

上海同孚路二四三號

ALL BRONZE DOORS, ORNAMENTAL BRONZE WORKS INSIDE AND OUTSIDE OF

THE BANK OF CHINA BUILDING

TO BE SUPPLIED AND INSTALLED BY

SOY CHONG

OFFICE: 259-261 Hankow Road. Tel. 94460

BRANCH OFFICE: 667-669 Bubbling Well Road. Tel. 31967

Factory: 243 Yates Road.

15 Main Piers and Erection Main Spans of Chien Tang River Bridge.
有十五座大橋礅之錢塘江大橋

康益洋行

工程專家

上海江西路二七八號

專門承包

海港工程
橋樑建築
基礎工程
鋼筋混凝土及鋼骨結構工程等

儲有大批美松椿

備有鋼板椿出租

A. CORRIT

Civil Engineers & General Contractors

SHANGHAI

HARBOUR WORKS
BRIDGE BUILDING
FOUNDATION WORKS
REINFORCED CONCRETE &
STRUCTURAL STEEL WORKS

LARGE STOCK OF DOUGLAS FIR PILE

STEEL SHEET PILES FOR HIRING

720 tons Crane Transporting Concrete Caissons
七百二十噸之起重機搬運混凝土沉箱

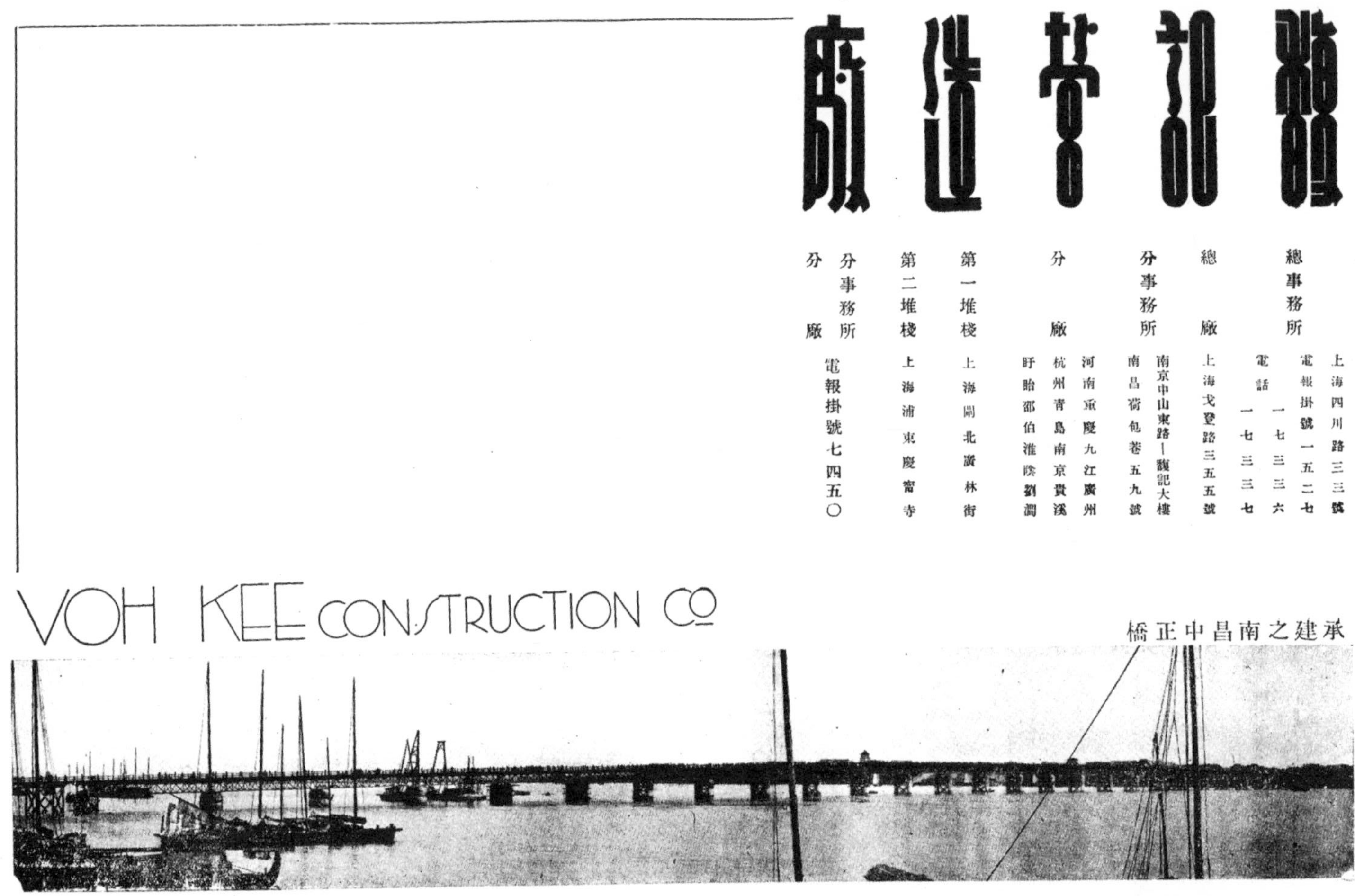
馥記營造廠
總事務所 上海四川路三三號 電報掛號一五二七 電話 一七三三六 一七三三七
總廠 上海戈登路三五五號
分事務所 南京中山東路一馥記大樓 南昌筲包巷五九號
分廠 河南重慶九江廣州 杭州青島南京貴溪 盱眙邵伯淮陰劉澗
第一堆棧 上海閘北廣林街
第二堆棧 上海浦東慶甯寺
分事務所 分廠 電報掛號七四五〇
VOH KEE CONSTRUCTION CO

承建之南昌中正橋

科學儀器館

本館經售各種：

比例尺，計算尺，丁字規，曲線規，三角板，量角器，里數計，透明紙，米厘紙，以及各種繪圖儀器，圓規，劃筆，步弓，螺絲，圖釘，針脚，腊布等，無不

貨品高尚 售價低廉

如蒙惠購 無任歡迎

本館經售之德國 Otto Fennel Sohne 經緯儀及水平儀等，種類甚多，堅固耐用，極合於市政工程及道路建設之需要，式既新頴，價更低廉，全國測量界中，無不一致歡迎，餘如求積器，縮圖儀，平板測量器，鋼捲尺，皮捲尺，箱尺，羅盤儀等，一應俱全，備有目錄，承索即奉。

館址 上海四馬路石路東

電話 九一一七六

營業時間 上午九時起下午七時止

華新磚瓦公司

總事務所 上海牛莊路六九二號 電話 九四七三五號

分辦事處 南京國府路一五七號 電話 二一六三四號

出品

花素白水泥地磚

各色白水泥踢脚線磚

不吸水份 不易磨擦 不褪顏色 磚面最光潔 花紋最清晰 質料最優美

青紅色大小平瓦

青色中國廟宇式筒瓦

青紅色西班牙式筒瓦

質地堅實 色澤鮮明 價格公道

備有樣本樣品價單承索即奉倘有特別新樣見委本公司均可承製

歡迎外埠經理

HWA SING BRICK & TILE CO.

General Office: 692 Newchwang Road, Shanghai. Tel. 94735

Branch Office: 157 Kuo Fu Road, Nanking. Tel. 21634

建築月刊本期要目

廣告索引

上海派克路四行儲蓄會二十二層樓地坑用雅禮避水漿全部外牆用雅禮透明避水漆

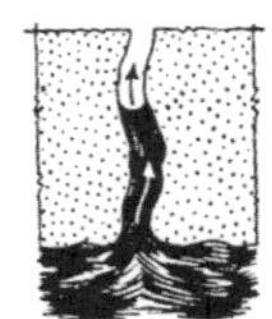

（甲）未用「雅禮避水漿」之三和土內「毛管」吸水情形

（乙）已用「雅禮避水漿」之三和土內「毛管」拒水情形

註冊商標

樹葉商標

敬告建築師營造廠

近有營造廠數家。委托敝廠工程部修理漏水建築。查詢之下。該工程等曾採用假冒『避水漿』。（有冒充舶來品者，有並無牌號者）嗣爲明瞭眞相起見。敝廠化驗室特將此種所謂『避水漿』。加以化驗。結果發現其原質不外石灰或小粉漿等物。另加阿莫尼亞混充。『避水漿』三字。不過欺人之煙幕而已。此等物質。毫無避水功效。自不待言。而貽害躭誤工程匪淺。購者不察。每爲小而失大。敝廠之雅禮避水漿。不願減料跌價者，以不屑與之競爭。而自汚國貨之榮譽。茲特聲明。嗣後敝廠工程部。對於曾用雜牌避水材料而漏水之工程。當加倍取費。因此等修理手續。轉爲困難。而需用多量之『特快精』『敵水靈』等貴重避水材料也。敝廠爲證明雅禮出品之宏大功效起見。特將所辦較大之避水工程列表於下

雅禮避水工程一覽表

▲本埠工程

中國銀行
花旗銀行
美國學堂
上海市銀行
廣東銀行
大陸商場
五州藥房第二廠
市政府博物館
中西藥房
上海女子銀行屋頂及浴間
融光大戲院
夏光酒精廠
兩江女校
市政府博物館
市政府寄宿舍
市政府市立醫院
申報館
國際飯店
江海銀行
金城大戲院
中匯銀行
亞洲飯店
同濟大學
四馬路總巡捕房
安利洋行
光明染廠
市政府
市政府
綸昌印花廠
漁市場
跑馬廳
上海火車站
南市上海醫院
天盛陶器廠

▲外埠工程

南通大生紡織公司
瀏河太嘉寶醫院
杭州水利局
南通電廠
杭州電廠

▲南京

三叉河水閘
江蘇農民銀行
三叉河水閘抽水機
山東省政府
駐京辦事處
意國領事公館
孔部長公館
劉繼成公館
張公館
許公館
國立編輯館
江南汽車公司
助產醫院
財政部
中央醫院
東水關抽水機
蒙藏委員會
宋部長公館
江南水泥廠
津浦鐵路龍頭房
何部長公館
金公館
三民印務局
中央博物院
大華影戲院
自來水廠
譚公館
國立戲劇音樂院
中央農業實驗所
導淮委員會
中南銀行
財政部庫房

▲南昌

中國銀行
交通大廈
洪都招待所
省政府發電廠

本廠之出品一覽

避水漿——能使一切水泥建築避水，避潮，耐久
避水漆——爲修理各種白鐵或水泥屋面之聖品
膠珞油——能使水泥屋面之微孔堵塞而省去油毛毡
紙筋漆——專嵌各種裂縫及修補銹爛之白鐵用
透明漆——可使牆垣避水而不變原有之色澤
避水粉——能使一切水泥建築，避潮，耐久
保木油——能使木料免蛀防腐
保地精——能使鬆脆之水泥地面堅硬耐久
敵水靈——能使水泥增加膠合力及堅硬迅速
避潮漆——新水泥建築用，專使牆垣避免潮氣
快燥精——能使普通水泥快燥一倍，冬季可免冰凍
特快精——（即「快加」）能使水泥於數秒鐘內堅結

△本廠印有出品說明書及「建築避水法」小册函索卽寄▽

本廠除製造避水材料外。特設工程一部。專任各種避水工作。舉凡一切漏水屋面。地坑。牆垣。水塔水池等。本廠完全負責。務使賜顧者不必再感漏水問題之煩惱。

上海雅禮製造廠

南京路大陸商場六二三號　電話九〇〇五一

華東總經理　大陸商行　南京新街口　南昌中正路
華南總經理　駐粵國貨建築材料聯合辦事處　廣州惠福東路
華中總經理　公平行　漢口湖北街金城里街面十四號

亞令比亞運動場，不久將矗立於上海梅白格路白克路角，可與跑馬廳，國際飯店等大建築，成鼎足之勢。此偉大之建築係由董大酉建築師設計，估地九畝，大門在靜安寺路，另闢一大道進出。屋分三層：中有一層爲廣大之健身房，長達一百五十英呎，濶一百〇八英呎，可闢練習網球場三方，及正式比賽用之網球場一方，足容觀衆七千人；尤於拳擊比賽時，座位可增至一萬以上。第二層爲游泳池，鑒於看臺有四五千人座位之市游泳池，猶發生擁擠情況，特闢有七千人以上之座位；而尤有一特點，卽游泳池可隨時改爲溜冰場及冰上曲棍球場。底層爲各部辦公室，及彈子房，滾球室，衣箱室，更衣室，淋浴室等。全部建築費連同散熱設備，健身房設備，座椅，裝飾等定一百萬元云。

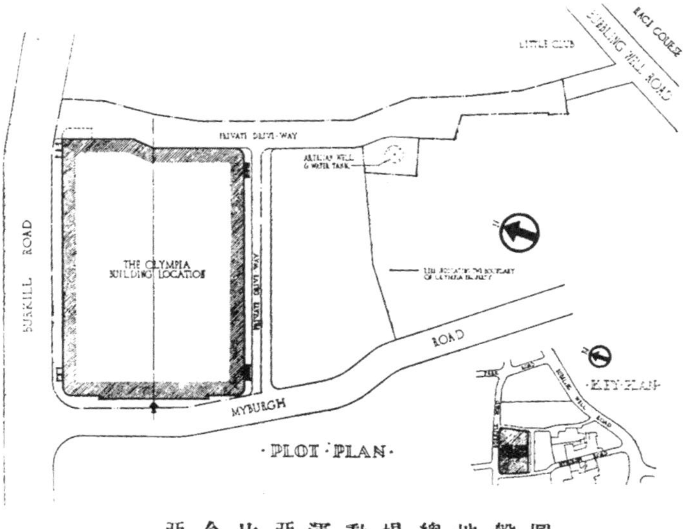

·PLOT·PLAN·

亞令比亞運動場總地盤圖

The Perspective Drawing of the Olympia Stadium, Shanghai.

Mr. Dayu Doon, Architect.

亞令比亞運動場透視圖

董大酉建築師設計

一九三九年美國紐約世界博覽會之前瞻

漸

展會新屋之搆築

美國紐約將於一九三九年舉行世界博覽會，規模之宏，實超乎已往任何同樣性質的集會。試就會場建築言，分期九次舉辦，第一期業已確定建造者，有食物展覽會場及工業品展覽會場及食堂等各二所。約需造價四百三十五萬美金。

工業品展覽會場，由公園路一〇一號 William Gehron 及 Morris and O' Connor建築師設計，面積五一，一五〇方呎，內用作展覽物品之面積爲二五，〇〇〇方呎。食堂能容二百八，尙有房間之地位。另一所工業品展覽會場，係毗接上述之建築者，由東四十九號街四十號之Frederic C. Hirons建築師設計，面積計六〇，五四〇方呎。

食物展覽會場二所：一由Dwight James Baum 建築師設計；另一則由 Mayers, Murray and Phillip建築師設計。

上述之四所建築，全用鋼鐵構造，而幹架則以木材建造者，外粉毛水泥，高度均自二十五呎以至五十呎，房屋週圍有二十呎寬之走廊，並闢大門多處。各展覽會場，除食物展覽場外，餘均佈置園景，食堂之外，並有廣大平臺，用爲舉行露天聚餐之地。

圖爲紐約世界博覽會之建築業部推行四厘債券委員會

此外，最堪注目者，在會場之中央，厥名Theme Centre，將建立兩種奇特壯觀之建築物，點綴其中，俾全場萬衆目光，齊集於此。一爲高二百呎之精圓白球，有如用噴泉所支持者；一爲高七百呎之三角尖柱。此兩者爲全場中最高之建築物，入夜，電炬通明，蔚爲大觀。

世界博覽會債券之推行

紐約四十三家營造廠中之十三家，當選爲建築業推銷四厘債券之委員，業於一月十八日第一次報告，已銷去十三萬〇八百元美金。

Thomas S. Holden，紐約營造業公會主席，亦卽世界博覽會建築業部份四厘債券推銷委員會主席委員，於席間報告其他二十一團體，卽將開始在其各該集團中推銷四厘債券。而營造業鑒於其他團體之踴躍，自亦不敢後人，建築業部份初定六十萬之目標，故不難達到。

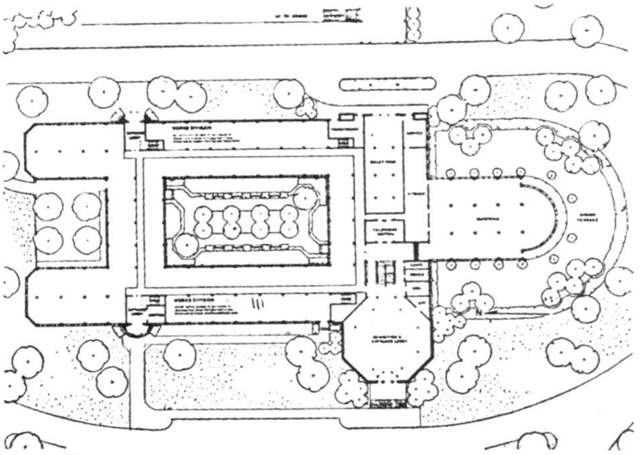

紐約世界博覽會管理處辦公廳平面圖，係由美國七名建築師會同設計。

也。

是日演講者兩人，除Holden外，尚有營造業職工會主席C. G. Norman之演講。兩人演辭之大意，咸謂博覽會之舉行，實予建築事業以活躍之氣象，尤能予紐約之一般工商業以繁榮之機會，預計至少有十萬萬美金之營業。並謂彼曾熟研博覽會經濟組所作報告，深信四厘債券之有利。Holden君並謂此次博覽會之建築，實可使美國建築技術作進一步之耕耘，是可與一八九三年世界哥倫布博覽會，其重要性正復相同。故建築界對此次紐約展會，尤須努力者也。

參觀人數之預計

紐約市有人口七百萬人，其附近之波士頓，費城，支加哥等各大城市，均爲人烟稠密之大埠，加之歐洲與紐約間，僅一大西洋之隔，航程祗四十餘小時可達。故此次紐約世展，不獨能吸引附近各大城市之觀衆，卽歐洲亦必有多量觀衆至美，是以屆時當有二千萬人在紐約。

我國建築界亟宜籌備參加

近年來我國建設突飛猛進，無論公私建築之圖樣模型照片等，均有參加陳列之價值。聞美總統羅斯福已邀請五十九國參加此盛會，已允參加者亦有三十七國之多，我國當此盛會，似不能目覩良機之消逝，而建築界尤宜及時準備也。

紐約世界博覽會辦公廳之大門

Interior of the combined swimming pool and ice-skating rink,
OLYMPIA STADIUM.

亞令比亞運動場
游泳池與溜冰場裏面圖

Interior of Upper Gymnasium,
OLYMPIA STADIUM.

亞令比亞運動場健身房裏面圖

亞令比亞運動場下層平面圖

GROUND-FLOOR-PLAN.

PUBLIC BATH, DINING, BOWLING ALLEYS, BILLIARDS, BARBERS & OFFICES.

OLYMPIA STADIUM.

BURKILL ROAD

PRIVATE DRIVE-WAY

MYBURGH ROAD

MAIN ENTRANCE

MEN'S PUBLIC BATH

WOMEN'S PUBLIC BATH

WOMEN'S TOILET

MEN'S TOILET

BARBERS

BOILER

BEAUTY PARLOR

ELEVATOR HALL

LIFT

OFFICE

ENTRANCE

EXIT

CORRIDOR

KITCHEN

PANTRY

STORAGE

FILTERS

BOWLING ALLEYS

BILLIARDS

DINING ROOM

BOOKING OFFICE

MAIN LOBBY

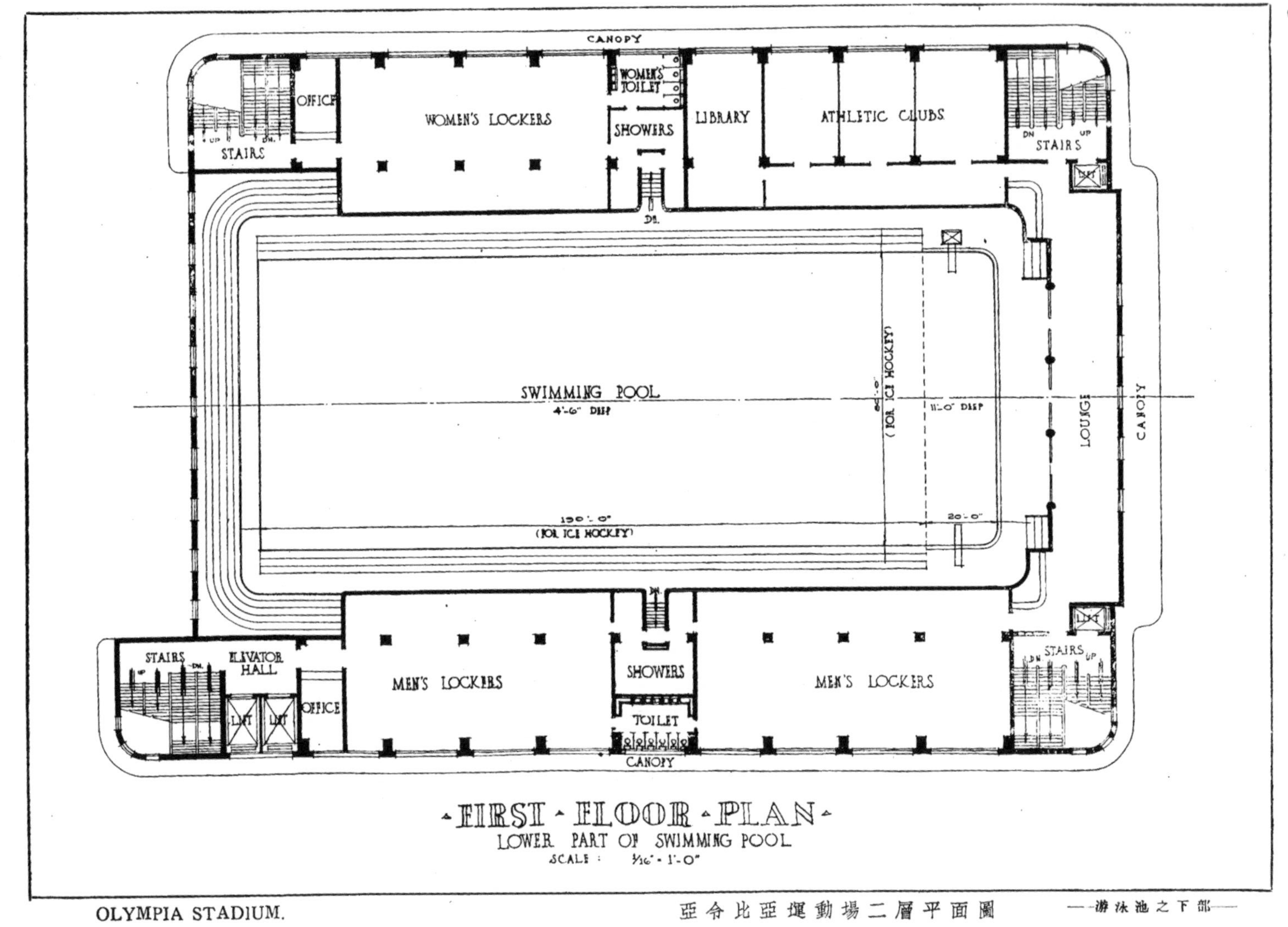

OLYMPIA STADIUM.　　亞令比亞運動場二層平面圖　　—游泳池之下部—

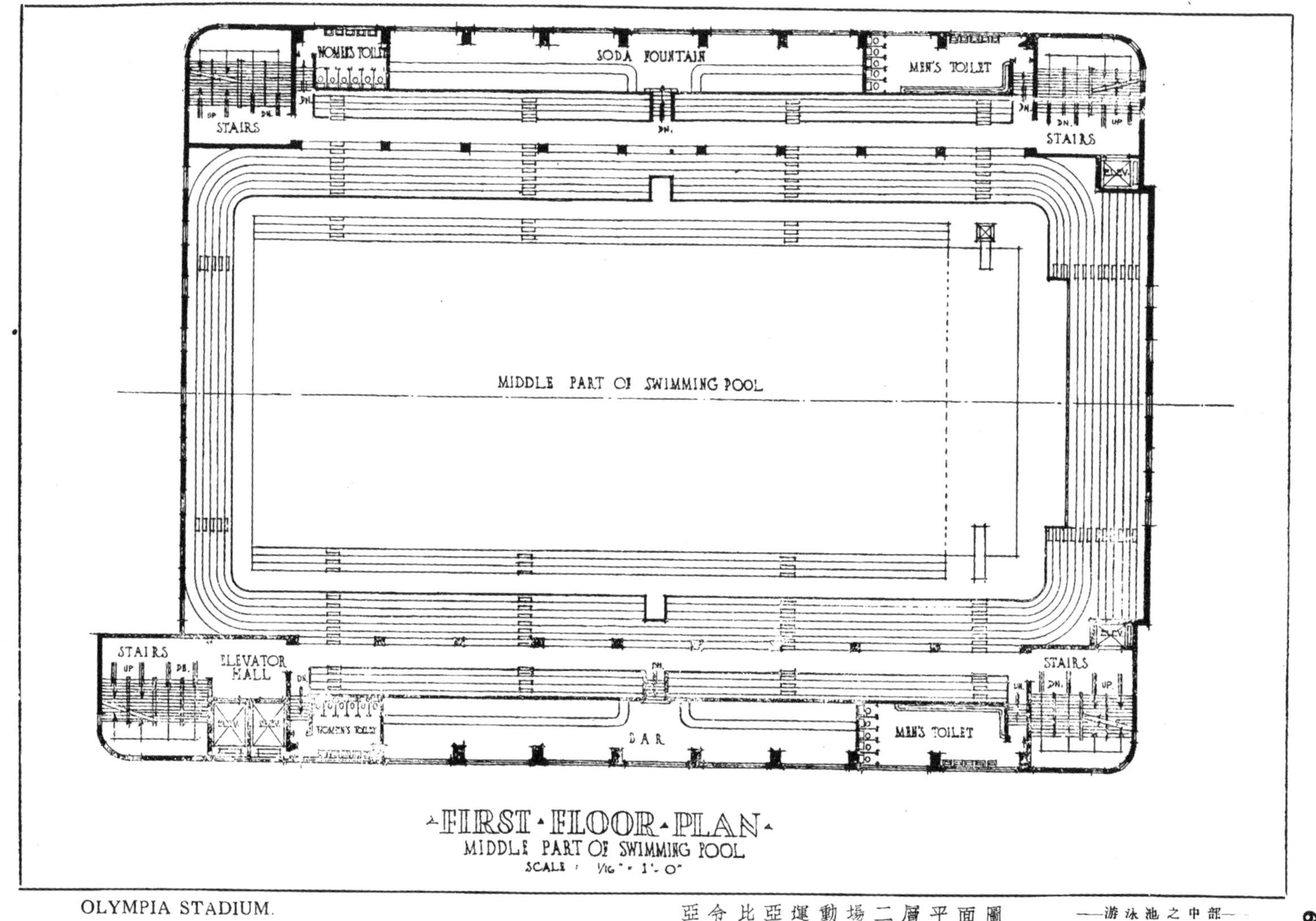

OLYMPIA STADIUM.

亞令比亞運動場二層平面圖 —游泳池之中部—

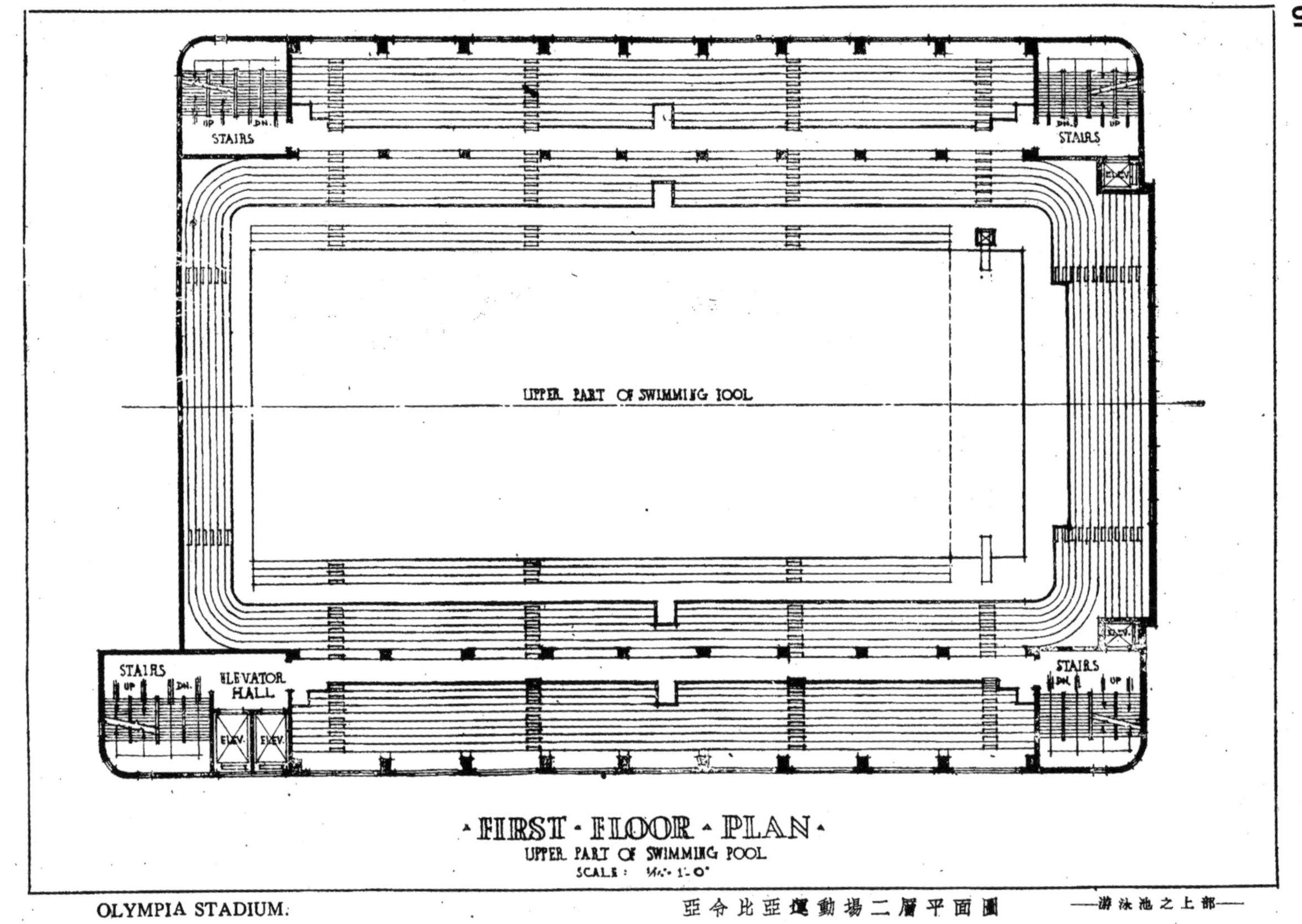

OLYMPIA STADIUM.

亞令比亞運動場二層平面圖 ——游泳池之上部——

TOILET
SHOWERS
STAIRS
UP
DN.
UP
WOMEN'S TOILET
SHOWERS
WOMEN'S LOCKERS
OFFICE
UP
STAIRS
UP
DN.
ELEVATOR HALL
ELEV.
ELEV.
UP
SHOWERS
TOILET
GYMNASTICS
GYMNASIUM
108'-0"
150'-0"
CORRIDOR
MEN'S LOCKERS
MEN'S TOILET
STAIRS
DN.
UP
UP
OFFICE
ELEVATOR
HAND BALL
SQUASH TENNIS
OFFICE
ELEV.
STAIRS
UP
DN
UP
OFFICE CONFERENCE

-SECOND-FLOOR-PLAN-
LOWER PART OF GYMNASIUM
SCALE : 1/16" = 1'-0"

OLYMPIA STADIUM.

亞令比亞運動場三層平面圖

—健身房之下部—

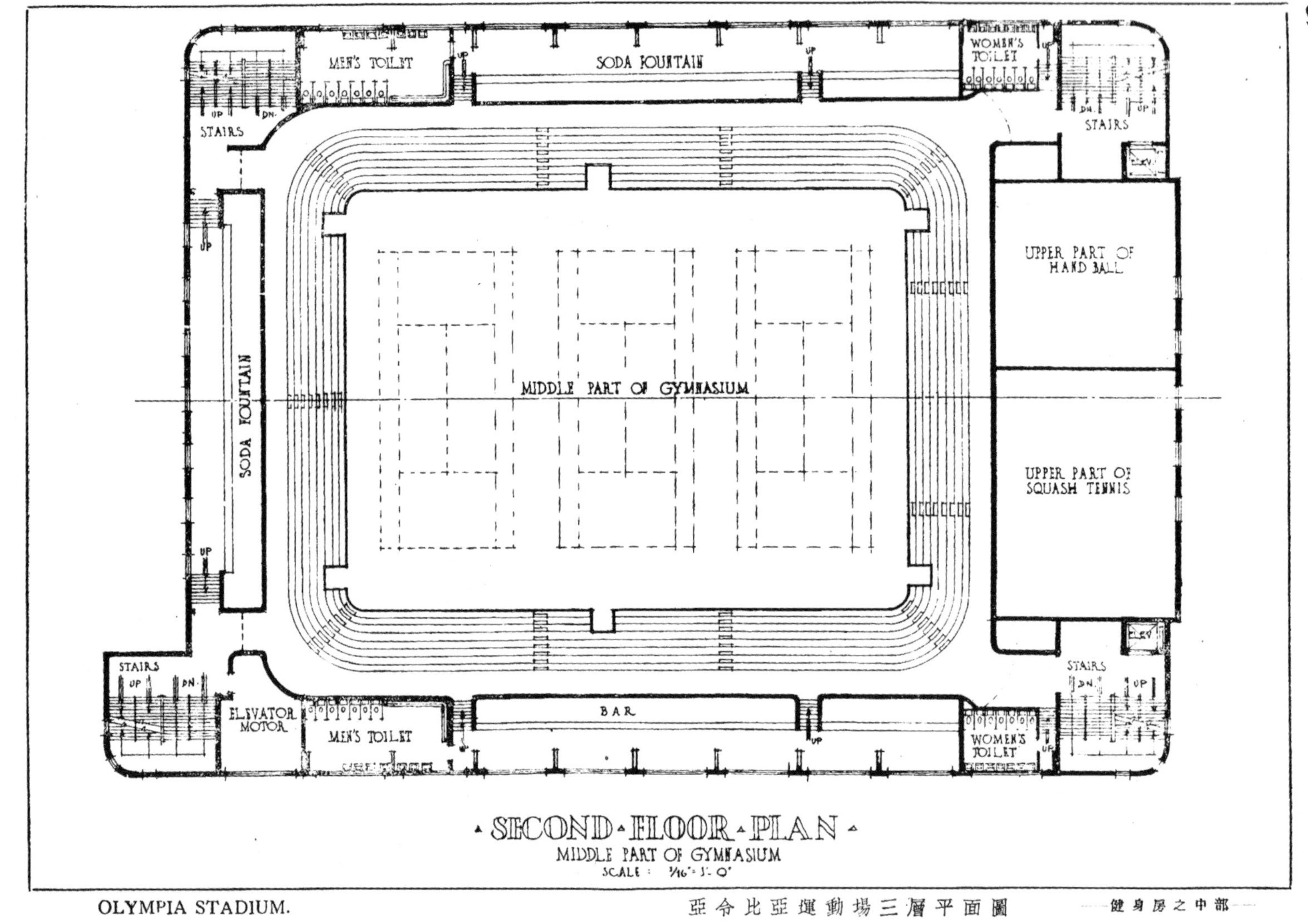

OLYMPIA STADIUM.　亞令比亞運動場三層平面圖　——健身房之中部——

OLYMPIA STADIUM.

STORAGE

UPPER PART OF GYMNASIUM

STAIRS DN.

BAND STAND

STAIRS DN.

·SECOND·FLOOR·PLAN·

UPPER PART OF GYMNASIUM

SCALE: 1/16" = 1'-0"

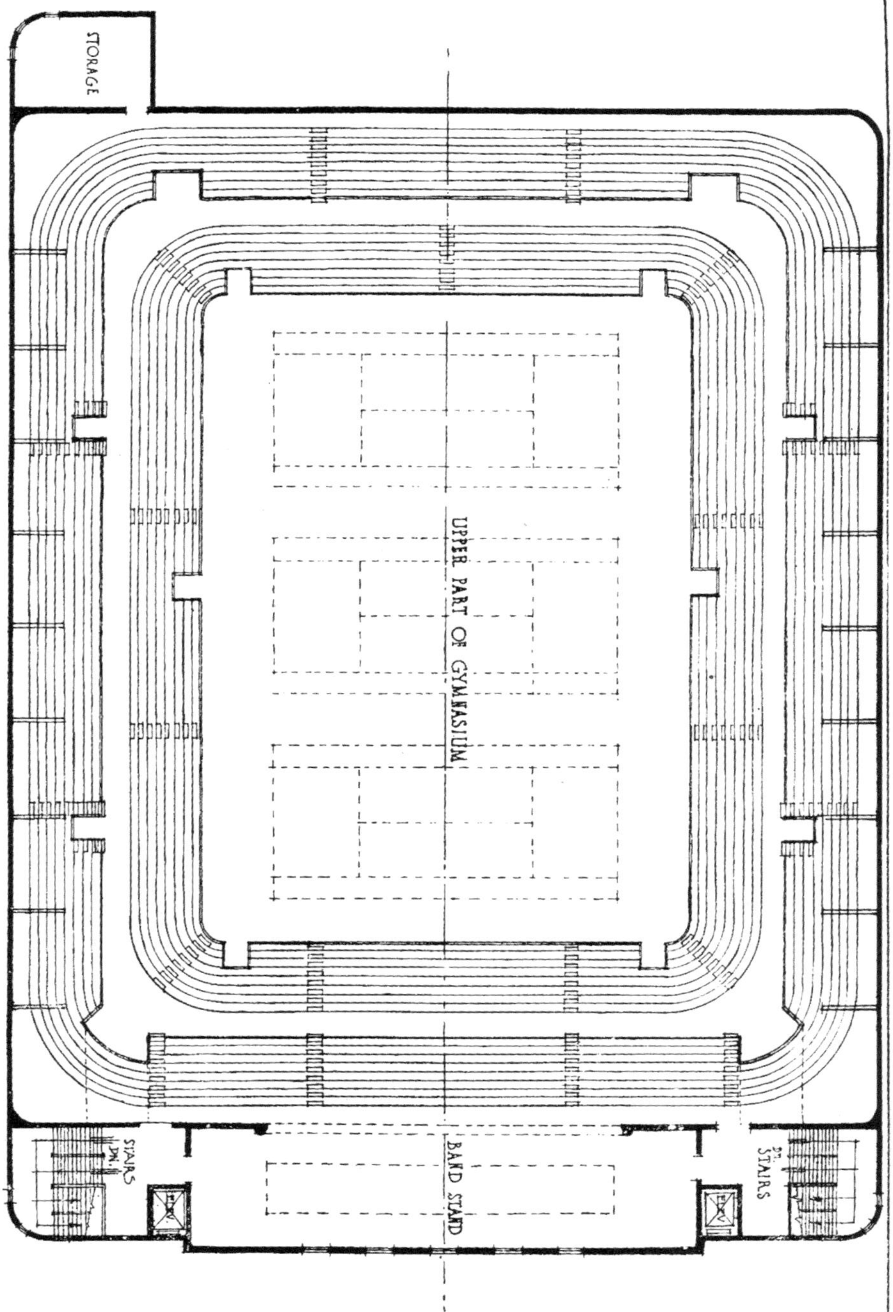

亞令比亞運動場三層平面圖

—健身房之上部—

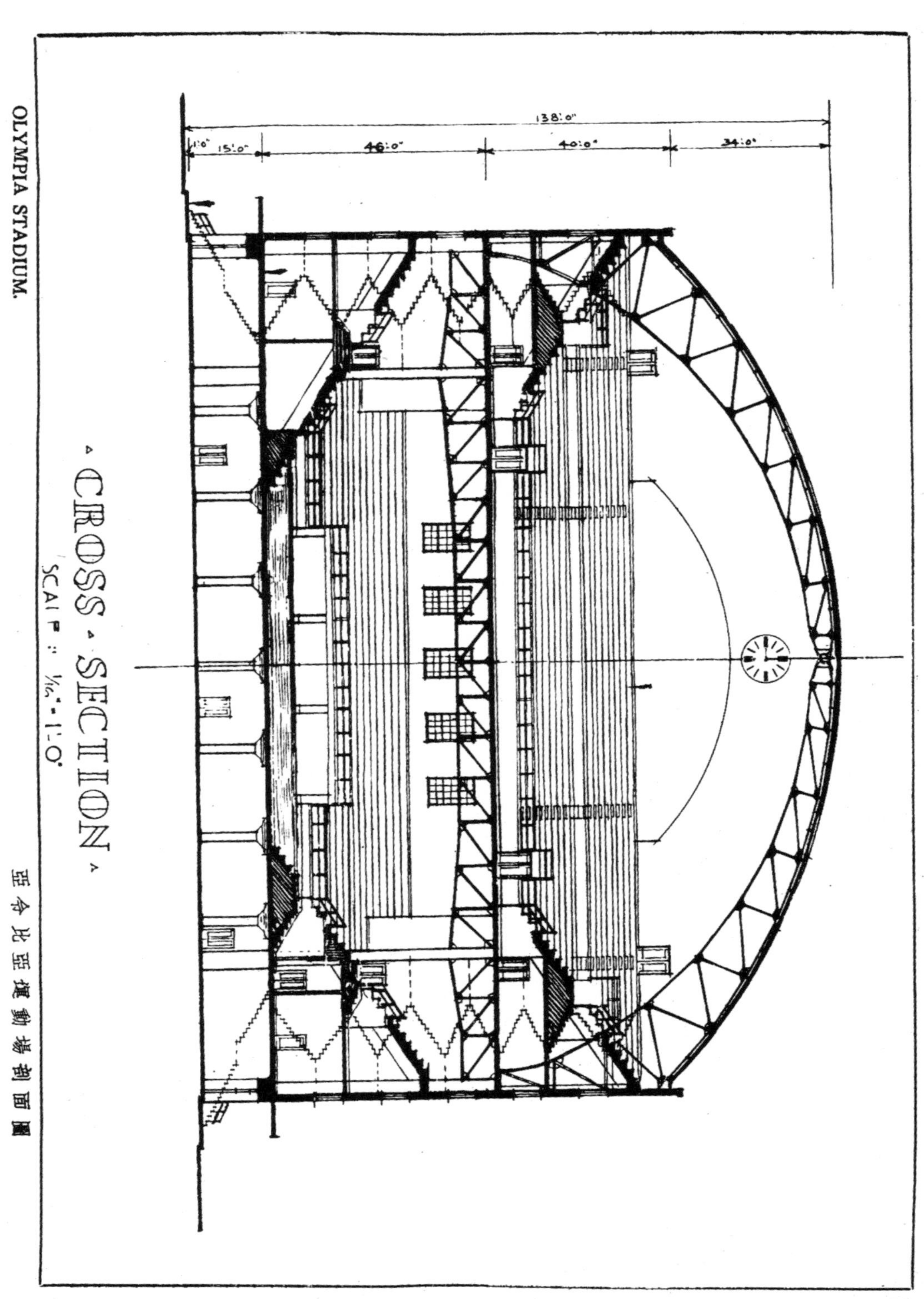

OLYMPIA STADIUM.

亞令比亞運動場剖面圖

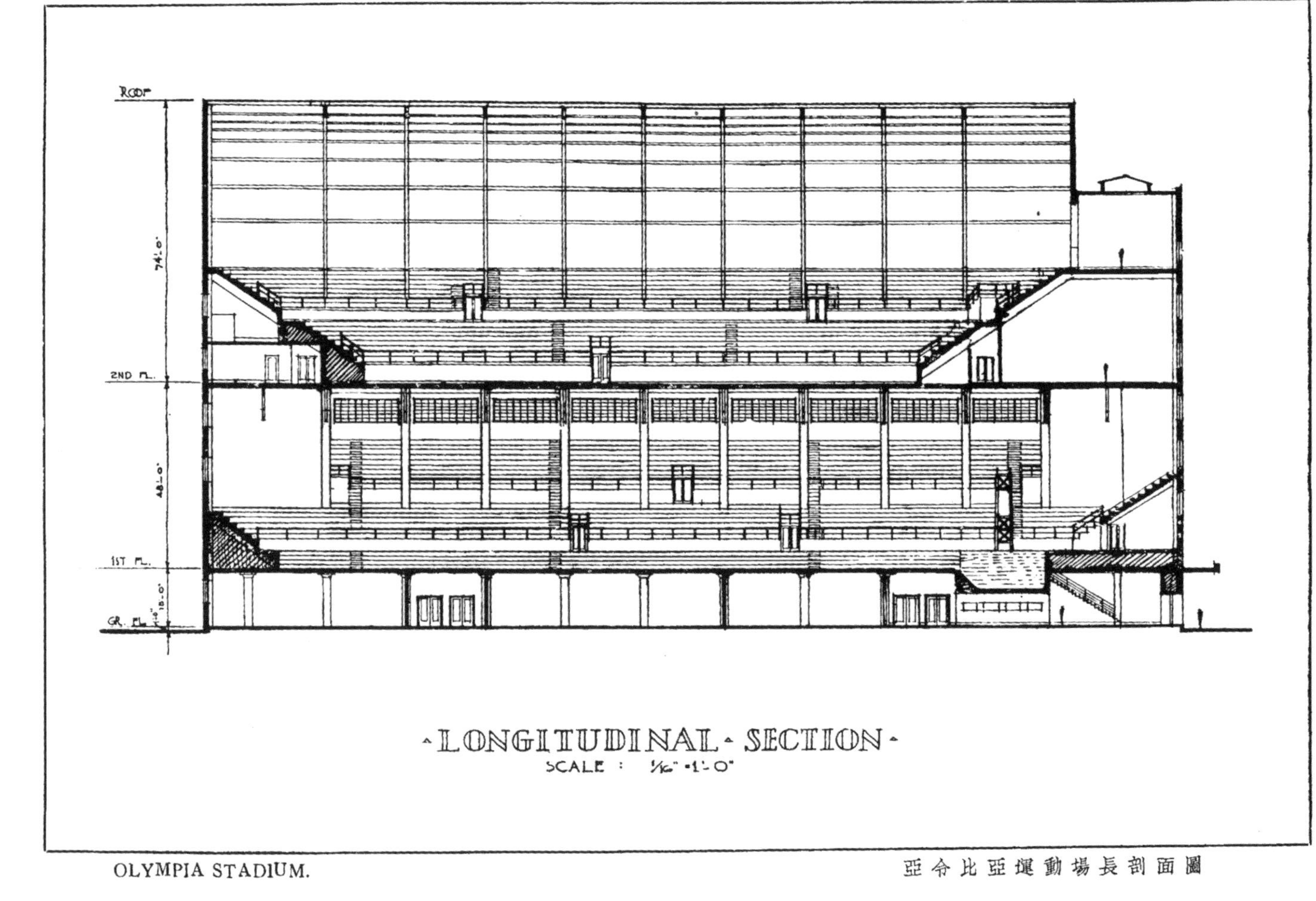

OLYMPIA STADIUM.

亞令比亞運動場長剖面圖

南京中央黨部監察委員會辦公大樓

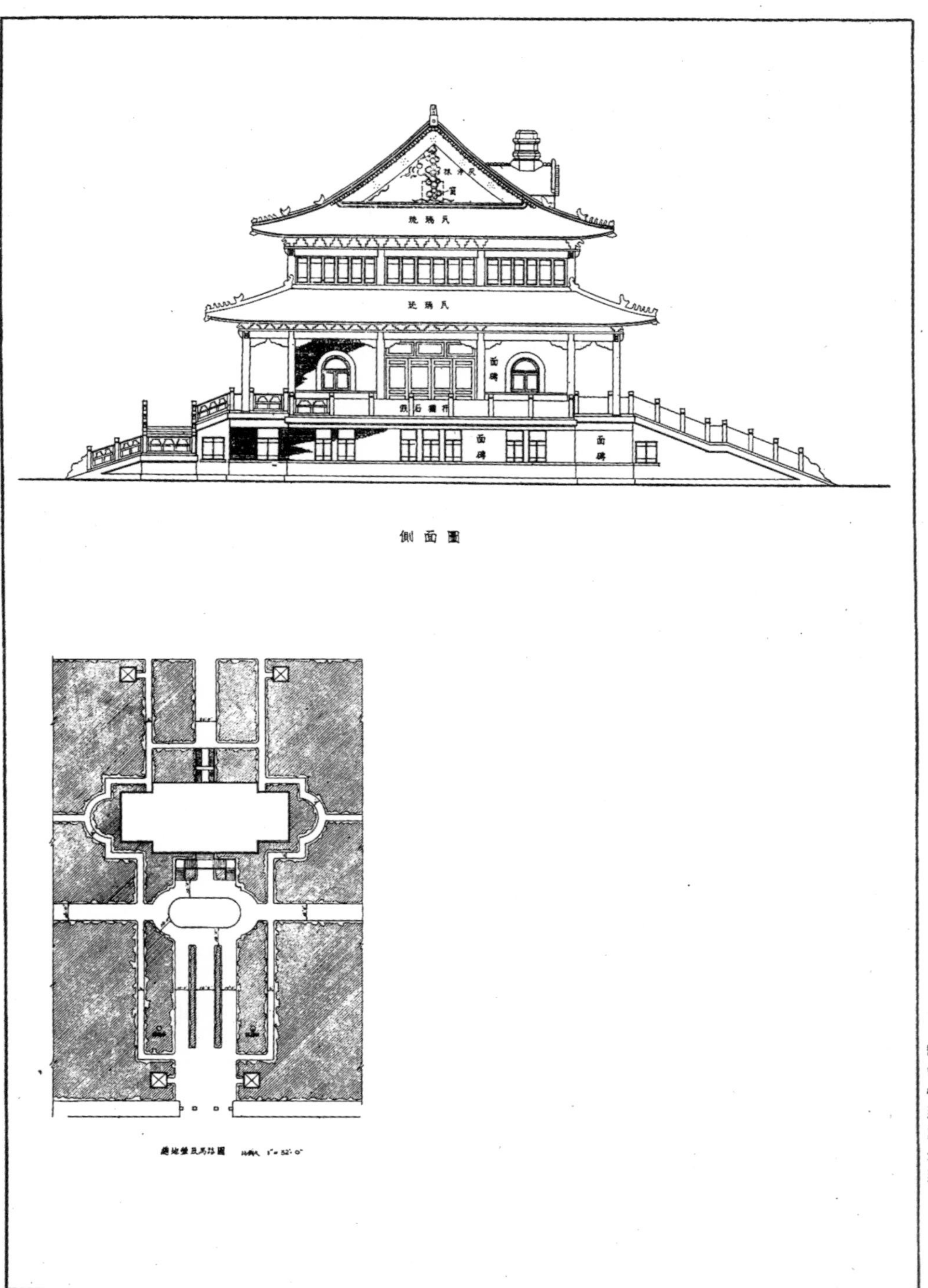

New Administration Building of Control Yuen, Nanking, China. —Side Elevation and Block Plan—

Kwan, Chu & Yang, Architects.
Voh Kee Construction Co., Contractors.

基泰工程司設計
馥記營造廠承造

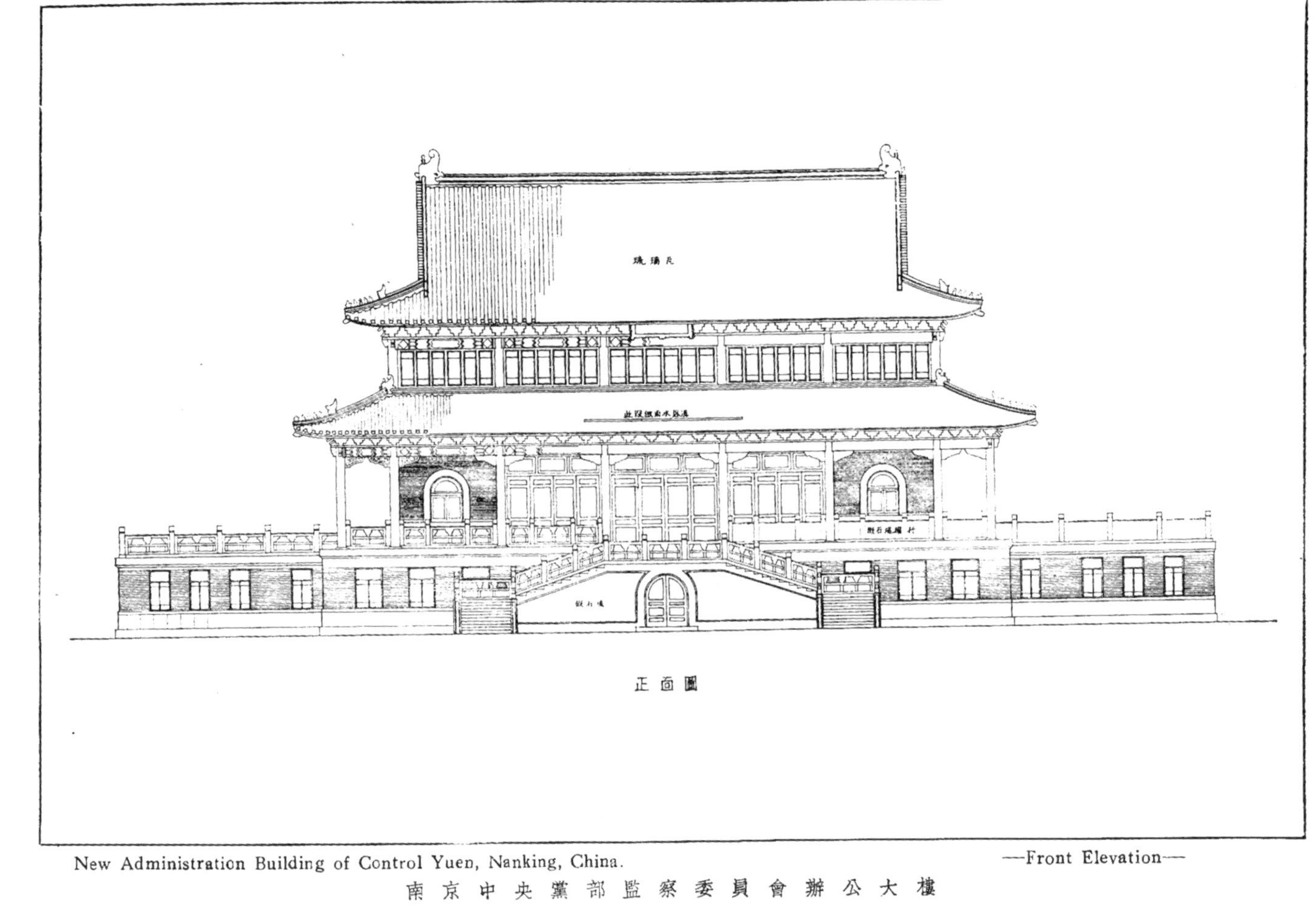

New Administration Building of Control Yuen, Nanking, China. —Front Elevation—

南京中央黨部監察委員會辦公大樓

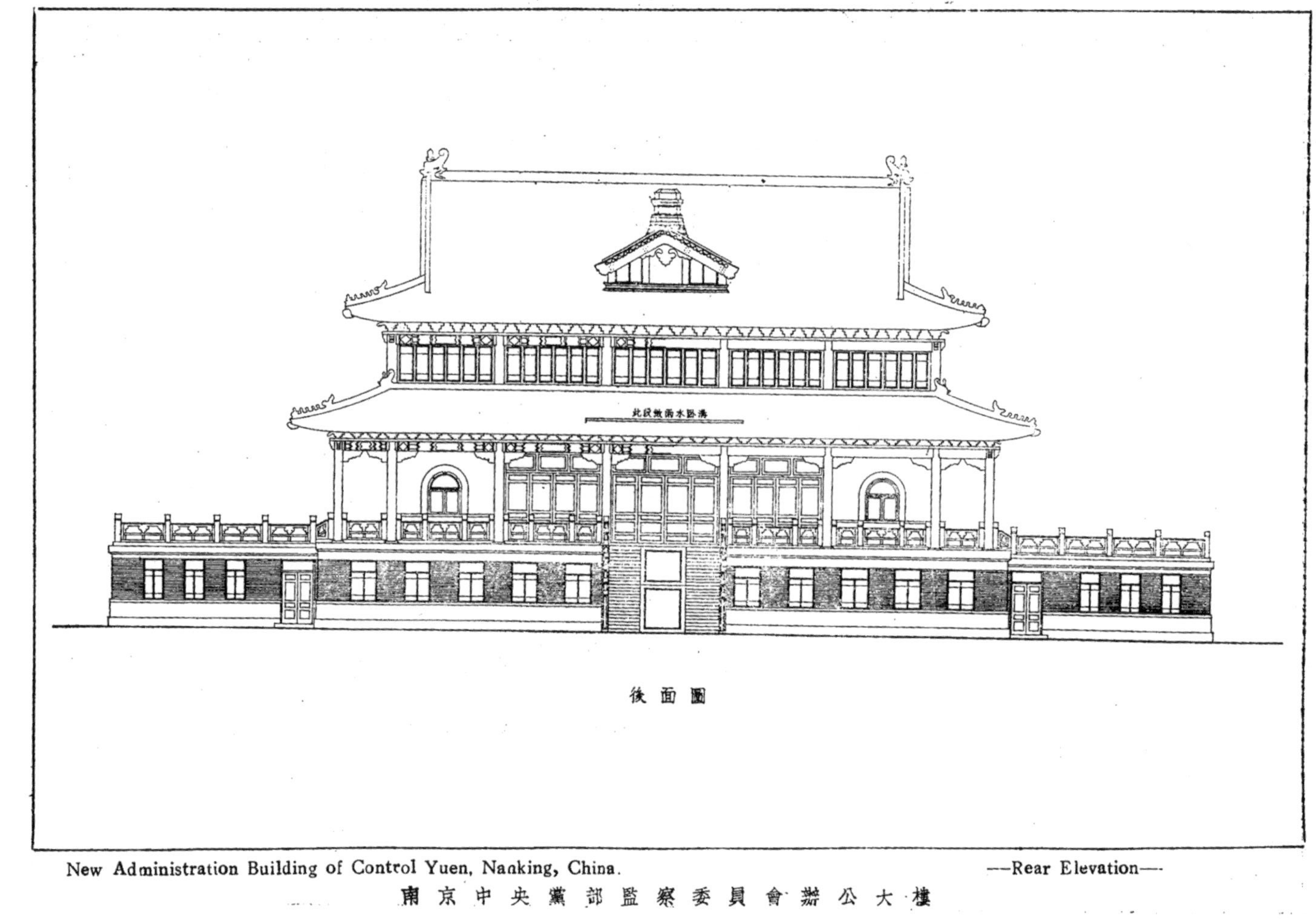

New Administration Building of Control Yuen, Naaking, China. —Rear Elevation—

南京中央黨部監察委員會辦公大樓

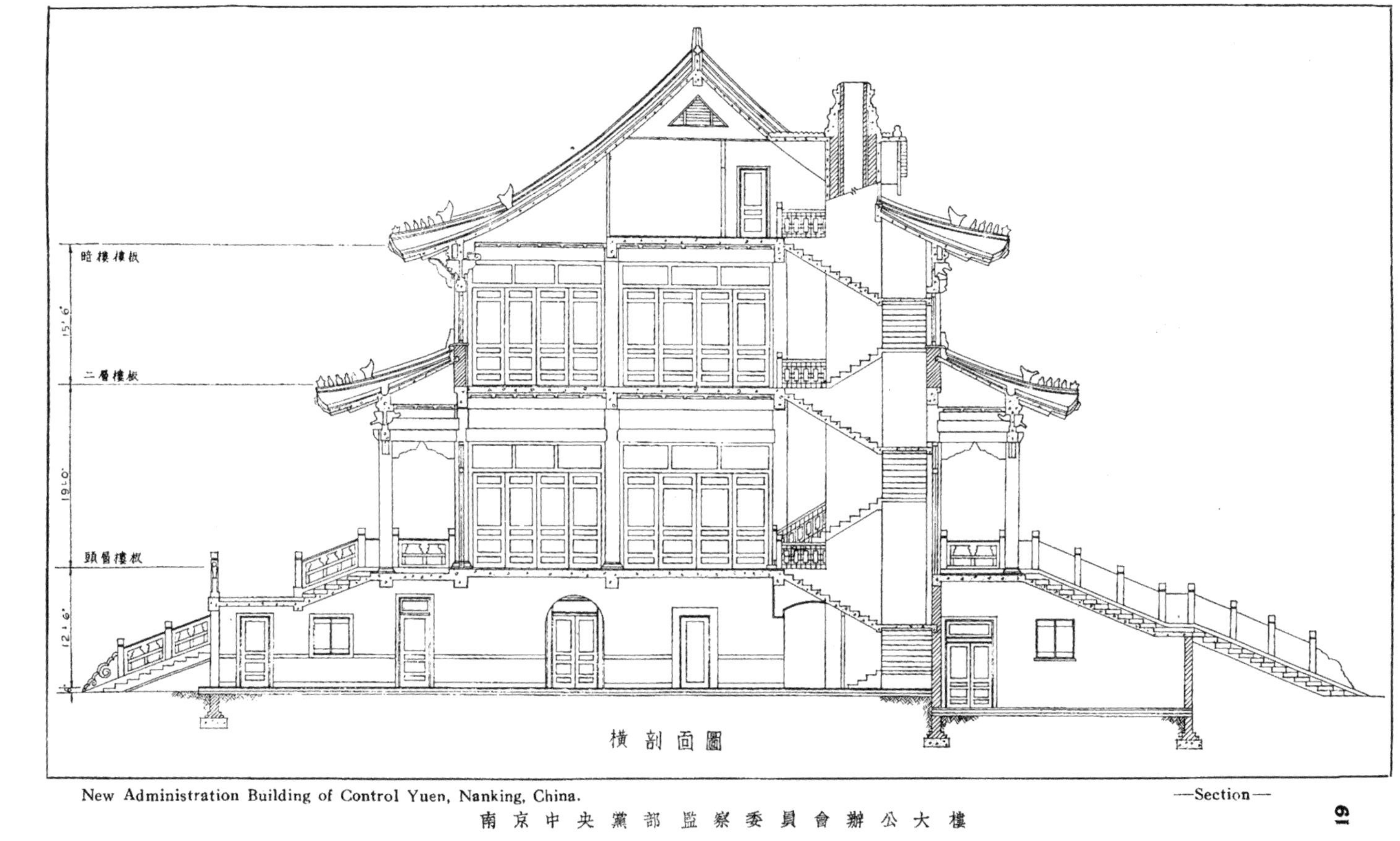

New Administration Building of Control Yuen, Nanking, China. —Section—

南京中央黨部監察委員會辦公大樓

19

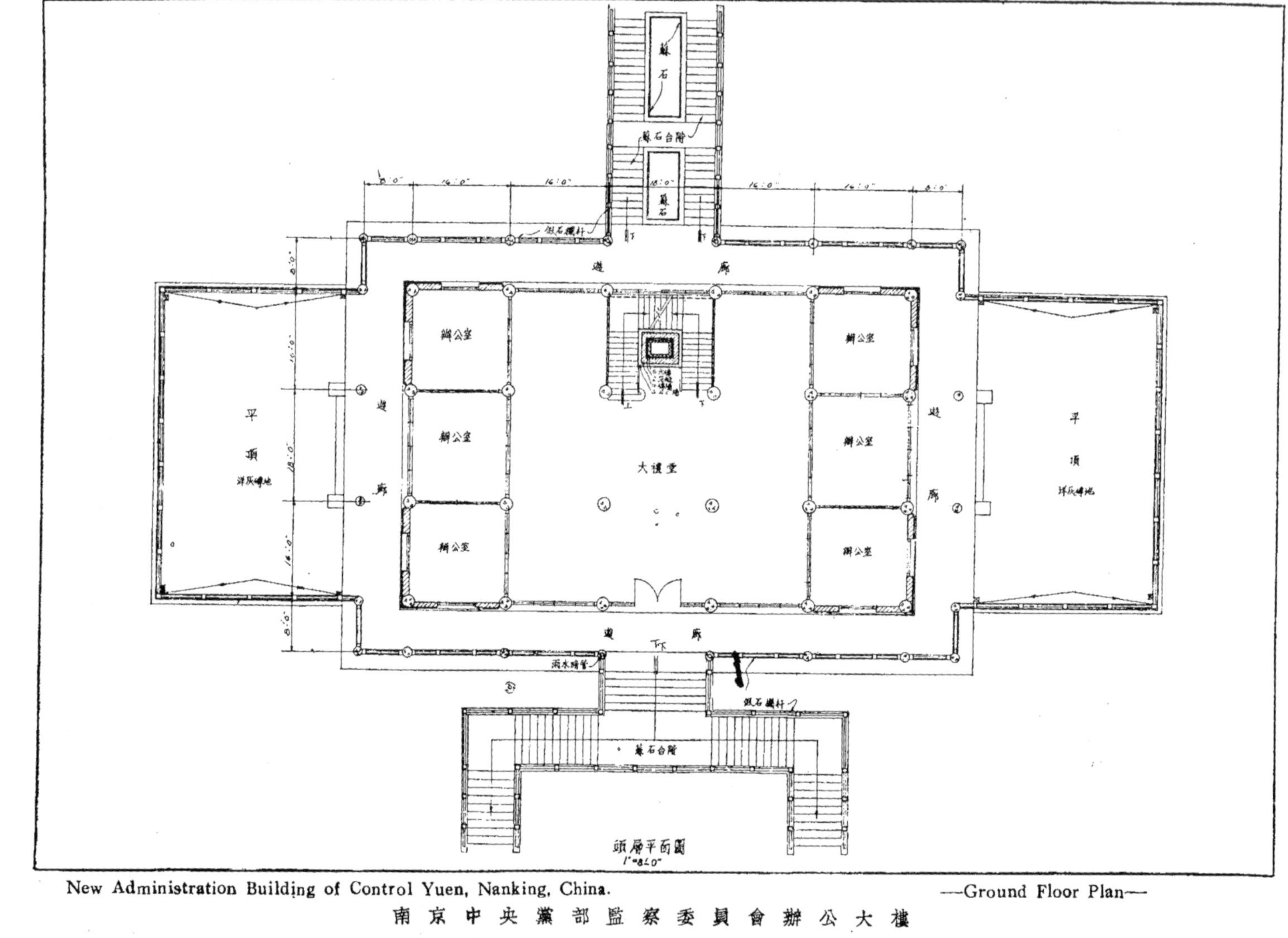

New Administration Building of Control Yuen, Nanking, China. —Ground Floor Plan—

南京中央黨部監察委員會辦公大樓

南京中央黨部監察委員會辦公大樓

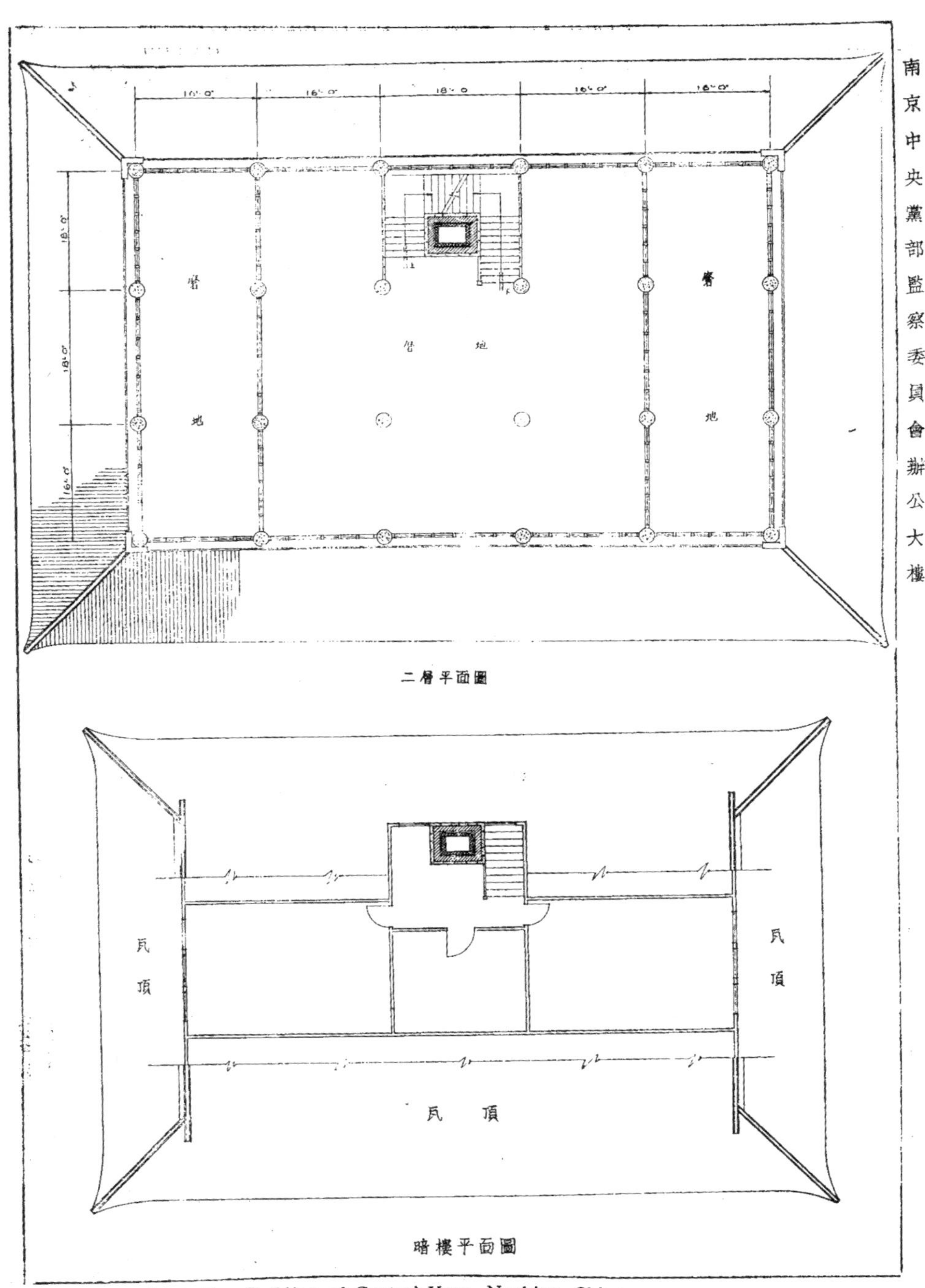

二層平面圖

暗樓平面圖

New Administration Building of Control Yuen, Nanking, China.

—First Floor Plan & Mezzanine Floor Plan—

ROMAN ORDERS

PLATE LVII

ROMAN CLASSIC COLVMNS

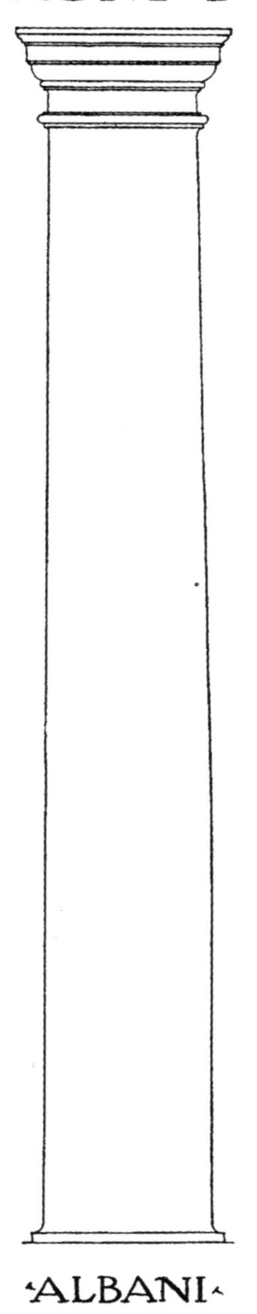

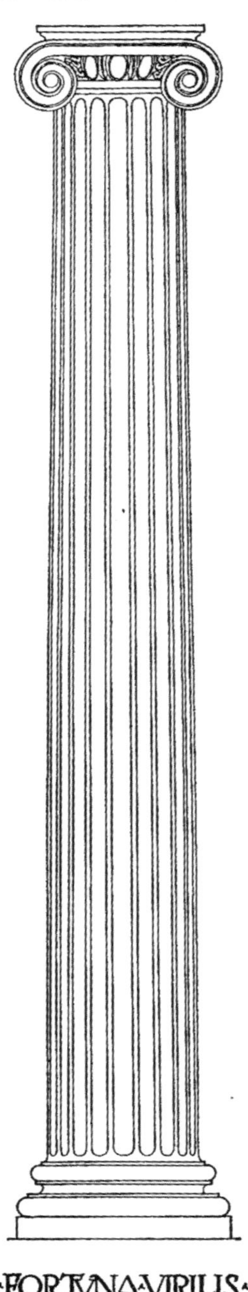

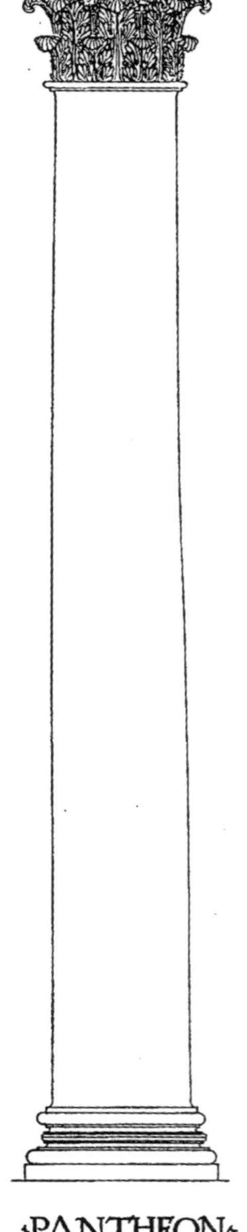

ALBANI

FORTVNA VIRILIS

PANTHEON

第五十七頁

在阿爾巴泥，福條那維烈里絲及判提温之梅立克，伊華尼及柯蘭新式柱子。

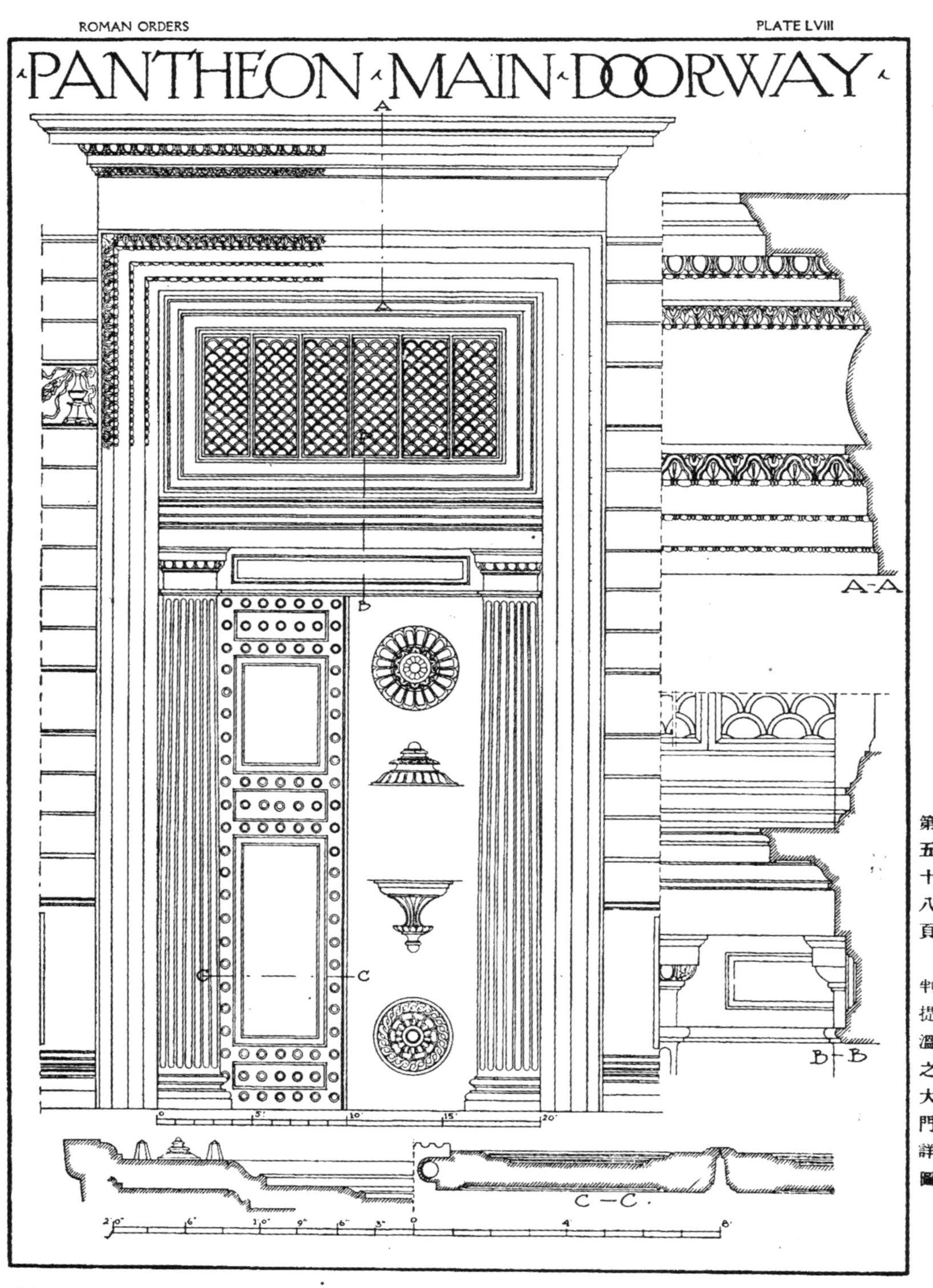

第五十八頁 判提溫之大門詳圖

七聯樑算式（續）

胡宏堯

（二）對等硬度

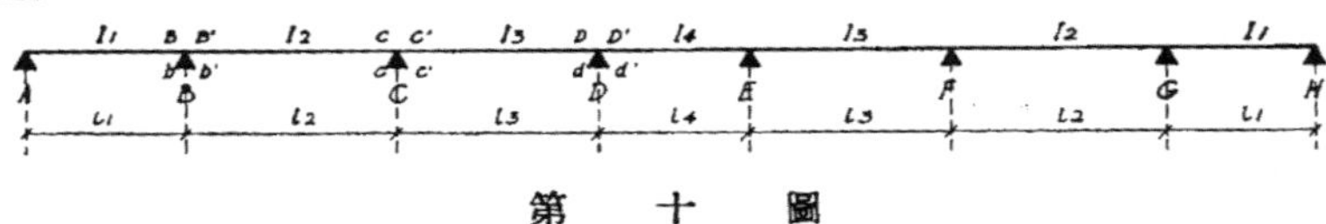

第十圖

硬度及函數

$N_1 = \frac{I_1}{l_1}$； $N_2 = \frac{I_3}{l_2}$； $N_3 = \frac{I_3}{l_3}$； $N_4 = \frac{I_5}{l_4}$； $b=o$；

$N'_{BA} = \frac{3}{4}N_1$；

$\overline{N}_{BC} = 1 + \frac{N'_{BA}}{N_2}$； $N'_{CB} = N_2\left(1 - \frac{1}{4\overline{N}_{BC}}\right)$； $c = \frac{1}{2}\left(\frac{\overline{N}_{BC} - 1}{\overline{N}_{BC} - \frac{1}{4}}\right)$；

$\overline{N}_{CD} = 1 + \frac{N'_{CB}}{N_3}$； $N'_{DC} = N_3\left(1 - \frac{1}{4\overline{N}_{CD}}\right)$； $d = \frac{1}{2}\left(\frac{\overline{N}_{CD} - 1}{\overline{N}_{CD} - \frac{1}{4}}\right)$；

$\overline{N}_{DE} = 1 + \frac{N'_{DC}}{N_4}$； $N'_{ED} = N_4\left(1 - \frac{1}{4\overline{N}_{DE}}\right)$； $e = \frac{1}{2}\left(\frac{\overline{N}_{DE} - 1}{\overline{N}_{DE} - \frac{1}{4}}\right)$；

$\overline{N}_{EF} = 1 + \frac{N'_{ED}}{N_3}$； $N'_{\quad E} = N_3\left(1 - \frac{1}{4\overline{N}_{EF}}\right)$； $f = \frac{1}{2}\left(\frac{\overline{N}_{EF} - 1}{\overline{N}_{EF} - \frac{1}{4}}\right)$；

$\overline{N}_{FG} = 1 + \frac{N'_{FE}}{N_2}$； $N'_{GF} = N_2\left(1 - \frac{1}{4\overline{N}_{FG}}\right)$； $g = \frac{1}{2}\left(\frac{\overline{N}_{FG} - 1}{\overline{N}_{FG} - \frac{1}{4}}\right)$；

$B = \frac{N'_{BA}}{N'_{BA} + N'_{GF}}$； $B' = 1 - B$； $C = \frac{N'_{CB}}{N'_{CB} + N'_{FE}}$； $C' = 1 - C$；

$D = \frac{N'_{DC}}{N'_{DC} + N'_{ED}}$； $D' = 1 - D$；

第一節荷重

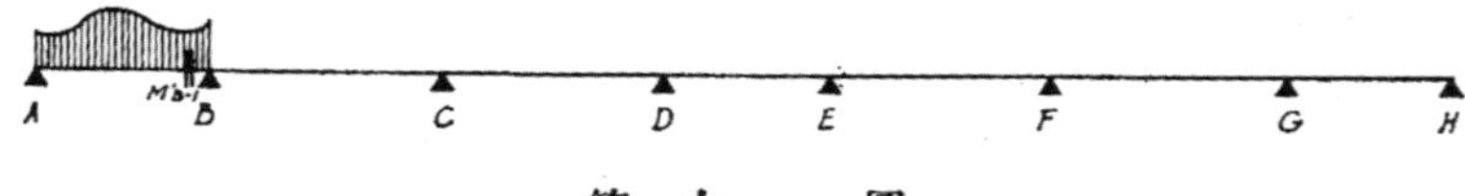

第十一圖

$M_B = B'M'_{B\text{-}1}$； $M_C = -g'M_B$； $M_D = -fM_C$； $M_E = -eM_D$；

$M_F = -dM_E$； $M_G = -cM_F$；

第二節荷重

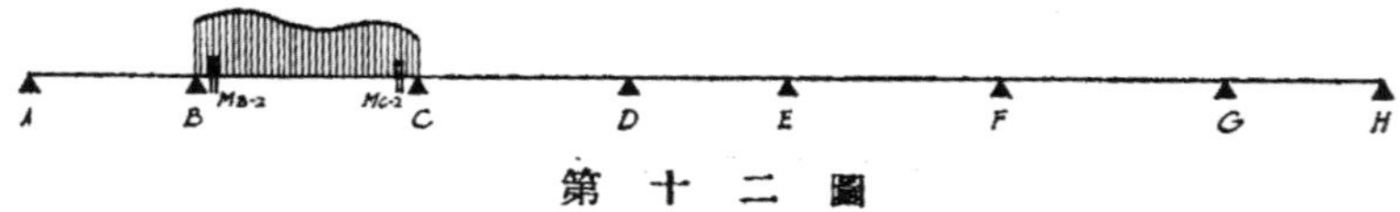

第十二圖

$M_B = +BM_{B\cdot2} + cCM_{C\cdot2}$； $M_C = +b'B'M_{B\cdot2} + C'M_{C\cdot2}$； $M_D = -fM_C$；

$M_E = -eM_D$； $M_F = -dM_E$； $M_G = -cM_F$；

第三節荷重

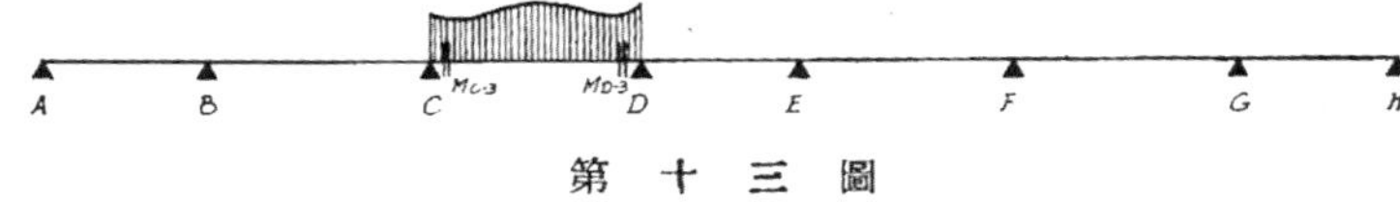

第十三圖

$M_B = -cM_C$； $M_C = +CM_{C\cdot3} + dDM_{D\cdot3}$； $M_D = -fFM_{C\cdot3} + EM_{D\cdot3}$；

$M_E = -eM_D$； $M_F = -dM_E$； $M_G = -cM_F$；

第四節荷重

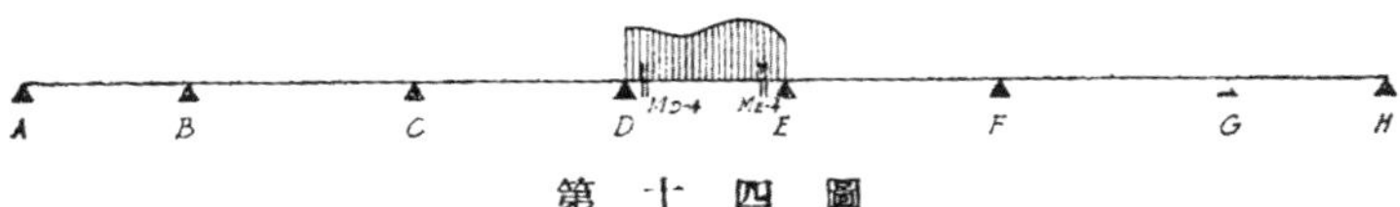

第十四圖

$M_B = -cM_C$； $M_C = -dM_D$； $M_D = -DM_{D\cdot4} + eEM_{E\cdot4}$；

$M_E = -eEM_{D\cdot4} + DM_{E\cdot4}$； $M_F = -dM_E$； $M_G = -cM_F$；

七節全荷重

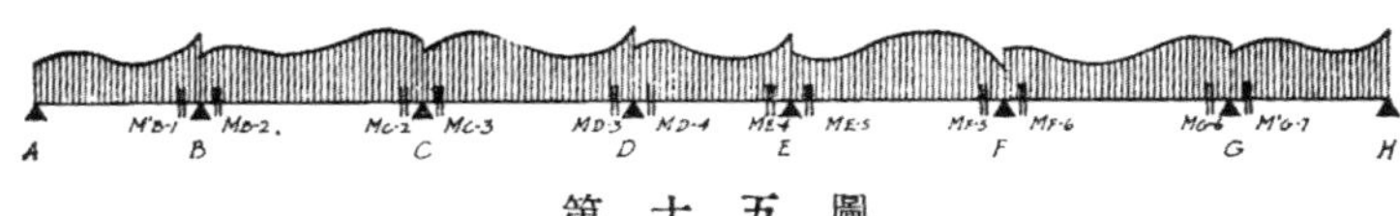

第十五圖

$M_B = M_{B\cdot2} + B'd_B + cCd_C - cdDd_D + cdeD'd_E - cdefC'd_F + cdefgB'd_G$；

$M_C = M_{C\cdot3} - gB'd_B + C'd_C + dDd_D - deD'd_E + defCd_F - defgB'd_G$；

$M_D = M_{D\cdot4} + fgB'd_B - fC'd_C + D'd_D + eD'd_E - efC'd_F + efgB'd_G$；

$M_E = M_{E\cdot5} - efgB'd_B + efC'd_C - eD'd_D + Dd_E + fC'd_F - fgB'd_G$；

$M_F = M_{F\cdot6} + defgB'd_B - defC'd_C + deD'd_D - dDd_E + Cd_F + gB'd_G$；

$M_G = M'_{G\cdot7} - cdefgB'd_B + cdefC'd_C - cdeD'd_D + cdDd_E - cCd_F + B'd_G$；

式中 $d_B = M'_{B\cdot1} - M_{B\cdot2}$； $d_C = M_{C\cdot2} - M_{C\cdot3}$； $d_D = M_{D\cdot3} - M_{D\cdot4}$；

$d_E = M_{E\cdot4} - M_{E\cdot5}$； $d_F = M_{F\cdot5} - M_{F\cdot6}$； $d_G = M_{G\cdot6} - M'_{G\cdot7}$；

(三)等硬度

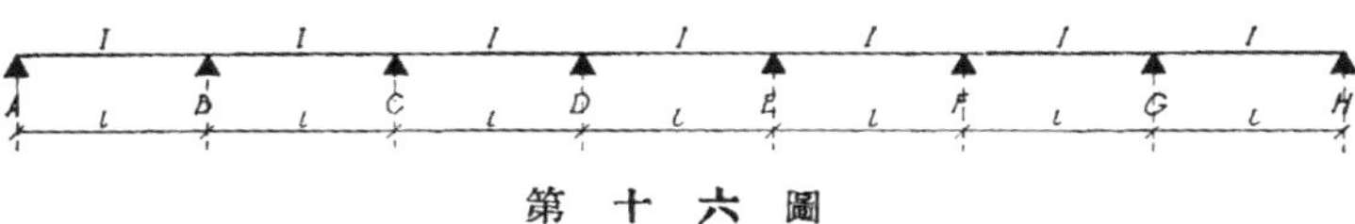

第十六圖

第一節荷重

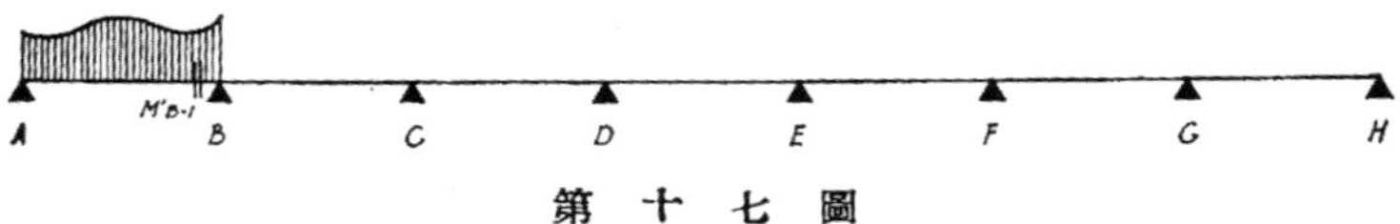

第十七圖

$M_B = 0.53589\,M'_{B\cdot1}$； $M_C = -0.26794M_B$； $M_D = -0.26794M_C$； $M_E = -0.26786M_D$；
$M_F = -0.26667M_E$； $M_G = -0.25M_F$；

第二節荷重

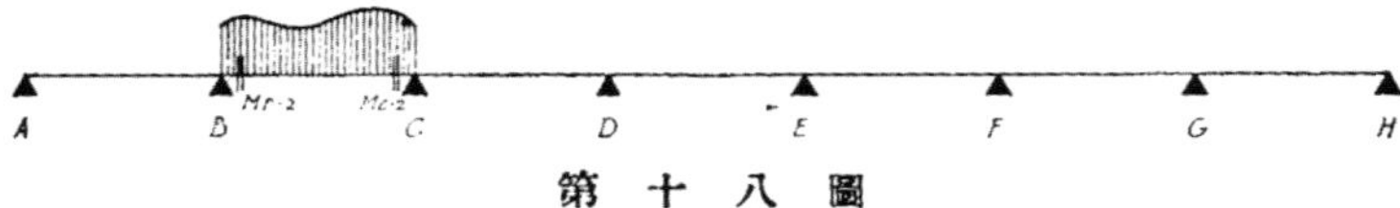

第十八圖

$M_B = 0.46411M_{B\cdot2} + 0.12436M_{C\cdot2}$； $M_C = 0.14359M_{B\cdot2} + 0.50258M_{C\cdot2}$；
$M_D = -0.26794M_C$； $M_E = -0.26786M_D$； $M_F = -0.26667M_E$； $M_G = -0.25M_F$；

第三節荷重

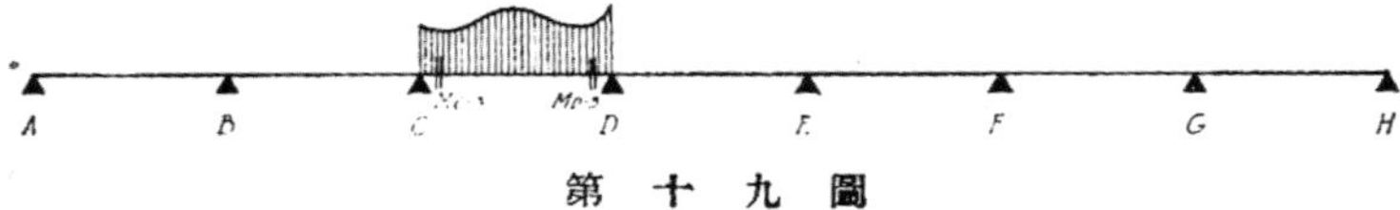

第十九圖

$M_B = -0.25M_C$； $M_C = 0.49742M_{C\cdot3} + 0.13329M_{D\cdot3}$； $M_D = 0.12436M_{C\cdot3} + 0.50017M_{D\cdot3}$；
$M_E = -0.26786M_D$； $M_F = -0.26667M_E$； $M_G = -0.25M_F$；

第四節荷重

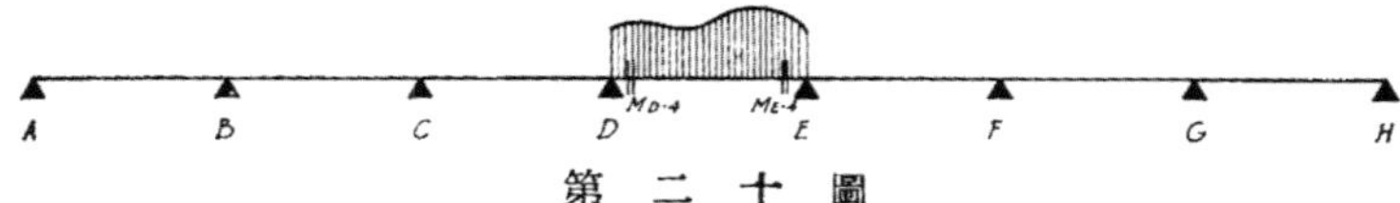

第二十圖

$M_B = -0.25M_C$； $M_C = -0.26667M_D$； $M_D = 0.49983M_{D\cdot4} + 0.13398M_{E\cdot4}$；
$M_E = 0.13398M_{D\cdot4} + 0.49983M_{E\cdot4}$； $M_F = -0.26667M_E$； $M_G = -0.25M_F$；

七節全荷重

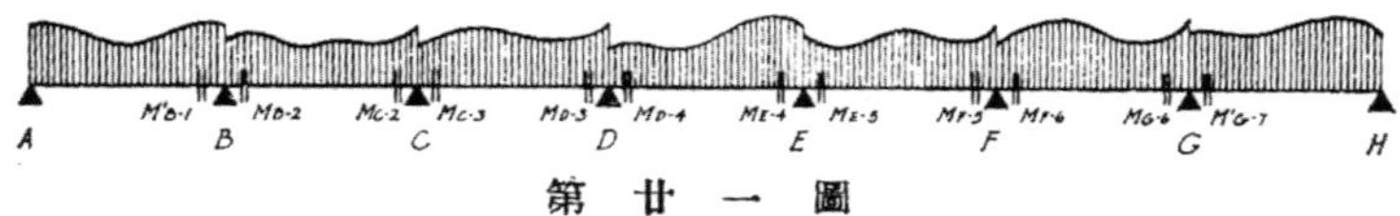

第廿一圖

$M_B = M_{B\cdot2} + 0.53589d_B + 0.12436d_C - 0.03333d_D - 0.00893d_E - 0.00240d_F + 0.00069d_G$；

$M_C = M_{C\cdot3} - 0.14359d_B + 0.50258d_C + 0.13329d_D - 0.03573d_E + 0.00962d_F - 0.00275d_G$；

$M_D = M_{D\cdot4} + 0.03847d_B - 0.13466d_C + 0.50017d_D + 0.13397d_E - 0.03607d_F + 0.01031d_G$；

$M_E = M_{E\cdot5} - 0.01031d_B + 0.03607d_C - 0.13397d_D + 0.49983d_E + 0.13466d_F - 0.03847d_G$；

$$M_F = M_{F\cdot6} + 0.00275d_B - 0.00962d_C + 0.03573d_E - 0.13329d_E + 0.49743d_F + 0.14359d_G;$$

$$M_G = M'_{G\cdot7} - 0.00069d_B + 0.00240d_C - 0.00893d_D + 0.03333d_E + 0.12436d_F + 0.46411d_G;$$

式中 $d_B = M'_{B\cdot1} - M_{B\cdot2}$；　$d_C = M_{C\cdot2} - M_{C\cdot3}$；　$d_D = M_{D\cdot3} - M_{D\cdot4}$；

$d_E = M_{E\cdot4} - M_{E\cdot5}$；　$d_F = M_{F\cdot5} - M_{F\cdot6}$；　$d_G = M_{G\cdot6} - M'_{G\cdot7}$；

（四） 等硬度等匀佈重

雙動支等硬度七聯樑

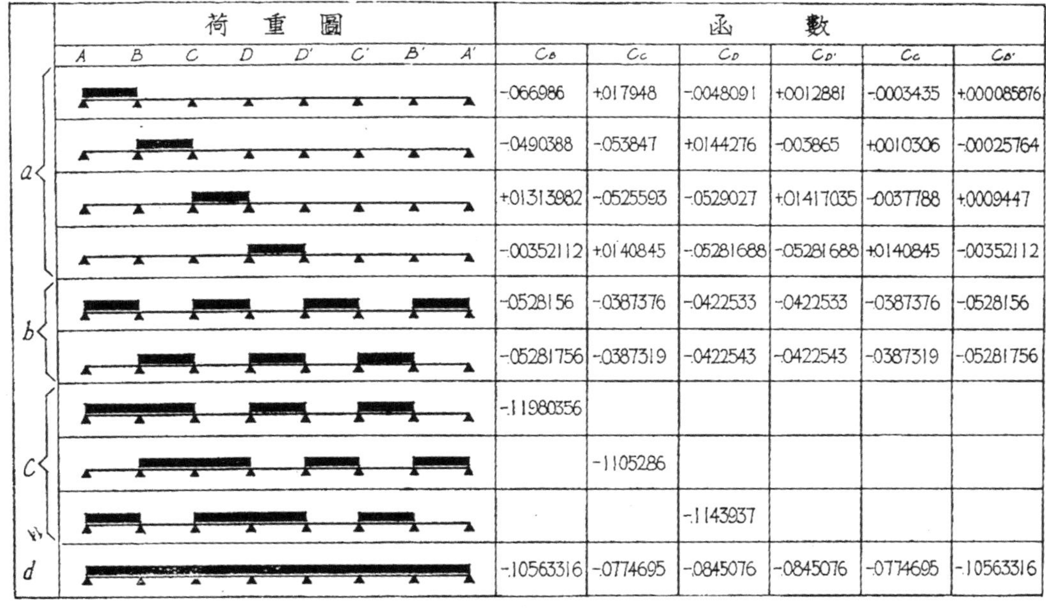

	荷重圖 A B C D D' C' B' A'	函數 C_B	C_C	C_D	$C_{D'}$	$C_{C'}$	$C_{B'}$
a		-.066986	+.017948	-.0048091	+.0012881	-.0003435	+.000085876
a		-.0490388	-.053847	+.0144276	-.003865	+.0010306	-.00025764
a		+.01313982	-.0525593	-.0529027	+.01417035	-.0037788	+.0009447
a		-.00352112	+.0140845	-.05281688	-.05281688	+.0140845	-.00352112
b		-.0528156	-.0387376	-.0422533	-.0422533	-.0387376	-.0528156
b		-.05281756	-.0387319	-.0422543	-.0422543	-.0387319	-.05281756
c		-.11980356					
c			-.1105286				
c				-.1143937			
d		-.10563316	-.0774695	-.0845076	-.0845076	-.0774695	-.10563316

附　　表

〔乙〕 單定支七聯樑

（一） 不等硬度

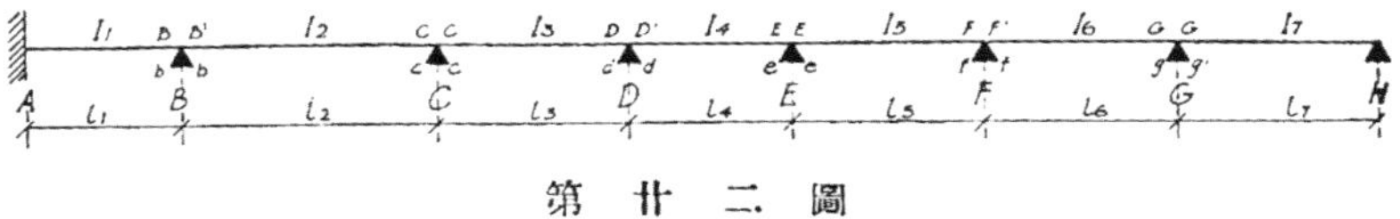

第 廿 二 圖

度硬及函數　除$N'_{BA} = N_1$及$6 = 0.5$外，其他算式均與〔甲〕之（一）同。

第一節荷重

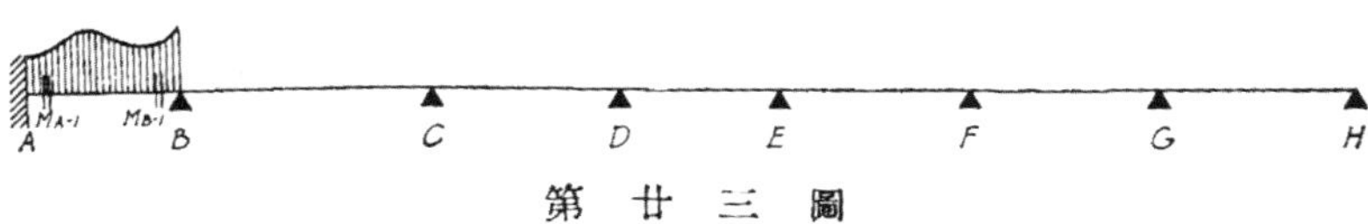

第 廿 三 圖

$M_A = M_{A\cdot1} + 0.5BM_{B\cdot1}$；　　$M_B = B'M_{B\cdot1}$；

此外M_C—M_G各算式同〔甲〕之(一)第一節荷重。

第二節荷重

第廿四圖

$M_A = -0.5M_B$；　M_B—M_G各算式同〔甲〕之(一)第二節荷重。

第三節荷重

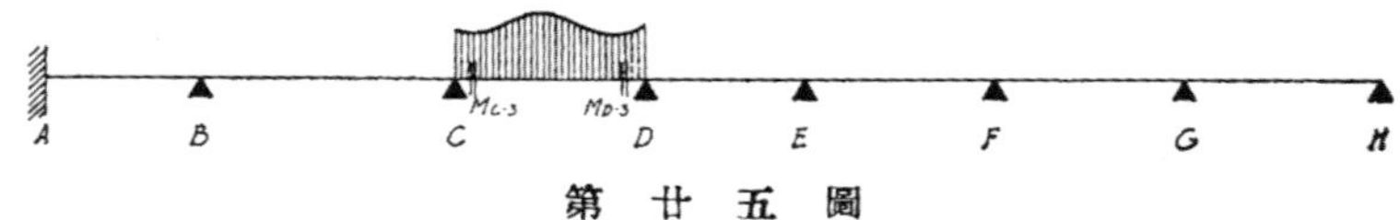

第廿五圖

$M_A = -0.5M_B$；　M_B—M_G各算式同〔甲〕之(一)第三節荷重。

第四節荷重

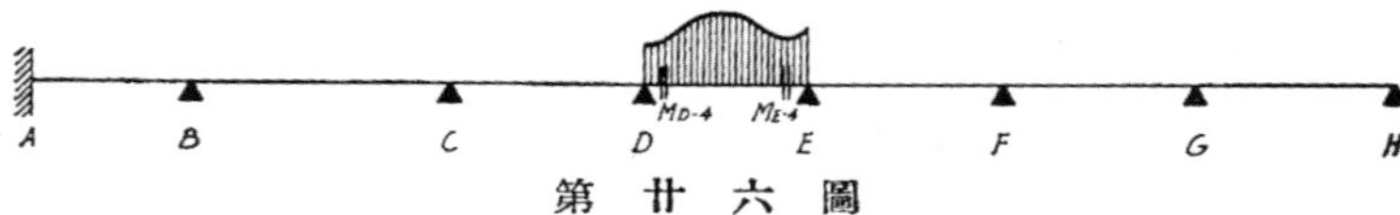

第廿六圖

$M_A = -0.5M_B$；　M_B—M_G各算式同〔甲〕之(一)第四節荷重.

第五節荷重

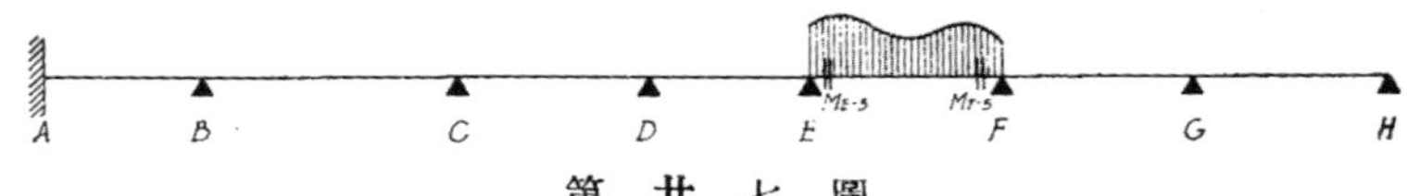

第廿七圖

$M_A = -0.5M_B$；　M_B—M_G各算式同〔甲〕之(一)第五節荷重。

第六節荷重

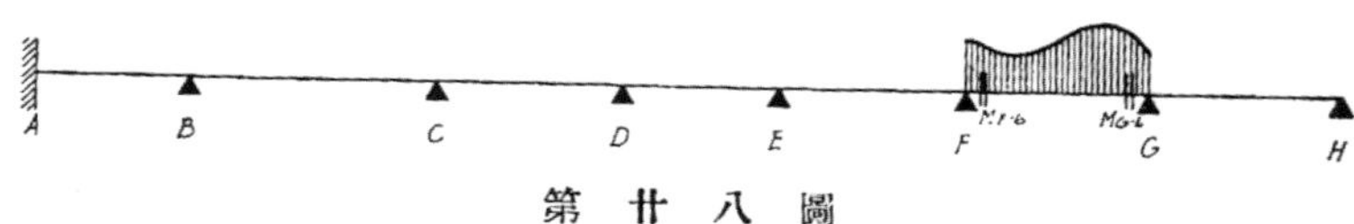

第廿八圖

$M_A = -0.5M_B$；　M_B—M_G各算式同〔甲〕之(一)第六節荷重。

第七節荷重

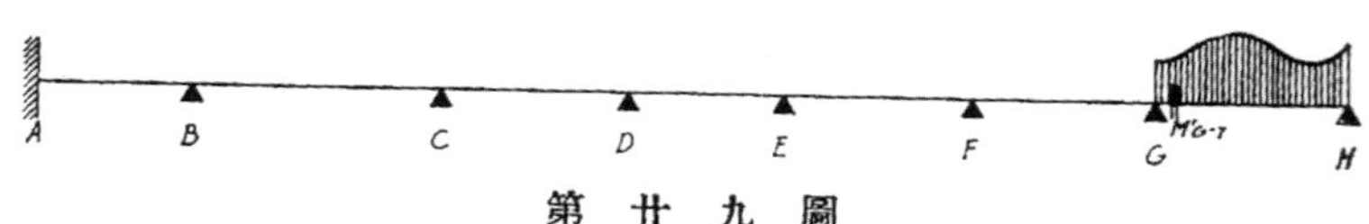

第廿九圖

$M_A = -0.5M_B$；　M_B—M_G各算式同〔甲〕之(一)第七節荷重。

七節全荷重

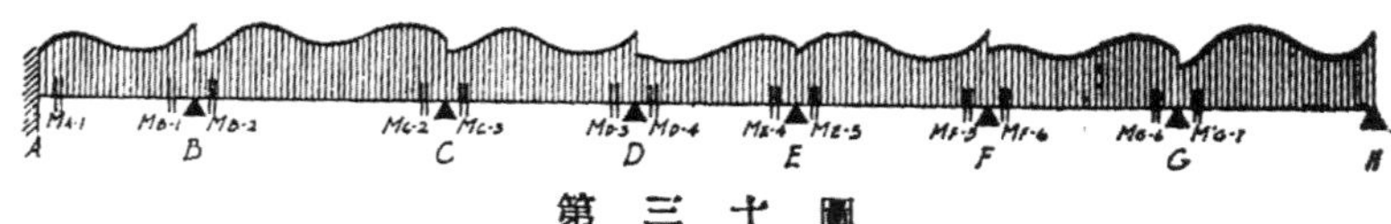

第三十圖

$M_A = M_{A\cdot1} + \frac{1}{2}Bd_B - \frac{1}{2}cCd_C + \frac{1}{2}cdDd_D - \frac{1}{2}cdeEd_E + \frac{1}{2}cdefFd_F - \frac{1}{2}cdefgGd_G$；

$M_B - M_G$ 各算式同〔甲〕之(一)七節全荷重。

(二) 對等硬度

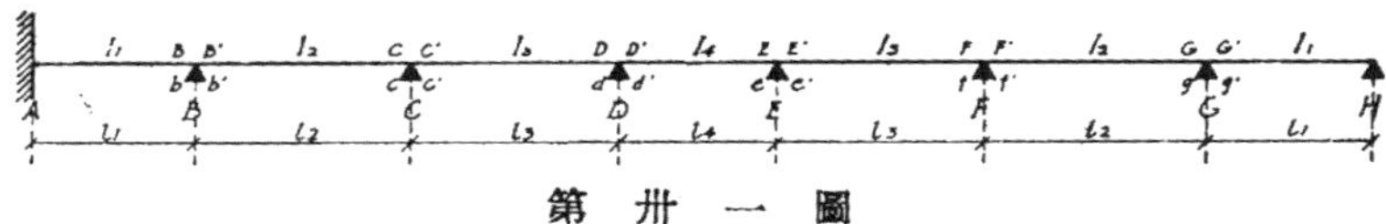

第卅一圖

硬度及函數　除$N'_{BA} = N_1$ 及$6 = 0$ 外，其他各算式同〔甲〕之(二)。又$\overline{N}_{GF} - \overline{N}_{CB}, \overline{N}'_{FG} - \overline{N}'_{BC}$ 及$f' - b'$各算式同〔甲〕之(一)。

第一節荷重

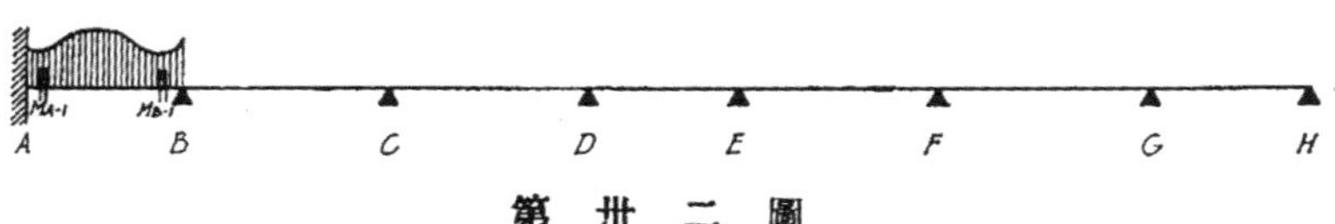

第卅二圖

$M_A = M_{A\cdot1} + 0.5BM_{B\cdot1}$；　　$M_B = B'M_{B\cdot1}$；

$M_C - M_G$ 各算式同〔甲〕之(二)第一節荷重。

第二節荷重

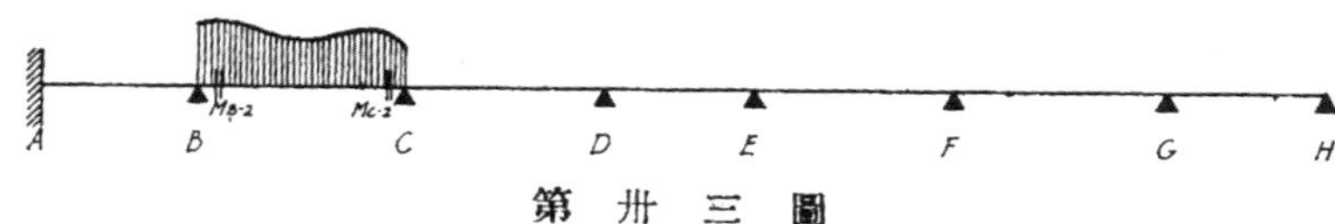

第卅三圖

$M_A = -0.5M_B$；　　$M_B - M_G$ 各算式同〔甲〕之(二)第二節荷重。

第三節荷重

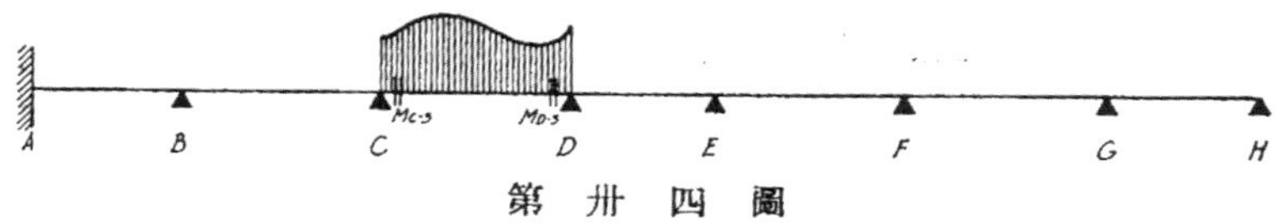

第卅四圖

$M_A = -0.5M_B$；　　$M_B - M_G$ 各算式同〔甲〕之(二)第三節荷重。

第四節荷重

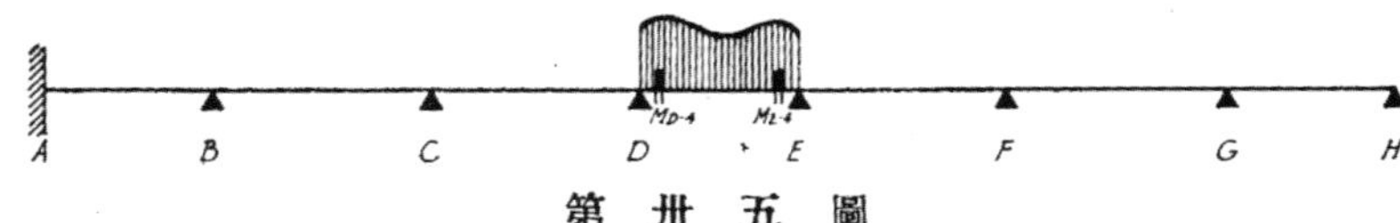

第卅五圖

$M_A = -0.5M_B$;　　M_B—M_G各算式同〔甲〕之（二）第四節荷重。

第五節荷重

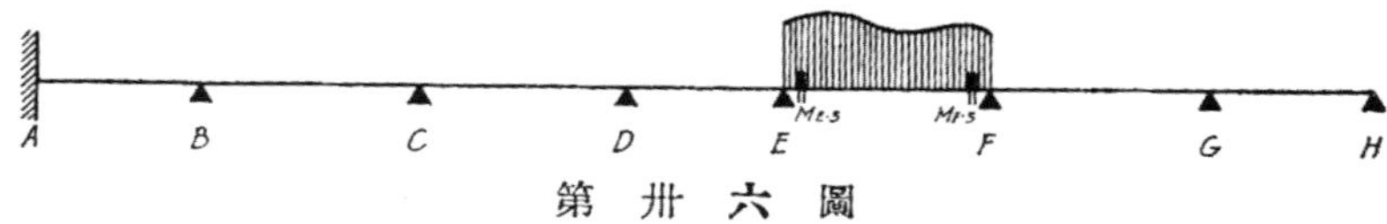

第卅六圖

$M_A = -0.5M_B$;　　M_B—M_G各算式同〔甲〕之（一）第五節荷重。

第六節荷重

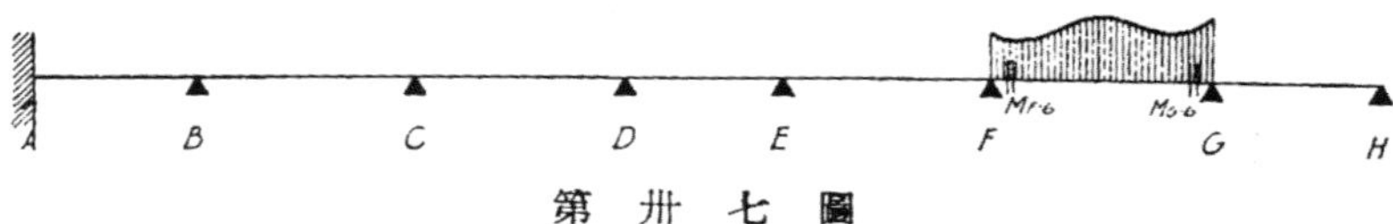

第卅七圖

$M_A = -0.5M_B$;　　M_B—M_G各算式同〔甲〕之（一）第六節荷重。

第七節荷重

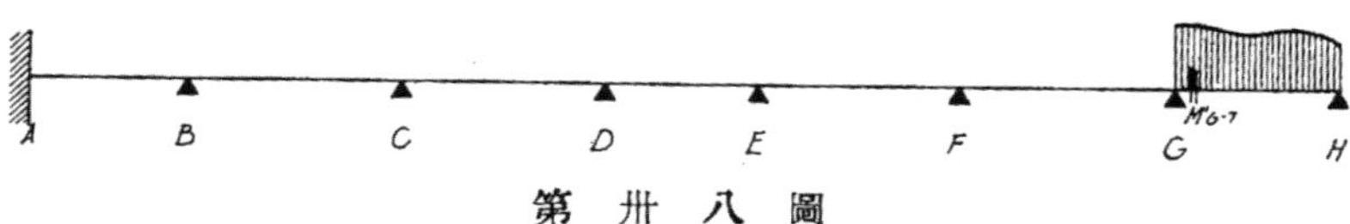

第卅八圖

$M_A = -0.5M_B$;　　M_B—M_G各算式同〔甲〕之（一）第七節荷重。

七節全荷重

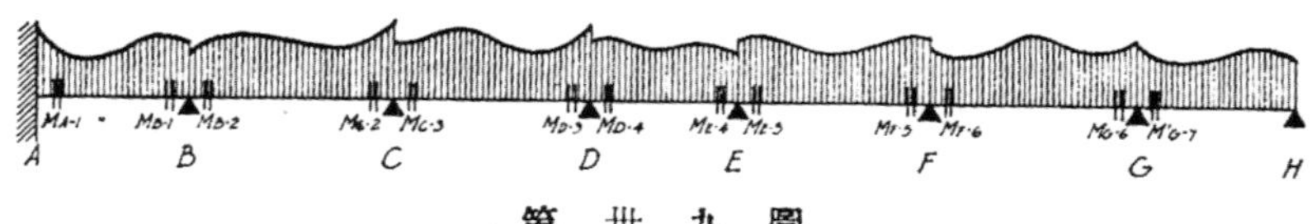

第卅九圖

$M_A = M_{A\cdot 1} + \frac{1}{2}Bd_B - \frac{1}{2}cCd_G + \frac{1}{2}cdDd_D - \frac{1}{2}cdeEd_E + \frac{1}{2}cdefFd_F - \frac{1}{2}cdefgGd_G$;

M_B—M_G各算式同〔甲〕之（一）七節全荷重。

（未完——下期續完）

營造學（二）

杜彥耿

第六章 樓板

定義 層或平面，以之將一屋分隔成臺或樓者，名曰樓板。係用木材或其他禦火材料建造之。

分類 普通住屋之樓板，大多用木材建造者，可分三類如下：

單式擱柵之樓板。

複式擱柵之樓板。

撐檔樓板，或三重擱柵樓板。

單式擱柵樓板 單以擱柵支持樓板上載重之總量，而此類擱柵跨踏於兩端牆垣之上，是謂單式樓板；擱柵則曰過橋擱柵。

複式擱柵樓板 擱柵之中間有剪刀固撐，擱柵底釘有板條子，粉石灰平頂，以及於擱柵下，更釘平頂擱柵，再以板條子灰幔等者，謂之複式擱柵樓板。

撐檔樓板，三重擱柵樓板 在大梁之邊面附着木條，用螺釘絞住，擱柵即擱於此木條之上。此一大梁如此，對面之另一大梁亦如此。故擱柵之長度，限於在此兩條大梁中間，是謂撐檔擱柵樓板。以其有大梁之附貼於木條。木條之承受擱柵，故亦曰三重擱柵樓板。

置放擱柵之方向，有兩種辦法：一，普通擱置於小跨度之牆垣上，例如房間之進深，較開間為大，故擱柵即依開間之方向設置之；二，擇空堂少之牆垣方面放置擱柵。此類大都係分間之腰牆。

材料 吾國擱柵木料，初本用圓木，如杉木，樓板則以松板。後以舶來木料之方正，且各種花色尺寸齊備，取之較易，價又便宜，故現在普通所用之擱柵大梁樓板等，幾有非洋松莫屬之概。

樓板上之外力，包括如下：(一)靜載重或樓板之本身重量；(二)活載重，或外加之力，即設計者用以計算之力。單式樓板之靜載重，大概假定每呎為二十八磅。

茲將英美各大城市及我國上海南京北平等地之建築章程中，所規定各種建築物之樓板之載重，分別列表如左：

英國倫敦市政處規定之活載重

房屋類別	每平方尺載重
住宅	70
養育院	84
普通寄宿舍之臥室	84
醫院	84
工廠	84
其他類似之建築	84
會計室	100
辦公室	100
其他類似之建築	100
藝術品陳列室	112
小禮拜堂	112
教堂	112
學校之教室	112
演講室	112
會議室	112
音樂廳	112
公共集會所	112
公共圖書室	112
零售店舖	112
戲院	112
工房	112
其他類似之建築	112
跳舞場	150
健身房	150
類似之彈性樓板	150
圖書館內之書庫	224
博物館	224
任何樓房之樓板並不佔用全部者，或專用於前述之宗旨者一不能小於	224

美國各大城市規定之活載重

（每平方呎載重——磅）

房屋類別	紐約 1917	芝加哥 1919	費城 1919	聖路易 1917	波士頓 1919	克利夫蘭 1920	巴爾的摩爾 1908	匹茲堡 1914	辛辛那提 1917
各室之樓板									
公寓與寄宿舍	40	40	70	50	50	70a	60	50	40
養育院及醫院等	100	50	70	50	50c			70	40
監獄建築等	100	50			50c	80			60
廠房：									
輕量之廠房	120d	100d	120d	100d	125d		125d	125b	100d
重量之廠房			150d	150d	250d		175d		150d
旅舍	40	50	70	50	50c	70	60	70	40b
辦公室等	60	50	100	60b	75b	70b	75b	70	50b
公共建築：									
市政建築	100				75c	100			100
教堂	100	100	120	75	100	80	75	125	100
圖書館，博物館	100				100	125		200	
戲院	100	100	120	100	100	80	75	125	100
學校	75	75		75	50	70	75	70	60
貨棧，輕量	120	100	120	100	125	100b	125	125	100
貨棧，重量			150	150	250		175		150
堆棧			150	150	250		250	200	150
集會所等之樓板									
大會堂　座位固定者	100	100	120	100	100	80	75	125	100
大會堂　座位活動者	100	100	120	100	100	125	125	125	100
兵工廠跳舞廳等	100	100			100	150		150	150
其他									
汽車間，馬房	120	100e		100	150e	150e	100		75
川堂，走廊	100	100		100	75f	70g			80g
扶梯，太平扶梯	100	100		100	75f	100h			80g
人行道	300				250	200	200		300

［註］
a　克利夫蘭所規定寄宿舍為60磅。
b　第一層樓板：聖路易規定100磅，波士頓125磅，克利夫蘭125磅，巴爾的摩爾150磅，辛辛那提100磅。
c　醫院，旅舍，公共建築等之樓板：波士頓規定100磅。
d　樓板載重，不包括機器之重量或震壓力。
e　私人汽車間：芝加哥規定40磅，波士頓75磅；公共汽車間：上層樓板克利夫蘭規定100磅，馬房克利夫蘭規定80磅。
f　大會堂，兵工廠等之川堂及走廊，波士頓規定100磅。
g　除於寄宿舍外，所有樓板載重均減輕。
h　公寓之扶梯衖等規定80磅，寄宿舍為100磅。

上海市規定樓板之活載重

房屋類別	每平方呎載重	每方呎載重
住宅	300公斤	60 磅
市房（無貨物堆置者）	300 ,,	60 ,,
旅館內臥室	300 ,,	60 ,,
醫院病房	300 ,,	60 ,,
辦公室	400 ,,	80 ,,
茶坊酒肆	400 ,,	80 ,,
學校教室	400 ,,	80 ,,
公衆集會所	540 ,,	110 ,,
戲院	540 ,,	110 ,,
商店（有貨物堆置者）	540 ,,	110 ,,
工作場所	580 ,,	120 ,,
運動室	730 ,,	150 ,,
跳舞廳	730 ,,	150 ,,
戲臺	730 ,,	150 ,,
工廠	730 ,,	150 ,,
拍賣室	1,100 ,,	220 ,,
藏書室	1,100 ,,	220 ,,
博物院	1,100 ,,	220 ,,
貨棧	1,350至2,000 ,,	270至400 ,,
樓梯載重如下		
住宅市房等	300公斤	60 磅
公共房屋等	730 ,,	150 ,,
貨棧等至少	1,450 ,,	300 ,,

上海公共租界規定樓板之活載重

房屋類別	每平方呎載重
住宅	70 磅
養育院	75 ,,
普通公寓之臥室	75 ,,
醫院病房	75 ,,
旅館之臥室	75 ,,
工作房	75 ,,
其他類似之建築	75 ,,
辦公室	100 ,,
其他類似之建築	100 ,,
藝術品陳列室	112 ,,
教堂及小禮拜堂	112 ,,
學校教室	112 ,,
演講室或會議室	112 ,,
戲院及音樂廳	112 ,,
公共圖書室	112 ,,
零售店	112 ,,
工房	112 ,,
其他類似之建築	112 ,,
健身房	150 ,,
跳舞廳	150 ,,
其他類似之建築	150 ,,
拍賣室	224 ,,
藏書室	224 ,,
博物館	224 ,,
任何棧房之樓板，並不佔用全部者，或專用於前述之宗旨者，至少	300 ,,
扶梯，扶梯平台及走廊之載重如下	
住宅	100 ,,
辦公室	200 ,,
貨棧	300 ,,

南京市規定樓板之活載重

房屋類別	每平方公呎載重
住宅	300 公斤
市房(無貨物堆置者)	300 ,,
醫院病室	300 ,,
旅館內臥室	300 ,,
辦公室	400 ,,
茶坊酒肆	400 ,,
學校教室	400 ,,
戲院廳廂	550 ,,
公衆會堂	550 ,,
商店(有貨物堆置者)	500 ,,
汽車間	500 ,,
工作場所	600 ,,
運動室	700 ,,
戲臺	700 ,,
工廠	600至700 ,,
拍賣室	1,100 ,,
藏書室	1,100 ,,
博物館	1,100 ,,
貨棧	1,250至2,000 ,,
樓梯及過道之載重如下	
住宅市房	300 ,,
公共建築等	700 ,,
貨棧等(至少)	1,450 ,,

按北平市所規定之樓板活載重，與上海市相同，故不錄。

擱柵之強度，不但使其能支持計算時所假定之力，且亦須有相當之硬度，俾限止其發生撓曲，不使平頂上之粉刷有豁裂之虞。同時對於震動之狀態，亦宜排棄之。載力不能超越一數額使撓曲大於四百分之一之跨度。

下表爲規定濶度與深度之最大跨度，在每呎長載重一六八磅，其撓曲不得超過跨度四百分之一，材料係用北松，擱柵之中距爲一呎二吋。

深度(吋爲單位)	濶度(吋爲單位) 2	$2\frac{1}{4}$	$2\frac{1}{2}$	3	$3\frac{1}{2}$	4
3	3.35	3.49	3.61	3.84	4.03	4.22
4	4.37	4.65	4.81	5.12	5.38	5.63
5	5.58	5.81	6.02	6.39	6.73	7.03
6	6.70	6.98	7.22	7.67	8.17	8.44
7	7.83	8.15	8.22	8.98	9.45	9.88
8	8.95	9.31	9.83	10.02	10.76	11.26
9	10.00	10.41	10.77	11.46	12.21	12.61
10	11.17	11.61	12.04	12.78	13.45	14.08
11	12.29	12.78	13.24	14.03	14.79	15.48

欲得每呎載重一一二磅之最大跨度，將表中之數乘以一•一四六；及每呎載重一四〇磅者，乘以一•〇九三。即

每呎載重112# $L=L_{表}\times 1.146$

每呎載重140# $L=L_{表}\times 1.093$

【例題一】求擱柵之斷面，其每呎一二二磅之載重於十三呎長之跨度上。

由公式得

$L = L_{表} \times 1.146$

$L_{表} = \frac{L}{1.145} = \frac{15}{1.146} = 14.30$

由表中尋得最近之數爲一一•四六，其濶與深則爲三吋乘九吋。

【例題二】十五呎長之跨度上，載每呎一四〇磅之外力，求擱柵最適宜之斷面。

由$L_{表} = \frac{L}{1.063} = \frac{15}{1.063} = 14.03$

表中合宜此數者爲三吋乘十一吋。

【例題三】二吋半乘十一吋擱柵之斷面，其上面每呎有一四〇磅之載重，求最大之跨度。

$T = T_{表} \times 1.063$

由表中得二吋半乘十一吋之擱柵，其$T_{表} = 13.24$

所以$T = 13.24 \times 1.063 = 14.1$呎

下層之地板 下層之地板，若以木材舖置者，須有良佳之防腐設備，如出風洞，地板下塗柏油或其他避潮之材料，同時木材之本身，亦宜乾燥，否則均有腐爛之可能，至於出風洞之裝置，亦須有普通衛生設備，在地板下之泥土上做六吋滿堂三和土，使之平坦。係用一分水泥，二分黃砂，四分石子，此種混合物有極佳之效果，即在無壓力時，亦可保持潮氣及地下之空氣，不致向上升漲。倘用灰漿三和土做滿堂，亦可獲得同樣之効能。

若地板之設置，較水平線爲低，而靠貼潮濕之泥土時，則須於面上做柏油。（詳見磚作工程章內）

出風洞須構造於地板下與三和土上之牆垣，在此空間，各開以相對之孔洞，使空氣流通，見第五七七圖。

地擱柵近牆處，普通將大方脚放寬，或砌地龍牆在滿堂三和土上，置沿油木一條，隨後將擱柵擱置其上。在中間則擱於地龍牆上，牆之厚度五吋或十吋者，砌在滿堂三和土上，見第五七七圖。其

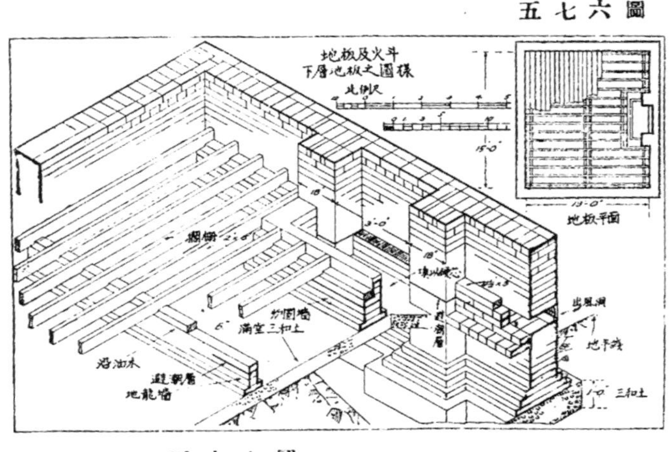

五七七圖

效用能增加擱柵之強度，及減小其深度。一切大方脚上及沿油木下　使空氣流暢。
，均宜加避潮層一皮或數皮，見第一六五圖。

五七九圖

五七八圖

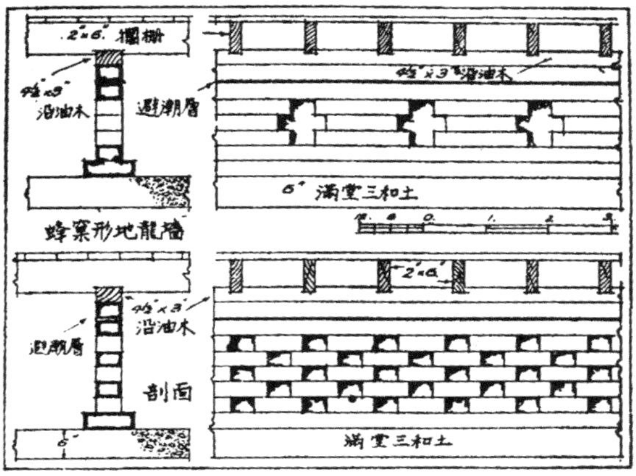

五八〇圖

五八一圖

火坑 擱柵擱置於火坑處，須防止材料之燃燒。斐勞斯所定之規則：在火坑處所築之爐圍牆需要巨大之距離。此項爐圍牆之厚度約五吋或十吋，上面置以沿油木，以備擱置擱柵之用。爐圍牆中實以泥和磚塊，同時須用木人排堅，不使有沉陷發生。排時加水於其中更佳，欲獲得良佳之效果用一分水泥，十分磚石或煤屑混和填之。其上做六吋水泥三和土，隨後粉一：二之細砂水泥，或舖瑪賽克瓷磚，缸磚及水泥花方磚。（見第五七七圖）

高過一呎之地龍牆須砌成蜂窠形，見第五七八至五八一圖；俾

（待續）

關於水泥

薛雪英

水泥的發明　我國稱水泥曰洋灰，又音譯 Cement 一字曰水門汀，分天然水泥，波蘭水泥和火山水泥三種。在建築上用途最廣的是波特蘭水泥。當水泥未發明以前，我國當以一種用石灰，細砂和黏土搗合而成的三合土爲建築原料。但這種建築原料，在水裏不能固結耐久，所以不能用來做造橋，建水堤等巨大的建築工程。在歐洲也是這樣。到了近代因爲需用上的關係，經過許多人的研究，結果發明了一種能耐水的灰泥，稱爲水泥。最初發現能耐水的灶泥的，是英國斯米吞。當時，英國厄狄斯吞地方有一個燈塔，給巨浪衝去；就用木頭再造了一個，但是不幸被火燒燬了，斯米吞便想用石去築第三個燈塔。因爲燈塔是浸在水裏的，須用一種能耐水力衝擊的灰泥去膠固石塊。普通的石灰泥，當然是絕對不能用的，斯米吞在未築那第三個燈塔時，便先着手去搜找一種能耐水的灰泥。後來，他在南威爾斯地方發現一種灰石，把牠燒了，就產生一種極好的能耐水的灰泥。他就用這種水泥去建築那座燈塔，果然十分堅固，這便是水泥的創始。但這種水泥的位置，近來已經被人造的波特蘭水泥奪去。波特蘭水泥是把黏土與堊，或是灰石與頁岩混合了燒煉而成，和只用不純粹的灰石製成的不同。波特蘭水泥是一個英國煉磚匠阿斯潑定氏在一八二四年所發明，因爲這種水泥凝固之後，與波特蘭地方的一種有名的建築石相似，所以叫做波特蘭水泥。

水泥的製法　水泥的主要原料，是石灰和黏土。其製法有乾溼兩種，隨原料的乾溼而異。

㈠乾法——先在地上採取黏土質原料和石灰質原料，分別軋碎，成爲小塊。然後送入轉筒式的乾燥機中烘乾，於是送入球磨機中行粗磨。這機有旋轉的圓筒，中貯鋼球，原料經其軋轢，卽成碎屑。然後再依所求得的適當混和比率（大概黏土二分和石灰石八分），將兩種原料混和，送入管磨機中行細磨。這機製有旋轉圓管，中貯燧石質卵石，磨出原料，較前更細，且混益勻。將所得細粉；送入迴轉爐的上端。這種爐爲圓筒形，外面有鋼殼，裏面有耐火磚貼壁，長自一百五十至二百四十英尺，直徑自十至二十英尺，安置略斜，每分鐘約旋轉一週。燃料爲細煤粉，自爐的下端，由送風機吹入。爐中溫度約爲攝氏一千四百度左右。原料自爐的上端，緩緩行抵下端，經過烘燒，約至開始熔融：當出爐時，結成堅硬的爐塊。此爐塊經冷却器冷却後，再加入適量的石膏，（其作用在減緩成品的凝結速度。）轉入球磨機中磨成極細的粉末。卽爲純淨的水泥。

㈡溼法——先將原料和入多量的水分，調成混漿。再送入攪拌機中，透徹混和。於是，移泥漿入大筒中，完其成分，如有不合，卽加入適當原料，以改正其成分。然後再送入溼管磨機中細磨，移入儲藏櫃中。由此用喞筒打入烘爐。所含水分，卽在爐中蒸發。此後處理爐塊的方法與乾法相同。

水泥的性質　水泥在近代的建築工程上，是一件不可缺少的原料。這是因爲水泥具有優良的性質，絕非普通木、石等建築所可比擬。水泥爲灰白色的粉末，黏合力極强，若加水調勻，便能膠結而成硬塊，（水泥加水後硬化的反應，現在還沒有十分明瞭。不過，水泥的成分與水接觸時，便起加水分解：所成的化合物與水結合，卽成含水物。這些含水物有結晶性，所以能凝固和變硬。）故無論在陸地上或水中，都可通用。

水泥的使用法　水泥的使用，要看所做的工程來決定；現在舉一個例來說明。最上等的用法，是水泥一桶，和沙礫一桶半，碎石三桶；最下等的用法，是水泥一桶和入沙礫三桶，碎石六桶；至於用水的多少，要看材料的乾溼及氣候的寒暖而定。拿這種混物，充作建築材料，數天之後，水漸乾燥，便堅硬如石，很難破壞。至於高大的水泥工程，須要用鋼條作骨，使得格外堅固。

混凝土　混凝土是水泥，砂和碎石的混合物。其堅牢耐久，一如石質，故有人造石之名；較之水泥的硬度，還大得多，實際上，水泥很少是單用的，而大都用爲做混凝土的成分。近年來混凝土已變爲一種極重要的建築材料，可用以建築橋樑，樓屋基礎，水壩。牆垣，砌築道路等，差不多任何較好的建築物，都用到牠了。倘在極吃重的地方，如高樓的地板之類。更須埋入鋼棒或鋼條，使牠的力量格外增加。這種建築物叫做鋼骨混凝土。但製混凝土時，配合材料及分量等方法則隨其用途而應備種種性質；如供造路面作臺階的，則須能耐磨蝕；如供建築房屋者，則當十分強固，如作水池水管者，則當不透水。欲求混凝土具備此種優良的性質，不應專恃多用水泥，而當注意於配料法，否則徒耗水泥，無濟於事。

鋼骨混凝土　水泥的性質雖極堅硬，但亦易碎裂，故許多學者進行實驗研究，想聯合一種適當的材料，以救其弊。鋼骨混凝土的建築原理，古羅馬人早已知道了，但用科學方法研究鋼骨混凝土，而有今日之發展，則不過是近百年來的事。一八五五年尉爾琴絲氏 (Wilkinson) 及科涅氏(Coignel)發明鋼骨混凝土建築方法，註冊得專利權。一八六一年法蘭西人摩尼厄氏 (Monier) 始製混凝土蒔花箱，用鐵絲爲框架。一八六七年，摩尼厄氏以其製品，送至巴黎博覽會陳列，且註冊得專利權。其製法係用上下兩鋼條，縱橫相交，而再塗混凝土。這種方法當時雖未通行，到現在則已很通用，尤以用於樓板地板爲多。用鋼骨混凝土建築的方法，須先把鋼條結成骨架，在骨架的四周，圍以木板，其大小形式以及如何接合的方法，悉依建築的圖樣而定。骨架既備，然後用上等的原料合成混凝土灌入其中。待其結硬，除去四周的木板，卽成鋼骨混凝土的建築物了。鋼骨混凝土能兼具鋼與混凝土的優點。混凝土的耐用性極高，頗能抗火，且能受重大的擠壓力，但不能耐受牽引力。鋼的強度極高，又富有彈性，但易於銹蝕，又易因熱而損其強度。合此二種材料，則兼具有優點；而不露其缺點，這是鋼骨混凝土所以可貴的地方。

建築史〔第二編〕（十五）

杜彥耿譯

羅馬師刻式建築

源始與其特徵

緒論

八〇、定義　羅馬師刻式建築之一義，自古羅馬帝國之失墜，以至哥德式建築初創之一個階段中，用之於歐洲各種建築者，頗為廣泛。設以羅馬師刻建築解析之，一曰早期基督教建築，二曰卑祥丁建築，已於以前各章詳論之矣。今再推論純粹之羅馬師刻式建築。自紀元八〇〇年查理曼（Charlemagne）加冕後之四百年中，允稱流行一時。羅馬師刻式房屋之式制及其狀態，固不脫公會堂輪廓之型範，復參融以卑祥丁及回教建築藝術，故在在予人以清晰之啓示而辨別之。

八十一、早期羅馬師刻藝術　自六世紀至十一世紀時，歐洲藝術正當嬗遞演變之季。於此時期，克勒特及日耳曼兩族之信奉基督教；蓋若輩既已同受教會之轄制。遂使該時期之教會建築，影響及於基督，羅馬，卑祥丁及條頓諸族之象跡。但於其各個本位之作風，如喀羅溫朝，或羅馬，以及法國，意大利，德國之藝術，自不無差異之特徵；尤以意大利之倫巴族之突現高峯為最。但歐洲各處之羅馬師刻式建築，殊嫌普遍，僅於其牆垣之實體，圓形發券之空堂，精美雕刻之線腳，及圓穹之頂幔，與夫羅馬公會堂地盤佈局之豐滿的發展等，在在足以窺見其一斑。

八十二、羅馬師刻式建築之發展　因資財之日漸充實，勢力之日漸擴張，以及人民對於信教印象之密切，因欲建適稱之參禮堂舍，並資供設教徒陸續搜集之聖器。以及曾被北虜侵刧而遭焚燬之教堂，至是又不得不謀恢復之；而其建築尤須鞏固耐久，是以法德兩國，對於羅馬師刻式建築之發展，尤三致意焉。於其時深致研習之結果，卒收宏猷。迨至公元一千年，法國之教會建築，技術及雕刻等，均臻上乘，是殆名工哲匠冠絕一時之作歟。

八十三、均等推力之綱要　羅馬師刻式建築之結構，其要點為均平，或即兩力或數力之互相依用。此種科學的方法，所以使建築物之安全也，故凡磚瓦之集體的淨載重，負載於發券，而傳支於礅子。此種結構方法，卒於十三世紀及十四世紀中，風行於全歐，以其既輕巧又美麗之羅馬式教會建築也。

八十四、均等方式　等均方式者，亦即以平等之推力為綱領之一種方式，如三十九圖(a)所示，係房屋之剖面圖；示屋頂支着於兩邊牆垣，箭頭a所指示屋面下壓力之趨勢；設因屋頂材料之強勁，不足以抵抗此種壓力時，則人字木之上端，成為向下壓抑之勢，而其下端則推支於牆上，如圖中bb兩點。三十九圖(b)雖係磚石發券，但其壓力向兩邊牆垣推支之性質，與上述者同，如a之載重經cc而傳着於bb。三十九圖(c)直立之木柱，以之代替牆垣，則人字木支於木柱，力自a經cc傳於bb之柱上，勢須外傾，故應用梁木牽繫之，俾臻鞏固。

八十五、　三十九圖(d)示於柱之中間，加支拋撐，藉以增強柱之力量，俾屋面之推力傳於cde。此法可以伸引而用於b圖之磚石發券。如(e)圖於大牆之外，加築半發券，藉資支撐，而不使牆因受屋面之推力發生外傾之虞。

八十六、　三十九圖(f)係為建築術中一種平均推力之方式，中古末葉時，用拋脚礅子及飛礅子為主要建築。拋脚礅子者，礅子ff直接附着於牆hh，如此則牆之力量，自然增厚。但若(f)圖之礅子，ff並不直接附着牆hh，而以半發券ii支於牆，是故礅子與發券i，名之曰飛礅子。其性質與作用，與三十九圖(d之抛撑相同。牆與礅子之頂，加築壓頂牆，如(f)圖中之g，於發券及礅子之上，繼長增高之，遂使向下之壓力足而牆與礅子因以强固，不畏屋面傳下之推力。

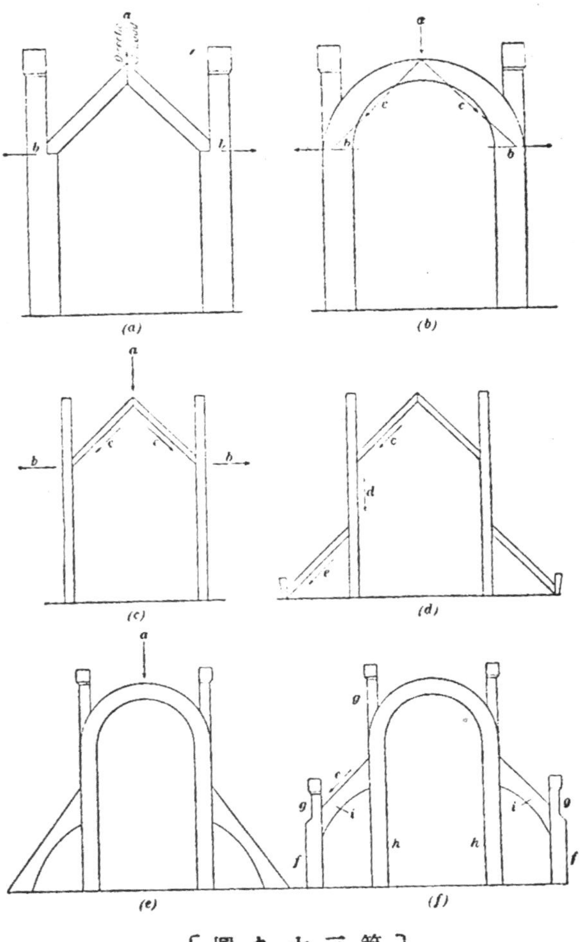

〔第三十九圖〕

八十七、避火建築 羅馬房屋構築之堅實，與夫擔任重大力量之礅子之偉大，以及房屋任何一部結構之呈堅强緊湊；加之羅馬有靈敏之工程師，優良之建築材料爲之掖助。但羅馬師刻式建築，既無頭腦靈敏之巧匠，又乏優良之材料，可以予取予求。不過早期之羅馬師刻建築師，力排衆難，始以石料構築避火房屋，如教堂之礅子，牆及內部牆面，亦用石砌，甚至圓形天幔，皆用石料。

八十八、圓平頂建築 在十世紀末或十一世紀之初期，羅馬師刻建築師，初起試築圓平頂，係採自羅馬之捲篷圓頂及交叉圓頂，如圖四十(a)及(b)。最初教堂中之神龕上面，砌以連續不斷之捲篷圓頂，如圖(a)，並佐以交叉之發券。此種巨大之推力，由高大甬道上面之捲篷圓頂或他種圓頂擔任之。汽樓窗隱於甬道之內，甬道之高爲二層。但此重大之中古早期，圓頂有多處已塌圮，遂有新的交叉圓頂之興起，如圖四十(b)，不特力量增强，抑且窗之高度亦可加高；而圓頂祇須支托，便可鼎立，是以交叉圓頂，實爲中古時代之一大進步。但新的難題，又復呈現者，即交叉部頂遇長方形之地盤是也。

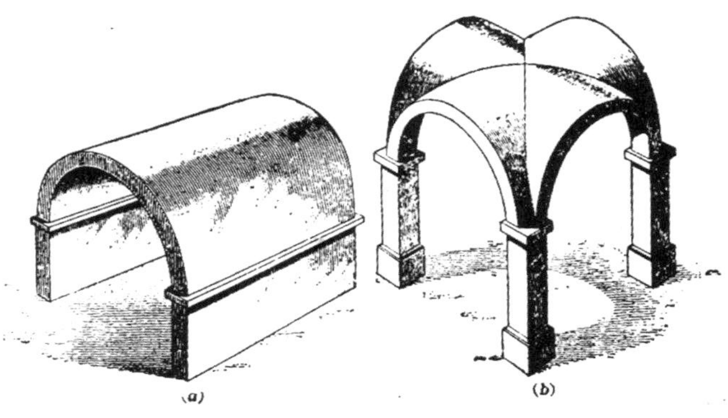

〔第四十圖〕

八十九、 檔間上面羅馬式之蓋頂，在兩個半圓形圓頂之接合點者，其形橢圓，如四十一圖；而其頂巔並不較半圓形發券之頂爲高。但欲根據科學知識

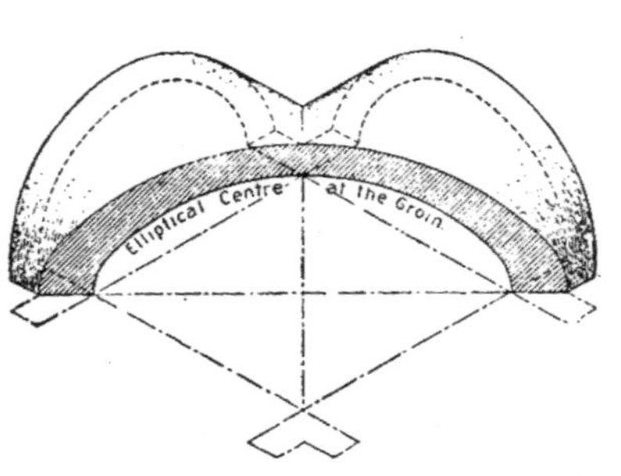

〔第四十一圖〕

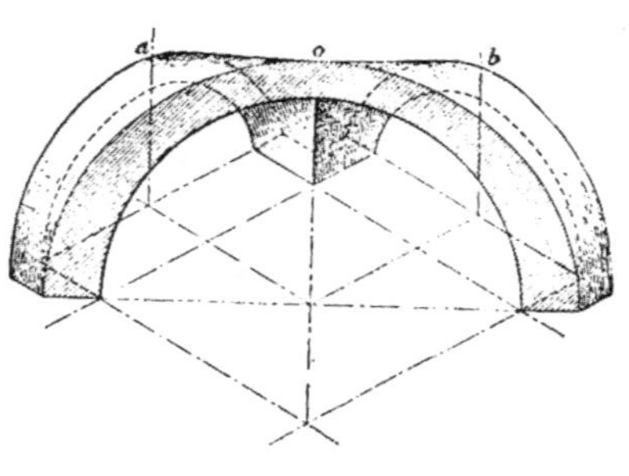

〔第四十二圖〕

，改進羅馬式圓頂，因有早期之羅馬師刻式建築家，創弧稜之形爲半圓形，如四十二圖，因之其頂部o則較ab兩發券之頂爲高矣。此種以羅馬圓頂作基本而加以變革之圓頂，用爲教堂之屋頂者；圓頂之地盤，如係方形，則發券應分兩種，卽爲兩邊之甬道與中間之大殿，蓋殿之寬度，往往較甬道大兩倍也。欲使發券之頂高度相等，自不得不用兩個小半圓形之發券矣。如圖四十三ef，遂致接合處之交叉線，形成彎曲。如欲糾正此項情形，使小發券與交叉接縫之形爲半圓者，則在平面地盤之交叉線係直線，而圓穹之面則爲彎曲。

〔第四十三圖〕

九〇、以交叉圓頂置於長方形之地盤上者，爲羅馬師刻建築師前進之成績。如圖四十四，rsut爲平面圖，efg爲小發券，ij爲邊券，亦卽跨su上之發券。半圓形之交叉弧線，其對在

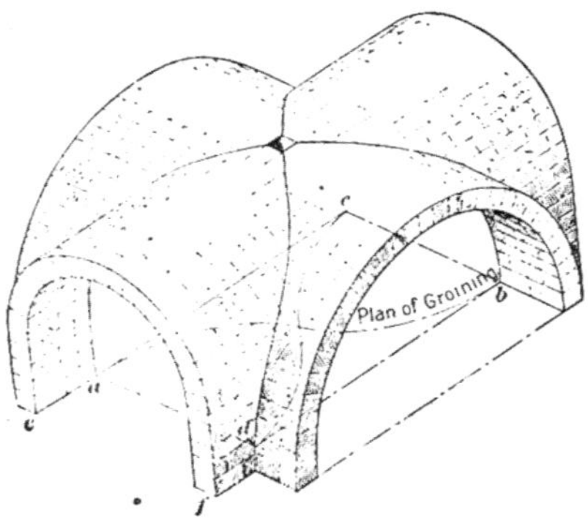

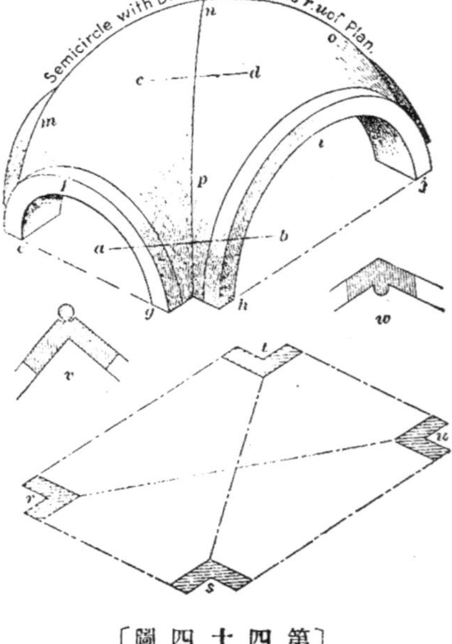

〔第四十四圖〕

ru及st之上者，如四十四圖mnop所示。上述圓頂之弧稜，卽兩個發券之接縫處，非爲繼續不斷之凸出線。而至發券之頂時，確已完全變易者，例如四十四圖之圓頂，下部ab之剖面爲v，圖係陽角圓線；但由此向上漸驅券頂，陽角漸變，迨至最高處，則完全變成陰角，如圖w爲cd之剖面。

九十一、尖拱圓頂，其交叉點爲半圓形者，如圖四十五，cde之弧稜線在平面地盤係直線，而頂部o較發券之ab尖頂爲高。然此項拱頂，設亦欲其彎曲者，其彎弧之情形與四十三圖所示者無異。

九十二、尖拱圓頂之跨距不一，致發券交叉之點發生困難；然此困難卒至消滅，蓋因如縱剖面與橫剖面之弧稜，全係半圓形，均可提高，使之無扭曲不合之弊。弧稜欲起筋肋或線脚等者，因之亦易於整齊；而每一檔間之末分斷者，亦卽連續矣。迨至後期，咸舍半圓形發券而取尖拱，其姿態復甚多變化，建築尤趨經濟及美化

。但時在法國之教堂，常用大而弧曲之栱頂。英國則將圓頂筋肋中段割切，使之成多數小的區分，結果使英國之圓頂，常呈複雜之象。

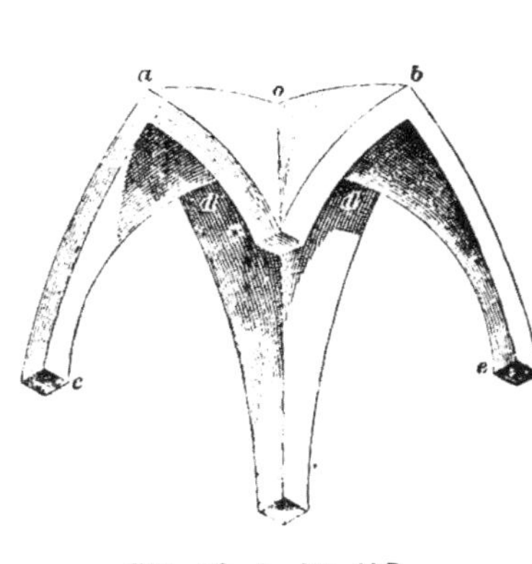

〔第四十五圖〕

法國羅馬師刻式建築

法國小誌

地理，歷史及社會

九十三、地理 法國在中古時代之疆域，如四十六圖，係北連比國及英吉利海峽，南接西班牙及地中海，東鄰意大利，瑞士及德意志，而西出比斯開(Biscay)海灣。其東北方面——即通德意志之一面，門戶洞開，缺乏天然屏障；其他各處，則崗巒起伏，藩籬自成，尤以南方及東南方形勢險巇，匪特能拒阿剌伯族經西班牙入侵法境，亦足以制意大利文明之外洩。

九十四、氣候 法國東西兩地，氣候懸殊。西區濱海一帶，溫暖，潮潤，西南風習習。東部則反是，溽暑燠熱，而嚴冬則又酷冷殊甚。

九十五、地質 法國產大宗建築石料，花崗石及雲石殊夥。

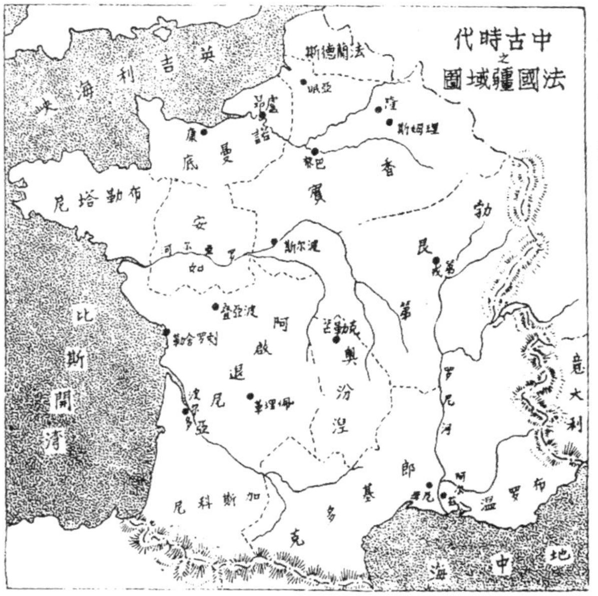

〔第四十六圖〕

九十六、歷史 克羅維斯(Clovis)手創之墨羅溫(Merovingian)王朝，直至公元七五二年始告崩潰。繼之者為喀維溫(Carlovingian)王朝。最初三個世紀中，法國內分數個王國，迨至墨羅溫朝，因諸帝之積弱無能，故大權漸致旁落，宮中權臣反甚拔扈。在第八世紀早期，權臣中有名佩彭(Pepin)者，遂佔優越之地位，其子沙爾馬忒爾(Charles Martel)，曾擊退薩拉森(Saracens)於都爾(Tours)地方。至公元七五二年，沙爾之子名小佩彭者，逼墨羅溫王退位而自立，始創喀羅溫王朝。新君不特擴展其固有之領域，且伸展其勢力，達於羅馬及意大利各邑，並已受教庭之殊勳，而掌理政治民事矣。

九十七、 小佩彭之子查理曼，亦稱查理大帝(Charle The

Great)，率其精銳之師，立志希圖實現以前羅馬帝國之迷夢，故保護條頓族所管之教堂，並攜十字旗幟於其軍前。理查大帝曾出師五十三次，征討凡一十二國，例如敗阿剌伯，潰倫巴人(Lombards)，克勃艮弟人(Burgundians)，薩克森人(Saxons)及阿之爾人(Avars)等，經過三十三年之戰爭，其領域自德國海至亞得里亞海(Adriatic)，暨自海峽至多腦河之下流。

九十八、 經過查理曼之整飭後，羅馬秩序漸行恢復，基督教亦深得人心，查理曼遂由教皇爲之加冕，時爲公元八百年，至是西帝國之局奠定，而查理曼之帝位，亦盡估帝國之制矣。劃其領域爲數省各設省長，由中央政府時派特使至各省察核政務，

九十九、 查理曼與教廷間之感情，已極融洽，乃在帝國之領域內，劃分許多僧區，並有主教之創制，修道院之建造。其時並專攻臘丁文甚力，巴黎大學亦於是時成立。

一○○、 經查理曼之撫育，文物與藝術之奮發，滋長頗甚。帝之宮殿建築，甚爲美奐，尤以愛斯拉沙伯(Aix-La-Chapelle)爲最。其一種偉大奢侈之情，可於『小羅馬』三字之形容詞見之。中含許多殿宇，戲院一座，浴場及游泳池，與一搜羅豐富之圖書館。高貴之瑪賽克磚舖地，採自拉溫那(Ravenna)之雲石柱子，屋中並置金銀器具，以之點綴此浩繁之房屋。宮旁尚有學院一所，阿爾琴(Alcuin)爲院長，該院長爲英屬僧侶，在彼時允推學問高超之大師，尚有其他學者，亦由院長之介而入宮廷者，互相攻錯。院長大部之時間，係奉帝諭而從事於科學之研求，音樂及文學語言等之學問；以冀經其努力，將啓發古時文藝之曙光。然一國之文明，每因一人而表彰者。有謂『查理曼所燃之火炬，在漫漫長夜中，不過一閃，嗣即熄滅』。緣此種方經啟發之文化，自查理大帝崩後數年，幾已喪失殆盡。是或大帝一身所得，迄至逝世，亦隨之滅亡。

一○一、 查理曼之子路易(Louis)與其他諸子，因爭統而戰，迨至公元八四三年，訂立梵而登(Verdun)約定，分邑各據一方，戰事始寢。羅退耳(Lothair)得中部之權，稱帝，領有意大利，勃艮第及洛林(Lorraine)等地；路易領東法郎克蘭(E. Frankland)，此後即稱德意志；查理得西弗蘭哥尼亞(Franconia)，或稱法蘭西。查理爲法國第一代君主。

一○二、 正查理大帝當國之候，斯干的那維亞人(Scandinavians)已開始向法海口刼掠。但自經查理曼柔弱之繼承人當國後，若輩益肆猖獗，大隊乘船蜂湧而至，所經焚刼隨之。於第十世紀之初，斯干的那維亞人一隊，曰諾爾曼(Normans)，登塞納(Seine)攻掠巴黎。此種兇暴之諾爾曼人，頓使懦弱之查理儲君發生恐懼，即以其女事首領洛羅(Rollo)，並以諾曼底(Normandy)一地作粧奩。故洛羅遂於九一二年，成爲諾曼底大公爵。即爲後之威廉得勝者(William The Conqueror)之祖。

一○三、 諾爾曼用法語，及法之習俗，信奉基督教，建大教堂，由是向文明之路邁進，故不久諾曼底地方勃興，遂成法國重要繁庶區域之一。後來洛羅欲自領邑域，是或亦將來威廉得勝者創立英國之萌蘖也。

一○四、 當諾爾曼之發難也，喀羅溫諸王對於防守或政治，咸無作爲，人民相率趨附左近貴族，避難保中。因之諾爾曼之割宰運動，自亦順利。

一○五、 第十世紀時，法蘭西祇剩名義，若四十六圖所示之省市，大者如阿啟退尼亞(Aquitania)，諾曼底及勃艮第，均有其獨立之政府。

一○六、 揆拍特王之一代起自休揆拍特(Hugh Capet)者，於九八七年接位；但其所領之地，面積極小，僅塞納與羅亞爾耳。不特此也，其所握之權，且較王爲大。揆拍特系之早期諸王，力甚殊弱。諾曼底之威廉，得英王位，從此英法之間，遂起長期之紛爭，間經數世紀之阻滯，方告成立。

自路易七世之離婦，改嫁亨利不蘭他日奈(Henry Plantagenet)——係安如(Anjou)伯爵，後爲英之亨利二世——法國之波亞圖(Poitou)及亞奎丹(Aquitaine)兩省，均告失陷

（待續）

傢具與裝飾

1 店面裝飾

Andrew Geller Exquisite Footwear
FREEMAN
SHOES
WORN WITH PRIDE BY MILLIONS

BARNETT'S

BETTY GAY

2 店面裝飾

Cushmans
SONS INC
LAYERS

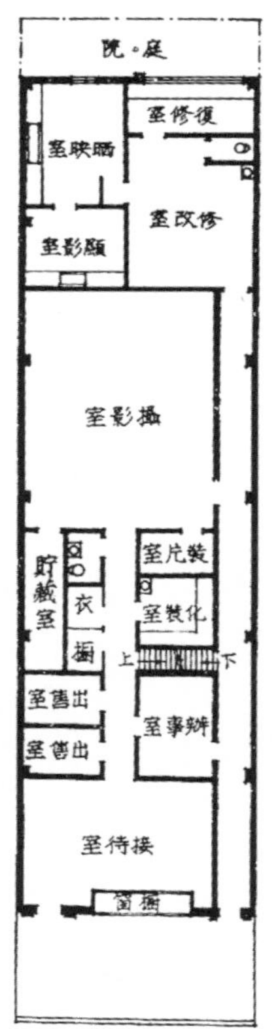
庭院
復修室
晒映室
修改室
顯影室
攝影室
裝片室
貯藏室
衣櫥
化裝室
上
下
出售室
出售室
辦事室
接待室
櫥窗

Romaine

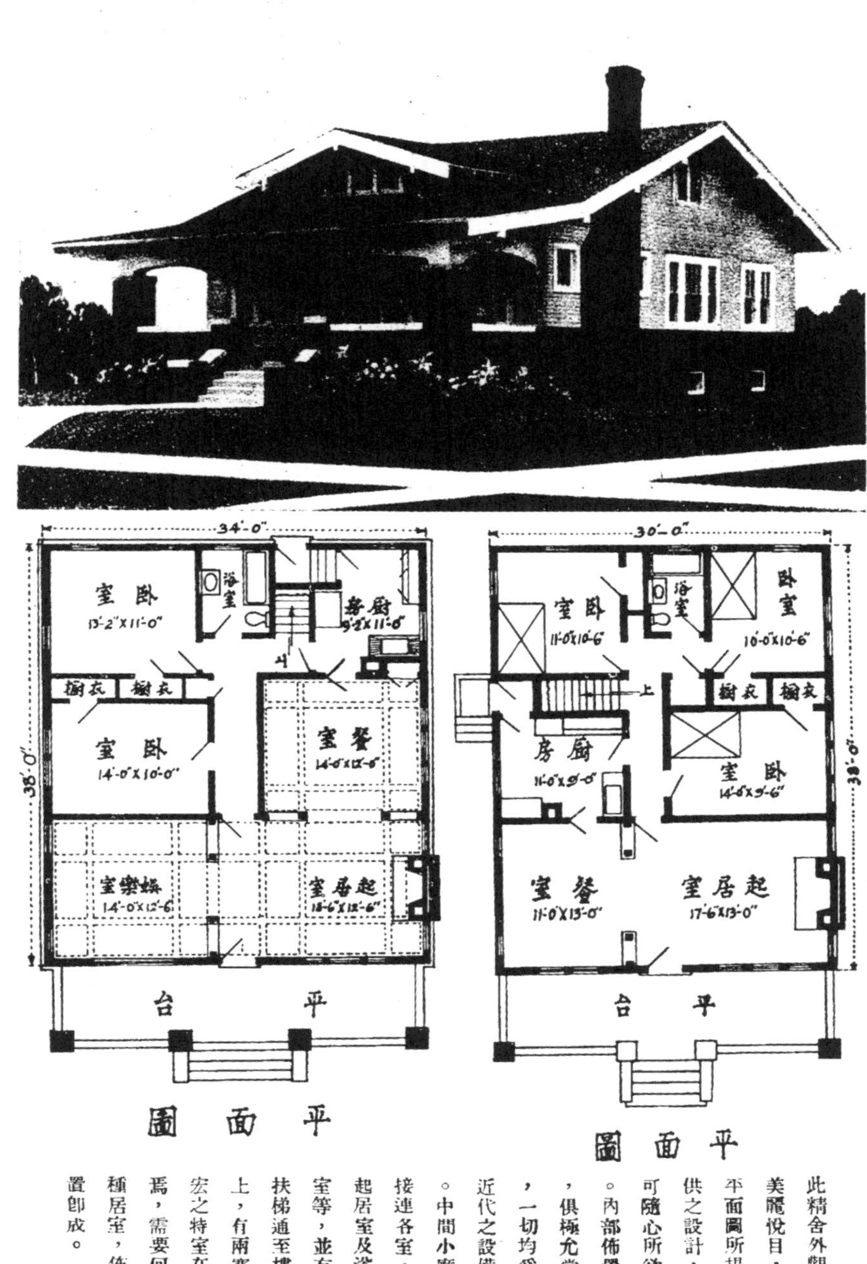

平面圖

平面圖

此精舍外觀美麗悅目，平面圖所提供之設計，可隨心所欲。內部佈置，俱極允當，一切均爲近代之設備。中間小廳接連各室，起居室及浴室等，並有扶梯通至樓上，有兩寬宏之特室在焉，需要何種居室，佈置卽成。

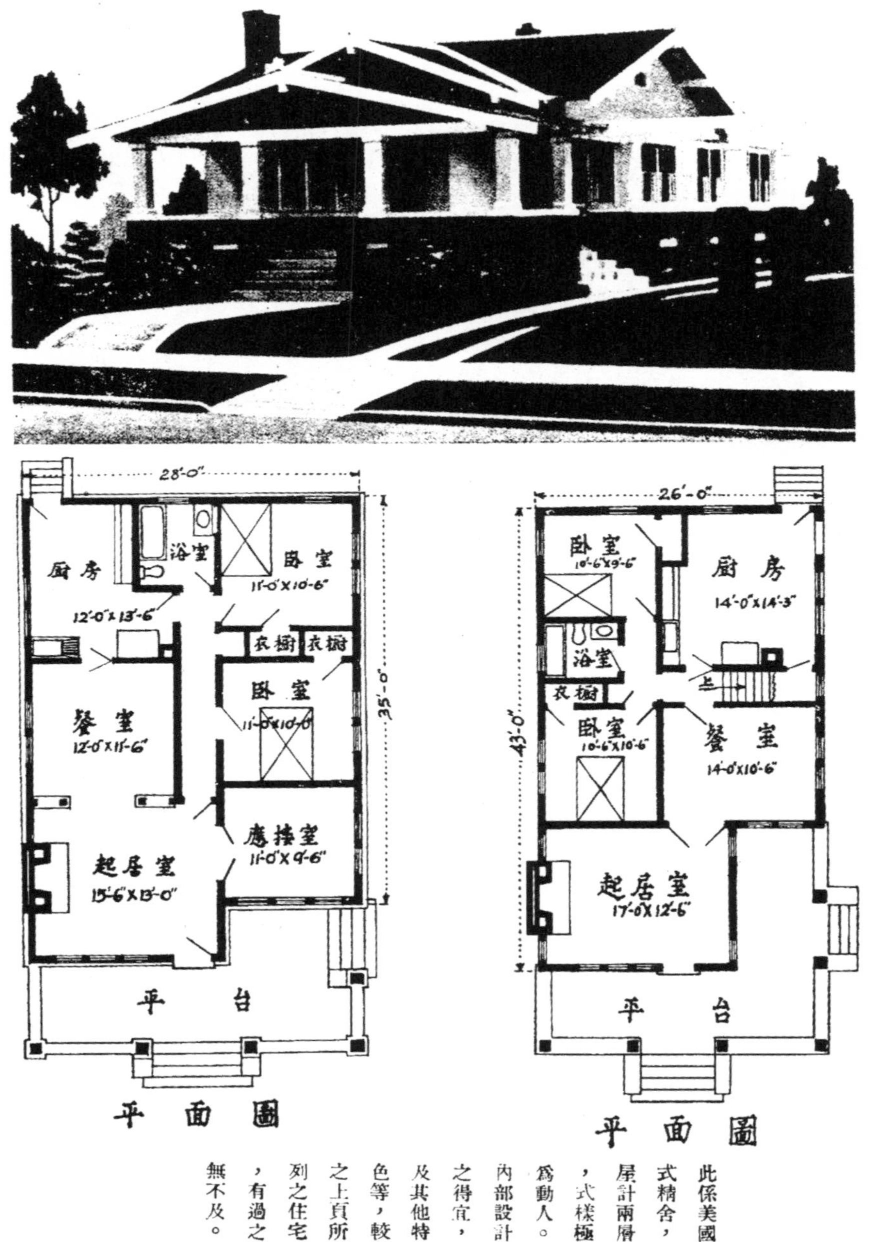

平面圖　　平面圖

此係美國式精舍，屋計兩層，式樣極爲動人。內部設計之得宜，及其他特色等，較之上頁所列之住宅，有過之無不及。

徵稿啓事

本刊五卷一期循例爲特大號，篇幅較常時增加一倍，預計榴花吐紅之時，當可與諸君覿面。惟是質量兼重，既爲本刊之編輯方針；文圖並茂，實有賴於大賢之熱忱匡助。如承出其餘緒，發爲文章，專著譯述，均所歡迎。圖稿務宜清晰，迻譯請註出處，一經擇尤刊登，當備不腆之酬也。此啟。

新申營造廠業務發達

上海新申營造廠，創設有年，資力雄厚，聲譽久著。經理陸南初君，主持得宜，深具幹材，承造大小工程，無不躬親督視，認眞從事，故工作成績，深得建築師及業主之滿意。歷年承造價額，不下數百萬金，本埠較大工程，如北蘇州路河濱大廈，福州路中央捕房，麥特赫司脫公寓，狄司威爾公寓，漢璧禮學校等，均由該廠承造云。

本刊所載材料價目，力求正確；惟市價瞬息變動，漲落不一，集稿時與出版時難免出入。讀者如欲知正確之市價者，希隨時來函詢問，本刊當代爲探詢詳告。

磚　瓦

（一）空心磚

十二寸方十寸六孔　每千洋二百三十元
十二寸方八寸六孔　每千洋一百八十元
十二寸方六寸六孔　每千洋一百三十五元
十二寸方四寸四孔　每千洋九十元
十二寸方三寸三孔　每千洋七十元
九寸二分方六寸六孔　每千洋七十五元
九寸二分方四寸半三孔　每千洋六十元
九寸二分方三寸三孔　每千洋四十五元
四寸半方九寸二分四孔　每千洋三十五元
九寸二分四寸半三寸二孔　每千洋二十二元
九寸二分·四寸半·二寸半·二孔　每千洋二十一元
九寸二分·四寸半·二寸·二孔　每千洋二十元

（二）八角式樓板空心磚

十二寸方八寸八角四孔　每千洋二百元
十二寸方六寸八角三孔　每千洋一百五十元
十二寸方四寸八角三孔　每千洋一百元

（三）六角式樓板空心磚

十二寸方十寸六角三孔　每千洋二百五十元
十二寸方八寸六角三孔　每千洋二百元
十二寸方七寸六角三孔　每千洋一百七十五元
十二寸方六寸六角三孔　每千洋一百五十元
十二寸方五寸六角三孔　每千洋一百二十五元
十二寸方四寸六角三孔　每千洋一百元
十二寸八寸十寸六角二孔　每千洋一百卆五元
十二寸八寸八寸六角二孔　每千洋一百三十五元
十二寸八寸七寸六角二孔　每千洋一百十五元
十二寸八寸六寸六角二孔　每千洋一百元
十二寸八寸五寸六角二孔　每千洋八十五元

（四）深淺毛縫空心磚

十二寸方十寸六孔　每千洋二百四十元
十二寸方八寸半六孔　每千洋二百〇五元
十二寸方八寸六孔　每千洋一百卆五元
十二寸方六寸六孔　每千洋一百四十五元
十二寸方四寸四孔　每千洋九十七元
十二寸方三寸三孔　每千洋七十七元
九寸二分方四寸半三孔　每千洋六十四元

（五）實心磚

九寸四寸三分二寸半特等紅磚　每萬洋一百四十元
又　普通紅磚　每萬洋一百三十元
八寸半四寸一分二寸半特等紅磚　每萬洋一百三十四元
又　普通紅磚　每萬洋一百二十四元
十寸·五寸·二寸特等紅磚　每萬洋一百三十元
又　普通紅磚　每萬洋一百二十元
九寸四寸三分二寸特等紅磚　每萬洋一百十元
又　普通紅磚　每萬洋一百元
九寸四寸三分二寸二分特等紅磚　每萬洋一百二十元
又　普通紅磚　每萬洋一百十元
九寸四寸三分二寸二分拉縫紅磚　每萬洋一百六十元
十寸五寸二寸特等青磚　每萬一百四十元
又　普通青磚　每萬洋一百三十元
九寸四寸三分二寸特等青磚　每萬一百二十元
又　普通青磚　每萬洋一百十元
九寸四寸三分二寸二分特等青磚　每萬一百三十元
又　普通青磚　每萬一百二十元

（以上統係外力）

（六）瓦

品名	價格
一號紅平瓦	每千洋六十元
二號紅平瓦	每千洋五十五元
三號紅平瓦	每千洋四十五元
一號青平瓦	每千洋六十五元
二號青平瓦	每千洋六十元
三號青平瓦	每千洋五十元
西班牙式紅瓦	每千洋五十元
西班牙式青瓦	每千洋五十三元
英國式灣瓦	每千洋四十元
一號古式元筒青瓦	每千洋六十元
二號古式元筒青瓦	每千洋五十元
	(以上統係連力)

以上大中磚瓦公司出品

鋼條

品名	價格
四十尺四分普通花色	每噸二百三十元
四十尺五分普通花色	每噸二百二十元
四十尺六分普通花色	每噸二百十元
四十尺七分普通花色	每噸二百十元
四十尺一寸普通花色	每噸二百十元

泥灰

品名	價格
象牌水泥	每桶洋七元一角六分
泰山水泥	每桶洋七元九角
馬牌水泥	每桶洋七元一角五分

木材

品名	價格
洋松 八尺至卅二尺再長照加	每千尺一百六十元
一寸洋松	每千尺洋一百六十二元
寸半洋松	每千尺洋一百六十三元
四尺洋松條子	每萬根洋一百六十五元
一寸四寸洋松一號企口板	每千尺洋一百八十元
一寸四寸洋松副頭號企口板	每千尺洋一百七十五元
一寸四寸洋松二號企口板	每千尺洋一百三十五元
一寸六寸洋松一號企口板	每千尺洋一百八十五元
一寸六寸洋松副頭號企口板	每千尺洋一百六十元
一寸六寸洋松二號企口板	每千尺洋一百四十元
一二五四寸洋松一號企口板	無市
一二五四寸洋松二號企口板	無市
一二五六寸洋松一號企口板	無市
一二五六寸洋松二號企口板	無市
柚木(頭號)僧帽牌	每千尺洋六百元
柚木(甲種)龍牌	每千尺洋五百六十元
柚木(乙種)龍牌	每千尺洋五百四十元
柚木(旗牌)	每千尺洋五百三十元
柚木(盾牌)	每千尺洋四百八十元
硬木	無市
硬木(火介方)	每千尺洋一百九十元
柳安	每千尺洋二百二十元
紅板	每千尺洋一百八十元
抄板	每千尺洋一百九十元
十二尺三寸六八皖松	每千尺洋八十元
十二尺二寸皖松	每千尺洋八十元
一二五四寸柳安企口板	每千尺洋二百四十元
一寸六寸柳安企口板	每千尺洋二百四十元
一二五四寸企口紅板	無市
二寸一半建松片	市尺每千尺洋八十五元
九尺四分建松板	市尺每丈洋四元六角
九尺八分建松板	市尺每丈洋六元六角
六尺半五分青山板	市尺每丈洋四元
本松毛板	市尺每塊洋三角二分
本松企口板	市尺每塊洋三角五分

品名	價格
六尺半二分杭松板	市尺每丈洋二元四角
七尺半二分甌松板	市尺每丈洋一元八角
六尺半八分皖松板	市尺每丈洋五元八角
九尺八分皖松板	市尺每丈洋七元八角
六尺半五分皖松板	市尺每丈洋四元五角
台松板	市尺每丈洋四元
台州松	每千尺洋九十元
七尺半四分坦戶板	市尺每丈洋三元
七尺半三分坦戶板	市尺每丈洋二元四角
六尺二分機鋸紅柳板	市尺每丈洋二元二角
六尺三分毛邊紅柳板	市尺每丈洋一元八角
六尺二分俄松板	市尺每丈洋三元
六尺半二分俄松板	市尺每丈洋三元二角
七尺半毛邊二分坦戶板	市尺每丈洋一元八角
六尺半五分機介杭松	市尺每丈洋四元五角
白松方	無市
紅松方	無市
麻栗方	無市
啞克方	無市
俄麻栗板	無市

五 金

（一） 釘

品名	價格
中國貨元釘	每桶洋十三元五角

（二） 避水材料及牛毛毡

品名	價格
建業防水粉（軍艦）	每磅國幣三角
雅禮避水漿	每介侖一元九角五分
雅禮避水粉	每八磅一元九角五分
雅禮避水漆	每介侖三元二角五分
雅禮紙筋漆	每介侖三元二角五分
雅禮避潮漆	每介侖三元二角五分
雅禮透明避水漆	每介侖四元二角
雅禮敵水甏	每介侖十元
雅禮膠珞油	每介侖四元
雅禮保地精	每介侖四元
雅禮保木油	每介侖二元二角五分
雅禮快燥精	每介侖二元

（以上出品均須五介侖起碼）

品名	價格
五方紙牛毛毡	每捲洋二元四角
半號牛毛毡（人頭牌）	每捲洋二元九角
一號牛毛毡（人頭牌）	每捲洋三元五角
二號牛毛毡（人頭牌）	每捲洋四元五角
三號牛毛毡（人頭牌）	每捲洋七元五角

（三） 其 他

品名	價格
鋼絲網（27"×96" 2¼lbs.）	每方洋四元二角
鉛絲布（闊三尺長百尺）	每捲二十五元
綠鉛紗（同 上）	每捲洋十五元
銅絲布（同 上）	每捲三十五元

中華郵政特准掛號認為新聞紙類

建築月刊 THE BUILDER

內政部登記證警字第二五五四號

廣告刊例 Advertising Rates Per Issue

地位 Position	全面 Full Page	半面 Half Page	四分之一 One Quarter
底封面外面 Outside back cover.	七十五元 $75.00		
封面及底面之裏面 Inside front & back cover	六十元 $60.00	三十五元 $35.00	
封面裏面及底面裏面之對面 Opposite of inside front & back cover.	五十元 $50.00	三十元 $30.00	
普通地位 Ordinary page	四十五元 $45.00	三十元 $30.00	二十元 $20.00
小廣告 Classified Advertisements	每期每格 一寸高 三寸半闊 洋四元 — $4.00 per column		

廣告概用白紙黑墨印刷，倘須彩色，價目另議；鑄版影刻，費用另加。
Designs, blocks to be charged extra.
Advertisements inserted in two or more colors to be charged extra.

第四卷第十一號

民國二十六年二月發行

刊務委員 江長庚 陳壽芝 姚長安

主編 杜彥耿

廣告 藍克生 (A. O. Lacson)

發行 上海市建築協會 南京路大陸商場六二〇號 電話九二〇〇九

印刷 新光印書館 上海聖母院路聖達里三〇號 電話七四六三五

版權所有・不准轉載

定價

每月一冊 全年十二冊

訂購辦法	價目	郵費 本埠	郵費 外埠及日本	郵費 香港澳門	郵費 國外
零售	五角	二分	五分	一角八分	三角
預定全年	五元	二角四分	六角	二元一角六分	三元六角

美麗
華成煙公司出品
有美皆備
無麗不臻
My Dear
CIGARETTES

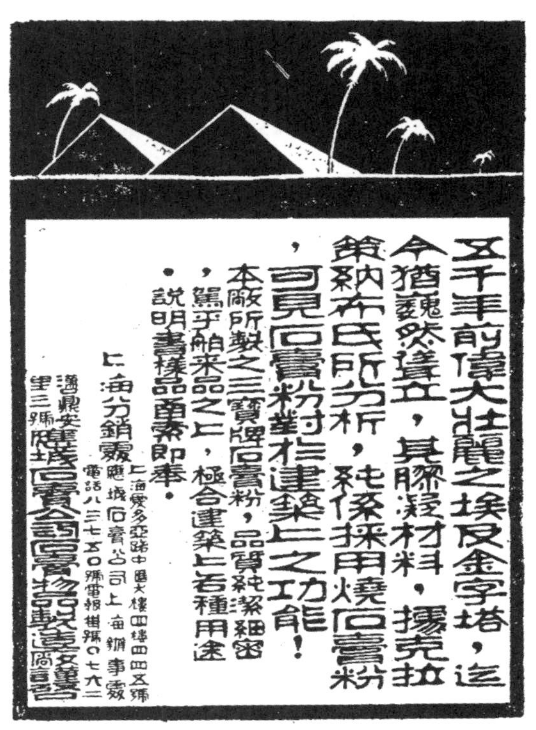

總行 上海甯波路四十七號
分行 南京中山路鼓樓前

經理：
油柏油 具器生網 水柏絲料 油碑衛板 柏磁音鋼 毛色柏隔 毛氈建築五金材料等
油毛紙各色柏油 毛氈磁磚 ...

專營：各種油毛氈工程

出品：燈電水及磚璃玻棚天貨國

電話 一八二五四

HAH FOONG & CO.
BUILDING SUPPLIES
ROAD & ROOFING
CONTRACTORS
47 NINGPO ROAD, Shanghai.
Tel. 18254
NANKING BRANCH
CHUN SHAN ROAD

建築界的唯一大貢獻

科學倡明萬象競爭我國建設方興未艾對於電氣建築所用物品向多採自舶來利權外溢數實堪驚本廠有鑒於斯精心研究設廠製造電氣應用大小黑白鋼管月灣開關箱燈頭箱等貢獻於建築界藉以聊盡國民天職挽回利權而塞漏巵當此國難時期務望愛國諸君一致提倡實爲萬幸但敝廠出品曾經實業部註冊批准以及軍政各界中國工程師學會各建築師贊許風行全國質美價廉早已膾炙人口予以樂用現爲恐有魚目混珠起見特製版刊登千乞認明鋼鉗商標庶不致誤

新成鋼管電機製造廠股份有限公司
上海閘北東橫浜路德培里十八號 電話華界四一二四六

接洽處：利泰電料行 上海吳淞路三七五號 電話租界四三四七九

樣品及價目單函索即寄

商標 註冊
山脊住宅之美化佈置
公勤鐵廠股份有限公司之新貢獻
二十六年
公勤 鉛絲網籬
網籬工程之二十二
上圖外圍鍍鋅鉛絲網
籬係本廠最新出品物
質堅韌式樣美觀美化
住宅不能無此網籬也
總廠 上海楊樹浦臨青路
電話 五〇二二四 五〇一六七

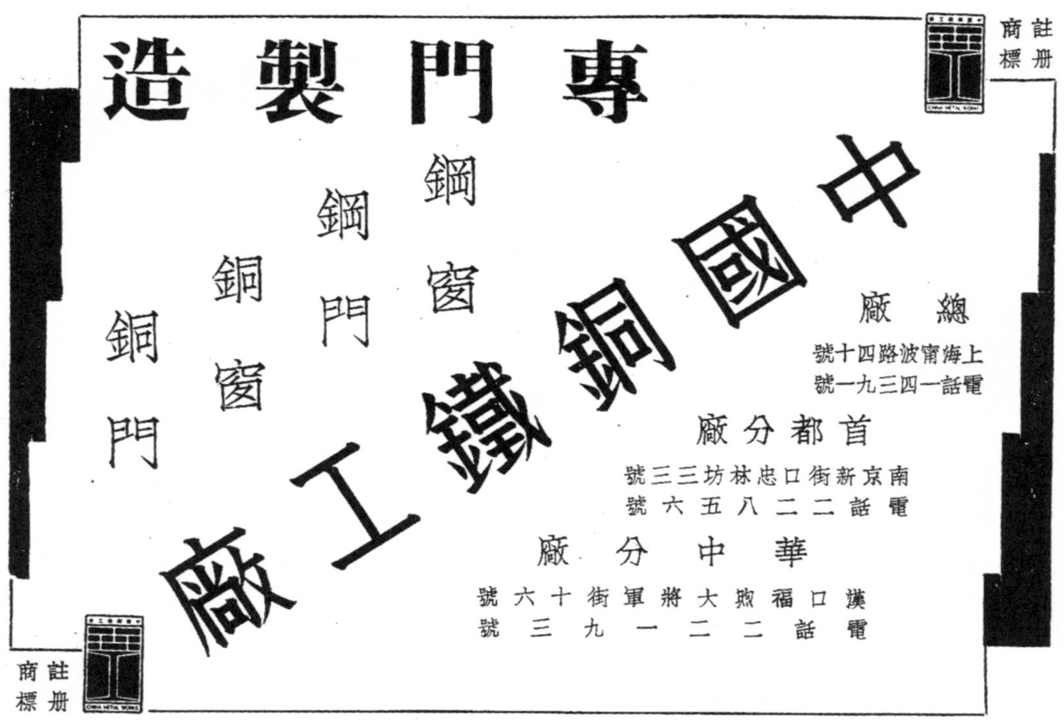

FRANK HOEBICH

133 Yuen Ming Yuen Road–Room 724
Tel. 12047 Shanghai P. O. Box 1844

CONTRACTOR FOR
Concrete and Cement Waterproofing

AGENT FOR
Tricosal Waterproofing Products
and
Heraklith Insulation Boards.

專門承包

凝合水櫃　油漆　顏色石膏　隔音　避火　避水

各種工程

圓明園路一三三號　七二四號房間
電話 12047 – 郵政信箱 1844 – 上海

SLOANE·BLABON

司隆百拉彭

印花油毛氈毯

此爲美國名廠之出品。今歸秀登第公司獨家行銷。中國經理則爲敝行。特設一部。專門爲客計劃估價及舖設。備有大宗現貨。花樣顏色。種類甚多。尺寸大小不一。司隆百拉彭印花油毛氈毯。質細耐久。終年光潔。既省費。又美觀。室內舖用。遠勝毛織地毯。

美商 美和洋行

上海江西路二六一號

中國近代建築史料匯編（第一輯）

建築月刊

第四卷　第十二期

刊月築建
12
50 CENTS
"The BUILDER"

取水輕易，急流無阻，隨時隨用，遠勝自來

三用帮浦因構造特異取水極易祇須隨便輕撳即可得水且量多流急每分鐘可得水二十加侖毫不費力隨時可用永不斷止勝用有限制性之自來水多矣

本廠備有大小龍頭及一切附件任客選用價格低廉

即使幼小孩童亦能隨便撳取毫不費力三用帮浦取水之輕易於此顯示無遺

使用圖之一

使用圖之二

裝置三用帮浦後家人洗濯應用必感滿意愉快因其取水輕易隨時可用勝過自來水也

特約經銷處

鴻發祥五金號　大上海路三六〇號

五華五金公司　北京路六五九號

慶記水電行　華山路一三九號

消防無虞，災危可免，清潔有備，澆溉旁達

三用帮浦之第三用即於出水總管之支管上接一皮帶祇須將柄扳撳即有急激水流噴射而出其水力高能射至廿五尺平射能達卅三尺至卅五英尺之遠用作消防滅火清潔庭院以及澆溉園地便利無比

清潔或消防使用圖

各種皮帶本廠全備質料精美價格公道

正昌銅鐵機器廠發行

製造廠　上海西法華鎮路四六一號
電話　二〇六二九
發行所　上海南京路二〇號沙遜大廈二二三號
電話　一六七八三

澆溉使用圖

電話八六九三四　惠衆印書館　上海泰山路一一六

上海市建築協會附設
私立正基建築工業補習學校招生

民國十九年秋創立 ○ 上海市教育局備案

宗旨 本校以利用業餘時間進修工程學識培養專門人才爲宗旨（授課時間每晚七時至九時）

編制 普通科一年專修科四年（普通科專爲程度較低之入學者而設修習及格免試升入專修科一年級肄業）

招考 本屆招考普通科一年級及專修科一二三年級（專四暫不招考）各級投考程度如左：

普通科一年級　高級小學畢業或具同等學力者（免試）
專修科一年級　初級中學肄業或具同等學力者
專修科二年級　初級中學畢業或具同等學力者
專修科三年級　高級中學工科肄業或具同等學力者

報名 即日起每日上午九時至下午五時親至南京路大陸商場六樓六二〇號上海市建築協會內本校辦事處填寫報名單隨付手續費一元（錄取與否概不發還）領取應考証憑証於規定日期到校應試（如有學歷證明文件應於報名時繳存本校審查）

考科 各級入學試驗之科目　（專一）英文・算術　（專二）英文・幾何　（專三）英文・解析幾何

考期 九月五日（星期日）上午八時起在本校舉行

校址 派克路一三二弄（協和里）

附告 （一）普通科一年級照章得免試入學投考其他各年級者必須經過入學試驗
（二）本校章程可向派克路本校或大陸商場上海市建築協會內本校辦事處函索或面取

中華民國二十六年六月　日　校長　湯景賢

奧速立達乾燻紙

為中西各國所歡迎

特點

1. 節省時間，捷速簡便。
2. 不用水洗，乾燻即妥。
3. 晒成之圖，尺度標準。
4. 經久貯藏，永不退色。
5. 紙質堅靭，久藏不壞。
6. 油漆皂水，浸沾無礙。

其他特點尚多不勝枚舉茲有大批到貨價目克已如蒙惠顧不勝歡迎敝行備有說明書價目單樣品俱全並有技師專代顧客晒印如有疑點見詢無不竭誠以告

德孚洋行

四川路二六一號

代理處 天津 濟南 香港 漢口 長沙 重慶（均有分行）

鋁可供實地裝飾之用

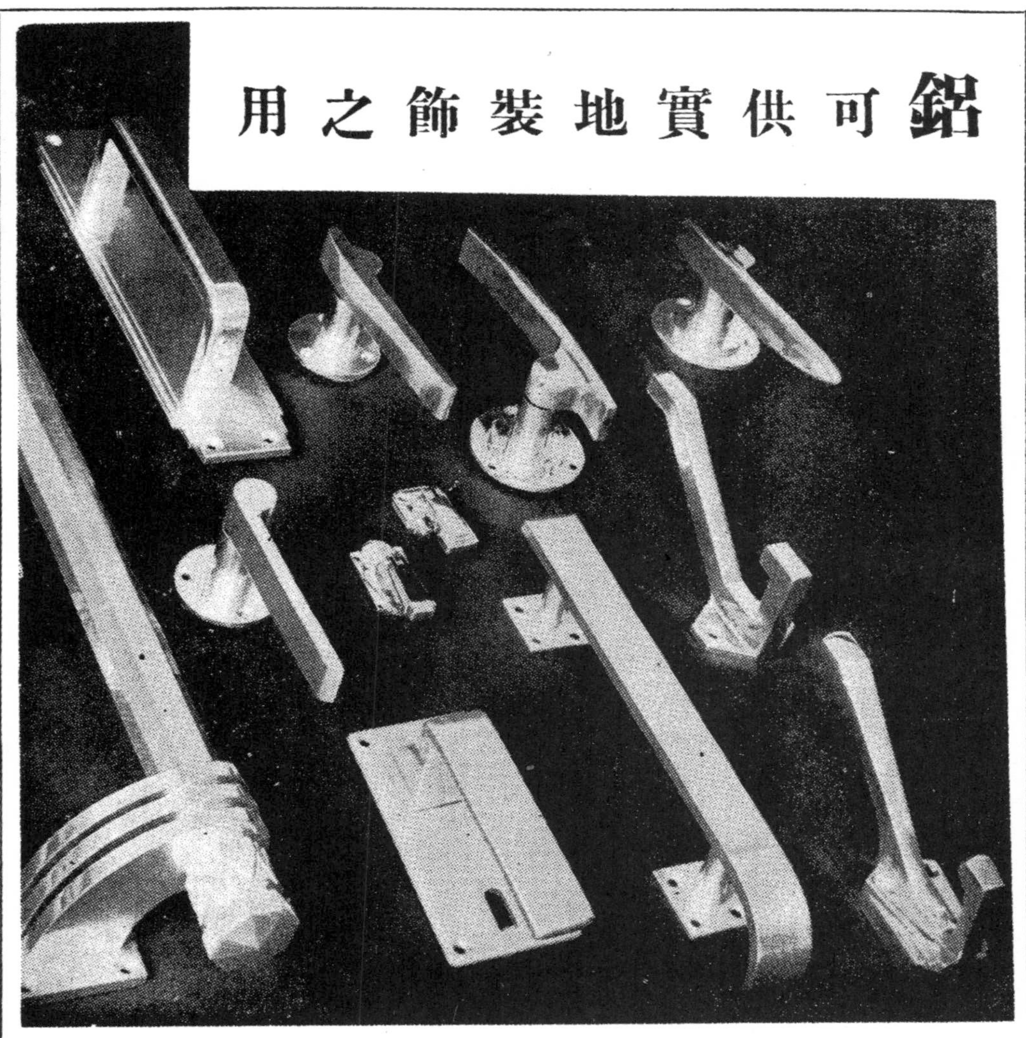

第三〇五號鋁鑄合金，爲裝飾用種種鑄品，門柄，拉手，小巧飾件等無上之材料。蓋其足以貢獻卓越之優點。加工精製，專供建築及其他工事上需要最大抗鏽力所在之用。關於鋁在建築上內外各部之許多用途及優點。本公司甚樂與君討論焉。

圖中種種飾件，均出英國吉彭公司所供給。

鋁業有限公司
上海北京路二號
上海郵政信箱一四三五號

（建一）

ALUMINIUM UNION LIMITED

東方瓷磚股份有限公司

上海愛文義路一七六號　電話九六三六〇號

本公司製造瑪賽克及各式缸磚以及釉面磚等如蒙賜顧毋任歡迎

Chung San Memorial Hospital

右圖係新近落成之上海中山醫院其全部缸磚及瓷磚工程均由本公司承辦

歡迎外埠經理

Mosaic, Quarry Tiles and Facing Bricks of the above illustrated building were supplied by

THE AURORA TILE CO., LTD.

176 Avenue Road, Shanghai.　　Telephone 96360

泰克多爲最優良之打底漆與嵌平漆可先用于各種木材或金屬之上而後再用各種油漆及凡立水凡新牆壁最宜先用泰克多已廣被用者稱賞矣

中國總經理 上海德商禮和洋行

泰克多

PITTSBURGH PLATE GLASS CO, PITTSBURGH

PAINT AND VARNISH—DIVISION.

TECTOR

The best Undercoater and Sealer for all Paints and Varnishes on wood and metal.

Highly recommended as primer on fresh walls.

China Agents: **Carlowitz & Co.**

Shanghai.

"PYRUMA"

FIRE CEMENT

MANUFACTURED BY

J. H. SANKEY & SON, LTD., ENGLAND

英國製『補爐買』優等火泥

凡屬裝有火磚爐灶之工
廠以及各界之爐灶宜用
『補爐買』火泥鑲嵌磚縫使

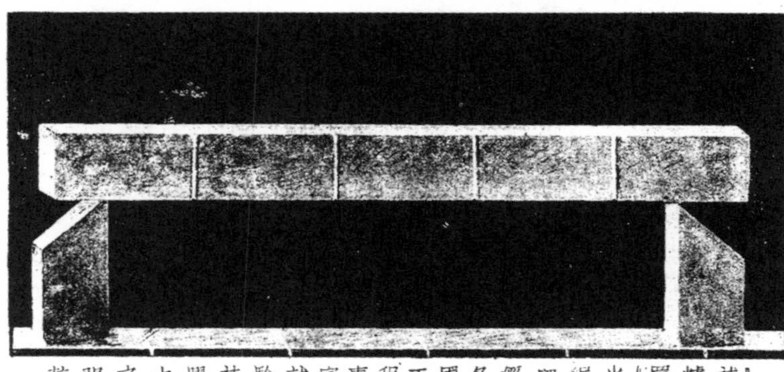

其不致漏氣而免火患之
弊為世界銷售最廣堪稱
獨一風行全球可見一斑

『補爐買』火泥曾經各國工程專家試驗其膠力之強較
諸普通火泥之大相懸殊能膠各式火磚即照上圖碶
成膠分四節高懸橫垂可保永久不鬆尤為堅固耐用

WILLIAM JACKS & CO.
51 HONGKONG ROAD
SHANGHAI
TEL. 11478-79

英商
闓闢洋行
上海香港路五十一號　電話一一四七八九號

FAGAN & CO. LTD.
USA
SHANGHAI CHINA

Hong Name "Mei Woo"

Boizenburg (Germany)
Floor, Wall & Coloured Tiles
Schlage Lock Co.
Locks & Hardware
Simplex Gypsum Products Co.
Fibrous Plaster & Plaster of Paris
California Stucco Products Co.
Interior & Exterior Stucco
Raybestos-Belaco Ltd.
Clutch Facings & Brake Lining

Celotex Corporation, The
Insulating & Hard Board
Newalls Insulation Co.
Asbestos & 85% Magnesia Products
A.C. Horn Company
Waterproofing - Dampproofing - Preservative - Compounds
Certain-teed Products Corp.
Roofing & Wall Board
Mundet & Co., Ltd.,
Cork Insulation & Cork Tile.

Large stocks carried locally.
Agents for Central China

FAGAN & COMPANY, LTD.

261 Kiangse Road

Telephone
18020 & 18029

Cable Address
KASFAG

美商
美和洋行
承辦屋頂及地板
工程并經理石膏
粉石膏板甘蔗板
避水漿鐵絲網磁
磚牆粉門鎖等各
種建築材料備有
大宗現貨如蒙垂
詢請打電話一八
○二○或駕臨江
西路二六一號接
洽為荷

中山醫院

及

國立上海醫學院

全部鋼窗鋼門屋頂油毛毡地坑

工程啓新鋼磚完全由敝行承做

METAL WINDOW & DOORS

T. M. B. MASTIC FLOORING

ROOFING AND WATERPROOFING

CHEE HSIN QUARRIES

Supplied and Laid to

CHUNG SAN MEMORIAL HOSPITAL

& NATIONAL MEDICAL COLLEGE OF SHANGHAI

By

DUNCAN & COMPANY

HAMILTON HOUSE, SHANGHAI.

上海恒大洋行

總公司：江西路一七〇號　　鋼窗廠：大西路一一三號

建築月刊

第四卷十二號

廣告索引

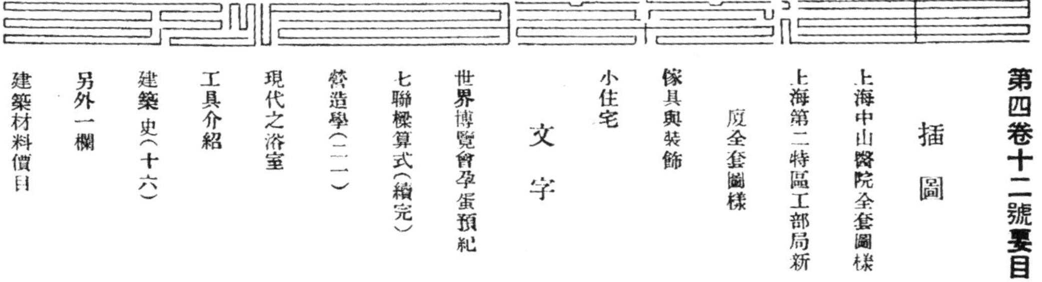

第四卷十二號要目

Recently Completed Chung San Memorial Hospital, Shanghai.

最近落成之上海中山醫院

Kwan, Chu & Yang, Architects.

基泰工程司設計

Another View of Chung San Memorial Hospital, Shanghai.

中山醫院之又一影

世界博覽會孕蛋預紀

述

一九三九年在紐約舉行之世界博覽會，規模之宏偉，在人類進化史中，實開一新紀元。建築之特點，據會長蕙蘭氏（Mr. Grover Whelan）宣稱，將爲一大型之白球體，直徑達二百尺，拱立於源泉百出之噴水池上，俾球體得以保持均衡，側面則輔以七百尺高之三角形石柱。雖球體與三角形在幾何學中實爲最基本之形式，但正式應用於建築，此次實爲首創也。

"蛋"之未來面目

隨此兩新穎建築而生之產物，即爲兩新鑄之英文名詞。石柱一物，文字實難形容。博覽會之技術專家，曾擬其爲「銳角三角形之尖塔」。哥倫比亞之幾何學專家，則擬爲「高四面稜體形」（Tall Tetrahedron），最爲允當。報界及廣告業者，則擬爲"Trylon"。此蓋以"Tri"組合其三面，"Pylon"則示闕門之用意也。

爲欲描述此丹姆(Theme)之新建築起見，又有"Perisphere"新詞之產生。當局認爲"Peri"一詞，顯示面面週到之意，頗合於世界博覽會之蘊義。此"Perisphere"之內，將陳列「明日之世界」之雛型，遊覽者一入此門，即立於轉動之踏脚板上，從容轉動，環遊於Perisphere之內。迨忽履空地，在其下面即有城市，村鎮，田場等及有關於此之一切活動。此項景物，一覽無際，穹窿之內，雲光相交，幻成奇觀焉。

主持此"Perisphere"與"Trylon"兩建築物之設計者，爲Wallace K. Harrison與J. Andre Fouilhoux兩建築師。據海氏云

，在設計此博覽會之「丹姆」中心時，在初即有採用球體建築之幻象云。

七百尺高石柱之鳥瞰

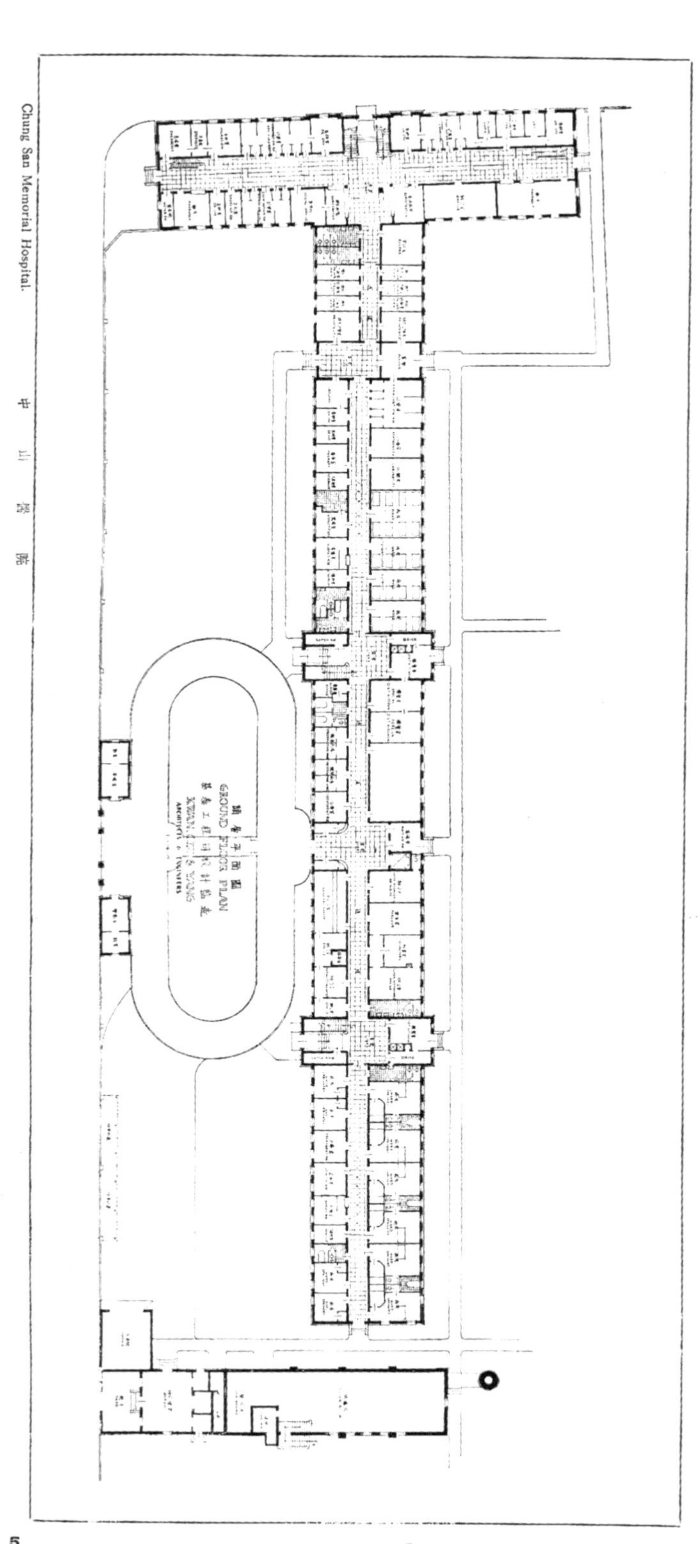
Chung San Memorial Hospital.
中山醫院
GROUND FLOOR PLAN

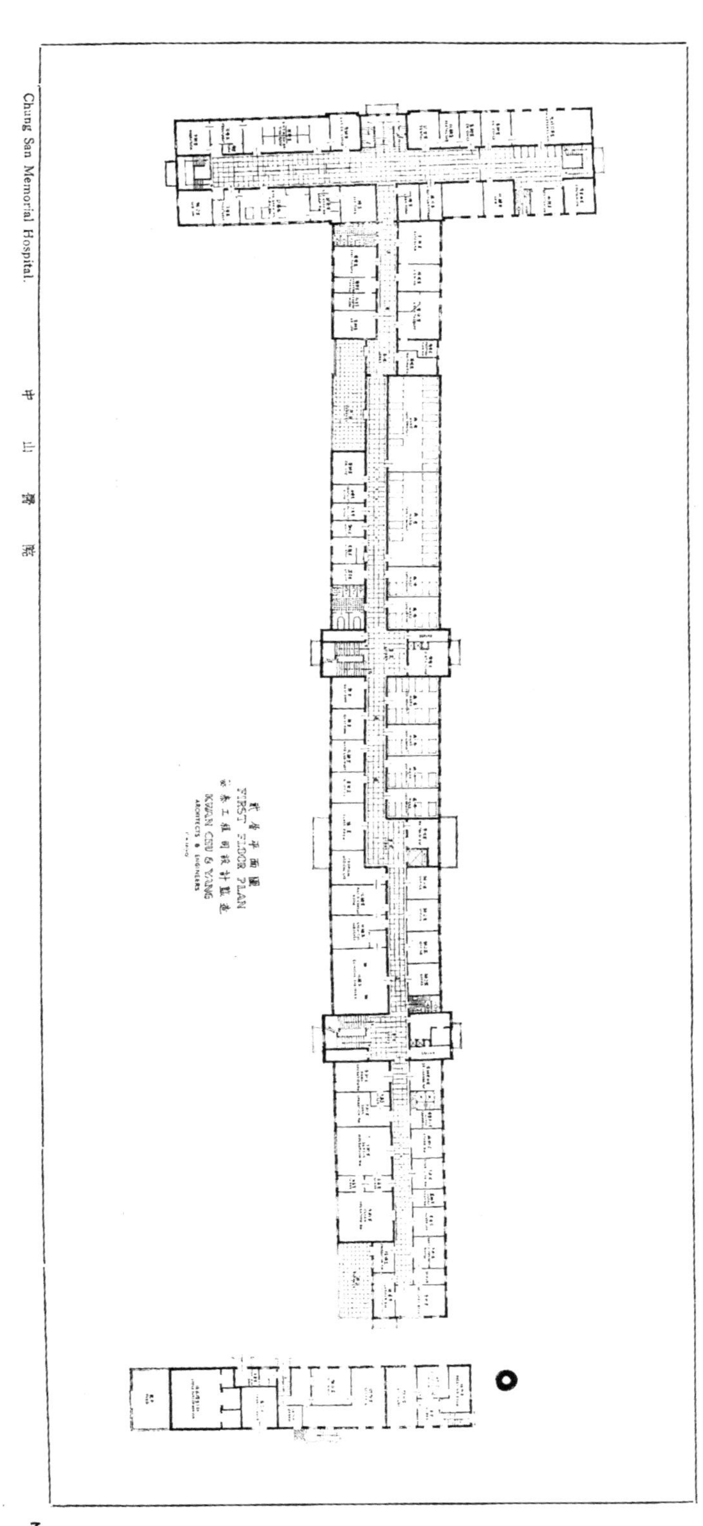
Chung San Memorial Hospital.
中山醫院
貳層平面圖
FIRST FLOOR PLAN
基泰工程司設計監造
KWAN CHU & YANG
ARCHITECTS & ENGINEERS

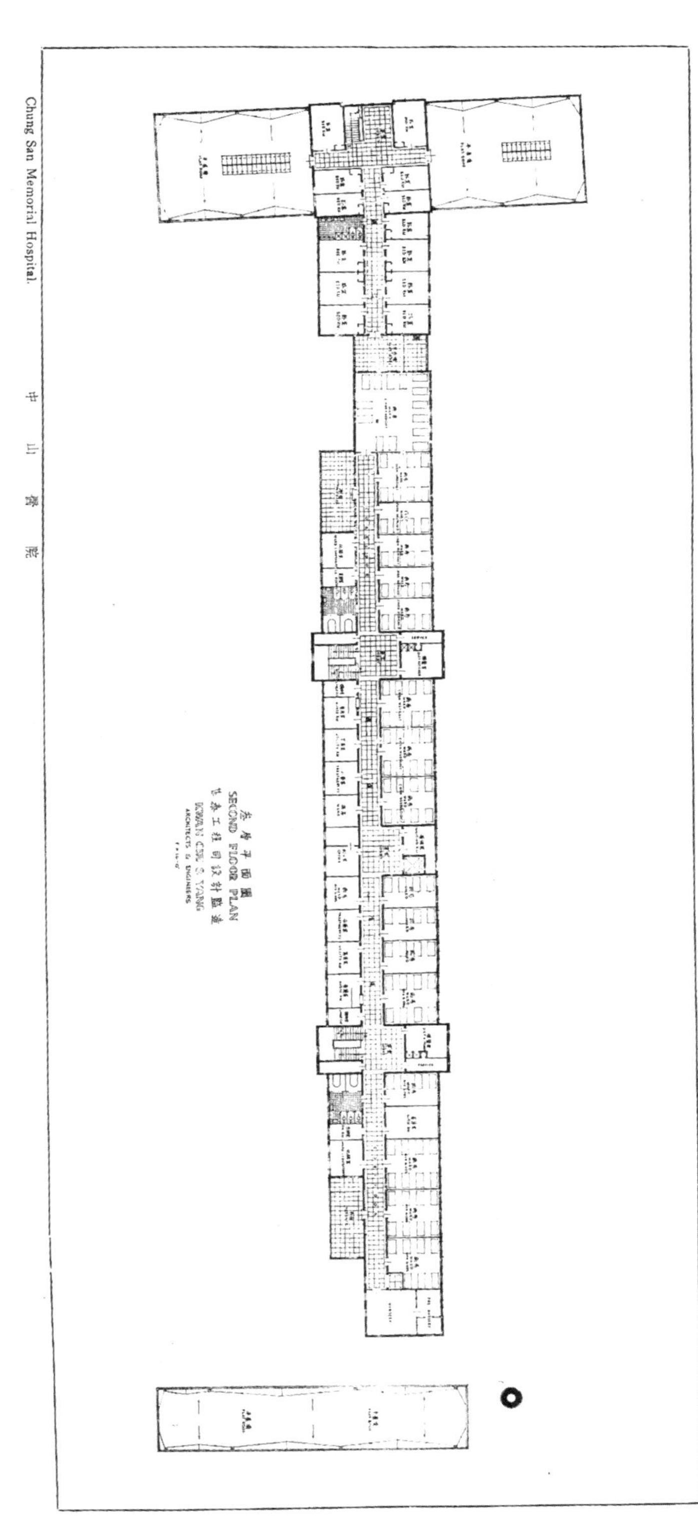
Chung San Memorial Hospital.
中山醫院
SECOND FLOOR PLAN
基泰工程司設計監造
ARCHITECTS & ENGINEERS

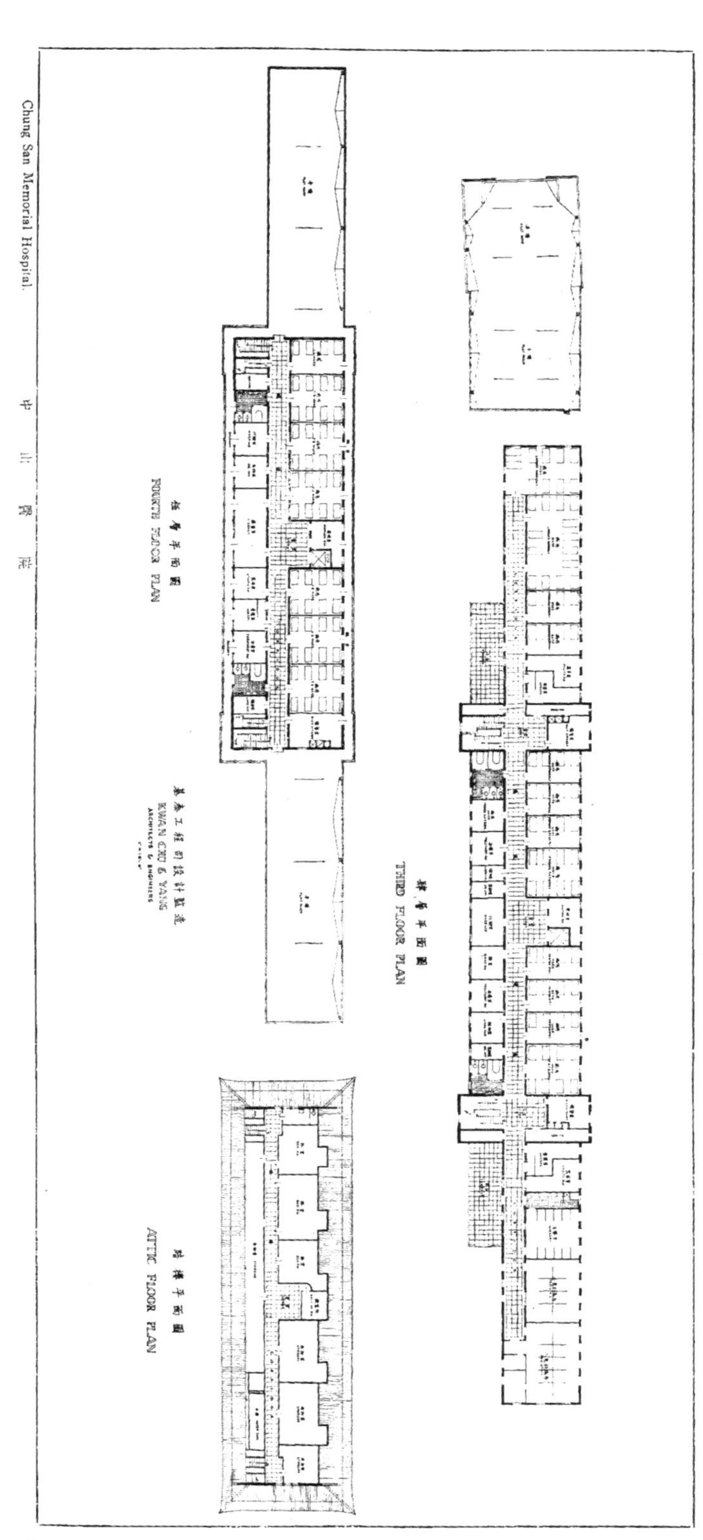

Chung San Memorial Hospital.
中山醫院
四層平面圖
FOURTH FLOOR PLAN
基泰工程司設計監造
KWAN CHU & YANG
ARCHITECTS & ENGINEERS
三層平面圖
THIRD FLOOR PLAN
閣樓平面圖
ATTIC FLOOR PLAN

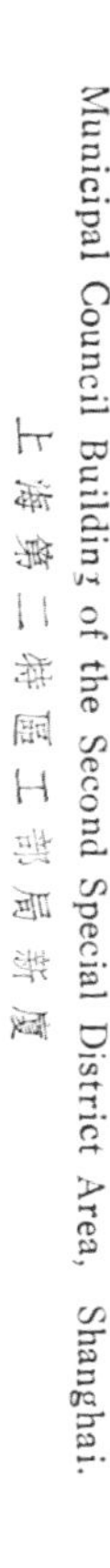

Municipal Council Building of the Second Special District Area, Shanghai.

上海第二特區工部局新廈

Leonard-Veysseyre-Kruze, Architects.

賴安工程師設計

Close View of the Municipal Council Building of the Second Special District Area, Sahnghai.

上海第二特區工部局新廈近景

Municipal Council Building of the Second Special District Area, Shanghai.

上海第二特區工部局新廈地盤圖

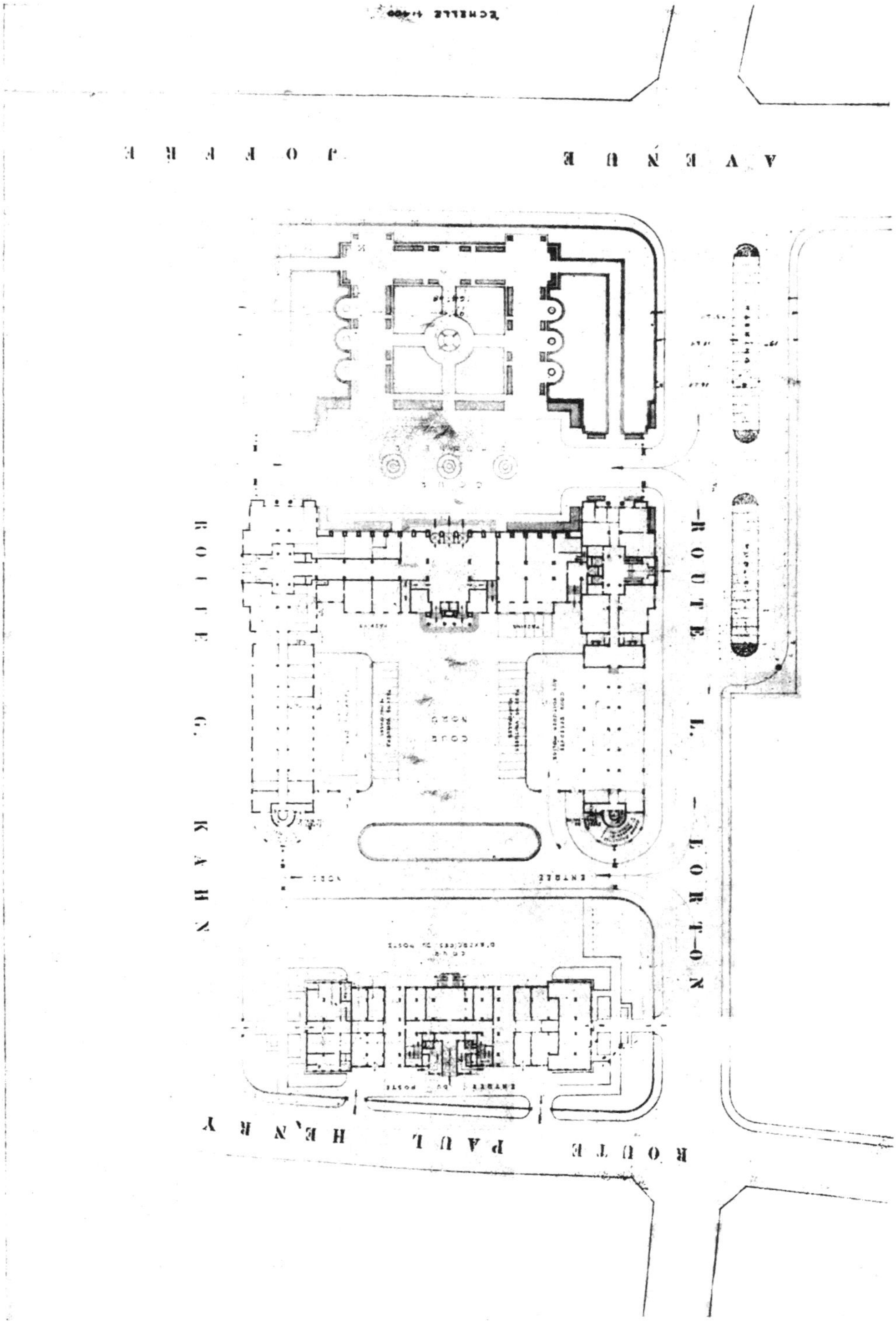

Block Plan

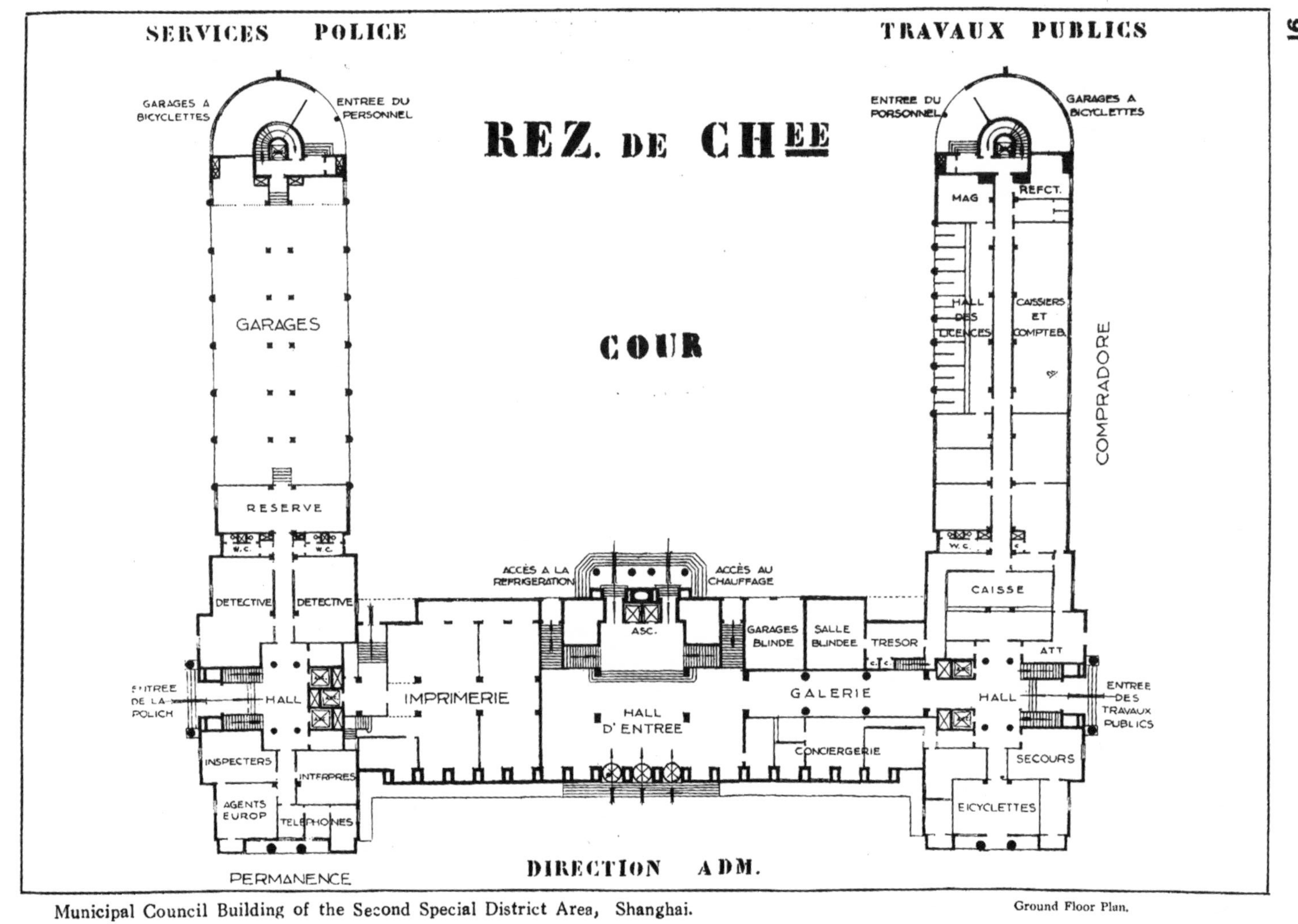

Municipal Council Building of the Second Special District Area, Shanghai.

Ground Floor Plan.

上海第二特區工部局新廈下層平面圖

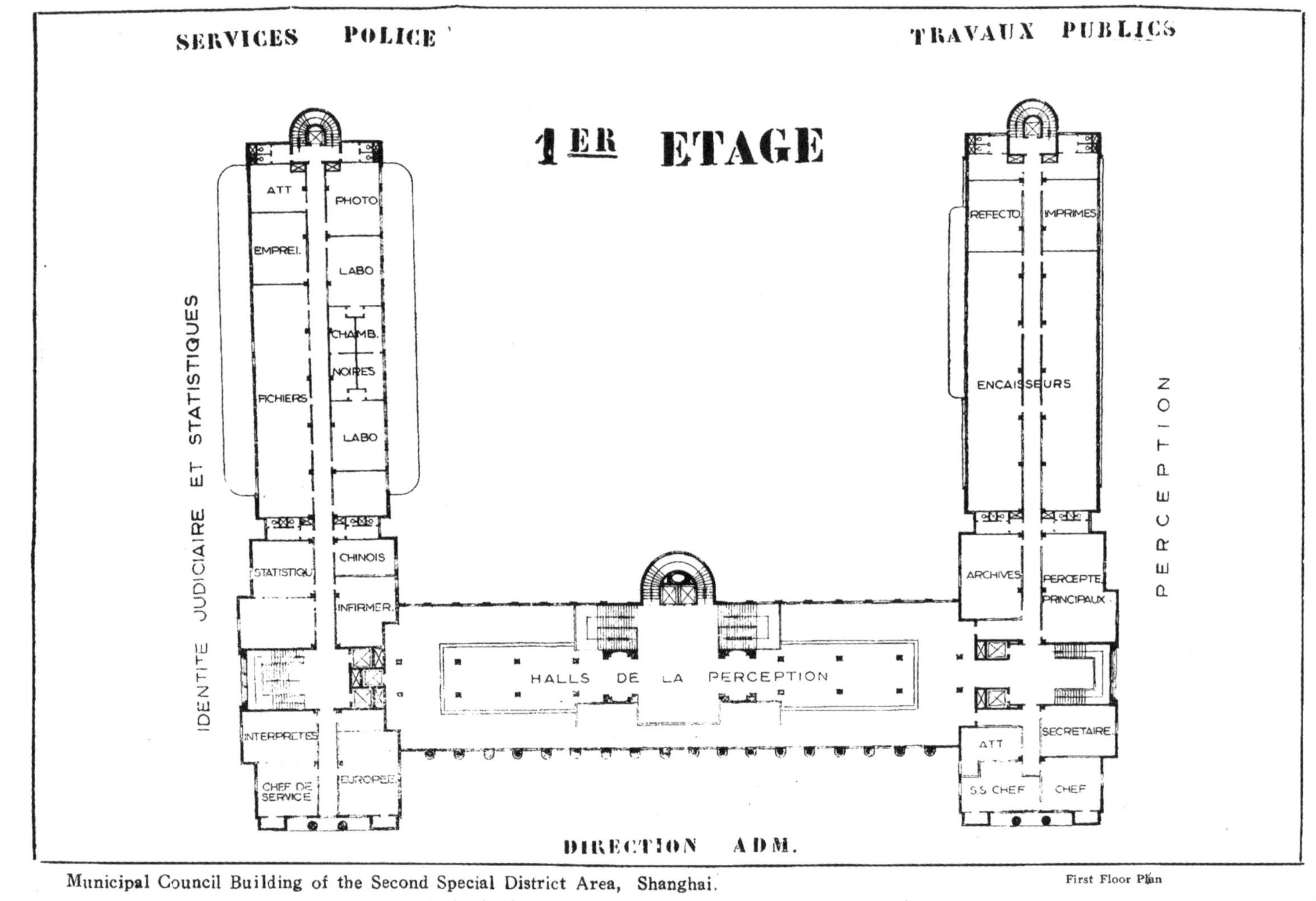

Municipal Council Building of the Second Special District Area, Shanghai.

First Floor Plan

上海第二特區工部局新廈第一層平面圖

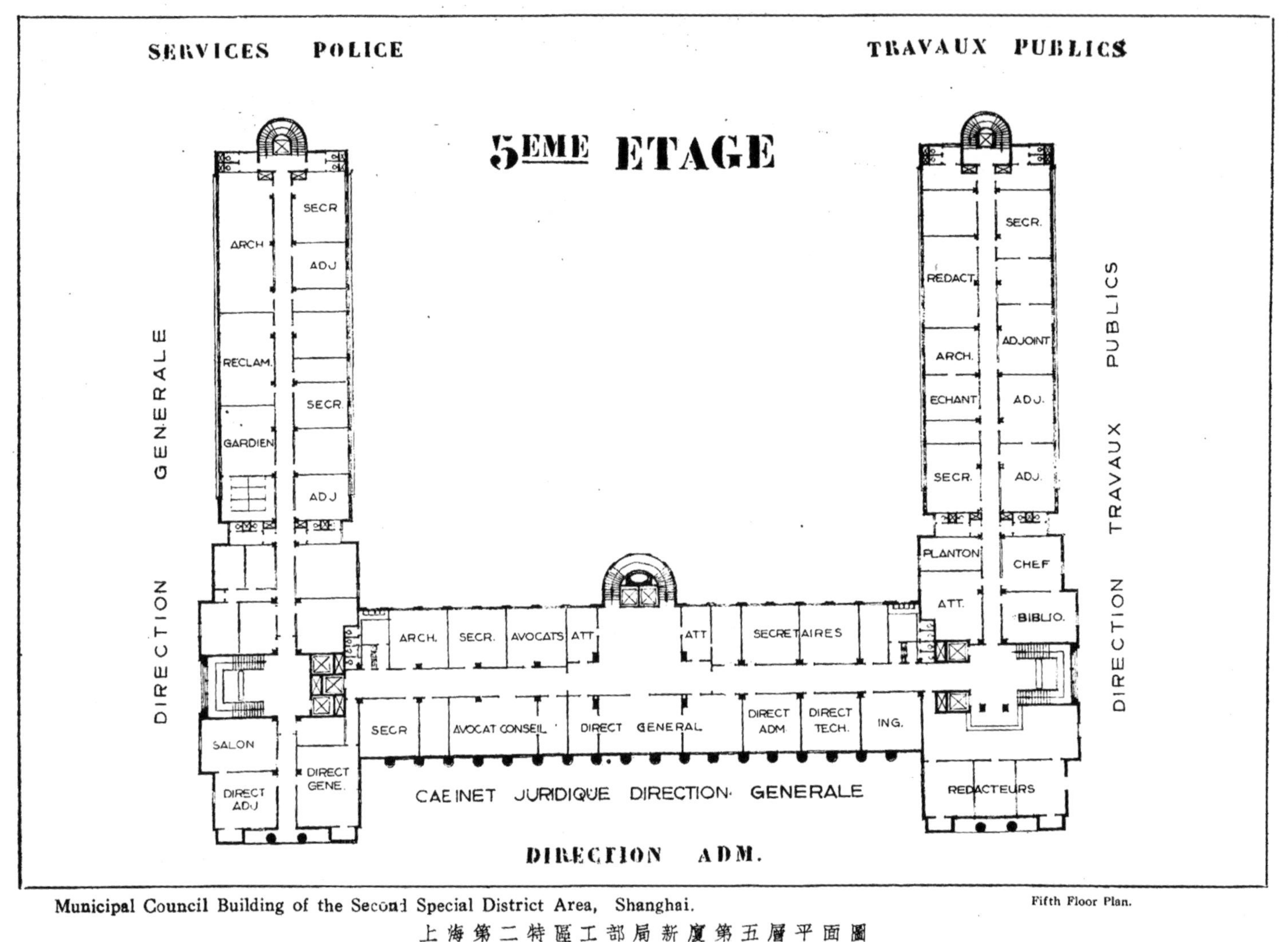

Municipal Council Building of the Second Special District Area, Shanghai.

Fifth Floor Plan.

上海第二特區工部局新廈第五層平面圖

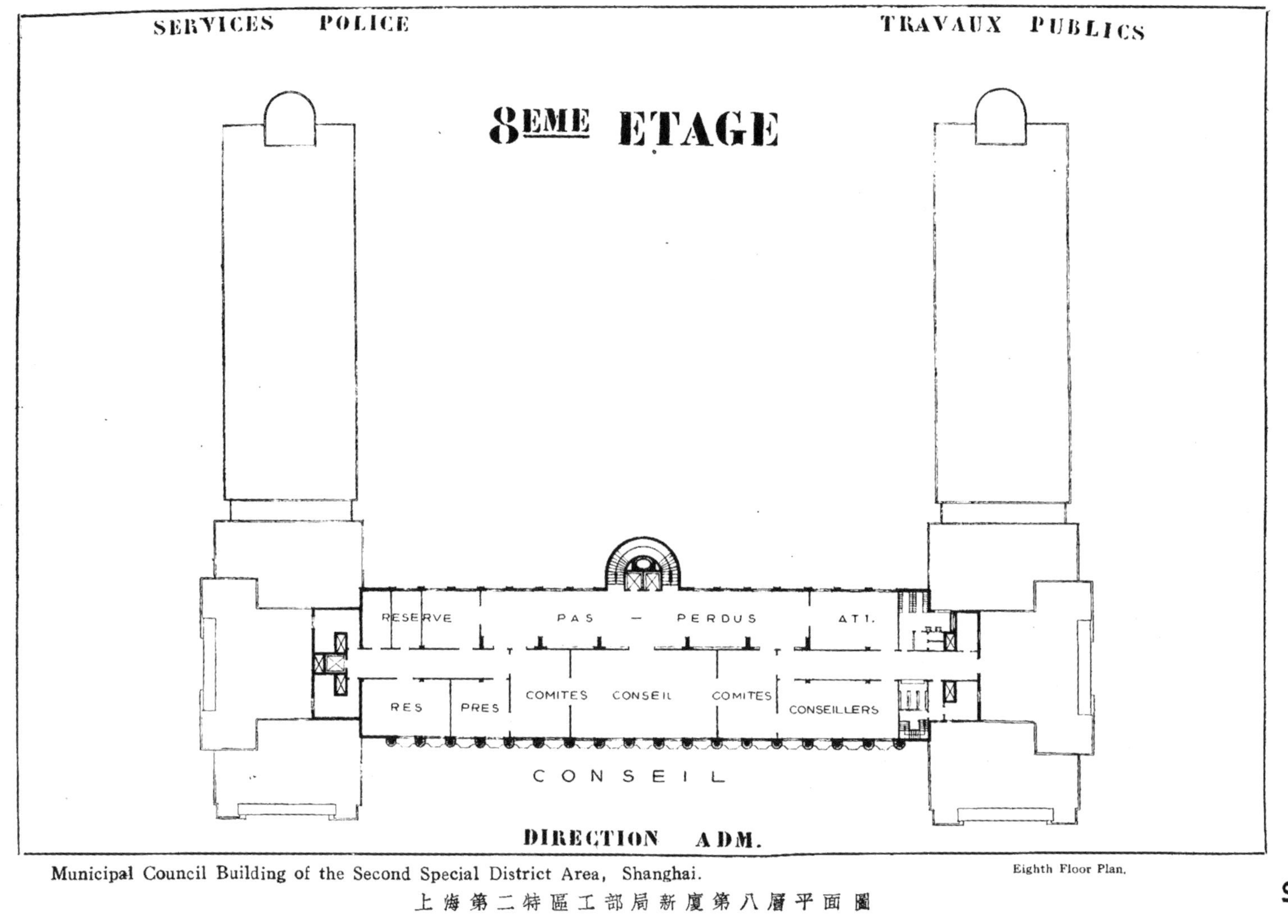

Municipal Council Building of the Second Special District Area, Shanghai.

上海第二特區工部局新廈第八層平面圖

Eighth Floor Plan.

七聯樑算式（續完）

胡宏堯

（三）等硬度

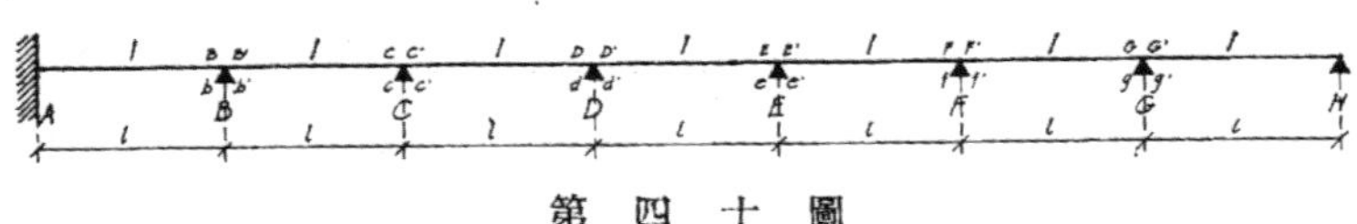

第四十圖

第一節荷重

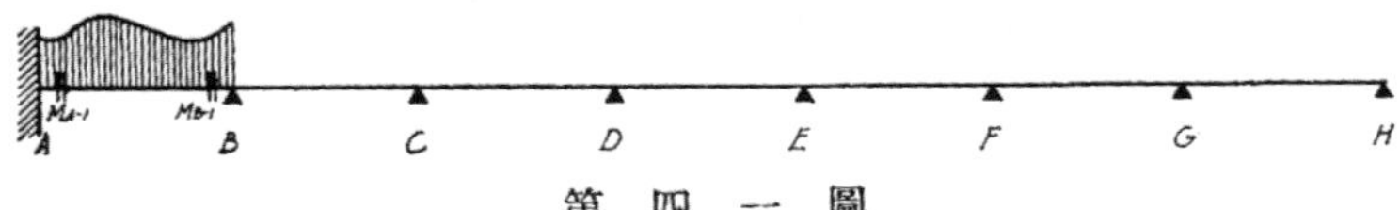

第四一圖

$M_A = M_{A\cdot1} + 0.26795M_{B\cdot1}$；　$M_B = 0.46410M_{B\cdot1}$；　$M_C = -0.12435M_{B\cdot1}$；

$M_D = +0.03332M_{B\cdot1}$；　$M_E = -0.00892_{B\cdot1}$；　$M_F = +0.00238M_{B\cdot1}$；

$M_G = -0.00059M_{B\cdot1}$；

第二節荷重

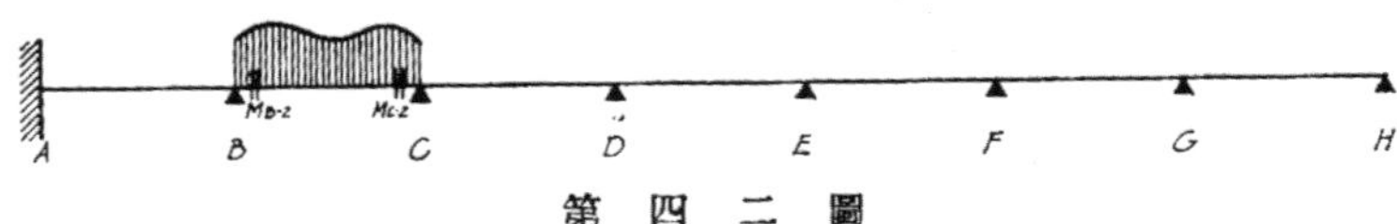

第四二圖

$M_A = -0.5M_B$；　$M_B = 0.53591M_{B\cdot2} + 0.14359M_{C\cdot2}$；　$M_C = 0.12435M_{B\cdot2} + 0.49742M_{C\cdot2}$；

$M_D = -0.26794M_C$；　$M_E = -0.26786M_D$；　$M_F = -0.26667M_E$；　$M_G = -0.25M_F$；

第三節荷重

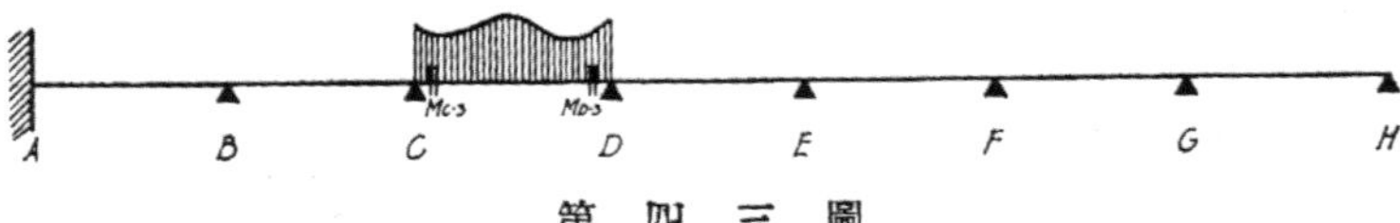

第四三圖

$M_A = -0.5M_B$；　$M_B = -0.28571M_C$；　$M_C = 0.50258M_{C\cdot3} + 0.13467M_{D\cdot3}$；

$M_D = 0.13328M_{C\cdot3} + 0.49980M_{D\cdot3}$；　$M_E = -0.26786M_D$；　$M_F = -0.26667M_E$；

$M_G = -0.25M_F$；

第四節荷重

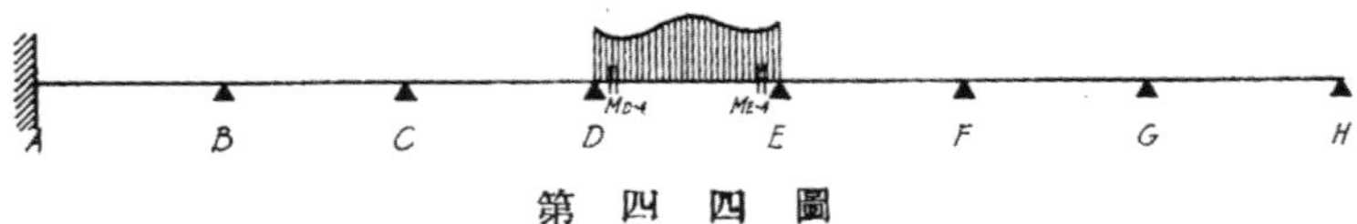

第四四圖

$M_A=-0.5M_B$;　　$M_B=-0.28571M_C$;　　$M_C=-0.26923M_D$;

$M_D=0.50020M_{D\cdot4}+0.13407M_{E\cdot4}$;　　$M_E=0.13388M_{D\cdot4}+0.49980M_{E\cdot4}$;

$M_F=-0.26667M_E$;　　$M_G=-0.25M_F$;

第五節荷重

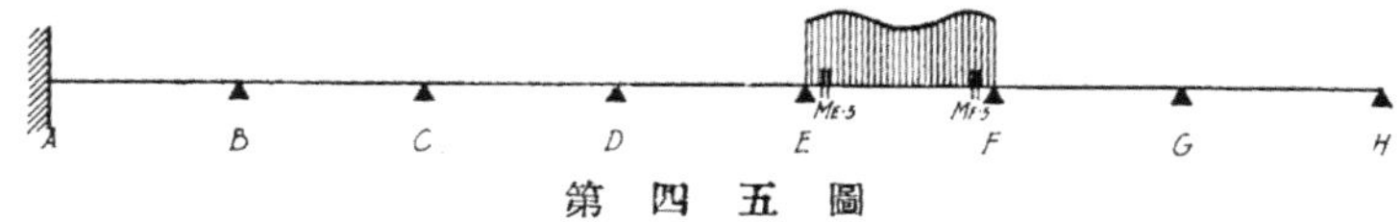

第 四 五 圖

$M_A=-0.5M_B$;　$M_B=-0.28571M_C$;　$M_C=-0.26923M_D$;　$M_D=-0.26804M_E$;

$M_E=0.50020M_{E\cdot5}+0.13467M_{F\cdot5}$;　　$M_F=0.13328M_{E\cdot5}+0.49742M_{F\cdot5}$;

$M_G=-0.25M_F$;

第六節荷重

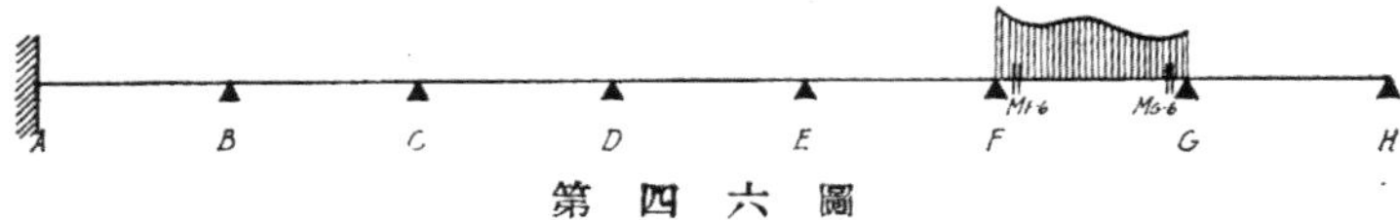

第 四 六 圖

$M_A=-0.5M_B$;　$M_B=-0.28571M_C$;　$M_C=-0.26923M_D$;　$M_D=-0.26804M_E$;

$M_E=-0.26796M_F$;　$M_F=0.50258M_{F\cdot6}+0.14259M_{G\cdot6}$;　$M_G=0.12436_{F\cdot5}+0.46411M_{G\cdot6}$

第七節荷重

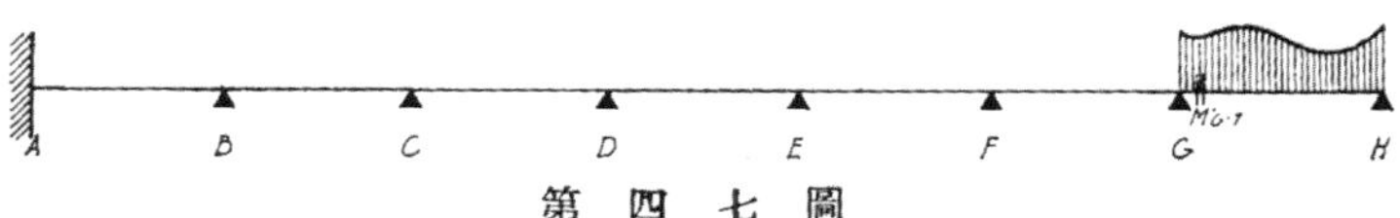

第 四 七 圖

$M_A=-0.5M_B$;　$M_B=-0.28571M_C$;　$M_C=-0.26923M_D$;　$M_D=-0.26804M_E$;

$M_E=-0.26796M_F$;　　$M_F=-0.26794M_G$;　　$M_G=0.53589M'_{G\cdot7}$;

七節全荷重

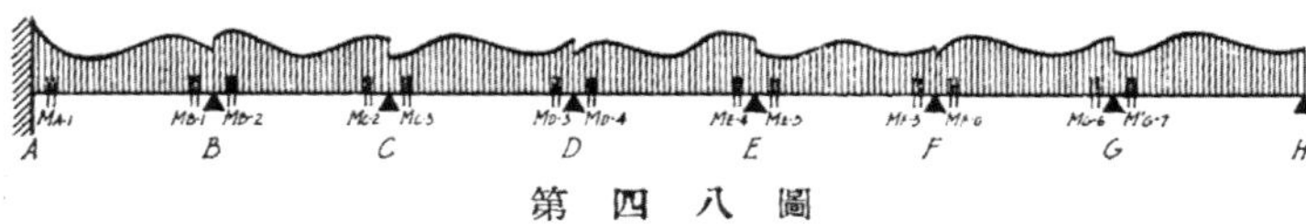

第 四 八 圖

$M_A=M_{A\cdot1}+0.26795d_B-0.07180d_C+0.01924d_D-0.00516d_E+0.00139d_F-0.00040d_G$;

$M_B=M_{B\cdot2}+0.46410d_B-0.14359d_C-0.03848d_D+0.01031d_E-0.00278d_F+0.00079d_G$;

$M_C=M_{C\cdot3}-0.12435d_B+0.49742d_C+0.13467d_D-0.03610d_E+0.00972d_F-0.00278d_G$;

$M_D=M_{D\cdot4}+0.03332d_B-0.13329d_C+0.49980d_D+0.13407d_E-0.03610d_F+0.01031d_G$;

$M_E=M_{E\cdot5}-0.00892d_B+0.03570d_C-0.13388d_D+0.49980d_E+0.13467d_F-0.03847d_G$;

$M_F = M_{F\cdot6} + 0.00238d_B - 0.00952d_C + 0.03579d_D - 0.13328d_E + 0.49742d_F + 0.14359d_G$;

$M_G = M'_{G\cdot7} - 0.00059d_B + 0.00238d_C - 0.00893d_D + 0.03332d_E - 0.12436d_F + 0.46411d_G$;

式中 $d_B = M_{B\cdot1} - M_{B\cdot2}$　　$d_C = M_{C\cdot2} - M_{C\cdot3}$;　　$d_D = M_{D\cdot3} - M_{D\cdot4}$;

$d_E = M_{E\cdot4} - M_{E\cdot5}$;　　$d_F = M_{F\cdot5} - M_{F\cdot6}$;　　$d_G = M_{G\cdot6} - M'_{G\cdot7}$;

(四) 等硬度等勻佈重

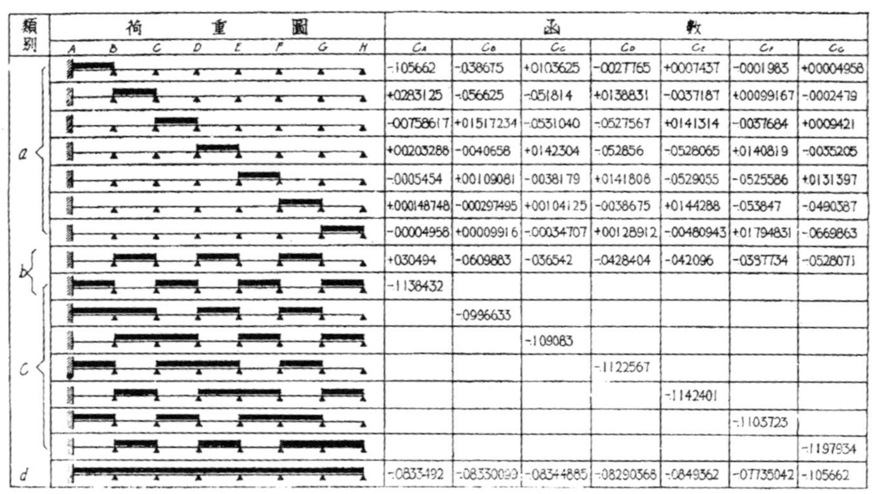

類別	荷重圖 A B C D E F G H	函數 C_A	C_B	C_C	C_D	C_E	C_F	C_G
a		-.105662	-.038675	+.0103625	-.0027765	+.0007437	-.0001983	+.00004958
		+.0283125	-.056625	-.051814	+.0138831	-.0037187	+.00099167	-.0002479
		-.00758617	+.01517234	-.0531040	-.0527567	+.0141314	-.0037684	+.0009421
		+.00203288	-.0040658	+.0142304	-.052856	-.0528065	+.0140819	-.0035205
		-.0005454	+.00109081	-.0038179	+.0141808	-.0529055	-.0525586	+.0131397
		+.000148748	-.000297495	+.00104125	-.0038675	+.0144288	-.053847	-.0490387
		-.00004958	+.00009916	-.00034707	+.00128912	-.00480943	+.01794831	-.0669863
b		+.030494	-.0609883	-.036542	-.0428404	-.042096	-.0397734	-.0528071
c		-.1138432						
			-.0996633					
				-.109083				
					-.1122567			
						-.1142401		
							-.1103723	
								-.1197934
d		-.0833492	-.08330099	-.08344885	-.08290368	-.0849362	-.07735042	-.105662

附　　表　　二

〔丙〕 鐵定支七聯樑

(一) 不等硬度

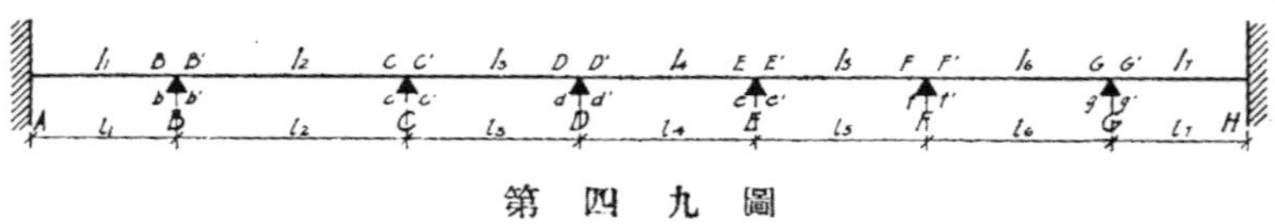

第　四　九　圖

度硬及函數 除$N'_{BA} = N_1$，$N'_{GH} = N_7$ 及$b = g' = 0.5$以外，其他算式，均與〔甲〕之(一)同。

第一節荷重

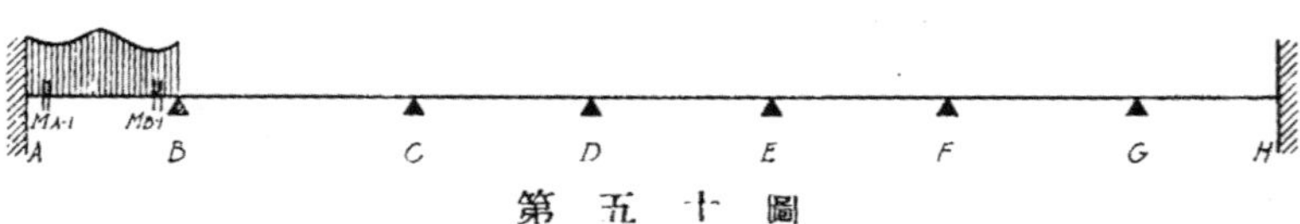

第　五　十　圖

$M_A = M_{A\cdot1} + 0.5BM_{B\cdot1}$;　　$M_B = B'M_{B\cdot1}$;　　$M_H = -0.5M_G$;

算式$M_C - M_G$ 同〔甲〕之(一)第一節荷重。

第二節荷重

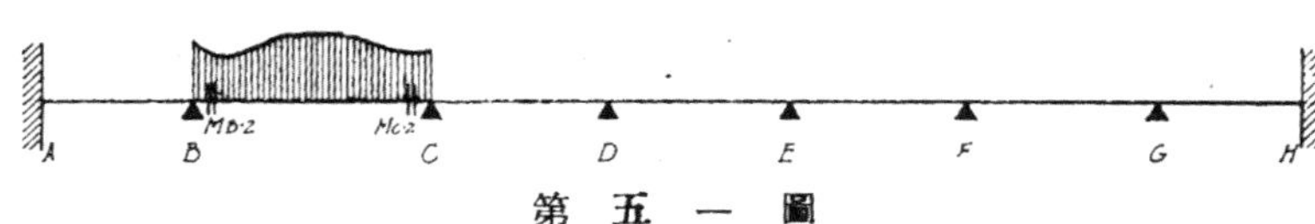

第 五 一 圖

$M_A = -0.5M_B$；　　$M_H = -0.5M_G$；

算式M_B—M_G同〔甲〕之(一)第二節荷重。

第三節荷重

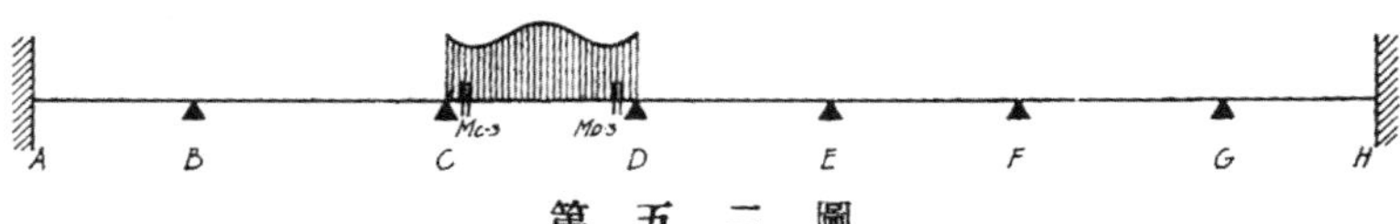

第 五 二 圖

$M_A = -0.5M_B$；　　$M_H = -0.5M_G$；

算式M_B—M_G同〔甲〕之(一)第三節荷重。

第四節荷重

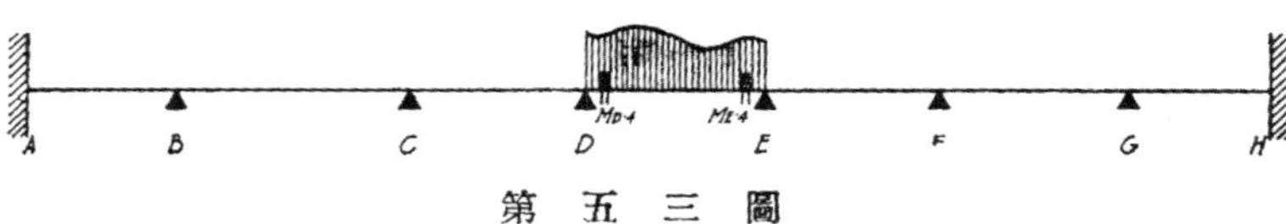

第 五 三 圖

$M_A = -0.5M_B$；　　$M_H = -0.5M_G$；

算式M_B—M_G同〔甲〕之(一)第四節荷重。

第五節荷重

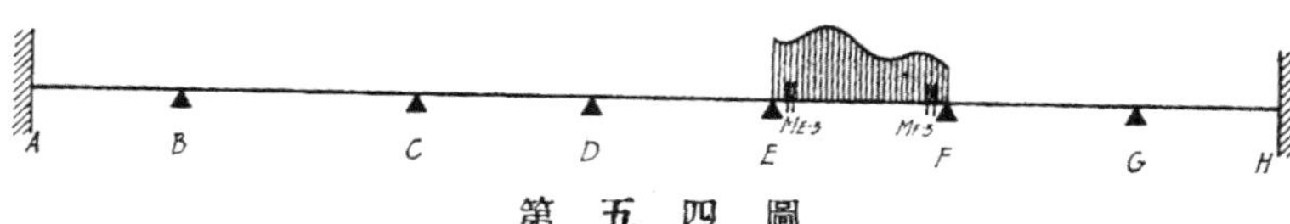

第 五 四 圖

$M_A = -0.5M_B$；　　$M_H = -0.5M_G$；

算式M_B—M_G同〔甲〕之(一)第五節荷重。

第六節荷重

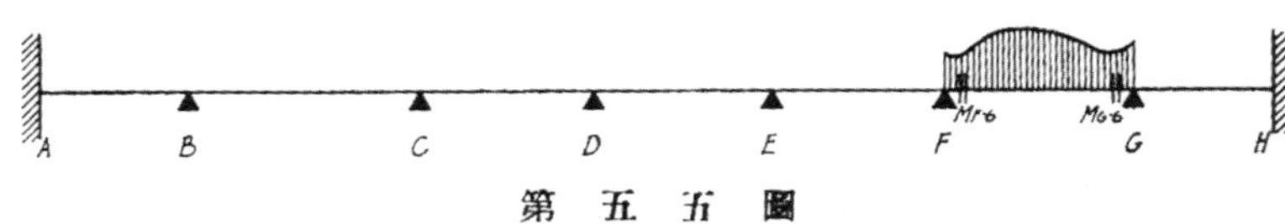

第 五 五 圖

$M_A = -0.5M_B$　　$M_H = -0.5M_G$；

算式M_B—M_G同〔甲〕之(一)第六節荷重。

第七節荷重

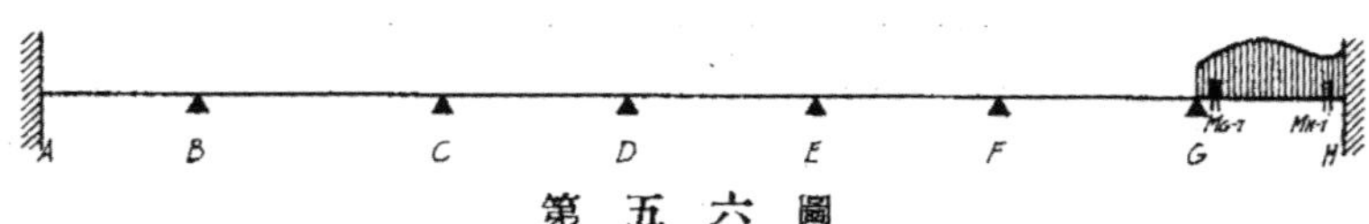

第五六圖

$M_A = -0.5M_B$；　$M_G = GM_{G\cdot7}$；　$M_H = M_{H\cdot7} + g'G'M_{G\cdot7}$；

算式M_B—M_F同〔甲〕之(一)第七節荷重。

七節全荷重

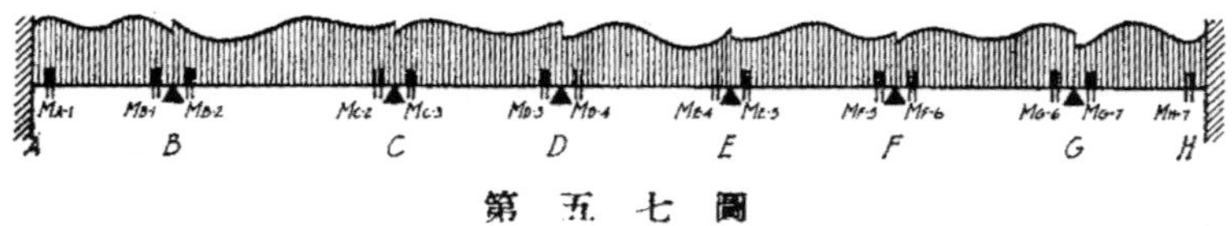

第五七圖

$M_A = M_{A\cdot1} + \frac{1}{2}Bd_B - \frac{1}{2}cCd_C + \frac{1}{2}cdDd_D - \frac{1}{2}cdeEd_E + \frac{1}{2}cdefFd_F - \frac{1}{2}cdefgGd_G$；

M_B—M_F各算式同〔甲〕之(一)七節全荷重。

$M_G = M_{G\cdot7} - b'c'd'e'f'B'd_B + c'd'e'f'C'd_C - d'e'f'D'd_D + e'f'E'd_E - f'F'd_F + G'd_G$；

$M_H = M_{H\cdot7} + \frac{1}{2}b'c'd'e'f'B'd_B - \frac{1}{2}c'd'e'f'C'd_C + \frac{1}{2}d'e'f'D'd_D - \frac{1}{2}e'f'E'd_E + \frac{1}{2}f'F'd_F - \frac{1}{2}G'd_G$；

式中　$d_B = M_{B\cdot1} - M_{B\cdot2}$；　$d_C = M_{C\cdot2} - M_{C\cdot3}$；　$d_D = M_{D\cdot3} - M_{D\cdot4}$；

$d_E = M_{E\cdot4} - M_{E\cdot5}$；　$d_F = M_{F\cdot5} - M_{F\cdot6}$；　$d_G = M_{G\cdot6} - M_{G\cdot7}$；

（二）　對等硬度

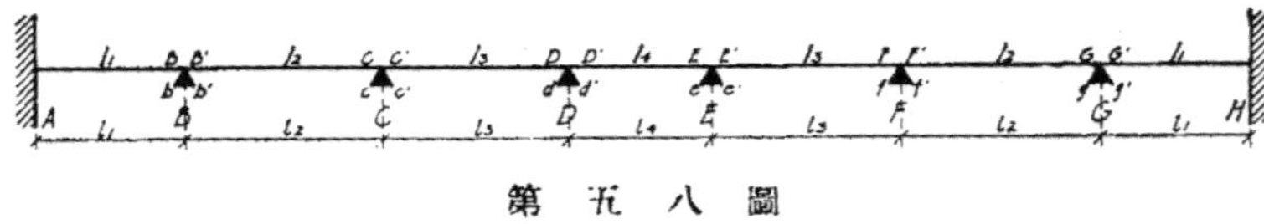

第五八圖

硬度及函數　除$N'_{BA} = N_1$及$b = 0.5$外，其他各算式同〔甲〕之(二)。

第一節荷重

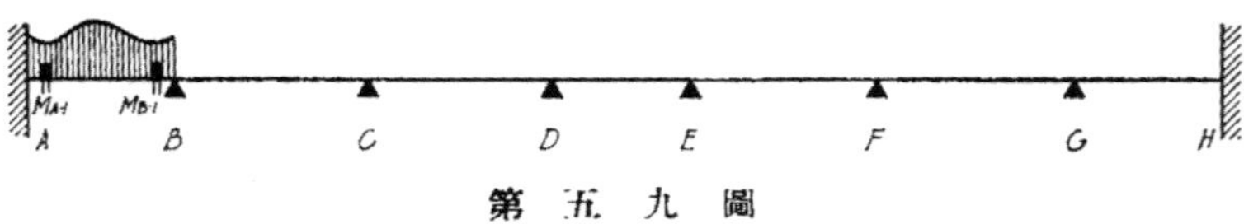

第五九圖

$M_A = M_{A\cdot1} + 0.5BM_{B\cdot1}$；　$M_H = -0.5M_G$；

算式　M_B—M_G同〔甲〕之(二)第一節荷重。

第二節荷重

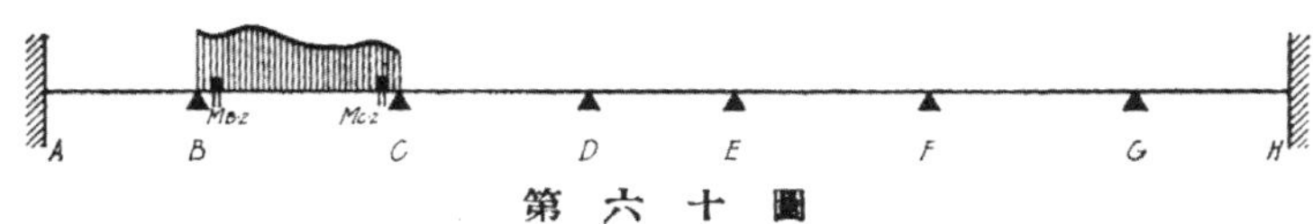

第六十圖

$M_A = -0.5M_B$；　　$M_H = -0.5M_G$；

算式　$M_B - M_G$ 同〔甲〕之(二)第二節荷重。

<u>第三節荷重</u>

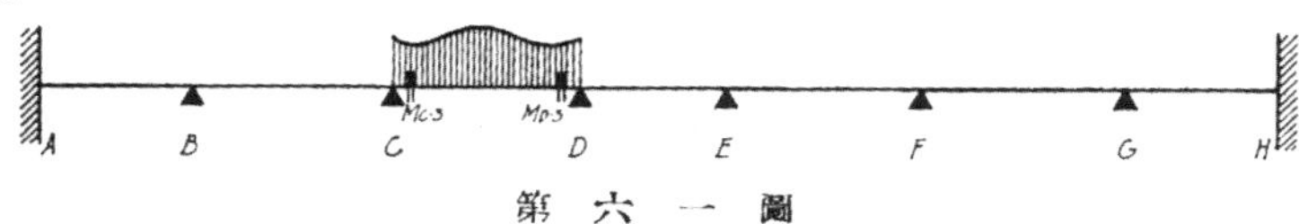

第六一圖

$M_A = -0.5M_B$；　　$M_H = -0.5M_G$；

算式　$M_B - M_G$ 同〔甲〕之(二)第三節荷重

<u>第四節荷重</u>

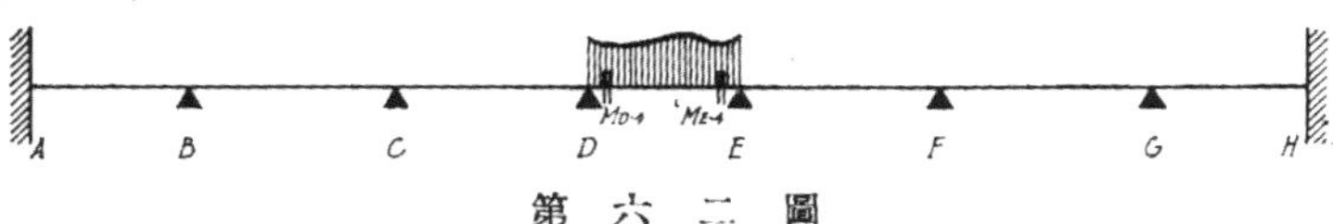

第六二圖

$M_A = -0.5M_B$；　　$M_H = -0.5M_G$；

算式　$M_B - M_G$ 同〔甲〕之(二)第四節荷重。

<u>七節全荷重</u>

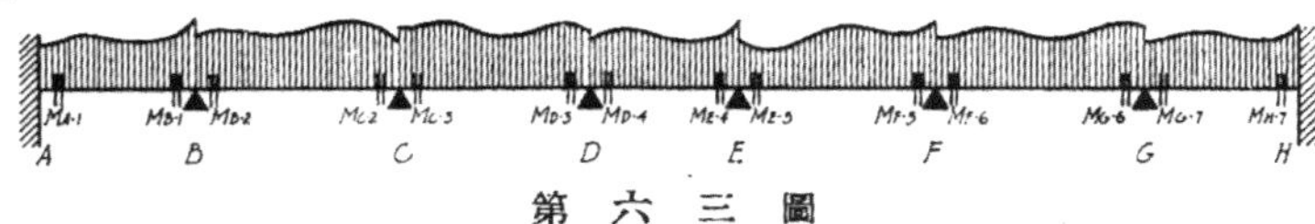

第六三圖

$M_A = M_{A\cdot1} + \frac{1}{2}Bd_B - \frac{1}{2}cCd_C + \frac{1}{2}cdDd_D - \frac{1}{2}cdeD'd_E + \frac{1}{2}cdefC'd_F - \frac{1}{2}cdefgB'd_G$；

算式　$M_B - M_F$ 同〔甲〕之(二)七節全荷重。

$M_G = M_{G\cdot7} - cdefgB'd_B + cdefC'd_C - cdeD'd_D + cdDd_E - cCd_F + Bd_G$；

$M_H = M_{H\cdot7} + \frac{1}{2}cdefgB'd_B - \frac{1}{2}cdefC'd_C + \frac{1}{2}cdeD'd_D - \frac{1}{2}cdDd_E + \frac{1}{2}cCd_F + \frac{1}{2}Bd_G$；

式中　$d_B = M_{B\cdot1} - M_{B\cdot2}$；　　$d_C = M_{C\cdot2} - M_{C\cdot3}$；　　$d_D = M_{D\cdot3} - M_{D\cdot4}$；

$d_E = M_{E\cdot4} - M_{E\cdot5}$；　　$d_F = M_{F\cdot5} - M_{F\cdot6}$；　　$d_G = M_{G\cdot6} - M_{G\cdot7}$；

(三)　<u>等硬度</u>

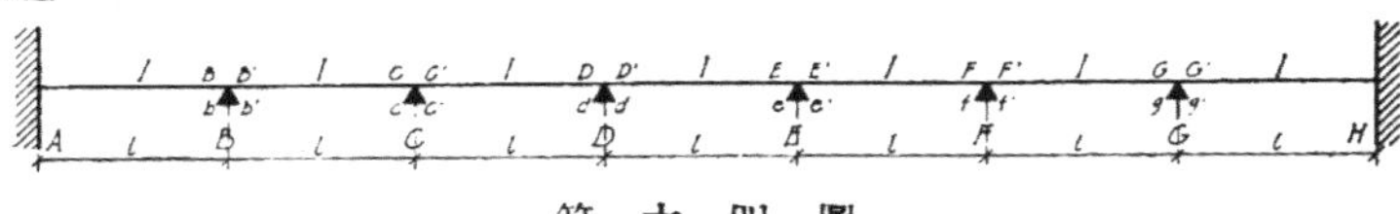

第六四圖

第一節荷重

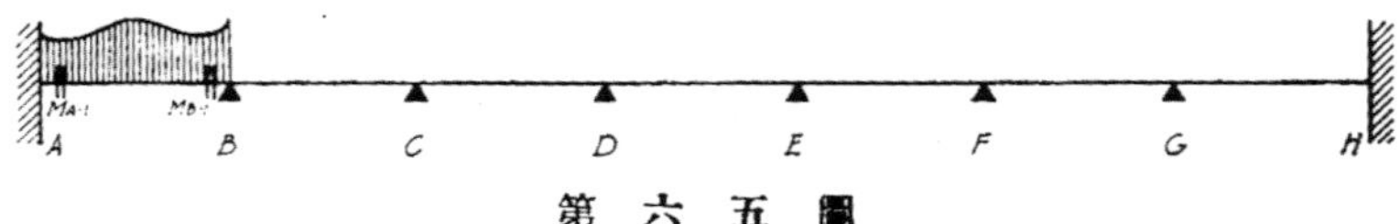

第 六 五 圖

$M_A=-M_{A\cdot1}+0.26795M_{B\cdot1}$； $M_B=0.46410M_{B\cdot1}$； $M_C=-0.26794M_B$；

$M_D=-0.26796M_C$； $M_E=-0.26804M_D$； $M_F=-0.26923M_E$；

$M_G=-0.28571M_F$； $M_H=-0.5M_G$；

第二節荷重

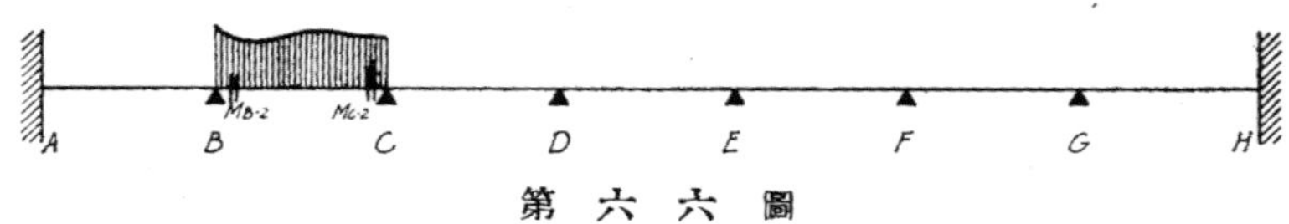

第 六 六 圖

$M_A=-0.5M_B$； $M_B=0.53591M_{B\cdot2}+0.14359M_{C\cdot2}$； $M_C=0.12435M_{B\cdot2}+0.49742M_{C\cdot2}$；

$M_D=-0.26796M_C$； $M_E=-0.26804M_D$； $M_F=-0.26923M_E$；

$M_G=-0.28571M_F$； $M_H=-0.5M_G$；

第三節荷重

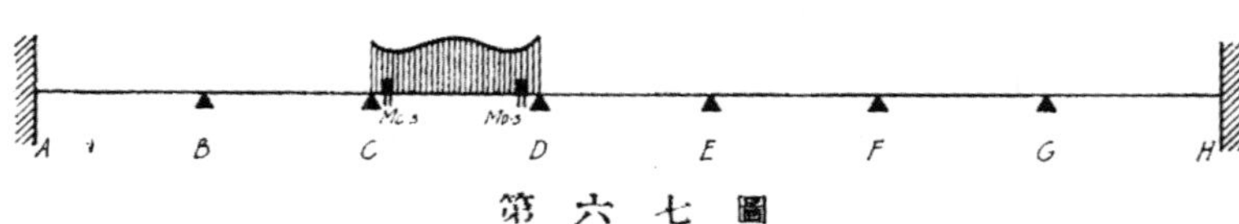

第 六 七 圖

$M_A=-0.5M_B$； $M_B=-0.28571M_C$； $M_C=0.50258M_{C\cdot3}+0.13466M_{D\cdot3}$；

$M_D=0.13329M_{C\cdot3}+0.49983M_{D\cdot3}$； $M_E=-0.26804M_D$； $M_F=-0.26923M_E$；

$M_G=-0.28571M_F$； $M_H=-0.5M_G$；

第四節荷重

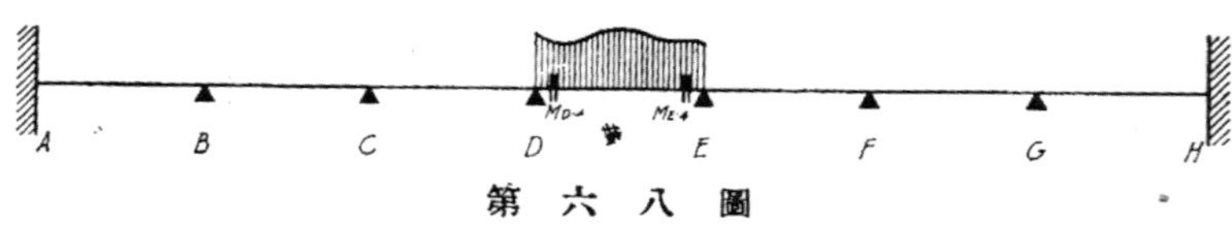

第 六 八 圖

$M_A=-0.5M_B$； $M_B=-0.28571M_C$； $M_C=-0.26923M_D$；

$M_D=0.50017M_{D\cdot4}+0.13397M_{E\cdot4}$； $M_E=0.13397M_{D\cdot4}+0.50017M_{E\cdot4}$；

$M_F=-0.26923M_E$； $M_G=-0.28571M_F$； $M_H=-0.5M_G$；

七節全荷重

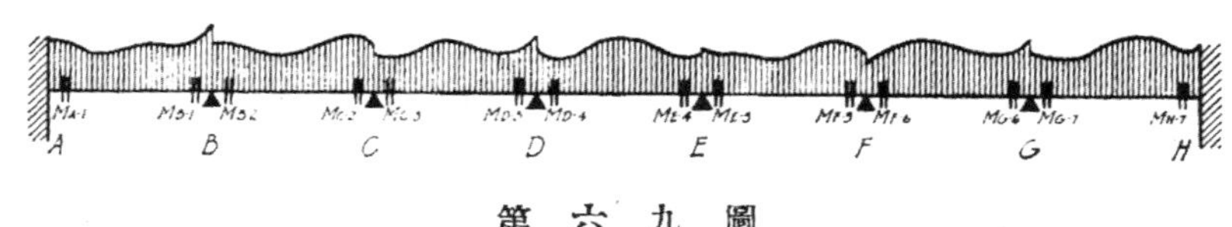

第六九圖

$$M_A = M_{A\cdot1} + 0.26795d_B - 0.07180d_C + 0.01924d_D - 0.00515d_E + 0.00137d_F - 0.00034d_G;$$

$$M_B = M_{B\cdot2} + 0.46410d_B + 0.14359d_C - 0.03847d_D + 0.01031d_E - 0.00275d_F + 0.00069d_G;$$

$$M_C = M_{C\cdot3} - 0.12435d_B + 0.49742d_C - 0.13466d_D + 0.03607d_E + 0.00962d_F - 0.00240d_G;$$

$$M_D = M_{D\cdot4} + 0.03332d_B - 0.13329d_C + 0.49983d_D + 0.13397d_E - 0.03573d_F + 0.00893d_G;$$

$$M_E = M_{E\cdot5} - 0.00893d_B + 0.03573d_C - 0.13397d_D + 0.50017d_E + 0.13329d_F - 0.03332d_G;$$

$$M_F = M_{F\cdot6} + 0.\ 0240d_B - 0.00962d_C + 0.03607d_D - 0.13466d_E + 0.50258d_F + 0.12435d_G;$$

$$M_G = M_{G\cdot7} - 0.00069d_B + 0.00275d_C - 0.01031d_D + 0.03547d_E - 0.14359d_F + 0.53591d_G;$$

$$M_H = M_{H\cdot7} + 0.00034d_B - 0.00137d_C + 0.00515d_D - 0.01924d_E + 0.07180d_F + 0.26796d_G;$$

式中 $d_B = M_{B\cdot1} - M_{B\cdot2}$; $d_C = M_{C\cdot2} - M_{C\cdot3}$; $d_D = M_{D\cdot3} - M_{D\cdot4}$;

$d_E = M_{E\cdot4} - M_{E\cdot5}$; $d_F = M_{F\cdot5} - M_{F\cdot6}$; $d_G = M_{G\cdot6} - M_{G\cdot7}$;

(四) 等硬度及等勻佈重

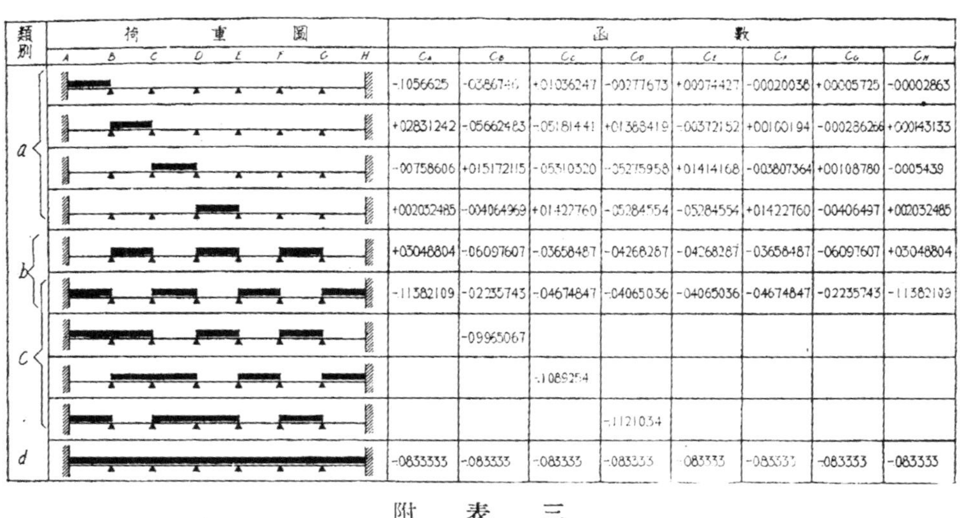

類別	荷重圖 (A B C D E F G H)	C_A	C_B	C_C	C_D	C_E	C_F	C_G	C_H
a		-.1056625	-.0386746	+.01036247	-.00277673	+.00074427	-.00020038	+.00005725	-.00002863
		+.02831242	-.05662483	-.05181441	+.01388419	-.00372152	+.00100194	-.000286266	+.000143133
		-.00758606	+.01517211.5	-.05310320	-.05275958	+.01414168	-.003807364	+.00108780	-.0005439
		+.002032485	-.004064969	+.01422760	-.05284554	-.05284554	+.01422760	-.00406497	+.002032485
b		+.03048804	-.06097607	-.03658487	-.04268287	-.04268287	-.03658487	-.06097607	+.03048804
		-.11382109	-.02235743	-.04674847	-.04065036	-.04065036	-.04674847	-.02235743	-.11382109
c			-.09965067						
				-.1089254					
					-.1121034				
d		-.0833333	-.083333	-.083333	-.083333	-.083333	-.083333	-.083333	-.083333

附表三

結論 其桿件(member)甲端之改變硬度(N')及改變傳遞因數，(如B端爲b或b'，C端爲c或c'等)與乙端之$\overline{N}$發生相當關係，如以上各算式。若桿件之斷面形不變者，其改變硬度及改變傳遞因數，以普通之精密度論，可用下表曲線圖求之，藉免按式推求之舛誤。

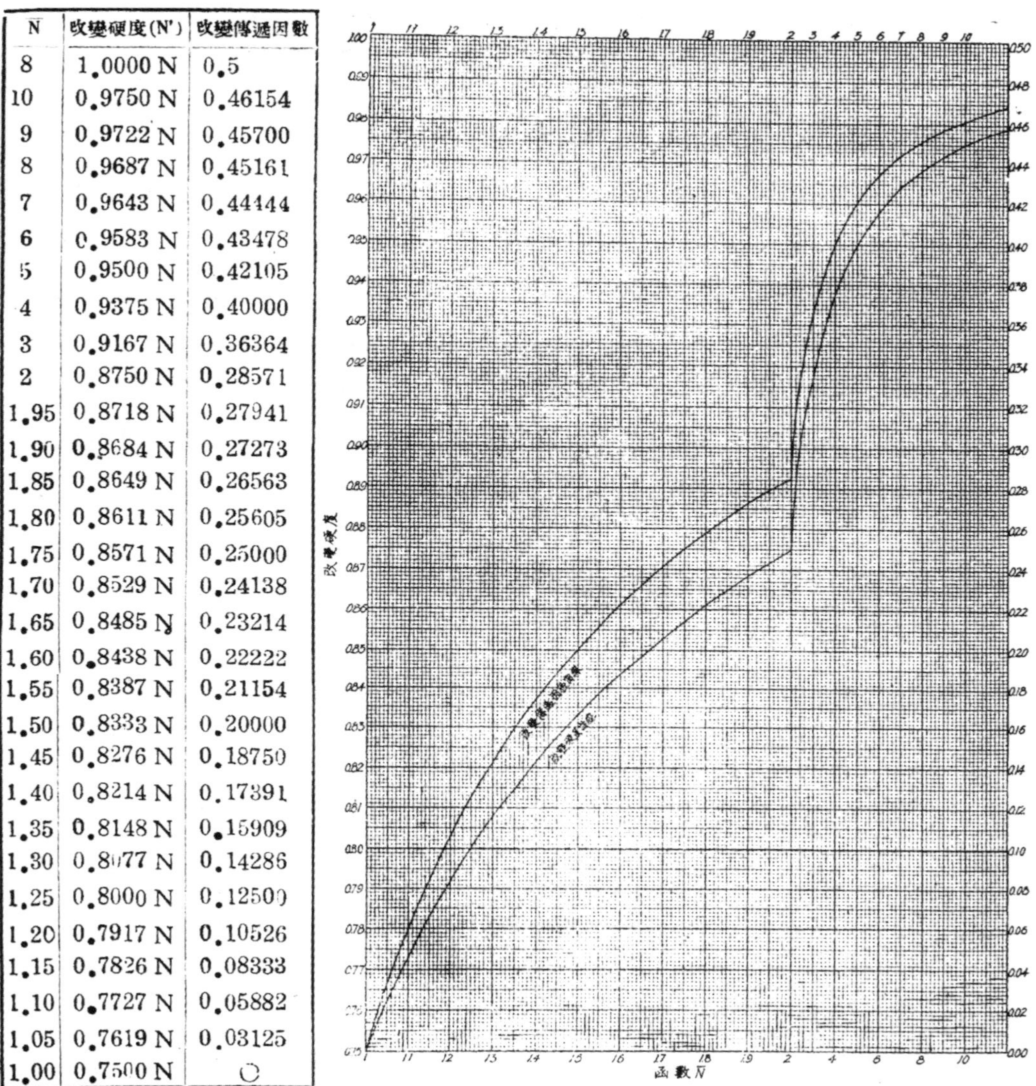

N̄	改變硬度(N')	改變傳遞因數
8	1.0000 N	0.5
10	0.9750 N	0.46154
9	0.9722 N	0.45700
8	0.9687 N	0.45161
7	0.9643 N	0.44444
6	0.9583 N	0.43478
5	0.9500 N	0.42105
4	0.9375 N	0.40000
3	0.9167 N	0.36364
2	0.8750 N	0.28571
1.95	0.8718 N	0.27941
1.90	0.8684 N	0.27273
1.85	0.8649 N	0.26563
1.80	0.8611 N	0.25605
1.75	0.8571 N	0.25000
1.70	0.8529 N	0.24138
1.65	0.8485 N	0.23214
1.60	0.8438 N	0.22222
1.55	0.8387 N	0.21154
1.50	0.8333 N	0.20000
1.45	0.8276 N	0.18750
1.40	0.8214 N	0.17391
1.35	0.8148 N	0.15909
1.30	0.8077 N	0.14286
1.25	0.8000 N	0.12500
1.20	0.7917 N	0.10526
1.15	0.7826 N	0.08333
1.10	0.7727 N	0.05882
1.05	0.7619 N	0.03125
1.00	0.7500 N	○

營造學(廿)

杜彥耿

第六章 樓板(續)

樓　板　樓板(見第五八三圖)與地板不同之點頗多，皆根據其各個之構造而異。下列擱柵跨度變化之情形，須視牆垣而定：其一，為增加應力與硬度起見，普通擱柵須擱置於短跨度處；因應力之增減依照跨度之長短為準則；其硬度則以跨度自乘三次。如此佈置，所以節用木材也(見第五八二圖)。其二，荷重擱柵之牆垣，不宜多開窗洞。其三，最主要之理由為支持牆垣之硬度及牽制，並時常利用雙重擱柵擱置樓板，使牆垣有重疊牽制之功。其四，擱柵如遇牆垣或支持處，須聯接伸過，不使間斷，因其中間之承托能增加樓板之硬度也。

擱柵之承托　根據標準規定，木材不能伸過分間牆牆身中心之四吋半，同時亦不宜置長木材於牆身內，如沿油木之類，因恐日後木材腐爛，以致減少牆身斷面之厚度。一切擱柵均須擱置於沿油木或承托墊頭上，使力量能平均分佈於牆垣之上。

(一)為避免牆垣因磚塊之潮濕侵入木材起見，可先在擱柵之末端——即擱置於牆上之擱柵——塗以柏油，固木油，沙立根油等，以資防腐。在擱柵下實以二吋闊三分厚之鐵墊頭，俾力

五八二圖

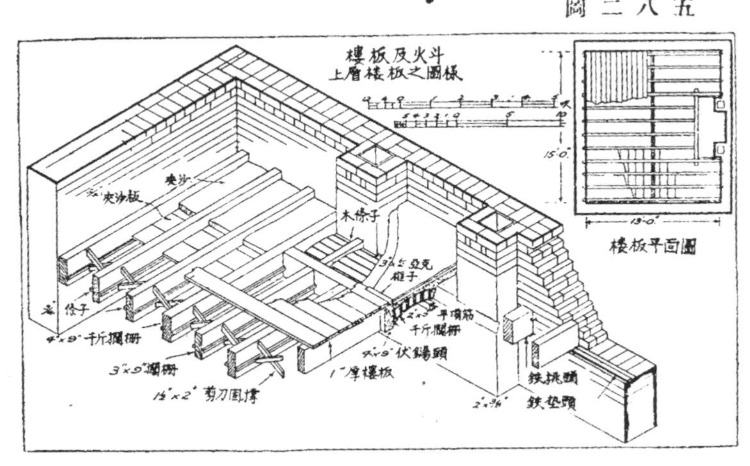

五八三圖

量能平均分佈於牆身，見第五八四圖。

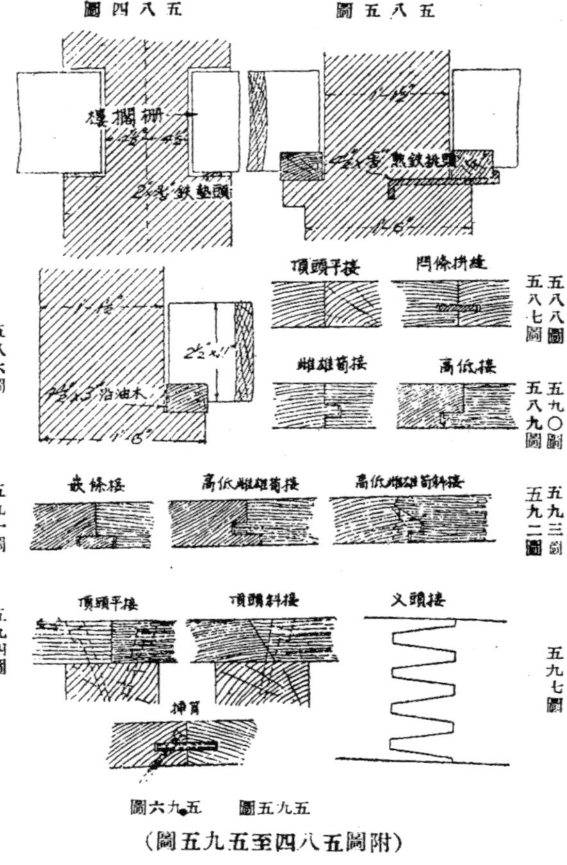

（附圖五八四至五九五圖）

（二）牆之厚度，有時上層較下層爲薄，則上層之牆須在某一處收縮。普通收縮均在樓板線擱柵之下，其收進之牆垣置以沿油木，以備擱柵之擱置。通常皆以四吋×三吋之木材，用灰沙窩置其上，見第五八六圖。

（三）樓板線處之牆垣，其厚度無變化者，須在牆身挑出數皮磚塊，用以安置沿油木，見第五八五圖。此法用以擱置擱柵固佳，惟在室之下面平頂處能看到畸形凸出之線脚，見第五八五圖。如欲避免上述情形，可用熟鐵製之鐵挑頭，其闊與厚爲四吋×三分，兩端相對彎起，長度則須伸進牆身九吋，及其挑出之闊度，以能容納沿油木爲準則，見第五八五圖。此法之優點，在室之下面凸出之線脚，並不顯露。挑頭之中距約三呎，但亦須視樓板傳遞之重量及沿油木之大小而定。鐵挑頭須用水泥窩於或接合於硬磚或石塊之上，以防損及邊口。

沿油木上之承托擱柵 擱柵可單獨擱置於沿油木上，祇須用釘釘牢之。若擱柵之闊度皆須相等，則於狹小之擱柵下墊以長條木塊，務使各個擱柵上面均平衡爲止。此法之功能，可使擱柵之深度，對於最大之應力，能充分發揮其效用。變轉量在支持處爲零點，所以將擱柵之末端，即擱置於沿油木上之端，開約一吋左右深之口，此項接筍，即名曰『開膠』，其意義與效用，已詳「木工之鑲接」章內。額外工作之開膠，其所獲之效能，爲迅速安置擱柵；而使其上面自動的平衡。

沿油木亦常用鑲筍接之方法，以鑲接擱柵之端末。倘用鐵挑頭，使擱柵與沿油木之底面均平者，則可用對合接接之。任何擱柵之接合於墊頭或沿油木處，均須妥合緊接；如此可使力量分佈於沿油木而經越接合處，俾減少至零點也。

擱柵之接合 擱柵之須縱長接者，必須越過鐵板，板牆或其他牽制物。若欲使擱柵保守原來位置者，可用斜對合接，俾使其能產生最大之應力也。如其下裝以平頂者，惟與接合無重大關係，可於擱柵之端末相並接合，用釘釘牢。

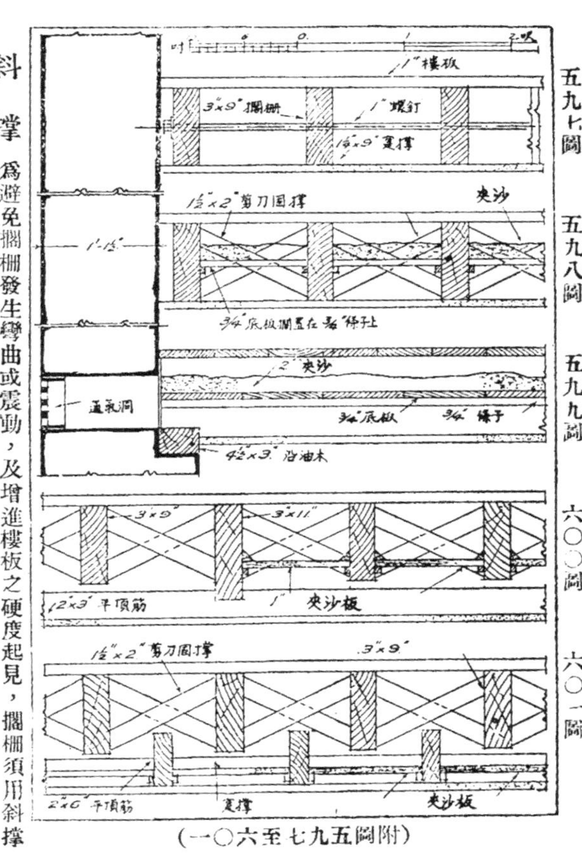

(附圖五九七至六〇一)

斜撐 爲避免擱柵發生彎曲或震動，及增進樓板之硬度起見，擱柵須用斜撐支持，其距離不得超過六呎。普通所用之斜撐有兩種式樣如下：即剪刀固撐及實撐。剪刀固撐之構造，係用兩根二吋×一吋半之木條，相交而成，見第五九七圖及五九八圖。其端末與擱柵之上下各離二分之地位；所主要者，即斜撐之端末須成正確之斜角。製法用兩根白粉筆線折斷於擱柵之上部，其距離不得小於擱柵深度半吋，將斜撐材料安置於擱柵上白粉筆處，則可獲得正確之斜撐。爲避免用釘釘裂斜撐起見，可鋸一斷口，以備釘釘入木材之用。斜撐之支持，須連續不斷，見第五八二圖及五八三圖。

實撐 擱柵檔用一吋至一吋二分厚，其高度與擱柵相等，或較擱柵小一吋之木板，撐於空檔之內，上下用釘釘住。曲折之擱柵，實撐殊難支持；如遇此項情形，宜在擱柵之中間用螺釘將斜接絞緊，俾使排列之斜撐能緊支其地位。此種設置，凡牢固之建築，如工廠，棧房等均有之。見第五九七圖。

隔音設備 爲避免上層之音響，由樓板傳播至下層起見，應有下列之設備。

(一)減少貫通木材之數量：能分散連續之傳佈；若於每隔四根或五根用較深之擱柵，如此能減少聲響之傳播。平頂擱柵之釘接，詳第六〇〇圖。

(二)避聲效驗最佳者，莫如雙重式之擱柵，以其各部均不相連也。設各項材料建造於油毛毡上，及支持擱柵者，見第六〇一圖，如此能減少聲響之傳達至最低程度。

(三)各個大梁，擱柵及樓板下承托處，均舖以油毛毡或其他隔音材料，俾能減少震動與聲響。

(四)各種避聲層之效用，爲避免波動之聲浪穿越樓板，其目的能吸收波動之聲響也。倘若單獨應用避聲層，而並不完全支持者，或並不近擱柵之上或下者，則其本身不甚能阻隔聲響；否則空氣爲之阻塞，木材常易枯蝕。避聲層之種類，包括粗糙粉刷，煤屑水泥樓板，溶滓之棉毛層或廠絲粉刷，見第五九八至六〇一圖。

有時將廠絲板置於擱柵之上，立即舖以油毛毡，隨後再舖樓板，俾能阻礙聲響；但此法雖有隔音之效，而於擱柵之下不能避火矣。最佳之方法，將廠絲板置於頂部，越近越佳，見第六〇〇圖，擱柵之上則舖以油毛毡，如此一遇火患，祇能燒較小之範圍，因之樓板亦能支持及照常流通也。

千斤擱柵　此項結搆，大都用於扶梯井，火爐肚或其他如樓板之有空處，以致阻礙擱柵之連續擱置者。在此情形之下，須脅千斤擱柵在空洞之兩邊，再置一短小之木材於其間，以任無支持端之擱柵；此短小之木材名「伏錫頭」，其效用將荷載擱柵之力傳遞至千斤擱柵，再由千斤擱柵至牆垣，見第五八二圖。任何擱柵其深度均須相等，則千斤擱柵及伏錫頭之寬度宜加闊，以助支持意外之應力。其木材之接合，用出筍或吞肩接者，其接合之方法詳見「木工之鑲接」章。

火爐壇　火爐壇之構造，須根據標準式樣及當地建設機關建築章程之規定；其最主要之目的，不使火爐壇處有火患之發生。一切易燃燒之材料不能置於火爐肚前十八吋之內，或在火爐壇空間之兩邊不能小於六吋，此爲火爐底之最低限度。火爐底須築以七吋厚之不燃材料。火爐肚接近烟囪十二吋時，外牆內不能擱置木材其中。一切木料貼近烟囪之火爐肚者，其限度須與牆垣有二吋間隔（見第六〇三至六〇五圖）

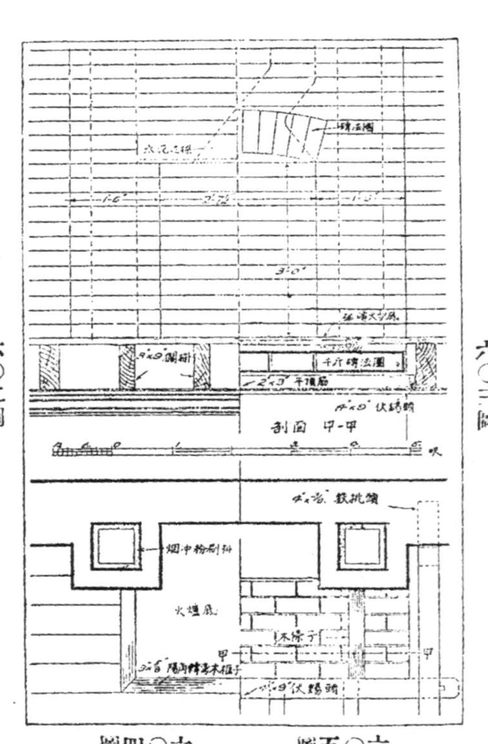

六〇三圖　六〇二圖　六〇五圖　六〇四圖

及後者須粉以一吋厚之粉刷。是以在火爐壇處建造樓板者，與火爐肚平行之主要之木材至少有十八吋之距離，及與火爐肚距離有二吋之間隔者，則木材與之成一直角形；後者之木材與烟囪之距離近十二吋時，不能擱置於牆身之內，宜置於鐵挑頭上，見第六〇五圖。

千斤擱柵與伏錫頭之空間，須墊以材料，以資支持火爐底。普通靠近火爐肚之一邊，砌一發劵，如此劵脚即可由是而起；另一處用木材做成楔形劵脚，釘牢於伏錫頭上，則發劵由此而起。劵之闊度與火爐肚相等。在決定火爐壇之闊度後，須於限制濶度之各邊，均置一約三吋方之木材於其中，用灰沙及榫榫緊於伏錫頭與火爐肚之間，以備將來樓板舖釘至此。在框子之內，墊以良佳之水泥，較樓板爲低，其低下之程度，須視將來火爐底舖何種材料爲定，見第六〇二至六〇七圖。

千斤發券用六吋鋼骨水泥替代，普通用者極廣。將水泥置於火爐肚處，一部份伸進火爐底，另一部份則擱置於釘牢在伏錫頭之木條子上，見第六〇七圖。

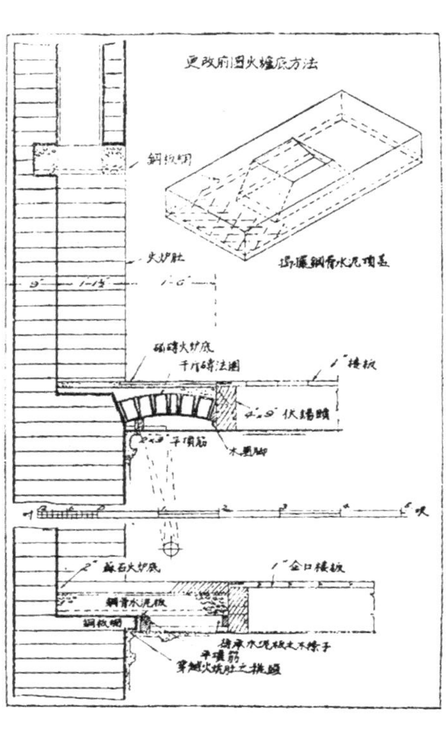

六〇六圖

六〇七圖

樓地板之接合 樓地板縱長之普通接(係用鐵馬排緊)合，可分爲二：(甲)用顯著接合之接縫，如頂頭平接縫，門條拚縫，高低縫及嵌條接，見第五八七至五九二圖。(乙)其暗接縫者，釘與螺釘皆釘於板之邊緣顯出處，如插筍接，高低雌雄筍接，及高低雌雄筍斜接，均見之於第五九二及五九三圖，其效用在木板收縮時，不使灰塵嵌入樓地板之縫內。

用摺疊法舖置頂頭平接縫 若第五八七圖所示之頂頭平接縫，不用鐵馬，可用下述方法榫緊之：用六根木條子置放其處；一端釘牢，他端則推緊。其弛鬆之端安置於已釘牢之處約三分之距，再用板橫置於其上，隨後命二三人在上跳躍，因此將樓板拚緊，再用釘將樓板釘牢之。

門條拚縫 爲減少樓地板損害計，在其中心之下挖一雌縫，用木或鐵筍頭插嵌其中，以免樓地板有向上彎曲及灰塵墜落之虞，見第五八八圖。

雌雄筍 第五八九圖示避免灰塵入縫之接合方法。

高低接 用第五九〇圖所示之法構造，功能免塵入縫，但無其他功效酬答其意外之消費。

嵌條接 此法之利益，爲大部份之深度，能在條子表白之先消磨，大都應用於樓地板承受重大之磨擦，如工廠，棧房及類似之房屋。第五九一圖即示此類之接合。

暗　接 主要之樓地板或上泡立水之樓地板，均須用暗接方法舖排，不介有接縫及釘眼之露示。因收縮與漲大而不損及板者，皆得力於樓地板一邊之釘牢也，第五九六圖所示者，乃極有效之方法，其板用插筍接合及用螺釘絞緊於樓板之一邊。此法在機械未倡行之先，應用極廣；有時亦用於木鱴甎樓地板及蘆蓆紋樓地板。

第五九二圖示高低雌雄縫，用釘或螺旋釘牢其一邊，同時能避塵入縫。此項接合，因其浪費過鉅，不相宜於普通情形。第五九三圖所示與前者略同，所相差者，其凸出之部較前者爲甚耳。

頂頭接 樓地板之頂頭相接者，名之曰「頂頭接」；尙有頂頭平接，頂頭斜接及叉頭接縫之種種接法。

頂頭平接 此法在每端之接縫，用釘釘牢之，見五九四圖。

頂頭斜接 第五九五圖示樓地板之端末，均使成斜角，隨後用釘將一邊釘牢。此種頂頭斜接，其效力能使相接之板堅固，是以常採用之。

叉頭接縫 此項方法，係將其頂頭鋸成狗牙形，互相接合，斜線長度之角度，約爲十度，見第五九七圖，因其料價太昂，是以僅應用於極考究之工程。

頂頭接縫 與第五八八圖相類似。

同縫接 樓地板頂頭鋪置於相同之擱柵，此種情形爲佳良工作，其平面上各頂頭接合，須與「磚作工程」中之率頭相等。

（待續）

上期本刊所載「營造學」中，有二處誤植，茲改正如下：

第三三頁下半部末行 $L=L_{表}\times1.093$ 應改 $L=L_{表}\times1.063$

第三四頁上半部第五行 $L_{表}=\frac{L}{1.146}=\frac{15}{1.146}=14.30$ 應改

$$L_{表}=\frac{L}{1.146}=\frac{13}{1.146}=11.36$$

工具介紹

（圖一）

語云：「工欲善其事，必先利其器。」際茲科學倡明，無往而不藉利器以制勝。溯吾國自銳意建設以來，賴助於新式工具者良多。本刊有鑒及此，因特闢「工具介紹」一欄，介紹各種建設方面之新式器械，或亦為讀者所樂許歟！

便捷裝卸機

無論煤屑，煤，沙泥，石子及礦石等等，均可利用「便捷裝卸機」，藉個人之管理力量，源源將欲運之物裝上運貨卡車。（見附圖一及二）

圖三係吞集機頭。當便捷裝卸機正在動作之時，此機頭部之兩臂，吞集物料，搬上活動滾道，復由滾道裝載於卡車。此機頭更可憑藉冷氣之力量而離地上昂。

圖四示便捷裝卸機將運到之石子做堆，高十二呎，濶四十呎。若加如第一圖所示之接卸機，則便捷機之地位不動，可將堆做高至二十呎，濶至七十呎。

（圖二）

將欲堆成之貨運出，則使提裝卸機兼可將細屑篩出，以淨貨送上卡車，如圖五所示。

便提裝卸機構造說明：

A活動滾道藉三轉轆之轉動輸運物料。

B用便提裝卸機搬載B處之物料，堆存C處。

C由便提裝卸機之後節輸道搖轉而將物料堆積之形勢。

D將機調置物料，更可堆放D處。

（圖三）

E越活動滾道而堆放E處。

F舂集機頭伸入堆材灘脚，舂起物料載之入斗。

G斗接受便提機搬上之物料，轉至活動滾道。

（圖四）

（圖五）

H活動滾道裝載貨物於卡車上或船隻。

J堆置之越活動滾道，其卸貨出貨一如前述。

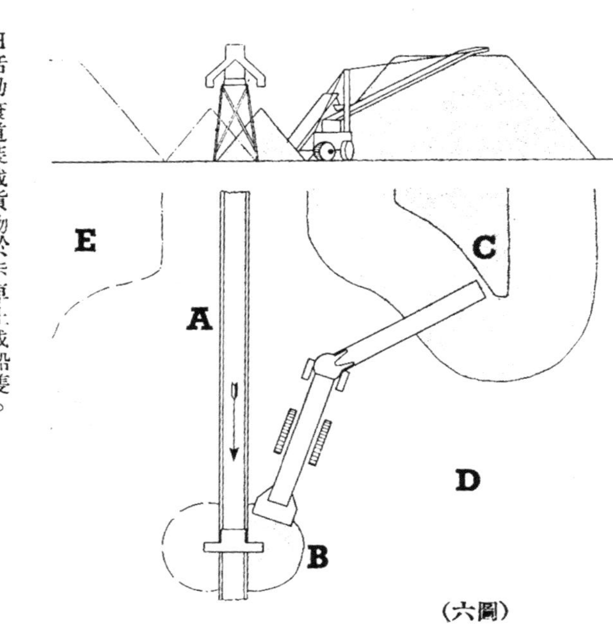

（六圖）

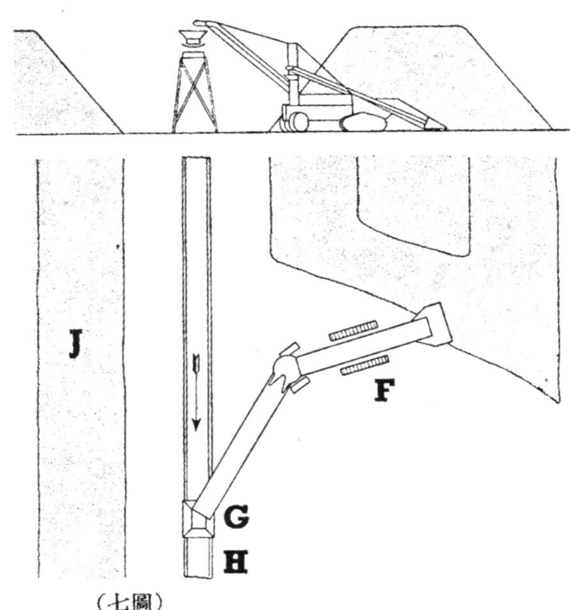

（七圖）

便捷裝卸機

二十六吋濶活動滾道無篩子者

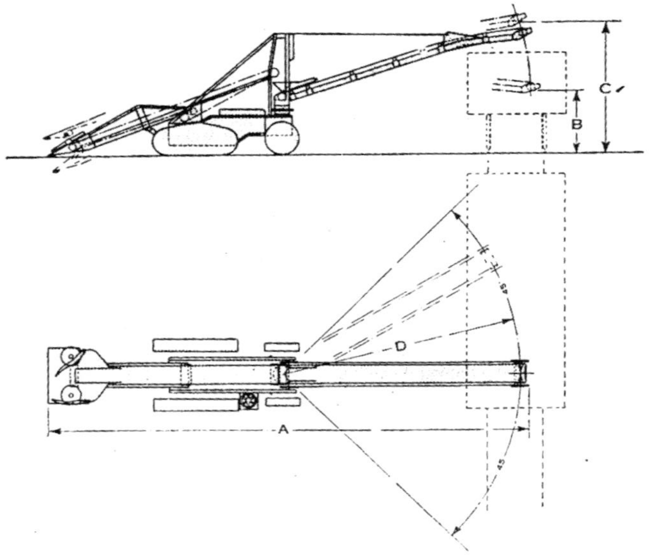

（圖八）自火車上運卸貨物

下表爲便捷裝卸機之載貨數量，活動滾道之轉動爲每分鐘二百七十呎。若裝篩子，則其能力當減少；惟減低若干，則須視篩子之種類而分別。

每分鐘最高量之約數	3½ 立方碼	2.5 立方公尺
煤屑	每分鐘1¼噸 每立方呎30磅	每立方公尺480公斤
煤	每分鐘2噸 每立方呎50磅	每立方公尺800公斤
沙泥	每方鐘4噸 每立方呎95磅	每立方公尺1520公斤
A 總長	45呎	13.72公尺
B 運輸之最低量	7呎 9吋	2.36公尺
C 運輸之最高量	14呎 3吋	4.34公尺
D 運輸之面積	22呎 6吋	6.86公尺
運輸之弧度	90度	
馬達之力量 用柴油	35匹馬力	
馬達之力量 用電氣	30匹馬力	
淨載重	10噸10英擔	10,670公斤
毛載重	12噸	12,190公斤
載運面積	2300立方呎	65立方公尺

現代之浴室

通一

現代之浴室，合美麗，舒適，便利而爲一，幾非前人所能想像。不僅浴室之設備與修飾已達最高峯，即其費用亦大爲減省矣。

今日之浴室，實爲取決房屋是否合於現代化及需要之標準，亦爲估定房屋價值之要素，故實爲時代之產物。美國對此貢獻尤多，賜予不少物質幸福。該國平均每六人有一浴室，較之其他各國平均每一千三百人共一浴室，相去奚啻天壤矣！

浴室在住屋中，現時既佔極重要之位置，故今日之營造者，均能提供若干之新式美麗設備，爲改良之淋浴器，龍頭，凡而，便所，美麗之櫥櫃及其附件，無影之燈光設備，及新式富麗之牆壁與地板等建築材料，吾儕營建新屋，亟欲備置一室，引以爲足者也。

雖然吾人新營居屋，亦不必將浴室極盡華奢，務求現代化之能事。即最不合式最爲古舊之浴室，一經衛生工程專家改裝，亦可變易面目，現時美國有多數浴室，均經由專家改裝而成現代化者也。故在設計房屋之初，最宜就商於衛生工程專家，彼可指示何處安置浴室，最爲適宜與經濟。樓上之浴室，以處於梳洗室之上，其他則處於廚室之上，最爲經濟也。

各種浴室之設備，在選擇時最爲重要，亦最感興趣。在往年，浴盆僅爲一浴盆而已，人見皆同，甚爲平常。但現時則設計不同，色樣各異。盆中坐位，有在一端，有在邊沿，亦有在兩角者。更有浴盆內作波紋形，以策安全，而增美觀。不論在盆內或牆上，均有握手或其他同樣之設備，以保浴者之安全。盥洗處或水盆爲浴室中最精緻之處所，故設計務須明顯。關於此點，衛生工程專家當能告知何種式樣及大小，始稱適合也。

浴室及浴室之設計，種類繁多，不勝殫述。可見之設備，及隱藏之水管，凡而，及附件等，最關重要，蓋藉此等設備，始足盡浴室之功能也。次等之浴室，在設計及設備方面，與高等者區別極大。在次等之浴室，其設備既未搪磁，且不合式，管子之口徑甚小，龍頭及放水開關亦未包鍍。甚有水管裝置不良，影響氣壓者。而更須注意者，即此種浴室之承造者，未諳裝置，將水管與排水管交叉一處，致使飲水亦蒙不潔。故僱用工匠，要以專長於此者爲宜。此蓋浴室中頗多設備，隱藏於牆內及地板下，非經牆面砌就，開始使用，實不易覺察在裝置時之缺點，一經發覺，拆卸重裝，則所費不貲矣。故惡劣之匠工，未經專家之指導，不但工程未能滿意，即健康亦受其影響也。

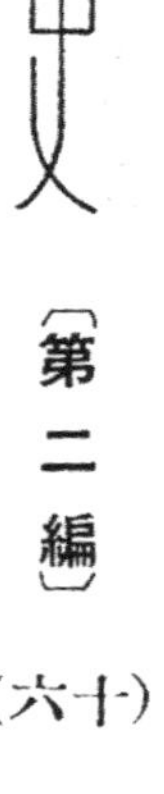

〔第二編〕（十六）

杜彥耿譯

羅馬師刻式建築

建築則例

顯異之點

一〇七、方礅子及啓帷 經僧人努力於建築藝術之研究及實際所下之功夫，與蓄意的培植，然後始有雄偉之教堂建築，如此至第十世紀之末，法國教堂建築之興起，一如雨後春筍，而普通咸與茜斯脫與與克羅業克(Cistercian and Cluniac)僧院特別關連。羅馬師刻教堂之在法國北部，大概均有高昂之大殿，左右夾以甬道。用方礅子以代柱子，界分大殿與甬道，以及兩邊向外凸出之翼屋。最初此項建築之平面佈局，頗爲簡單，此後卑座漸展，唱詩班席與小會堂等附焉。此種佈局是爲啓帷(Chevet)教堂之頂每係四方或六角形之塔，冠於十字交义之心。亦卽在唱詩班之一邊，或在西立面之中央。

一〇八、捲篷圓頂 古羅馬之捲篷圓頂，爲羅馬師刻著稱之一種藝術，亦最普及全國各部者也。但於法蘭西北部及勃艮第地方早期之教堂建築，大殿之下有用平屋面者，祇唱詩班席與甬道之上用圓頂。迨至後期，則弧稜圓頂冠於大殿之上，以代平屋面，而甬道與唱詩班席之上，是爲捲篷圓頂。頗多圓屋頂之教堂，咸根據法蘭西西南部卑馬克威尼斯(St. Mark's Venice)之法式建築。

第四十七圖

一〇九、參用彫刻及油畫 自從石砌圓頂之替代初時大殿上之平屋面，牆垣因之加厚，窗堂或其他空堂亦隨之減小。故壁畫及彫刻遂應運而生，藉以減少屋內陰沉之氣。最初彫刻祇施之於礅子上之花帽頭，外部則於大門券心即在方頭門堂之上與發券之下是也。但以後則於房屋之各部自由設置彫刻，漸亦成爲不可避免之習慣矣。

第四十八圖

一一〇、阿爾兹之聖特洛福教堂 在阿爾茲著名之聖特洛福 (St. Trophime) 教堂，其大門口之外觀(見圖四十七)，實爲法國羅馬師刻藝術之典型。此次對於古典式建築演變之痕跡，可以尋求者，大門口類如羅馬式之法則，是爲十二世紀早期之物。卑祥丁

第四十九圖

式之風格，突躍紙面者，要以四十八圖走廊一帶花帽頭之彫刻，最為顯著。

一二一、佩里革之聖夫龍教堂

聖夫龍(St. Front)教堂（見四十九圖）係法蘭西西南部有名圓頂羅馬師刻建築之一，頗多新的成功之作，以替代老式。其地盤圖如五十圖為梅花形，五個方塊，上蓋圓頂，實亦無疑地脫胎於威尼斯之聖馬克教堂者。其佈局之簡潔整齊，實屬無可疵議；而內部之設置，亦寓莊嚴與紀念之意義。結構謹嚴，悉合建築條件，絕無絲毫苟且。外面圓頂見於四十九圖者，係屬後次添建，故未於五十一圖見之。內部圓頂初本以木構架之屋面。長方形之一帶礅子，以之分夾大殿與甬道者，見五十一圖之剖面圖及五十二圖之教堂內部情境。

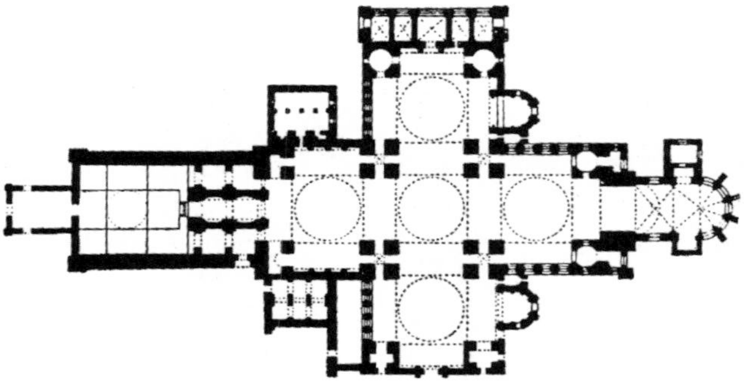

第五十圖

一二二、聖克啦教堂

聖克啦教堂(Church of St. Croix)在法蘭西西南部之波爾多(Bordeaux)地方，是亦為羅馬師刻建築中之最著名之一。初建於第七世紀，重建於第十世紀及十三世紀。

第五十一圖

羅馬師刻之一種風格。可見於第五十三圖，是為該教堂之西立面，其踏步式層層收退之大門發券及一乘柱子及彫刻人物等等，是為十一世紀至十二世紀之作物。基督之像及宣傳福音之記號，置於中央山頭發券之下。塔及叢柱之無使完成之象徵者，是誠最足特別注意之點。

一二三、諾脫爾達摩格龍教堂

第五十四圖示在波亞疊(Poitiers)之諾格脫爾達摩格龍(Notre Dame la Grande)教堂之西面圖，堂建於十二世紀。其連環發券之間，塊以塑像，充分顯示一種美感者，蓋其時頗為普遍流行，而作為

第五十二圖

一種裝飾也。試再審視圖之全部，其表面咸皆盛施裝飾者。中間之窗本作圓形，現已易體矣。

一一四、亞培奧克霍姆斯在喀延(Caen)之亞培奧克霍姆斯，(Abbaye-aux Hommes) 起於威廉得勝者，時年一〇六六年，圖五十五為自原屋告成後，大為增加與改建之姿勢。初建時唱詩班席祗自十字架伸出二檔間之席地，而聖座則係半圓形者，此外並無迴廊，及小禮拜堂之附庸。現時之廻廊及旁邊小禮拜堂，均係十二世紀時增建者。（參閱五十六圖(a)及(b)地盤圖及剖面圖。）大殿之圓頂，為羅馬師刻式制；例如方形檔間之在大殿者，較之甬道者大一倍。

房屋之詳解

地盤、圓頂、屋面、及裝飾

第五十三圖

一一五、地盤法蘭西羅馬師刻教堂之地盤，常基於卑辞丁之型範。例如在佩里革之聖夫龍教堂，仿效威尼斯之聖馬克，並可參閱五十二圖之發券，係半圓形者，而非尖拱。試更另舉一例，如亞培奧克霍姆斯教堂，見五十六圖(a)之地盤圖，係羅馬師刻時代之作品，其風格則襲取中古時代之藝術作風，甚盡能事。小禮拜堂有時即就教堂中甬道劃出，大門開設兩邊及用盛飾之發券，坐於叢柱

第五十四圖

第五十五圖

之上等等，是皆爲其主要之徵象。

一一六、牆垣　主要之大牆，其外面均用亂石舖砌，裏面則用研光之石。牆外無拋脚礅子，惟有長方形或方形之礅子，突出於牆面，是即牆垣之平面格式。至於立面垂直之線，則恆超橫臥之台口線等過之。試閱第五十四圖，便可覘得一斑矣。十二世紀以前，凡尖塔則罕有與教堂正屋相連貫者，惟鐘樓之屋，每作金字塔形。

一一七、屋頂　圓屋頂畢竟襲取平頂而代之，並以筋肋格成片塊，若該處之有弧稜者，其弧稜亦由筋肋分別之。

一一八、堂子　門或窗堂都以圓形發券冠頂，兩傍則頗多用踏步式收進或畚箕形斜進。門堂或窗堂之兩邊，亦有用柱子置於兩邊堂子梃者，以爲裝飾。

一一九、線脚　線脚均係形式簡單，大多係基於古典式者。挑出台口常用爲牆垣頂部，藉作結頂之收句。

一二〇、柱子　礅子常代柱子用作界分教堂大殿與甬道者。此種礅子雖然有時亦作圓形，然常數柱連成一叢。於後期法國羅馬師刻式之工程中，礅子中之一柱或數柱，上升達於圓頂，而支托圓頂之筋肋。柱子之花帽頭，大多係柯蘭新式或卑祥丁式。

一二一、裝飾　法國南部教堂中之裝飾，

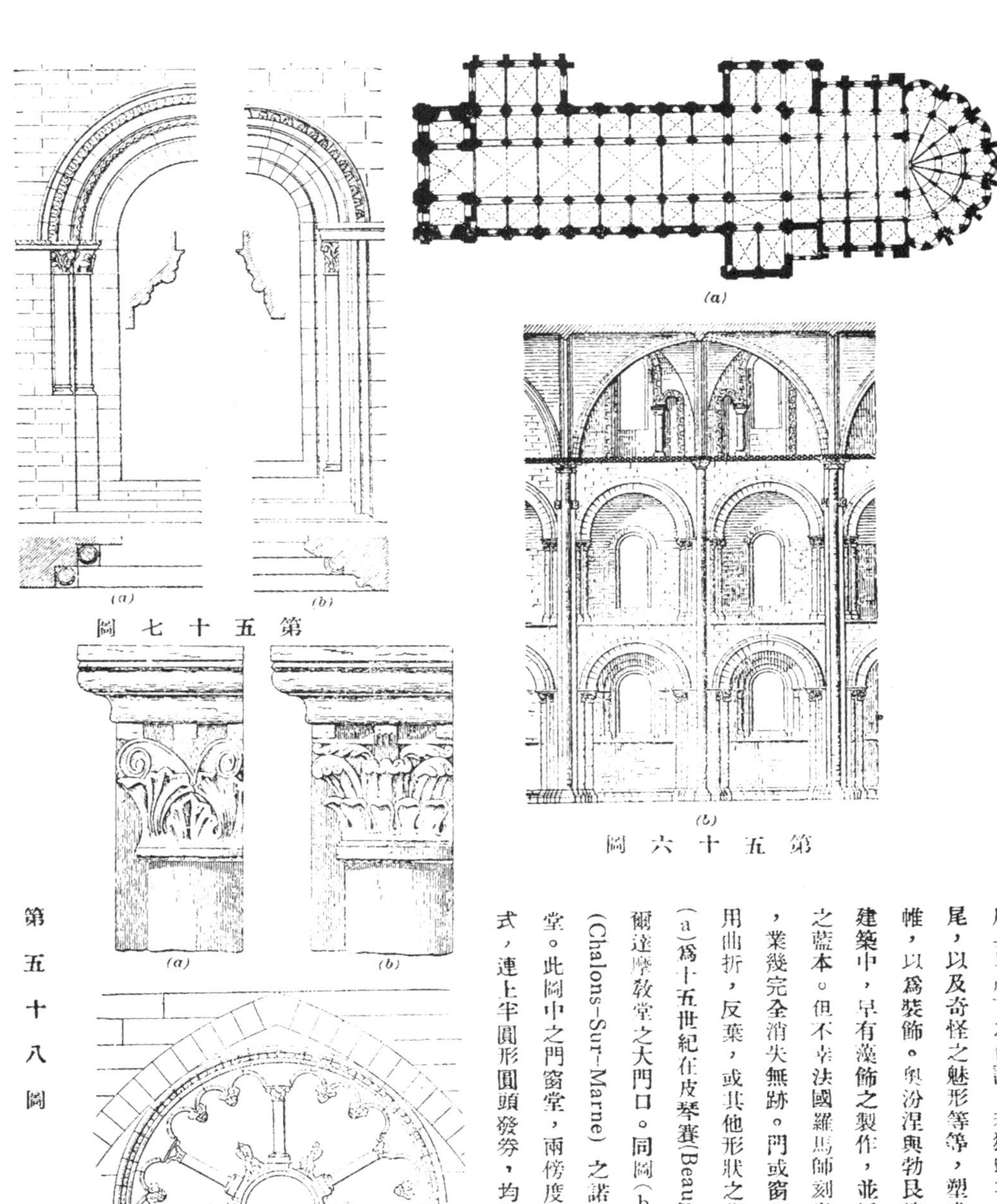

第五十七圖 (a) (b)

第五十六圖 (a) (b)

第五十八圖 (a) (b) (c)

成具卑祥丁之色調。若獅頭羊身，龍形，人首魚尾，以及奇怪之魅形等等，塑成巨像，或織於簾帷，以爲裝飾。與汾涅與勃艮第兩地之羅馬師刻建築中，早有藻飾之製作，並採自然物作爲彫刻之藍本。但不幸法國羅馬師刻教堂中之原本壁畫，業幾完全消失無跡。門或窗堂上之發券，普通用曲折，反葉，或其他形狀之藻飾。如圖五十七(a)爲十五世紀在皮琴賽(Beaugency)地方之諾脫爾達摩教堂之大門口。同圖(b)爲在沙龍緒瑪倫(Chalons-Sur-Marne)之諾脫爾達摩教堂之窗堂。此圖中之門窗堂，兩傍度頭均係踏步形收退式，連上半圓形圓頭發券，均施以美觀之線腳及

(a)

(b)

(c)

第五十九圖

藻飾。此外更舉飾品數則，如捲渦與葉子之花帽頭，自十五世紀沙脫爾(Chartres)大教堂之鐘塔者，見五十八圖(a)及(b)。同圖(c)則係巴黎諾脫爾達摩堂聖座後之三戶，是爲後期羅馬師刻圓花窗。圖五十九(a)及(b)示窩牧(Worms)大教堂之花帽頭與座盤，(c)爲鑲邊之藻飾，其間採用反葉而變化之者。

（待續）

室光日

餐室

休憩室

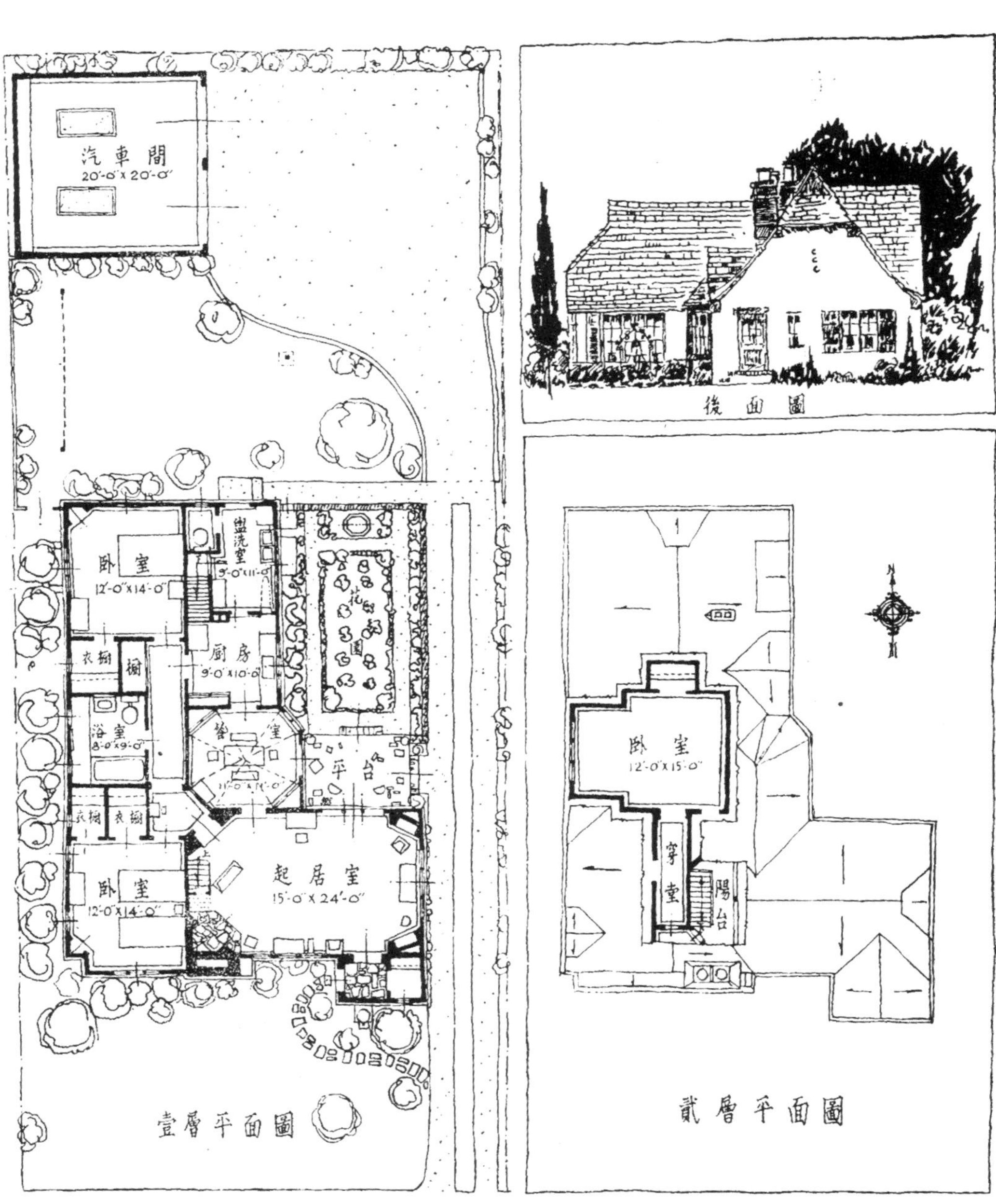

“本作貨”

此爲美國某名建築師住宅之設計，地處城市，佔地僅五十尺，而屋內各室，配置井然。庭園廣敞，佳樹成林；由起居室及餐室向外眺望，心曠神怡、八角形之餐室，平頂爲穹窿式，作中世紀之裝飾，尤饒古趣。廚室光線充足，後有廣大挑台，通達甚便。具體而微，於此尙見之，

徵稿啓事

本刊下期第五卷一期循例爲特大號，篇幅較常時增加一倍，預計榴花吐紅之時，當可與諸君覿面。惟是質量兼重，既爲本刊之編輯方針；文圖並茂，實有賴於大賢之熱忱匡助。如承出其餘緒，發爲文章，專著譯述，均所歡迎。圖稿務宜清晰，迻譯請註出處，一經擇尤刊登，當備不腆之酬也。此啓。

介紹「補爐買」優等火泥

新由英國運到之「補爐買（Pyruma）」優等火泥，品質與效用均較市上雜牌火泥爲佳。爰將其優點撮述如左：

一、「補爐買」火泥在未將火力燃着以前，其質甚堅，可與「Portland Cement」相等，實爲其他雜牌火泥所不及。

二、「補爐買」火泥可經遇高强及久長之火力，從不破裂或成碎屑。

三、「補爐買」火泥可以常備，以應不時之需；如不用時，仍可置於桶中，並無散失或浪費之弊。至其效用之大，與定價之廉，更無與倫比。

「補爐買」三號火泥，爲專以適應高熱度之用，約可抵禦攝氏寒暑率一六五〇度左右；倘常備該火泥一袋，則不論裝置各項火磚及其他有火力之用具時，隨時可以取用。中國總經理爲上海香港路五十一號闔闢洋行，如需詢問價目及說明書請向該行接洽可也。

另外一欄

贈閱"聯樑算式"之餘音

(一) 王敬立君來函

自"聯樑算式"贈閱之舉後，拙評於本刊第四卷第五期中發表，胡君之附註則於第六期內發表。筆者以種種關係，未獲寓目。茲偶來滬地，順便至上海市建築協會購得之，展讀一過，彌覺欣慰。

所欲舉答胡君者，卽指在"聯樑算式"第87頁第一圖之情形，三力率定理不適用是也。請申其說。

所謂三力率者，卽在聯樑內順序三支點之力率也(Moments in a beam at three consecutive supports)。此力率當然具有一條件，卽在支點左極短距離之力率與支點右極短距離之力率，必須相等，且爲同號(使樑下彎者爲正，反之爲負)也。請參閱下例：

設有一二聯樑如圖1。I爲常數。苟吾人於中支施一力率M=Sa則樑彎曲如圖。因支點左右兩部分之樑轉同一角度，故所發生Q端力率之絕對値必相等，而兩者之算學和。(Arithmetic sum) 必等於外施力率 (Applied moment) M。故$M_{BC}=-M_{BA}=\frac{M}{2}$。注意在此種情形之下，祇有$M_{BC}$與$M_{BA}$而無$M_B$，因$M_{BC}\neq M_{BA}$也。此例不適合於三力率定理明矣。

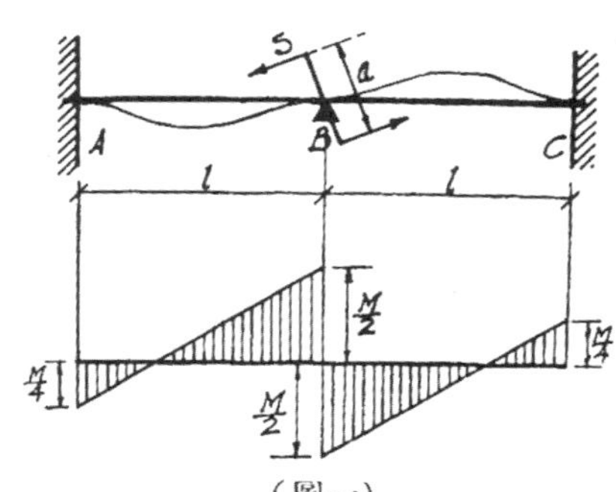

(圖一)

試再述一例：圖二、B支左邊與右邊之力率之大小與正負號俱不同，故三力率定理亦不能用。若將此例兩端之跨長縮小至O，卽胡君之所欲證明者。其結果之不正確，自在意中。

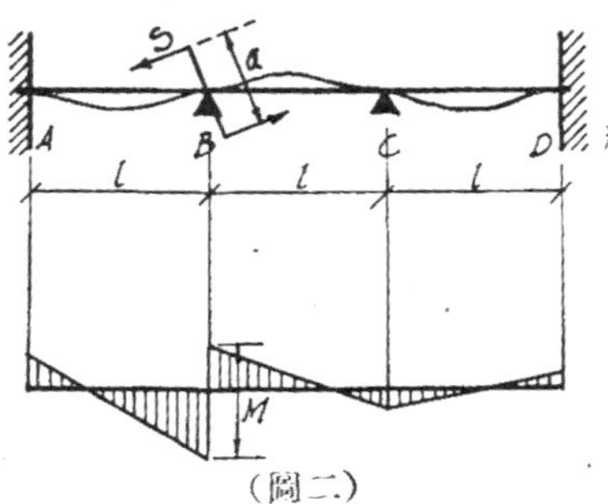

(圖二)

(二) 答王敬立君　胡宏堯

查三力率定理者，卽一算式中具有三個力率之未知數是也。設如王君原函所舉之三力率定理，必須具有一條件，卽左右兩極短距離之力率爲相等及同號，則該兩力率之相等，毫無疑義，誠如此說，則三力率定理一名詞，已不能成立。(應改稱兩力率定理矣)

拙著"聯樑算式"第87頁各算式，惜王君但言"頗疑有誤"，而未將更正算式列出；否則更可作進一步之討論。至弟援用三力率定理證明無誤，已見本刊第四卷第六期中，今王君謂爲該定理不能援用，惜又未能證明其差誤之所在。猶幸王君舉出兩例，而第一圖中之各支點力率圖及力率數值，已詳細指明。茲卽以該例援用"聯樑算式"中各算式而推演之如下：

按第87頁之算式，得$M_{A\text{-}1}=O$ $M_{B\text{-}1}=+\frac{M}{2}$,$M_{B\text{-}1'}=-\frac{M}{2}$,$M_{A'\text{-}1'}=O$四雙定支單樑支點力率。

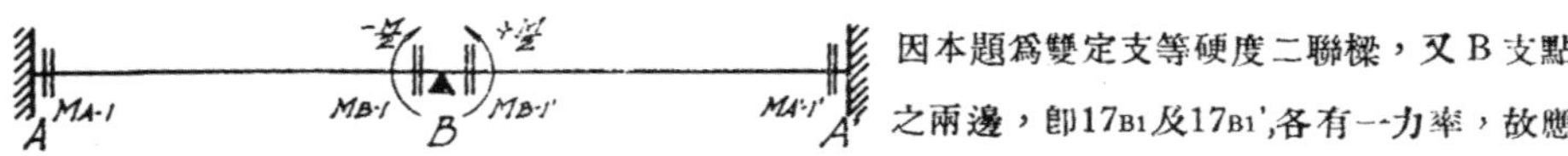

因本題爲雙定支等硬度二聯樑，又B支點之兩邊，卽17B1及17B1',各有一力率，故應按第179頁(b)節之兩節全荷重算式推算之，

$$d_B=M_{B1}-M_{B\text{-}1'}=\frac{M}{2}\left(-\frac{M}{2}\right)=+M$$

$$M_A=M_{A\text{-}1}+\frac{1}{4}d_B=O+\frac{1}{4}M=+\frac{M}{4}$$

$$M_B=M_{B\text{-}1}-\frac{1}{2}d_B=+\frac{M}{2}-\frac{M}{2}=O$$

$$M_{A'}=M_{A'\text{-}1'}-\frac{1}{4}d_B=O-\frac{1}{4}M=-\frac{M}{4}$$

以上求出之M_A, M_B. $M_{A'}$三值，旣與王君原圖上所示之值毫無分別，應可證拙著"聯樑算式第87頁之算式，尙無不合。及本刊第四卷第六期中援用三力率定理之證明，尙屬適合也明矣。至第二圖因未示明確數，恕不另證。倘荷王君再加詳細討論，不勝幸甚！

本刊所載材料價目，力求正確；惟市價瞬息變動，漲落不一，集稿時與出版時難免出入。讀者如欲知正確之市價者，希隨時來函詢問，本刊當代爲探詢詳告。

磚 瓦

（一）空心磚

十二寸方十寸六孔　每千洋二百三十元

十二寸方八寸六孔　每千洋一百八十元

十二寸方六寸六孔　每千洋一百三十五元

十二寸方四寸四孔　每千洋九十元

十二寸方三寸三孔　每千洋七十元

九寸二分方六寸六孔　每千洋七十五元

九寸二分方四寸半三孔　每千洋六十元

九寸二分方三寸三孔　每千洋四十五元

四寸半方九寸二分四孔　每千洋三十五元

九寸二分四寸半三寸二孔　每千洋二十二元

九寸三分·四寸半·三寸·三孔　每千洋二十一元

九寸三分·四寸半·二寸·二孔　每千洋二十元

（二）八角式樓板空心磚

十二寸方八寸八角四孔　每千洋二百元

十二寸方六寸八角三孔　每千洋一百五十元

十二寸方四寸八角三孔　每千洋一百元

（三）六角式樓板空心磚

十二寸方十寸六角二孔　每千洋二百五十元

十二寸方八寸六角三孔　每千洋二百元

十二寸方七寸六角三孔　每千洋一百七十五元

十二寸方六寸六角三孔　每千洋一百五十元

十二寸方五寸六角三孔　每千洋一百二十五元

十二寸方四寸六角三孔　每千洋一百元

十二寸八寸十寸六角二孔　每千洋一百六十五元

十二寸八寸八寸六角二孔　每千洋一百三十五元

十二寸八寸七寸六角二孔　每千洋一百十五元

十二寸八寸六寸六角二孔　每千洋一百元

十二寸八寸五寸六角二孔　每千洋八十五元

（四）深淺毛縫空心磚

十二寸方十寸六孔　每千洋二百四十元

十二寸方八寸半六孔　每千洋二百〇五元

十二寸方八寸六孔　每千洋一百九十五元

十二寸方六寸六孔　每千洋一百四十五元

十二寸方四寸四孔　每千洋九十七元

十二寸方三寸三孔　每千洋七十七元

九寸三分方四寸半三孔　每千洋六十四元

（五）實心磚

九寸四寸三分二寸半特等紅磚　每萬洋一百四十元

又　普通紅磚　每萬洋一百三十元

八寸半四寸一分二寸半特等紅磚　每萬洋一百三十四元

又　普通紅磚　每萬洋一百二十四元

十寸·五寸·二寸特等紅磚　每萬洋一百三十元

又　普通紅磚　每萬洋一百二十元

九寸四寸三分二寸特等紅磚　每萬洋一百十元

又　普通紅磚　每萬洋一百元

九寸四寸三分二寸二分特等紅磚　每萬洋一百二十元

又　普通紅磚　每萬洋一百十元

九寸四寸三分二寸二分拉縫紅磚　每萬洋一百六十元

十寸五寸二寸特等青磚　每萬一百四十元

又　普通青磚　每萬洋一百三十元

九寸四寸三分二寸特等青磚　每萬一百二十元

又　普通青磚　每萬洋一百十元

九寸四寸三分二寸二分特等青磚　每萬一百三十元

又　普通青磚　每萬一百二十元

（以上統係外力）

（六）瓦

品名	價格
一號紅平瓦	每千洋六十元
二號紅平瓦	每千洋五十五元
三號紅平瓦	每千洋四十五元
一號青平瓦	每千洋六十五元
二號青平瓦	每千洋六十元
三號青平瓦	每千洋五十元
西班牙式紅瓦	每千洋五十元
西班牙式青瓦	每千洋五十三元
英國式灣瓦	每千洋四十元
一號古式元筒青瓦	每千洋六十元
二號古式元筒青瓦	每千洋五十元

（以上統係連力）

以上大中磚瓦公司出品

鋼條

品名	價格
四十尺四分普通花色	每噸二百四十元
四十尺五分普通花色	每噸二百三十元
四十尺六分普通花色	每噸二百二十元
四十尺七分普通花色	每噸二百二十元
四十尺一寸普通花色	每噸二百二十元

泥灰

品名	價格
象牌水泥	每桶洋七元一角六分
泰山水泥	每桶洋七元九角
馬牌水泥	每桶洋七元一角五分

木材

品名	價格
洋松八尺至卅二尺再長照加	每千尺一百七十元
一寸洋松	每千尺洋一百七十二元
寸半洋松	每千尺洋一百七十三元
四尺洋松條子	每萬根洋一百六十五元
一寸四寸洋松一號企口板	每千尺洋一百八十五元
一寸四寸洋松副頭號企口板	每千尺洋一百六十七元
一寸四寸洋松二號企口板	每千尺洋一百四十元
一寸六寸洋松一號企口板	每千尺洋一百九十元
一寸六寸洋松副頭號企口板	每千尺洋一百六十五元
一寸六寸洋松二號企口板	每千尺洋一百四十五元
一二五四寸洋松一號企口板	無市
一二五四寸洋松二號企口板	無市
一二五六寸洋松一號企口板	無市
一二五六寸洋松二號企口板	無市
柚木(頭號)僧帽牌	每千尺洋六百元
柚木(甲種)龍牌	每千尺洋五百六十元
柚木(乙種)龍牌	每千尺洋五百四十元
柚木(旗牌)	每千尺洋五百三十元
柚木(盾牌)	每千尺洋四百八十元
硬木	無市
硬木(火介方)	每千尺洋三百二十元
柳安	每千尺洋二百二十元
紅板	每千尺洋二百元
抄板	每千尺洋三百二十元
十二尺三寸八皖松	每千尺洋八十元
十二尺二寸皖松	每千尺洋八十元
一二五四寸柳安企口板	每千尺洋二百四十元
一寸六寸柳安企口板	每千尺洋二百四十元
一二五四寸企口紅板	無市
二寸一半建松片	市尺每千尺洋九十元
九尺四分建松板	市尺每丈洋五元四角
九尺八分建松板	市尺每丈洋八元八角
六尺半五分青山板	市尺每丈洋四元五角
本松毛板	市尺每塊洋三角五分
本松企口板	市尺每塊洋三角八分

品名	價格
六尺半二分杭松板	市尺每丈洋二元四角
七尺半二分甌松板	市尺每丈洋一元八角
六尺半八分皖松板	市尺每丈洋五元八角
九尺八分皖松板	市尺每丈洋七元八角
六尺半五分皖松板	市尺每丈洋四元五角
台松板	市尺每丈洋四元五角
台州松	每千尺洋九十元
七尺半四分坦戶板	市尺每丈洋三元二角
七尺半三分坦戶板	市尺每丈洋二元八角
六尺二分機鋸紅柳板	市尺每丈洋二元二角
六尺三分毛邊紅柳板	市尺每丈洋二元
六尺二分俄松板	市尺每丈洋三元
六尺半二分俄松板	市尺每丈洋三元二角
七尺半毛邊二分坦戶板	市尺每丈洋一元九角
六尺半五分機介杭松	市尺每丈洋四元五角
白松方	無市
紅松方	無市
麻栗方	無市
啞克方	無市
俄麻栗板	無市

五金

(一) 釘

品名	價格
中國貨元釘	每桶洋十三元五角

(二) 避水材料及牛毛毡

品名	價格
雅禮避水漿	每介侖一元九角五分
雅禮避水粉	每八磅一元九角五分
雅禮避水漆	每介侖三元二角五分
雅禮紙筋漆	每介侖三元二角五分
雅禮避潮漆	每介侖三元二角五分
雅禮透明避水漆	每介侖四元二角
雅禮敵水靈	每介侖十元
雅禮膠珞油	每介侖四元
雅禮保地精	每介侖四元
雅禮保木油	每介侖二元二角五分
雅禮快燥精	每介侖二元

(以上出品均須五介侖起碼)

品名	價格
五方紙牛毛毡	每捲洋二元四角
半號牛毛毡(人頭牌)	每捲洋二元五角
一號牛毛毡(人頭牌)	每捲洋三元五角
二號牛毛毡(人頭牌)	每捲洋四元五角
三號牛毛毡(人頭牌)	每捲洋七元五角

(三) 其他

品名	價格
鋼絲網 (27"×96" 2¼lbs.)	每方洋四元二角
鉛絲布 (闊三尺長百尺)	每捲二十五元
綠鉛紗 (同上)	每捲洋十五元
銅絲布 (同上)	每捲三十五元

建設界之新工具

便捷裝卸機

無論煤屑沙泥石子
等均可藉此機裝卸

節省人工　經濟時間

中國總經理

祥興洋行

上海北京路二號　電話一六二七四號

SOLE AGENTS IN CHINA:

CALDER-MARSHALL & CO., LTD.

2 Peking Road, Shanghai.　Tel. 16274

（定閱月刊）

茲定閱貴會出版之建築月刊自第……卷第……號起至第……卷第……號止計國幣……元……角……分外加郵費……元……角……分一併匯上請將月刊按期寄下列地址爲荷此致

上海市建築協會建築月刊發行部

……啓……年……月……日

地址……

（更改地址）

啓者前於……年……月……日在

貴會訂閱建築月刊一份執有第……號定單原寄……收現因地址遷移請卽改寄……收爲荷此致

上海市建築協會建築月刊發行部

……啓……年……月……日

（查詢月刊）

啓者前於……年……月……日

訂閱建築月刊一份執有第……號定單寄……收茲查第……卷第……號尙未收到祈卽查復爲荷此致

上海市建築協會建築月刊發行部

……啓……年……月……日

中華郵政特准掛號認爲新聞紙類

建築月刊
THE BUILDER

內政部登記證警字第二五五四號

廣告刊例
Advertising Rates Per Issue

地位 Position	全面 Full Page	半面 Half Page	四分之一 One Quarter
底封面外面 Outside back cover.	七十五元 $75.00		
封面及底面之裏面 Inside front & back cover	六十元 $60.00	三十五元 $35.00	
封面裏面及底面裏面之對面 Opposite of inside front & back cover.	五十元 $50.00	三十元 $30.00	
普通地位 Ordinary page	四十五元 $45.00	三十元 $30.00	二十元 $20.00
小廣告 Classified Advertisements	每期每格 一寸高三寸半闊洋四元 — $4.00 per column		

廣告概用白紙黑墨印刷，倘須彩色，價目另議；鑄版彫刻，費用另加。
Designs, blocks to be charged extra.
Advertisements inserted in two or more colors to be charged extra.

第四卷第十二號

民國二十六年三月發行

刊務委員 江長庚 陳壽芝 姚長安

主編 杜彥耿

廣告 藍克生 (A. O. Lacson)

發行 上海市建築協會 南京路大陸商場六二〇號 電話 九二〇〇九號

印刷 新光印書館 上海聖母院路聖達里三〇號 電話 七四六三五號

定價

每月一冊 全年十二冊

訂購辦法	價目	郵費 本埠	郵費 外埠及日本	郵費 香港澳門國外
零售	五角	二分	五分	一角八分
預定全年	五元	二角四分	六角	二元一角六分

上海
合勤鐵廠出品
鍍鋅鐵絲網籬
最新出品鍍鋅鐵絲
震旦大學校舍內籬
新時代建築材料
請認明
製造廠
楊樹浦臨青路
電話五〇二一四 五〇一六七
事務所
南京路哈同大樓 電話一四三〇九
質料 貨品 編織 裝置
出類拔萃

美麗
華成煙公司出品
有美皆備
無麗不臻
My Dear
CIGARETTES
My Dear
CIGARETTES

SIN JIN KEE CONSTRUCTION CO

新仁記營造廠

本廠承造一切大小鋼骨水泥房屋工程各項人員無不經驗手富工作認真如蒙委託承造或估價不勝歡迎之至

本廠承造工程一班

沙遜大廈——南京路

漢彌爾登大廈——江西路

都城飯店——江西路

百老滙大廈——北蘇州路

上海法租界

呂班路二百十六號A

電話八三三四三

永光油漆
出品
厚漆
調合漆
凡立水
水牆粉
乾牆粉
地板蠟
其他花色繁多不勝備載
註冊商標
狗牌
牛牌
熊牌
羊牌
猴牌
特點
原料——多數購自歐美名廠
製造——聘請英國著名油漆專家督製
品質——優良並經各大建築師認與舶來品無異
定價——特別低廉
服務——凡遇有油漆工程發生困難問題本公司備有專家可供諮詢
上海永光油漆有限公司
總經理 太古公司 法租界外灘 電話八二〇二〇
瑪瑙石
永光

中國近代建築史料匯編（第一輯）

建築月刊

第五卷 第一期

建築月刊
伍卷
FOURTH - ANNIVERSARY
THE BUILDER
VOL

大中機製磚瓦股份有限公司

製造廠 浦東南匯縣下沙鎮

本公司因鑒於建築事業日新月異材料選擇尤關重要特聘專門技師購置德國最新式機器精製各種青紅磚瓦及空心磚等品質堅韌色澤鮮明自應銷以來已蒙各界推爲上乘樂予採購茲幅舉一二以資參攷其他惠顧諸君因限於篇幅不克一一備載諸希鑒諒是幸

大中磚瓦公司附啓

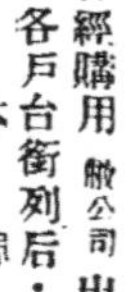
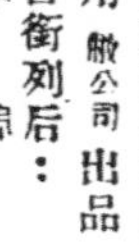

曾經購用敝公司出品各戶台銜列后：

本埠

台銜	地點	承造
國立中央實驗館	兆豐花園	和興公司承造
興業銀行	北京路	趙新泰承造
開成造酸公司	軍工路	王錦記承造
中匯大廈	愛多亞路	久記承造
南成都路巡捕房	南成都路	新蓀記承造
四行念二層大樓	靜安寺路	馥記承造
工部局巡捕房	平涼路	新蓀記承造
申新第九廠	東京路	協盛承造
揚子飯店	雲南路	潘榮記承造
百老匯大廈	百老匯路	新仁記承造
雷氏德工藝學院	熙華德路	久泰錦記承造
博德運絨線廠	定海路	創新承造
中央巡捕房	福州路	新申承造
中華書局總廠	澳門路	湯秀記承造
上海市立醫院	市中心區府南左路	陸根記承造
國立上海商學院	西體育會路	陸根記承造
建設大廈	福州路	陶桂記承造
永安公司新廈	南京路	陶桂記承造
怡和啤酒廠	定海路	創新承造
三菱銀行大廈	四川路	余洪記承造
明星公司有聲攝影場	楓林橋	自建
哈同大廈	拋球場	陳永興承造
浦東同鄉會大廈	愛多亞路	新昇記承造
中國銀行大廈	仁記路	陶桂記承造
迦陵大樓	四川路南京路口	陶記承造
三井銀行大廈	九江路	余洪記承造

外埠

台銜	地點	承造
金陵大學	南京	利源建築公司承造
航空學校	杭州	新金記康號承造
中國銀行	青島	錦生記承造
太古堆棧	廈門	嗬閣治港公司承造
中央政治學校 電政	南京	大昌公司承造
江蘇銀行	南京	鈕永記承造
中國國貨銀行	南京	成泰康號承造
永利硫酸錏廠	浦口卸甲甸	新金記承造
連雲港發電廠	海州	方記建築公司承造
國立戲劇研究院	南京	陸根記承造
天生港發電廠	南通天生港	自建
瓊州海關	廣東瓊州島	自建
江蘇省立蘇州女子師範學校	蘇州盤門新橋巷	自建
故宮博物保管庫	南京朝天宮	六合公司承造

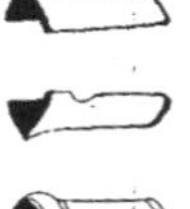

所出各品儲有大批現貨以備各界採用如蒙定製各色異樣磚瓦亦可照辦備有樣品如蒙索閱即當送奉

駐滬批發所

上海英租界牛莊路七三一弄四號　電話九〇三一一

DAH CHUNG TILE & BRICK MAN'F WORKS.

Sales Dept. House No. 4, Lane 731, Newchwang Road, Shanghai.

TELEPHONE 90311

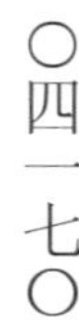

陶桂記營造廠

總事務所

上海南成都路一四〇弄二七號　電話三二四九三

正在建築中之

中國銀行總行大廈

由本廠承造

興業瓷磚股份有限公司

THE NATIONAL TILE CO., LTD.

(*Manufacturer of all Kind of Wall & Floor Tiles*)

本公司備有各種樣本足供參攷並可隨時設計服務如蒙 光顧無不竭誠歡迎

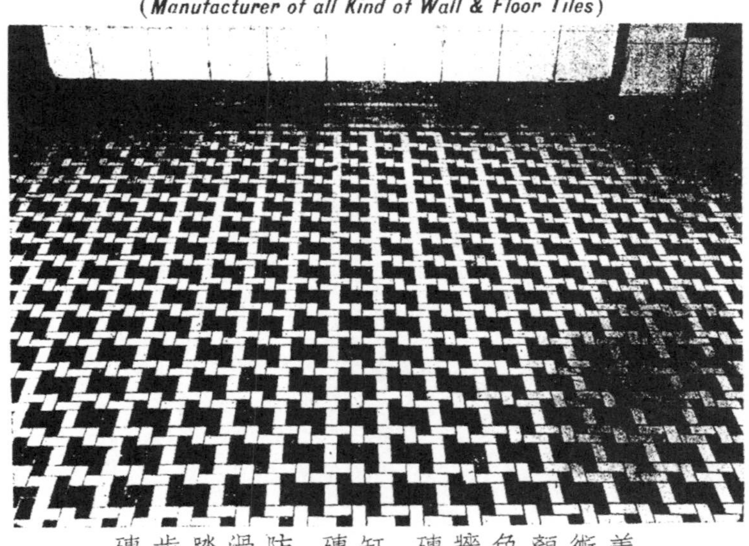

營業所河南路五〇五號

電話九五六六六號

美術顏色牆磚 缸磚 防滑踏步磚

美術舖地瓷磚 羅馬式彫花磚

瓦楞式牆磚 浴室另件等

東南磚瓦公司

事務所 江西路三百九十六號

電話 一三七六〇

TUNG NAN BRICK & TILE CO

396 KIANGSE RD.

TELEPHONE 13760

WE MANUFACTURE:—

FACING BRICKS

PAVING BRICKS

STEP-TILES NOSING

RED TILES

& FIRE BRICKS

出品

牆面磚

地缸磚

踏步磚

耐火磚

紅平瓦

顏色鮮豔尺寸整齊毫不灣曲

花樣繁多貼於牆面華麗雄壯

性質堅硬毫不吸水平面光滑

不染污垢花紋種類聽憑選擇

品質優良式樣美麗

面有條紋不易滑跌

泥料細膩火力勻透

耐用經久永不滲漏

原料上等製造精密

能耐極高熱度

飛虎牌油漆
飛虎牌
WINGED TIGER BRAND
各種建築舟車橋梁
飛虎牌油漆
無不盡量貢獻其功能
宜為社會風行
振華油漆有限公司
總公司 上海北蘇州路四七八號
電報三三四四 電話四三一一六

創新建築廠

承造一切建築工程

積二十餘年之經驗

本廠歷年承造本外埠工程

不下百數十處，以故經驗

豐富，技術精良。

COMPANY

CONTRACTORS

Town Office:

Room 301-3 Chung Wai Bank Bldg,

147 Avenue Edward VII

Telephone 81133

Union Commerciale Belge de Metallurgie, S.A.
No. 150 Kiukiang Road.
Telegraphic Address UCOMETAL-Shanghai
Telephone 12197
UCOMETAL
電話一二一九七
敝社係比國七大鋼廠駐滬總分銷處經售全廠出品承造鋼鐵工程舉凡：
鐵路鋼軌 工業機械
電車鋼軌 電氣用品
各式橋樑 鋼窗材料
採礦工具 鋼條鋼板
等等無不應有盡有色色俱備如蒙 賜顧竭誠歡迎
上海九江路一五零號
比國鋼業聯合社

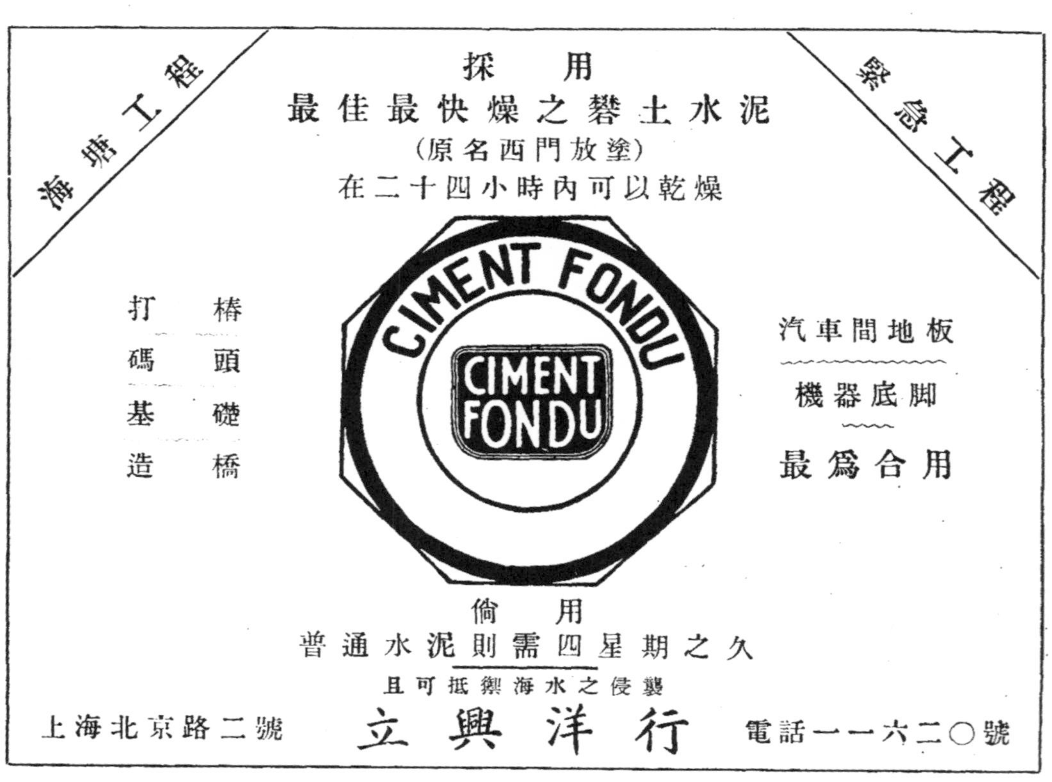
海塘工程
緊急工程
採用
最佳最快燥之礬土水泥
（原名西門放塗）
在二十四小時內可以乾燥
CIMENT FONDU
CIMENT FONDU
打椿
碼頭
基礎
造橋
汽車間地板
機器底脚
最為合用
倘用
普通水泥則需四星期之久
且可抵禦海水之侵襲
上海北京路二號
立興洋行
電話一一六二〇號

上海大寶工程建築廠

承造　鋼鐵建築及橋樑等各種工程

上海事務所　漢陽路三四二號　電話　五〇六九〇號

廣州事務所　東山百子路四十七號　電話　七〇〇五七號

是圖為承造廣州順德縣廣東省營第二蔗糖廠廠屋內容

在遠東最大之鍋鑪間建築工程 (上海電力公司楊樹浦電廠)

由大寶建築公司承造及按裝內部一切機件

上海電力公司楊樹浦電廠落成後之攝影

由大寶建築公司承造及按裝內部一切機件

東方鋼窗公司

總廠上海華德路六〇九號
電話 五〇六九〇號
分廠廣州東山百子路四七號
電話 七〇〇五七號

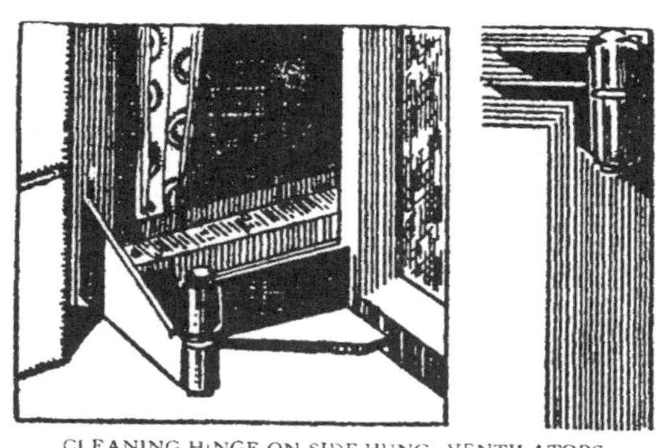
CLEANING HINGE ON SIDE-HUNG VENTILATORS.

標準鋼窗
裝配古銅零件

STANDARD METAL WINDOWS ARE SUPPLIED WITH BRONZE FITTINGS.

HANDLE 執手

The Handle is made with double notched nose and engages with a bevelled bronze striking plate on the fixed frame. Standard Peg stay is used to stop hung casement.
Sliding stay is used to side-hung casement.

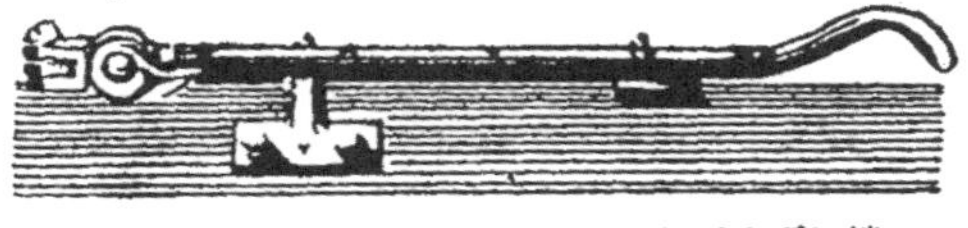
PEG STAY 撐窗釘套

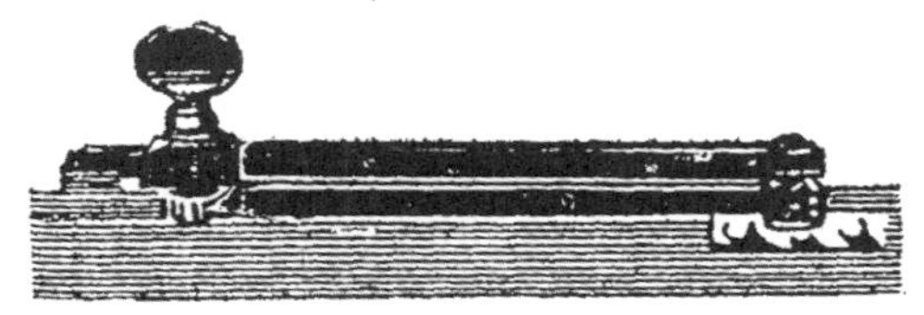
SLIDING STAY 撐窗絲螺

一切新建築配以合式之鋼窗更能顯示構造之完美與適用

ASIA STEEL SASH CO.

GENERAL OFFICE:
609 WARD ROAD TEL. 50690
SHANGHAI.
BRANCH OFFICE:
47 PAI-TSE ROAD TEL. 70057
CANTON.

道門朗公司

香港「瑪麗」皇后醫院
係最近落成其鋼架

由本公司供給承造
共計二千〇四十三噸

電報 "Dorman"　　上海外灘二十六號　　電話 12980

BETHLEHEM STEEL EXPORT CORPORATION

China Representative:
FRANCOIS D'HARDIVILLIERS
209 YUEN MING YUEN ROAD
TELEPHONE 10662
CABLE ADD.: BETHLEHEM

Structural Steel
&
Bridges

Rails
Concrete Bars
Plates
Railway Materials
Tinplates
etc.

Sheet Pilings
Deformed Bars
Universal Plates
Window Sections
Wire & Wire Products
etc.

敝行係美國倍士利鋼廠駐華總代銷處專營五金材料如水泥鋼骨輕重鋼軌橋樑鋼板鋼條馬口鐵窗料鋼板樁以及鋼絲等舉凡建築及各種工程用品無不應有盡有倘蒙賜顧毋任歡迎

上海圓明園路二〇九號　**德惠洋行**　電話一〇六六二號

由定中工程事務所設計

本廠最近正在建造之
中國麻業股份有限公司
顧家鎮新廠

信義建築公司

上海拉都路四五〇號
電話七五六〇四號

本廠承造一切
大小建築工程
如蒙
委託建造或估
價竭誠歡迎

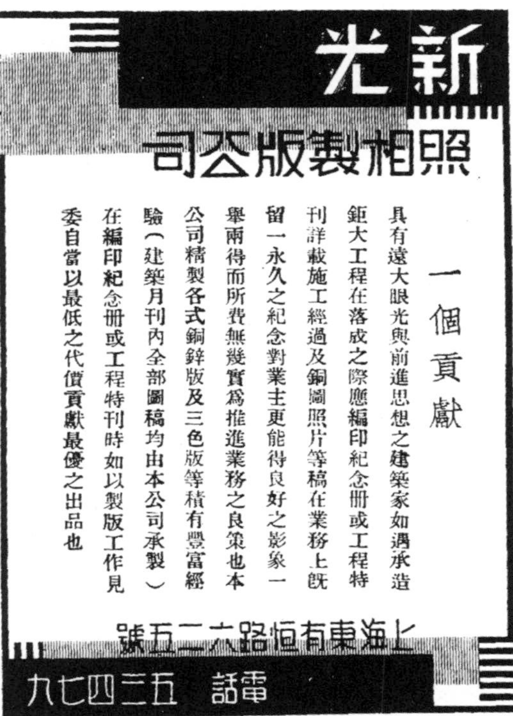

漢興水電材料行

承裝

衛生暖氣
消防電氣
工程

靜安寺路和平路一號
電話二一〇七八號

東方瓷磚股份有限公司

本公司製造瑪賽克各式缸磚以及瓷磚等如蒙賜顧毋任歡迎

上海愛文義路一七六號
電話九六三六〇號

右圖係正在建築中之上海中國銀行大廈其全部缸磚及瓷磚工程均由本公司承辦

歡迎外埠理經

THE AURORA TILE CO., LTD.
176 AVENUE ROAD, SHANGHAI. TEL. 96360

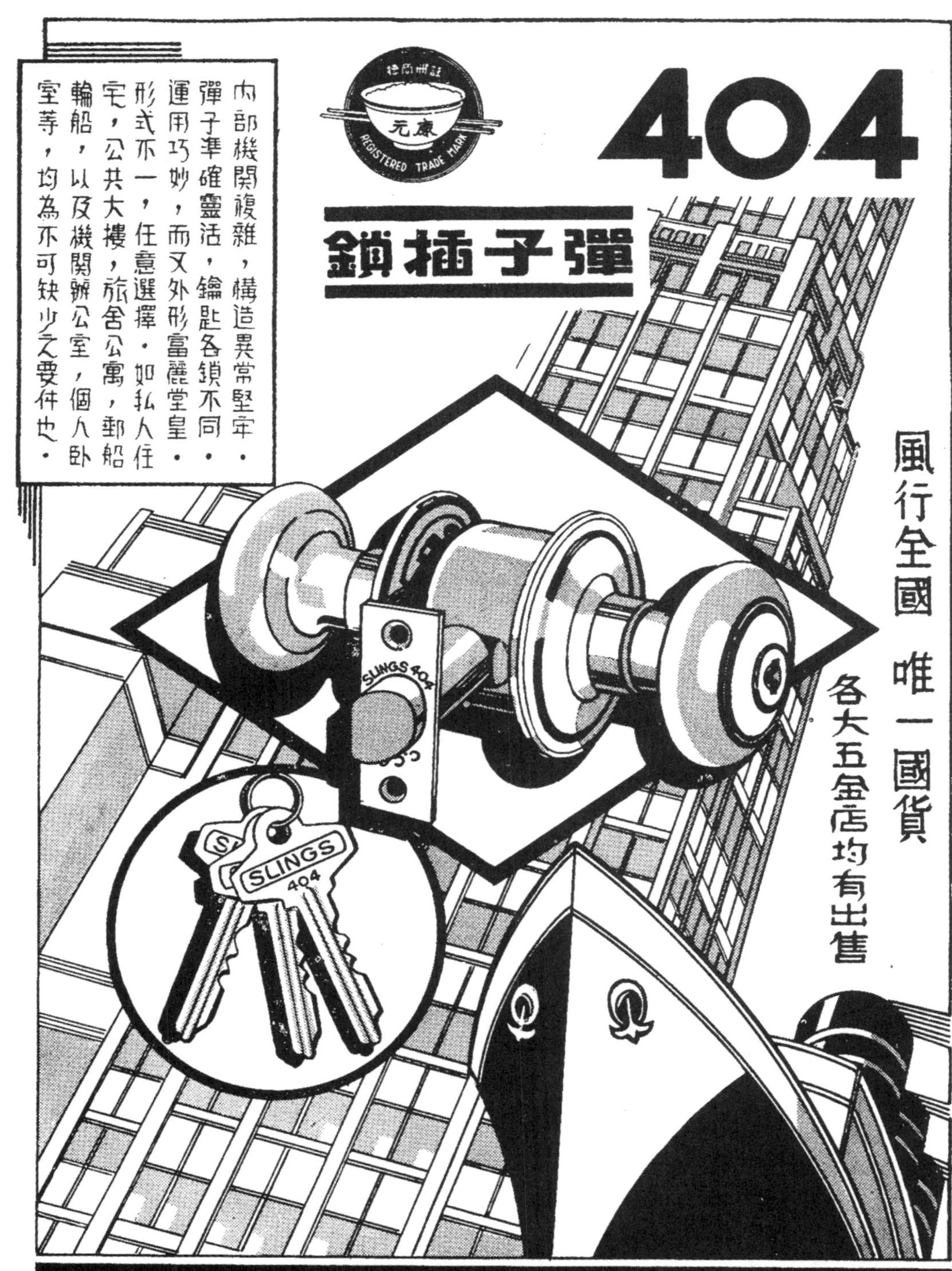

404
彈子插鎖
註冊商標
康元
REGISTERED TRADE MARK
內部機關複雜，構造異常堅牢．彈子準確靈活，鑰匙各鎖不同．．運用巧妙，而又外形富麗堂皇．形式不一，任意選擇．如私人住宅，公共大樓，旅舍公寓，郵船輪船，以及機關辦公室，個人臥室等，均為不可缺少之要件也．
風行全國 唯一國貨
各大五金店均有出售
SLINGS 404
SLINGS 404
康元製罐廠出品
發行所
上海廣東路二四七号
電話一一六一〇

潘榮記

上海汶林路
電話七四五八二

右圖係上海中法實業公司設計之法國郵船公司大廈坐落上海法租界外灘現正由本廠承造

   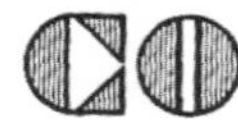

G FOO & CO

ONTRACTORS
INLING, SHANGHAI.
ABLE ADDRESS 9120

營造廠

第一二〇號
電報掛號九一二〇

本廠新承造之其他工程：

西安自來水廠

上海百代公司新廠

本廠經營建築垂二十餘年對於各種大小建築工程俱極專門先後承造之建築工程不下百數十處如蒙委託定能使主顧十分滿意也

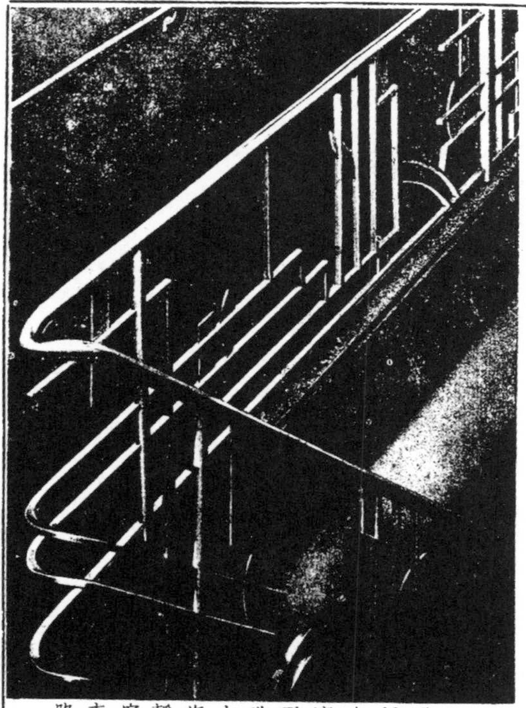

上圖係本廠承造上海靜安寺路四行大廈內部鋁金裝修之一

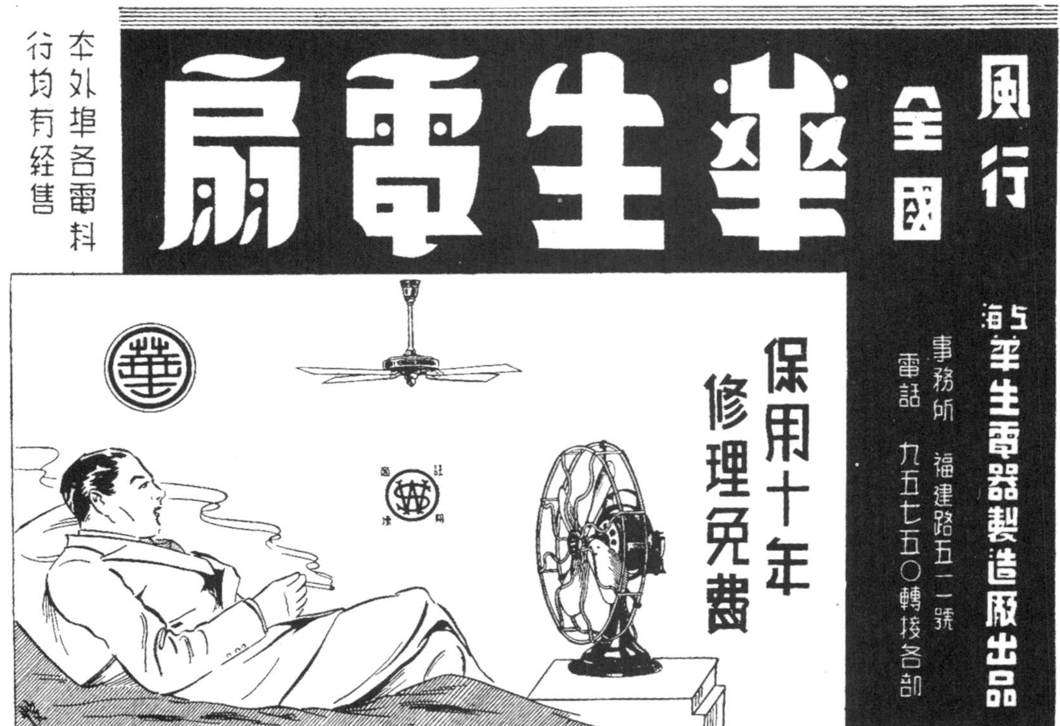

風行全國
華生電扇
本外埠各電料行均有經售
保用十年
修理免費
上海華生電器製造廠出品
事務所 福建路五一一號
電話 九五七五〇轉接各部

久記營造廠

事務所

上海愛多亞路一四七號中滙大樓

電話 八四七一三 八一六九九

總務處

上海南市機廠街二一七號

電話 二二〇二一 二二〇二五

本廠承接
一切鋼骨水泥房屋
鐵路橋樑等
建築工程如
蒙委託估價承造
竭誠服務

THE KOW KEE CONSTRUCTION CO.

Town office:
Chung Wai Bank Building,
147, Avenue Edward VII.
Tel. 84713 / 81699

Factory,
217 Machinery Street,
Nantao.
Tel. 22021 / 22025

英國倫敦柏雷兒油漆有限公司

始創於西歷一八五二年

本公司出品『西摩近』水門汀漆，質堅耐久，光澤鮮豔，頗適宜於塗刷新水泥，鋼骨混凝土及磚牆面等。並監製鴨牌各色磁漆，上白油漆，貢藍，魚油，凡立水，紅丹及各色調合漆等。存貨充足，倘荷賜顧，無任歡迎之至。

註冊商標

老鴨牌

全部外牆及一部份內牆採用"西摩近"水門汀漆之倫昌漂染刷花公司新廠

全部外牆面採用『西摩近』水門汀漆及內牆採用鴨牌油漆之法工部局喇格納小學

總經理

上海英豐洋行

北京路一〇六號　電話一三六三六號

避水 防潮 ？ ？

建築物之地下層，貯藏室，屋面，水池，水塔等最易漏水。水泥地面及牆垣等易生潮氣。與衛生甚有妨礙。故避水防潮爲業主及建築師亟欲解決之問題。自「雅禮避水漿」發明後。此煩惱之問題卽迎刃而解。

「雅禮避水漿」係本廠發明。獨家專利製造。其功效不特能使一切水泥建築物防水避潮。且能延長其壽命。用時祇須將「雅禮避水漿」用水化開。和入三合土內卽可。手續異常簡單。而定價低廉。尤得建築界之熱烈歡迎。只需「用量—水泥一桶重量四百磅。只需「雅禮避水漿」一加侖（八磅）卽水泥重量百份之二。

近來市上發現有以石灰或小粉漿等物混充「避水漿」低價出售。此等物質毫無避水功效自不待言。而貽誤工程匪淺。敝廠爲證明雅禮出品之宏大功效起見。特將所辦較大之避水工程列表於下。購辦時幸認明雅禮製造廠出品之「樹葉」商標爲要。

「雅禮避水漿」與油毛毡比較具有下列之優點

（一）用法簡便省工省時

（二）年久不致腐爛而失其避水功效

（三）凡油毛毡不能施工之處（如山洞等）雅禮避水漿俱可應用

（四）油毛毡避水工程如不幸漏水修理非常困難用避水漿之工程則不然

雅禮避水工程一覽表

△本埠工程

中國銀行　花旗銀行　美國學堂　上海市銀行　廣東銀行　大陸商場　五州藥房第二廠　法商總會游泳池　中西藥房　上海女子銀行屋頂及浴間　融光大戲院　夏光酒精廠　兩江女校　市政府博物館　市政府寄宿舍　市政府市立醫院　申報館　國際飯店　江海銀行　金城大戲院　中匯銀行　亞洲飯店　同濟大學　四馬路總巡捕房　安利洋行

光明染廠　市政府　市政府　綸昌印花廠　漁市場　跑馬廳　上海火車站　南市上海醫院　天盛陶器廠

△外埠工程

南通大生紡織公司　瀏河太嘉寶醫院　杭州水利局　南通電廠　杭州電廠

△南京

三汊河水閘　江蘇農民銀行　三汊河水閘抽水機　山東省政府駐京辦事處　意國領事公館　孔部長公館　劉繼成公館　張公館　許公館

國立編輯館　江南汽車公司　助產醫院　財政部　東關抽水機　中央樂園　蒙藏委員會　宋部長公館　江南水泥廠　津浦鐵路龍頭房　何部長公館　金公館　三民印務局　中央博物院　大華影戲院　自來水廠　譚公館　國立戲劇音樂院　中央農業實驗所　導淮委員會　中南銀行　財政部庫房

△南昌

中國銀行　交通大廈　洪都招待所　省政府發電廠

本廠之出品一覽

避水漿—能使一切水泥建築避水，避潮，耐久

避水漆—爲修理各種白鐵或水泥屋面之理品

膠珞油—能使水泥屋面之微孔壙塞而省去油毛毡

紙筋漆—專嵌各種裂縫及修補銹爛之白鐵用

透明漆—可使牆垣避水而不變原有之色澤

避水粉—能使一切水泥建築，避潮，耐久

保木油—能使木料免蛀防腐

保地精—能使鬆脆之水泥地面堅硬耐久

敵水鑪—能使水泥增加膠合力及堅硬迅速

避潮漆—新水泥建築用，專使牆垣避免潮氣

快燥精—能使普通水泥快燥一倍，冬季可免冰凍

特快精—（卽「快加」）能使水泥於數秒鐘內堅結

△本廠印有出品說明書及「建築避水法」小冊函索卽寄▽

本廠除製造避水材料外。特設工程一部。專任各種避水工作舉凡一切漏水屋面。牆垣。地坑。水塔水池等。本廠完全負責。務使賜顧者不必再感漏水問題之煩惱。

上海雅禮製造廠

南京路大陸商場六二二號　電話九〇〇五一

華東總經理　大陸商行　南京新街口大陸銀行三樓　南昌中正路

華南總經理　駐粵國貨建築材料聯合辦事處　廣州惠福東路四十四號

華中總經理　公平行　漢口湖北街金城里街面十四號

第五卷第一期（四週紀念特大號）

目錄

插圖

譯著

專載

廣告索引

C.S.
振蘇磚瓦公司
上海靜安寺路六八八弄二號　電話三一八六〇號
第一廠址　崑山南鄉張浦港口電話第二百〇五號　第二分廠址　崑山南鄉蘇州河西吳淞港北岸
本公司營業已十有餘載廠設崑山南鄉自建最新式德國窰兩座近因出貨供不應求特設第二分廠於吳淞港北岸更添購機械專造機製各種空心磚青紅平瓦西班牙式筒瓦及機製牛踏泥製各種青磚紅磚無不質料細韌烘製適度是以堅固遠出其他磚瓦之上且價格底廉交貨迅速久爲各大建築公司營造廠家所贊許推爲上乘爭相購用信譽照著茲將敝公司出品種類及各種價目開列於下如承賜顧竭誠歡迎請逕於上海總公司接洽可也此請
台鑒
振蘇磚瓦公司附啓
立法院
金城銀行
大舞台
百樂門跳舞場
麥特赫司脫公寓
中國銀行宿舍
金城銀行
大陸銀行
國華銀行
永安公司新屋
中國銀行分行
浙江興業銀行
上海銀行第二堆棧
特區法院新監
證券交易所
大陸商場
德士古火油棧
光華火油棧
申新紗廠
永安紗廠
公益紗廠
公大紗廠
裕豐紗廠
華生電氣廠
大生紗廠
富安紗廠
寶五洋棧
茂昌堆棧
豫康堆棧
華華中學
中央研究院
動物研究院
榮金大戲院
北火車站
四明別墅
靜安別墅
金城別墅
模範邨
南京
南京鼓樓
九江路
愚園路
靜安寺路
南京
江西路
九江路
北京路
南京路
同孚路
北京路
蘇州路
北新涇
漢口路
南京路
定海橋
高橋
宜昌路
吳淞
曹家渡
軍工路
楊樹浦
周家嘴路
南通
崇明
甘肅路
十六浦
光復路
愚園路
亞爾培路
愛文義路
康悌路
界路
愚園路
靜安寺路
靜安寺路
福煦路
郵政匯業局
衛樂園
兆豐別墅
四明邨
綠楊邨
大陸新邨
古拔新邨
和合坊
天樂坊
鴻運坊
來安坊
愚園坊
聯安坊
逢吉里
福煦坊
愛文坊
甚安里
興業里
永安里
興業里
同福里
均益里
德仁里
福綏里
百祿里
正明里
蘭威里
恆豐里
恆德里
四達里
大通里
多福里
恆茂里
懋益里
同昌里
興業里
泰安里
承德里
南京
海格路
白利南路
巨籟達路
康腦脫路
施高兌路
古拔路
霞飛路
斜橋路
愛多亞路
新閘路
愚園路
愚園路
南京路
福煦路
愛文義路
同孚路
霞飛路
北四川路
天主堂街
靜安寺路
界路
浙江路
天津路
大西路
赫德路
湯恩路
施高塔路
赫德路
施高塔路
白克路
福煦路
八仙橋
山海關路
海寧路
施高塔路
山西路
蘇州觀前

公和洋行建築師最初獻擬之中國銀行總行新屋圖

Primary Suggestion of the New Building for the Bank of China by Messrs. Palmer & Turner.

中國銀行新廈舉行奠基典禮宋子文氏演說時攝影

A speech given by Mr. T. V. Soong in the occasion of laying the corner stone to the new premises of the Bank of China.

最後錄用之圖案

Final Suggestion of the New Building.

公和洋行建築師
陸謙受建築師 聯合設計
陶桂記營造廠承造

Messrs. Palmer & Turner,
Mr. H. S. Luke } Associated Architects.
Dao Kwei Kee, Contractor.

基礎工程的進展

Foundation works in hand.

地下層鋼筋

Reinforcing the Basement.

Steel Structural Works in Progressing.

Erecting Steel Structures at Rear Portion.

工作進至第五層

Construction up to fourth floor.

工作進展時之又一影

Another view shows working in progressing.

庫房鋼圈之構紮

Interior Spiral Reinforcement for the Largest Strong Room in the Far East.

鋼架到頂

Reach the Summit.

View taken from the rear.

大塔之近影

Close view shows the huge tower.

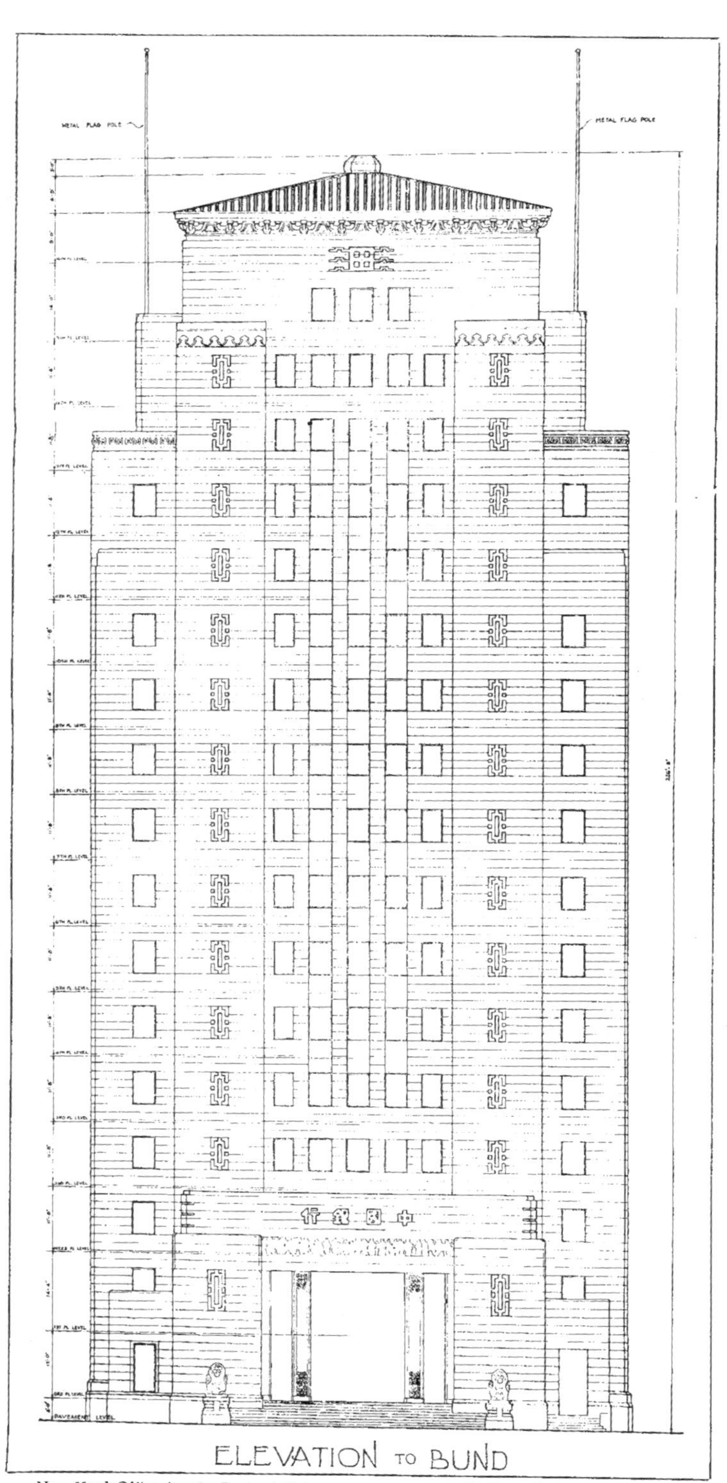

New Head Office for the Bank of China.

中國銀行總行大廈正面圖

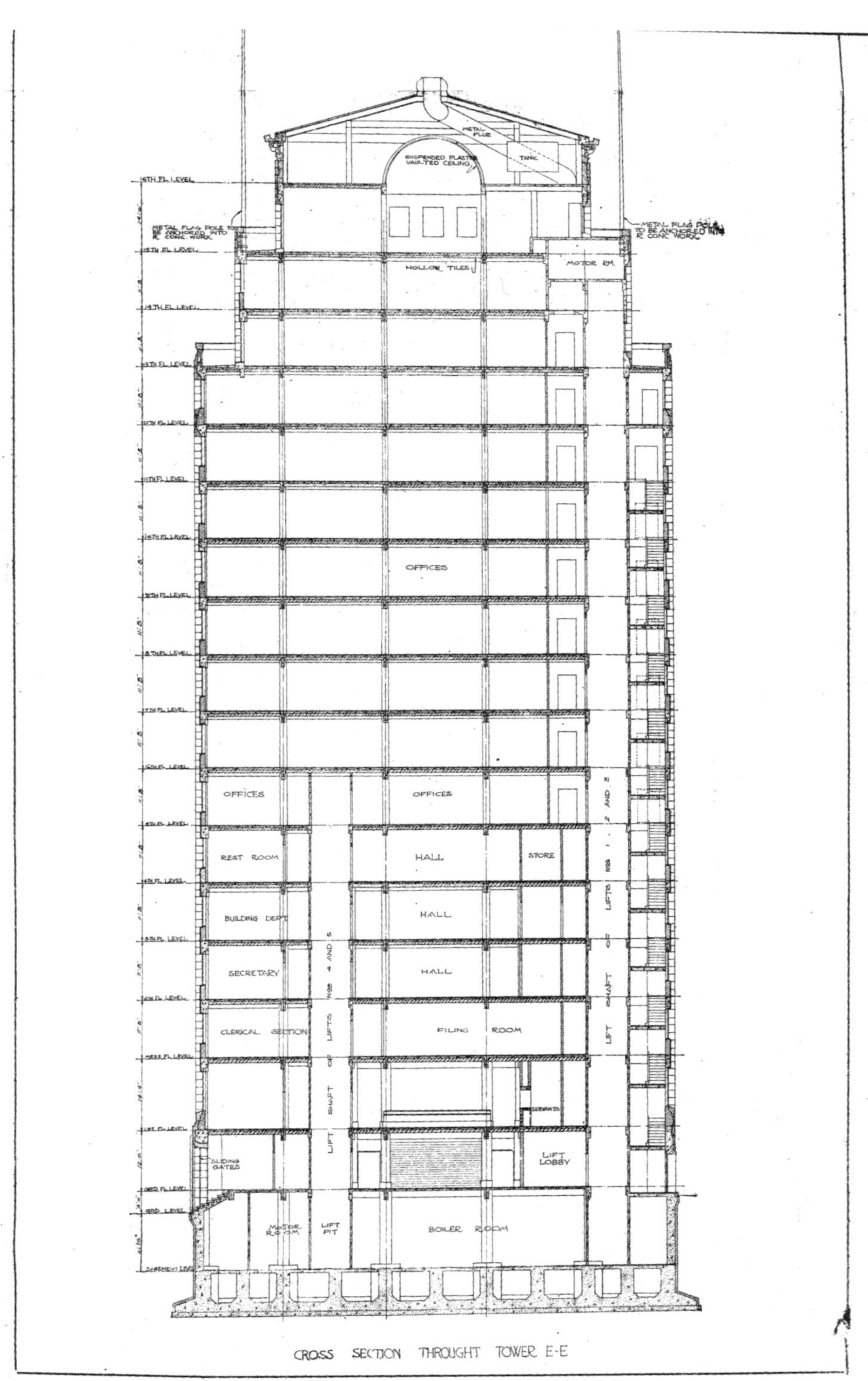

New Head Office for the Bank of China. 中國銀行總行大廈剖面圖

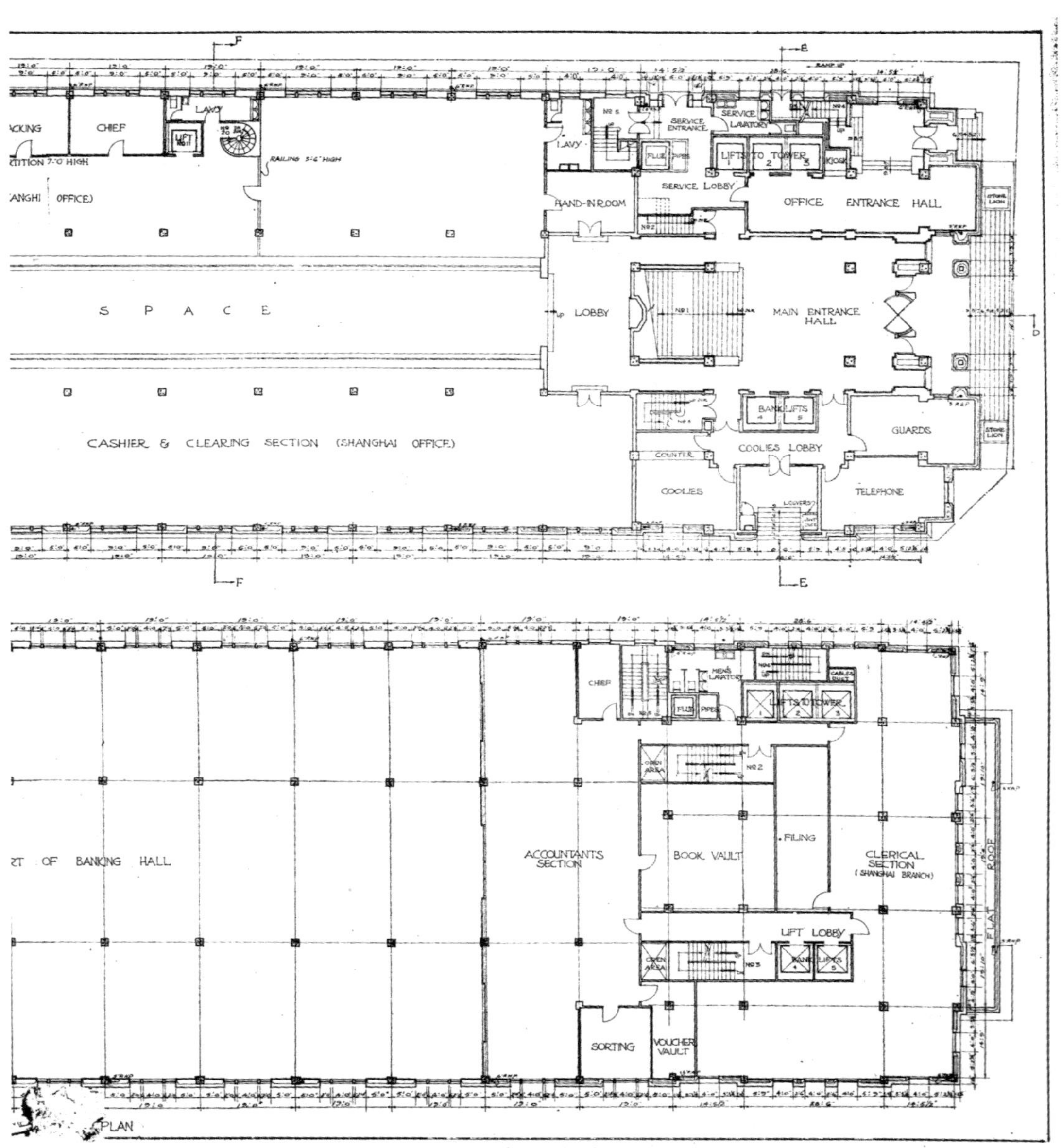

中國銀行總行大廈下層平面圖及夾層平面圖

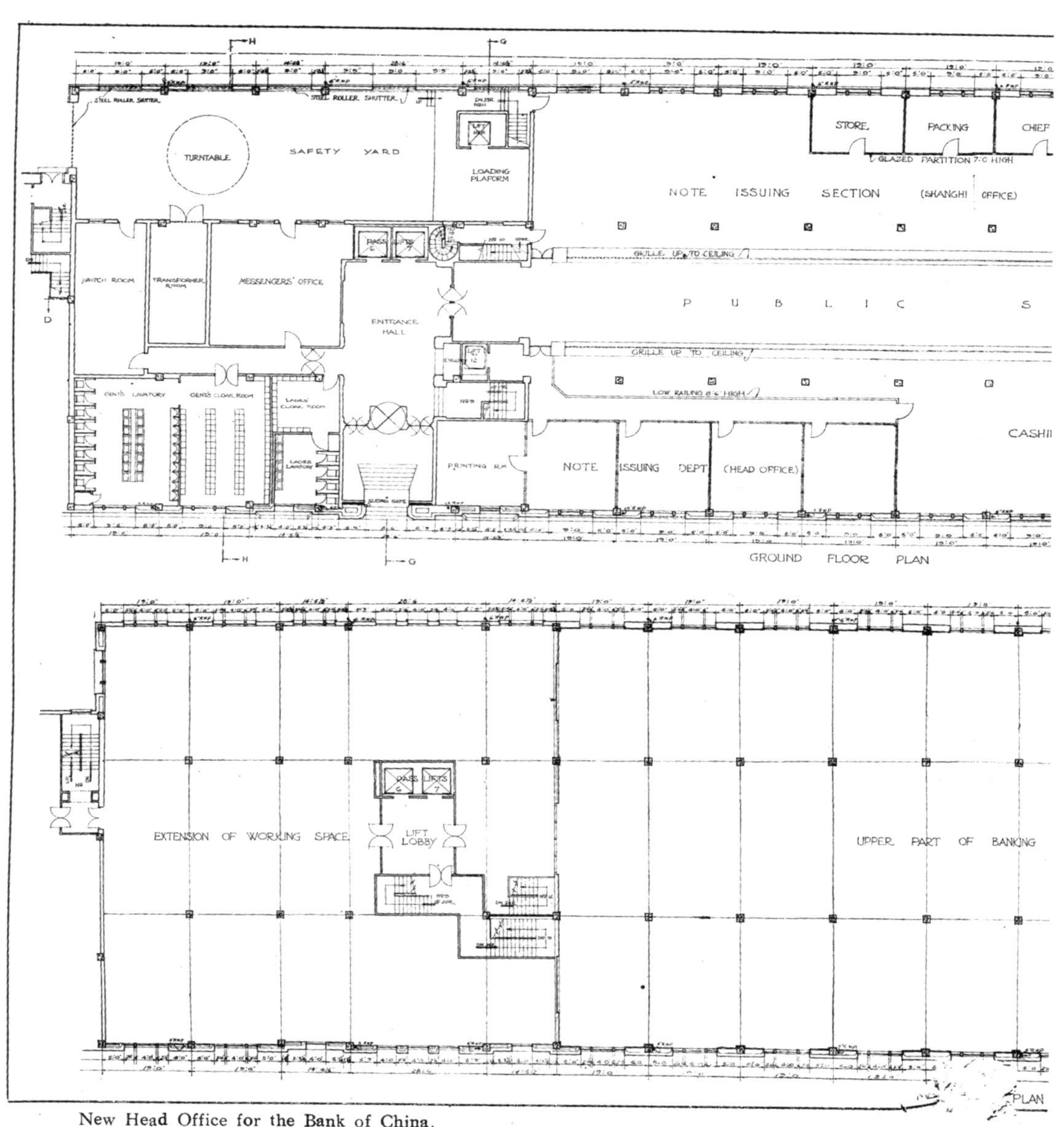

New Head Office for the Bank of China.

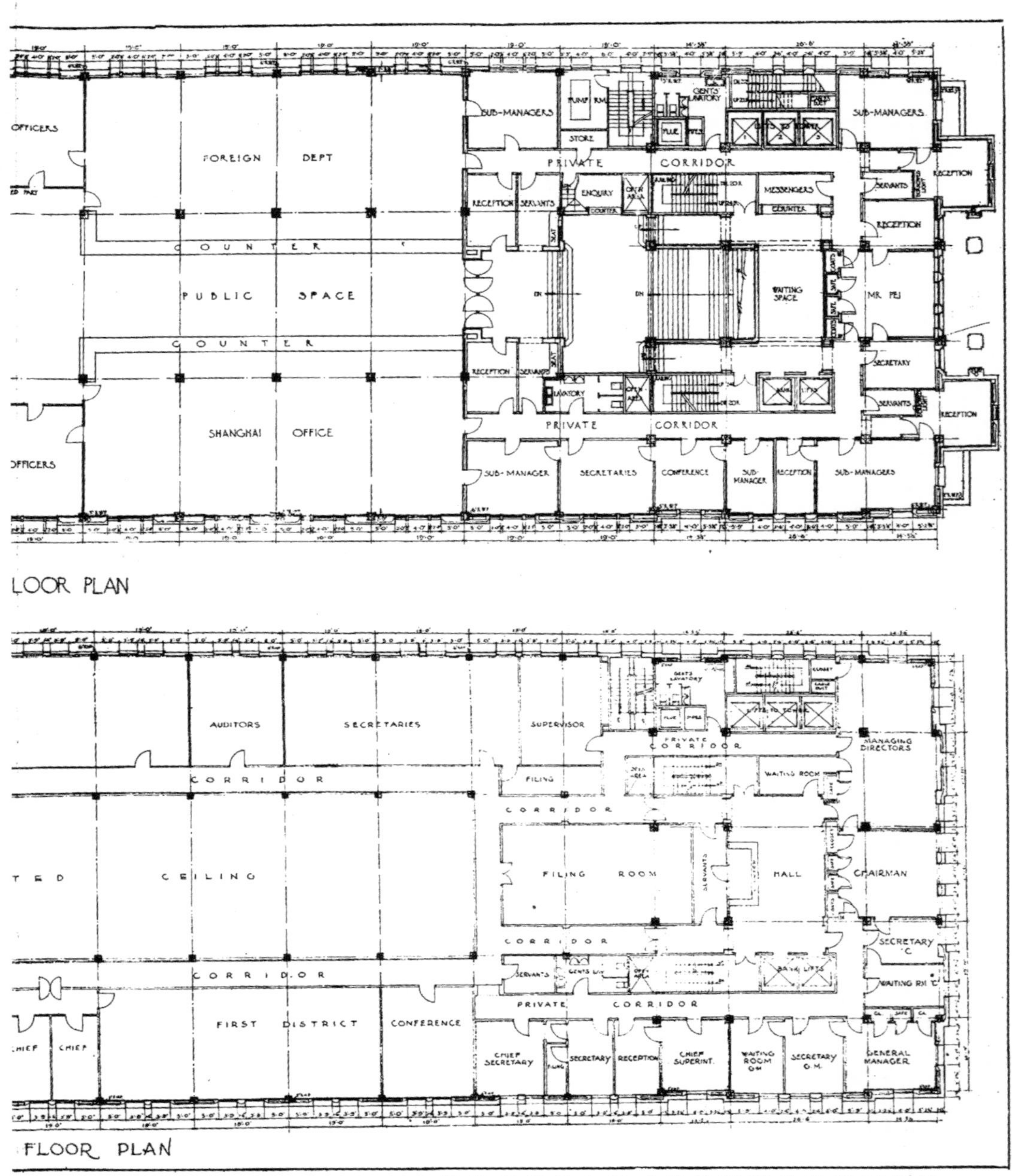

中國銀行總行大廈二層平面圖及三層平面圖

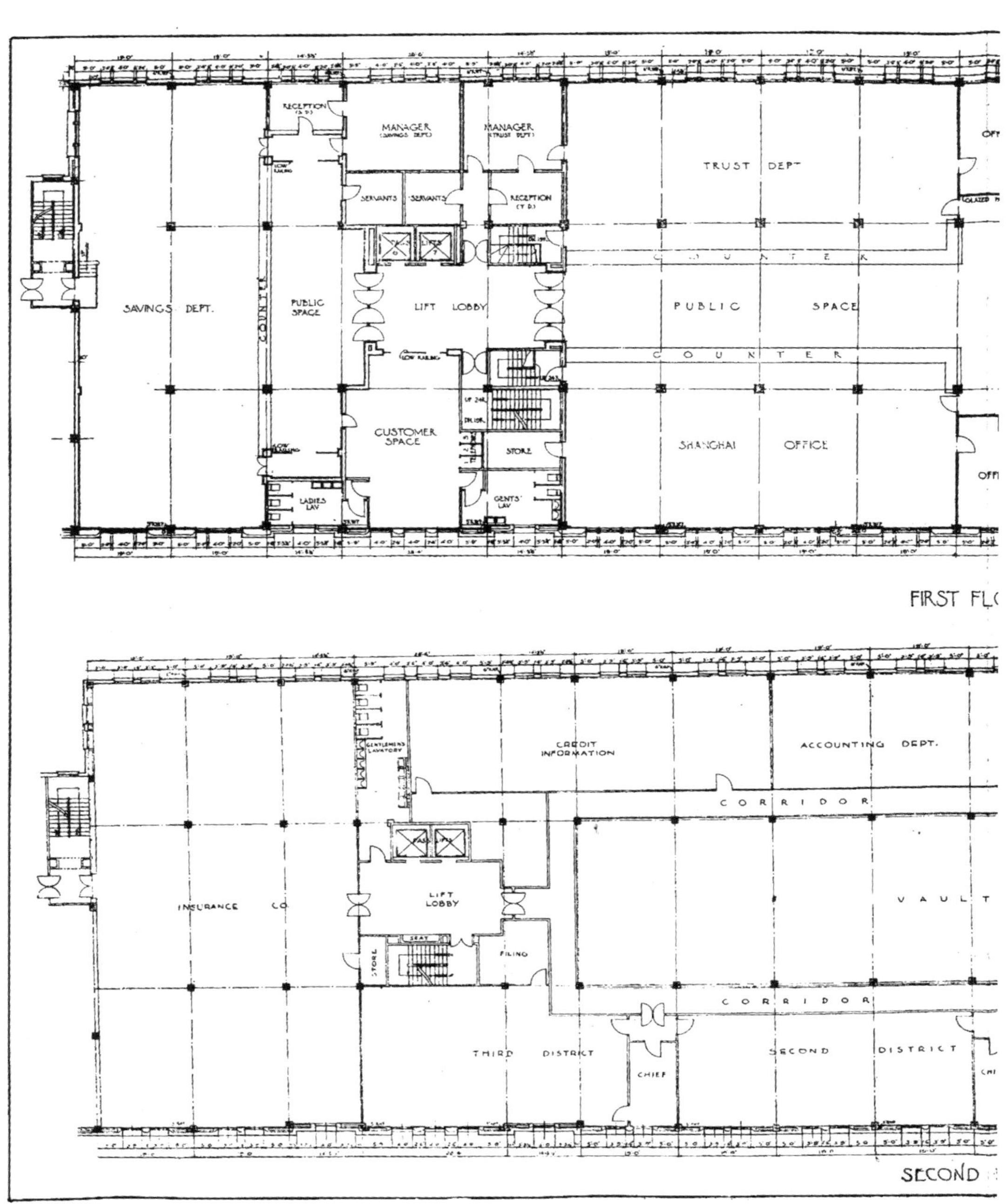

New Head Office for the Bank of China.

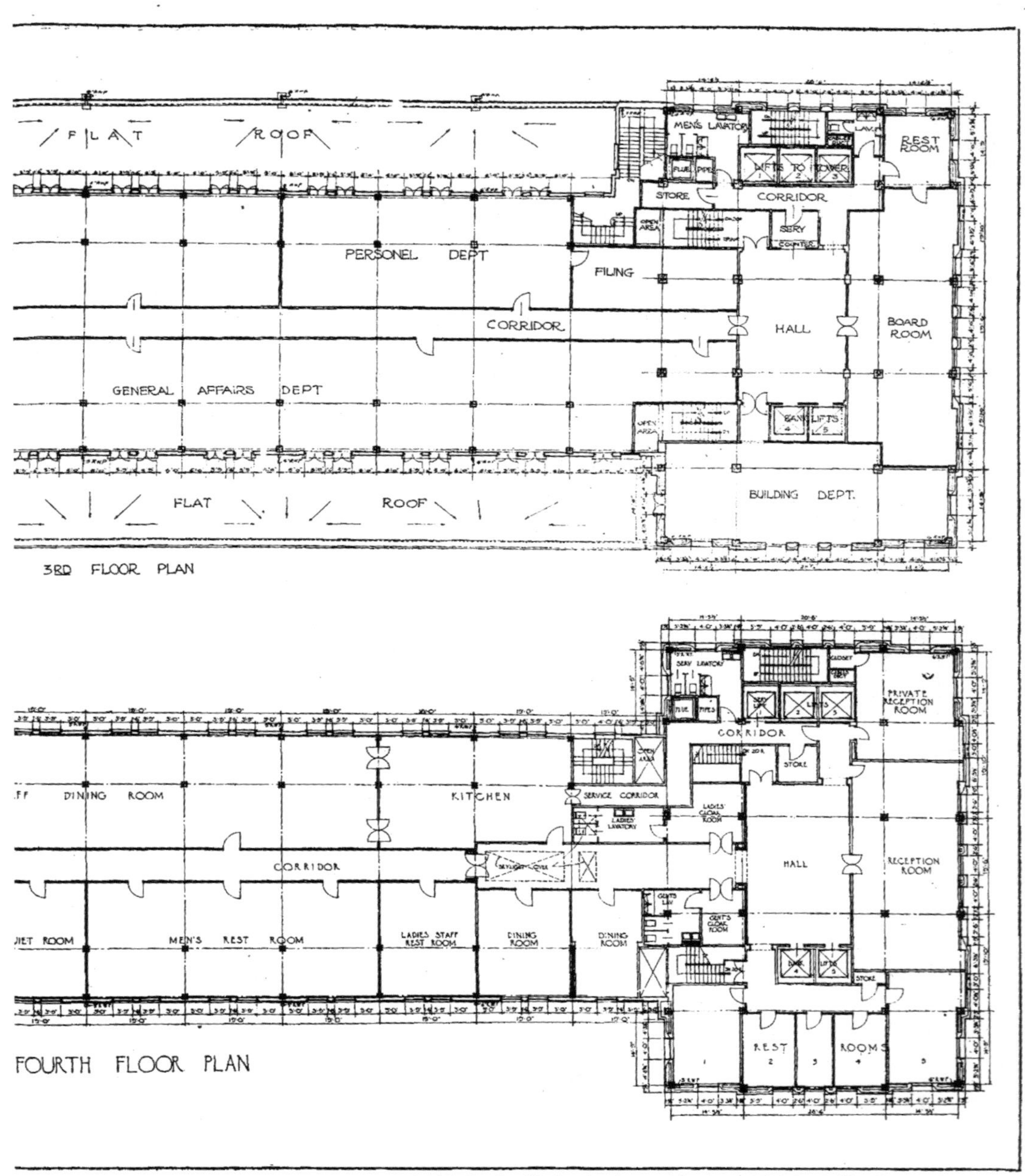

中國銀行總行大廈四層平面圖及五層平面圖

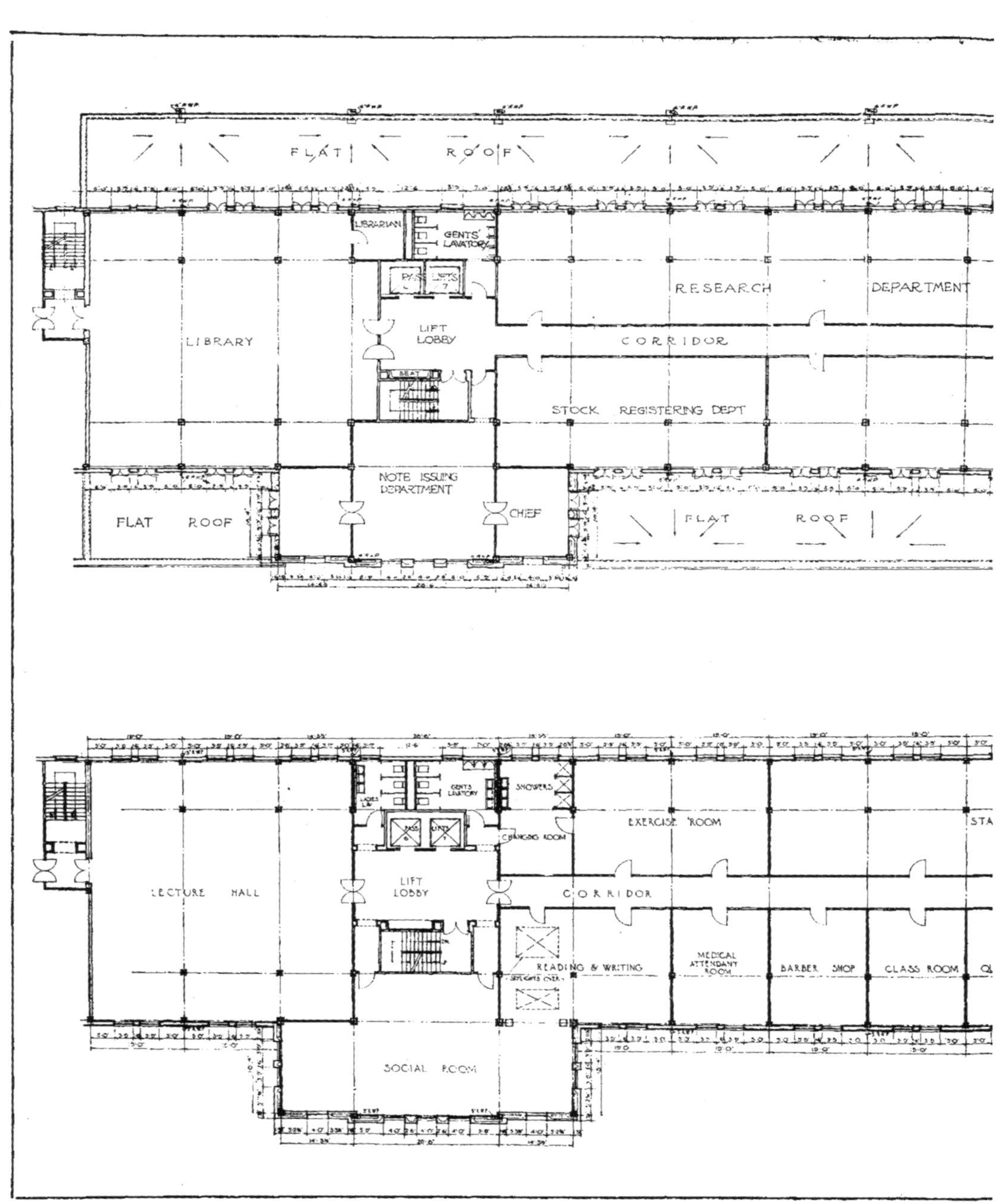

New Head Office for the Bank of China.

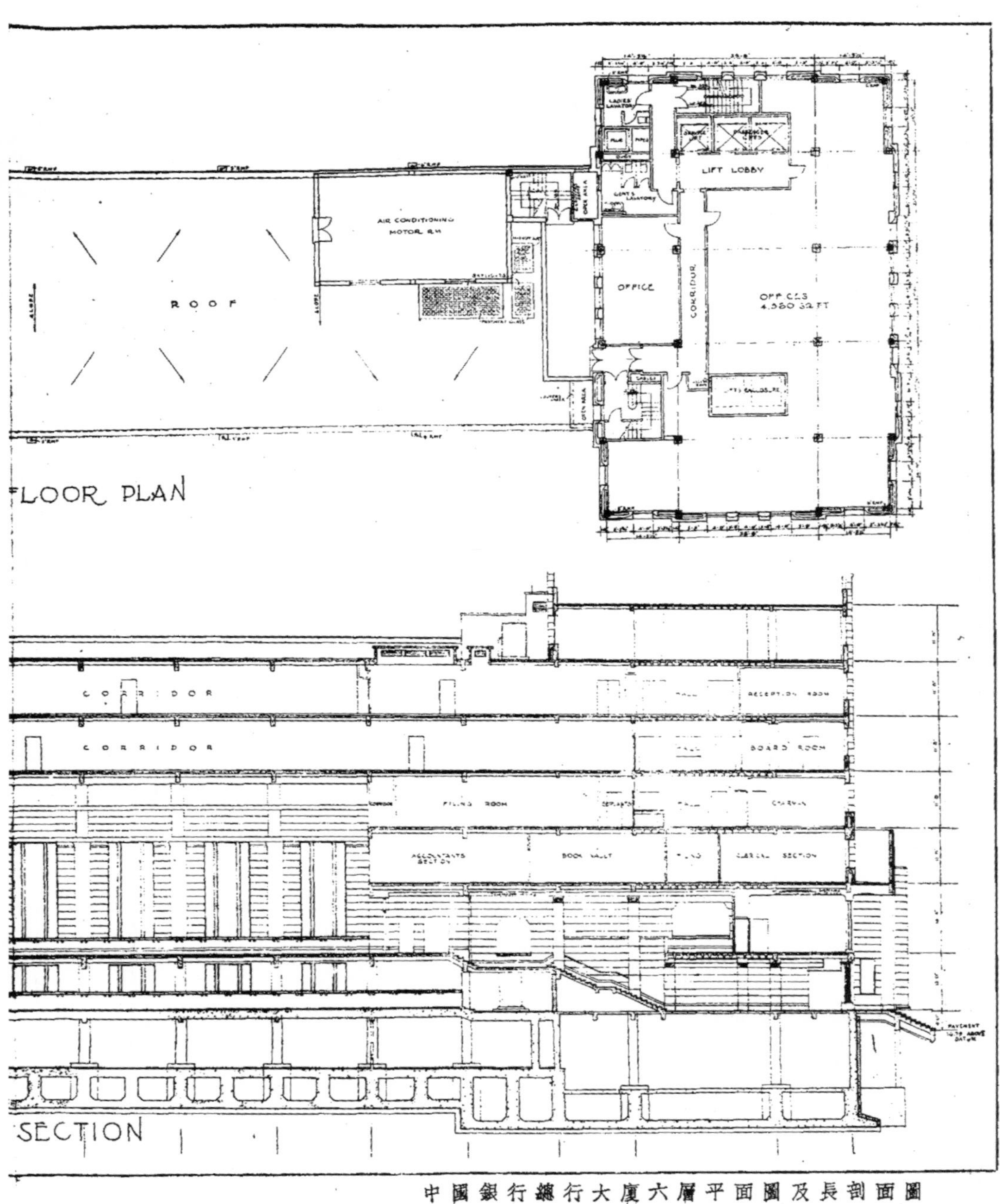

中國銀行總行大廈六層平面圖及長剖面圖

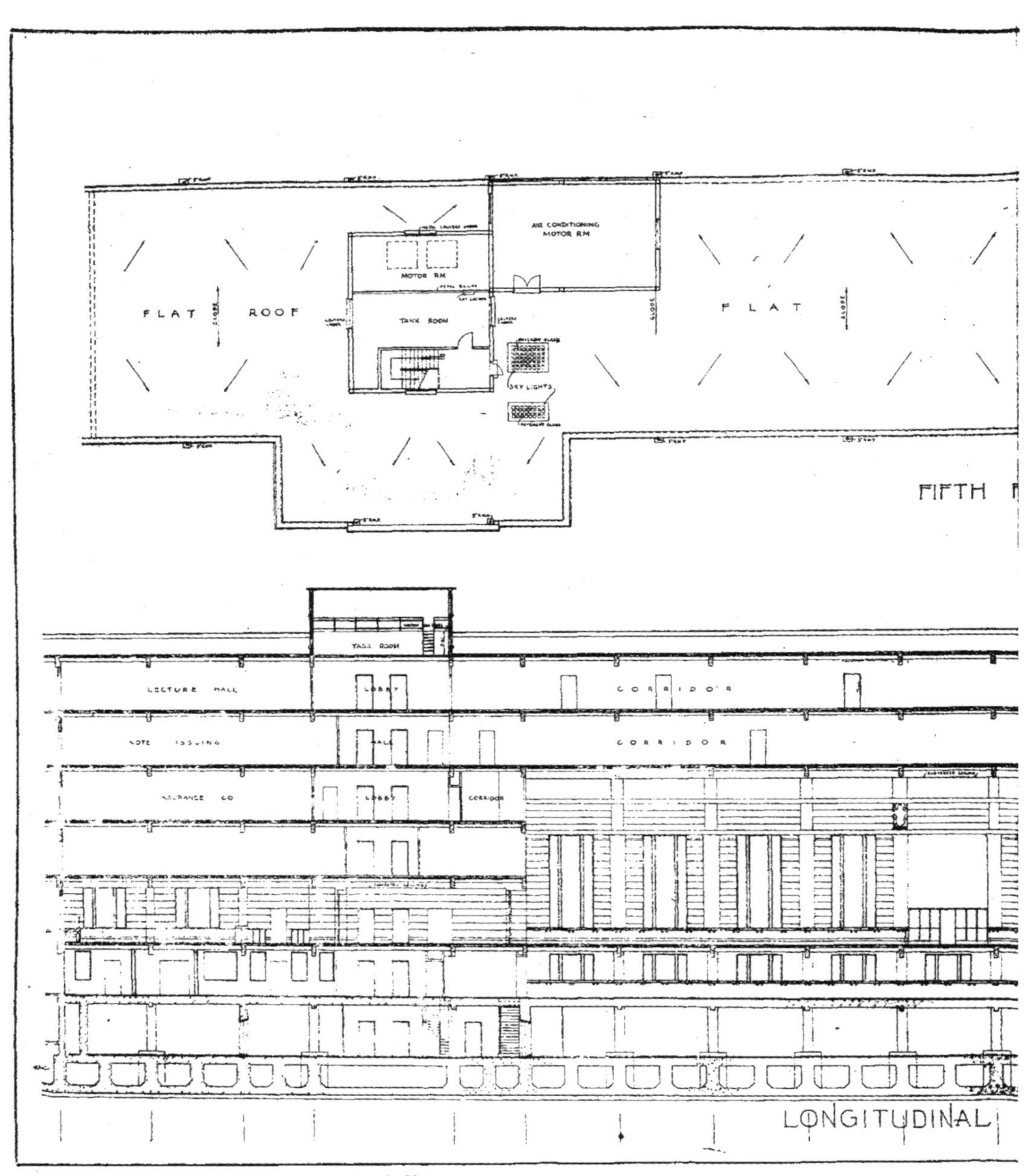

New Head Office for the Bank of China.

New Head Office for the Bank of China.

SIXTH TO TENTH FLOOR PLAN

ELEVENTH FLOOR PLAN

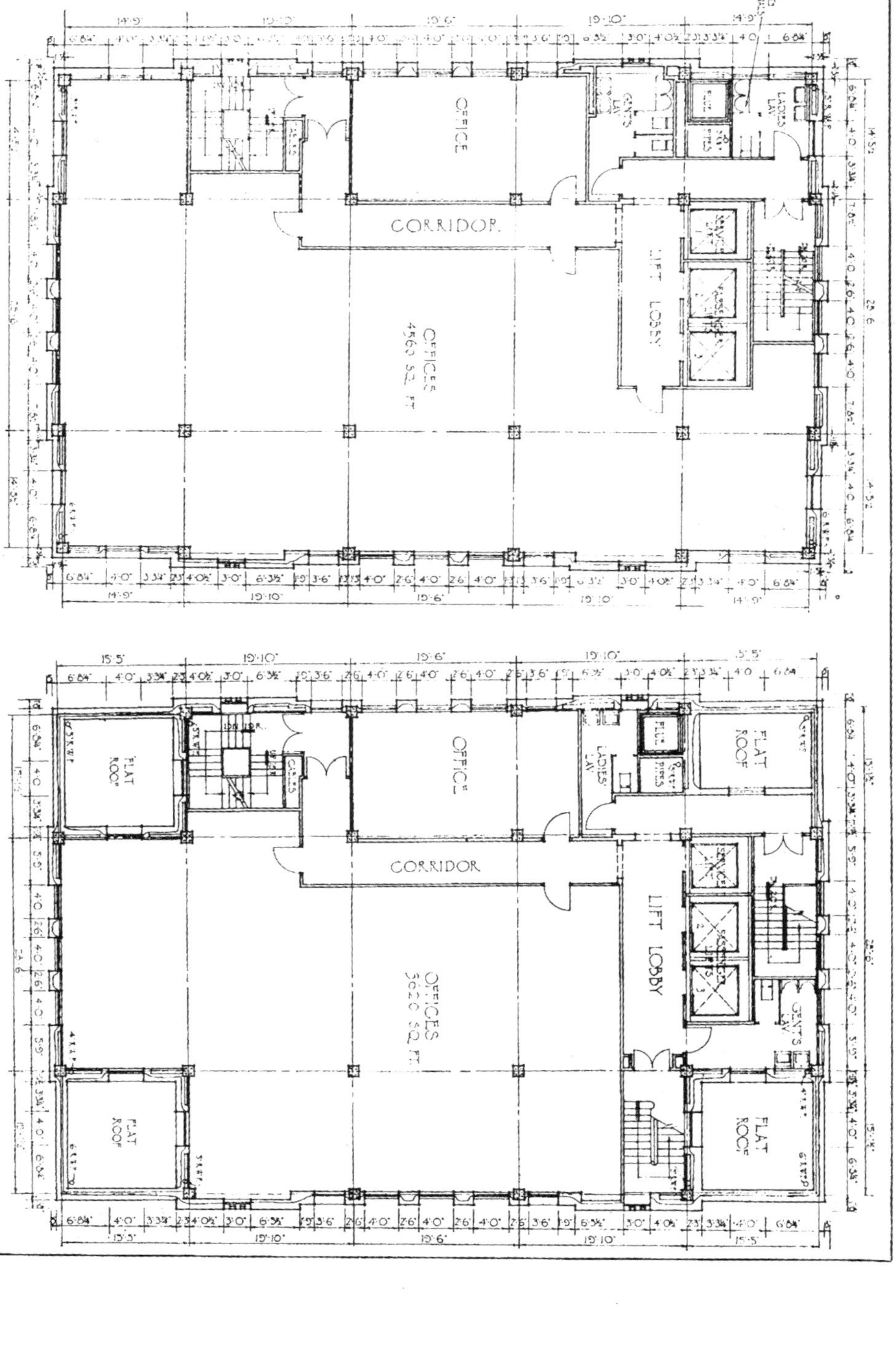

中國銀行總行大廈七層至十一層平面圖及十二層平面圖

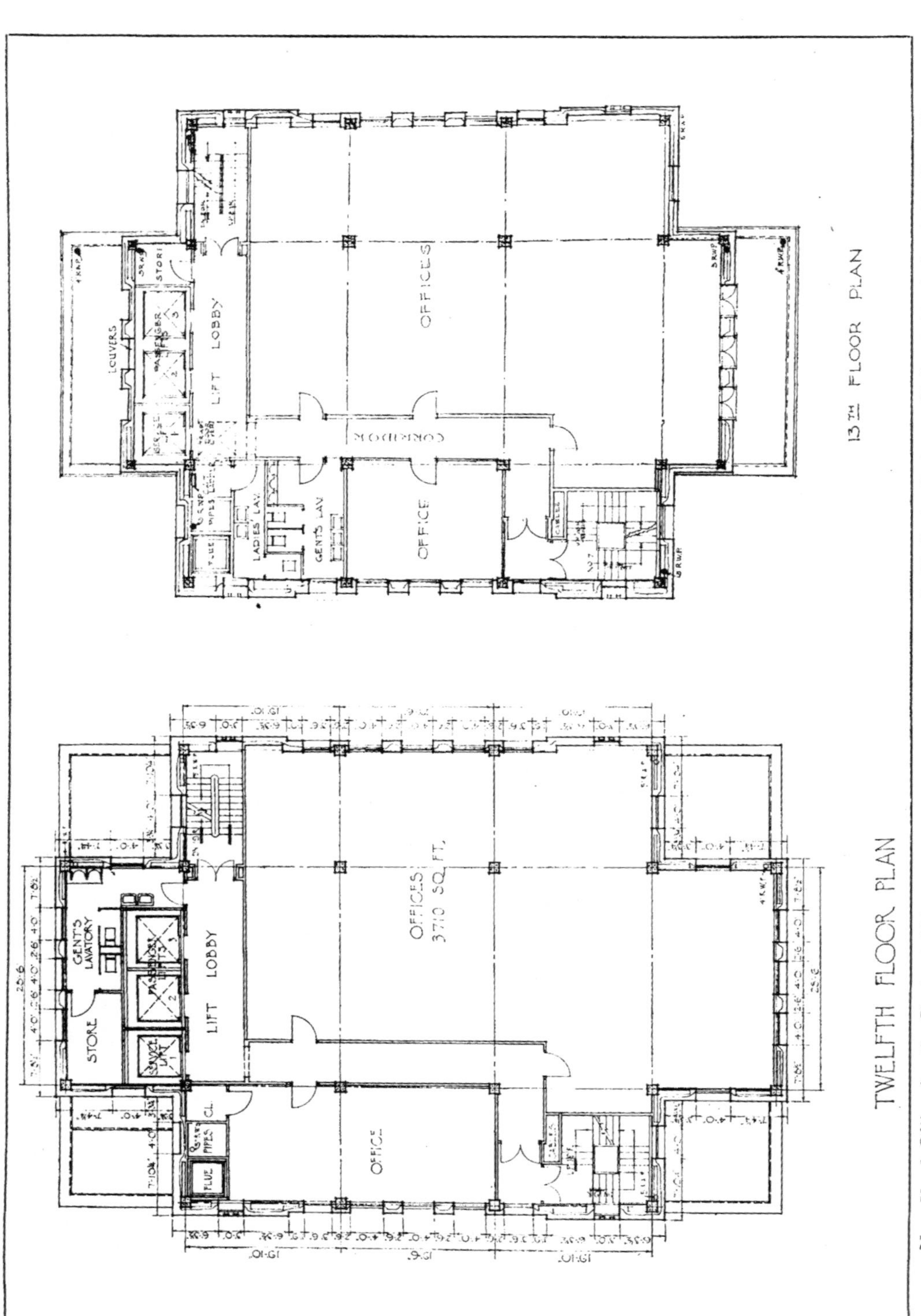

New Head Office for the Bank of China.

中國銀行總行大廈十二層及十四層平面圖

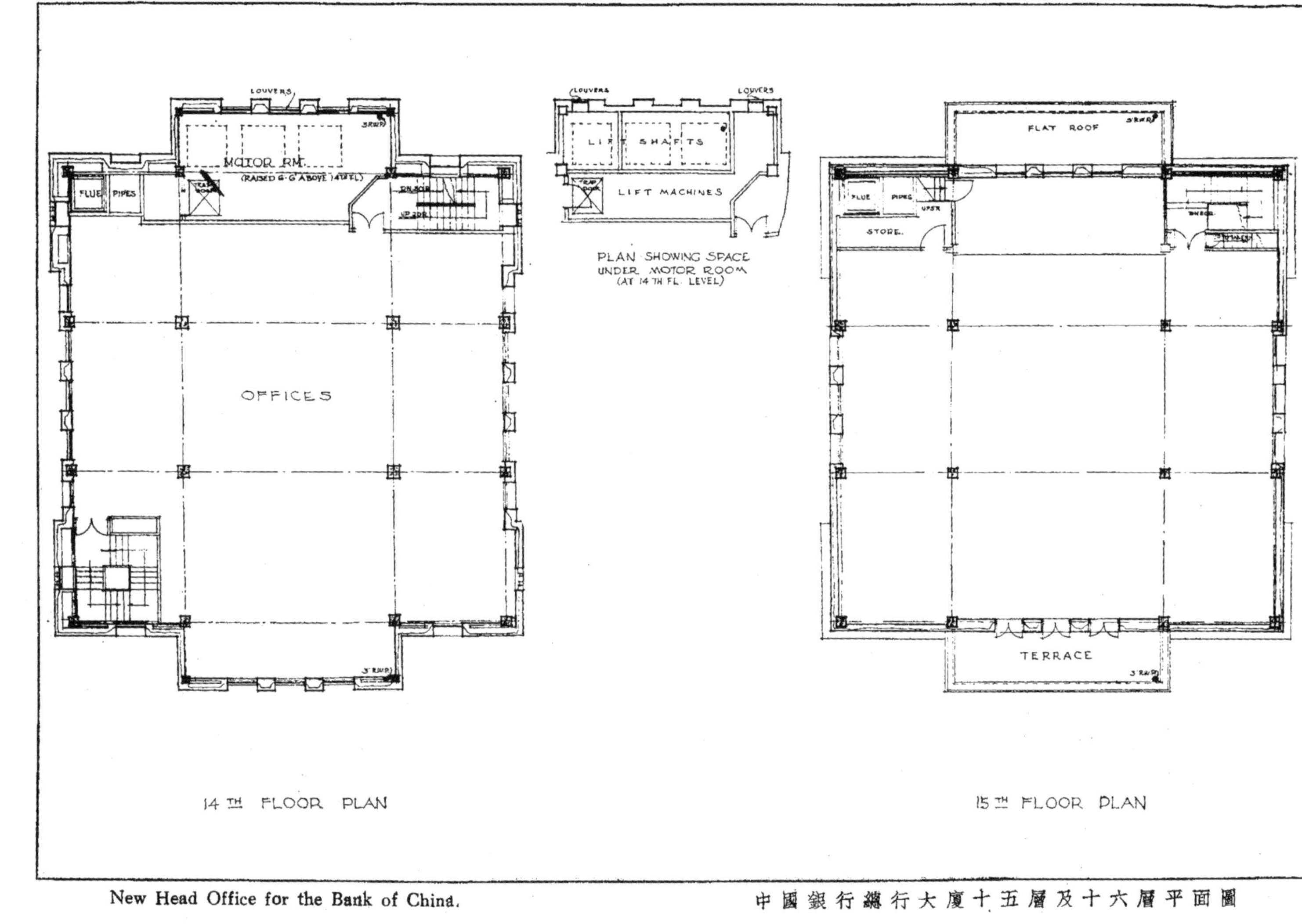

New Head Office for the Bank of China.

中國銀行總行大廈十五層及十六層平面圖

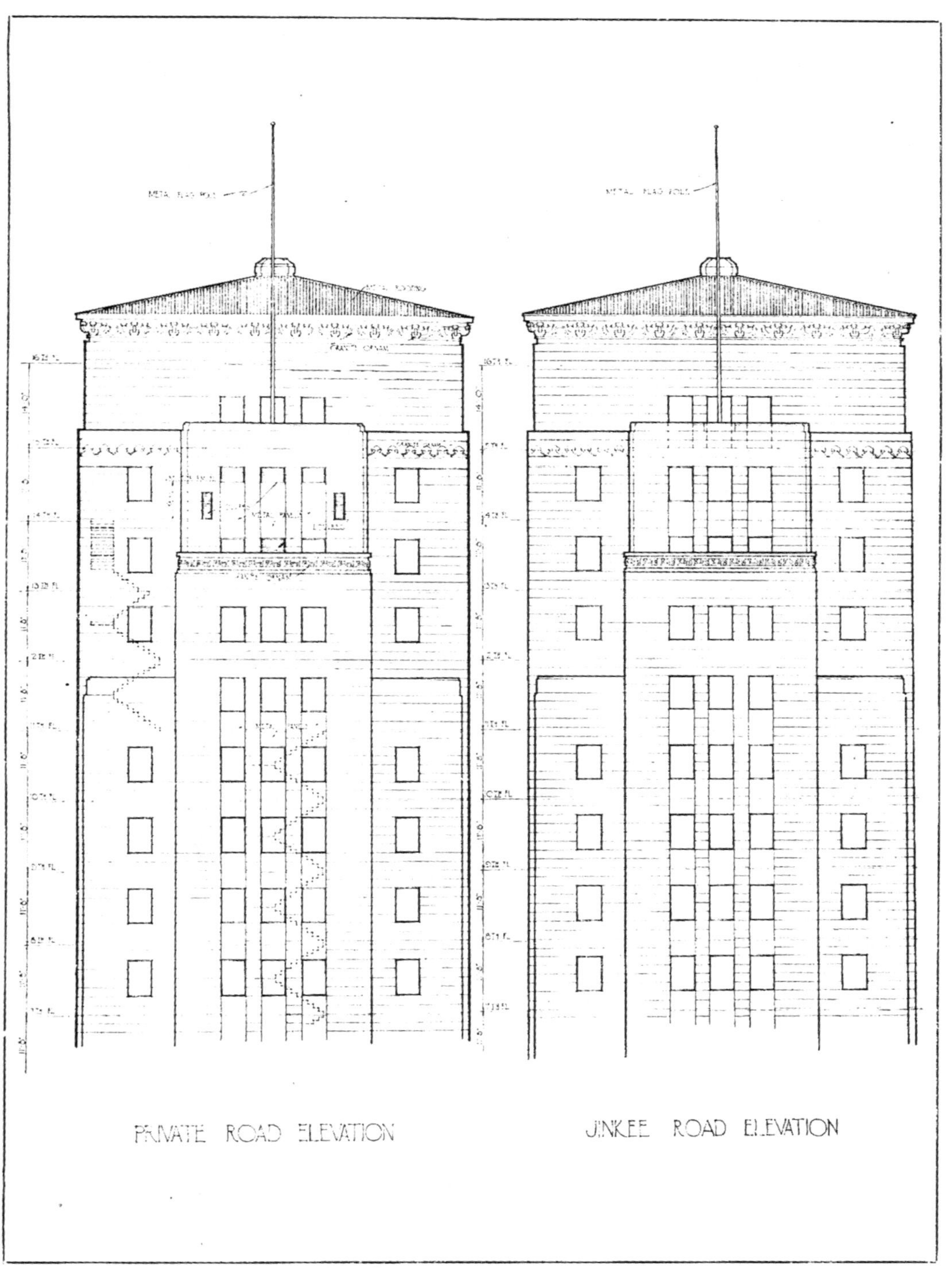

New Head Office for the Bank of China. 中國銀行總行大廈側面圖

中國銀行總行大廈側面圖

New Head Office for the Bank of China.

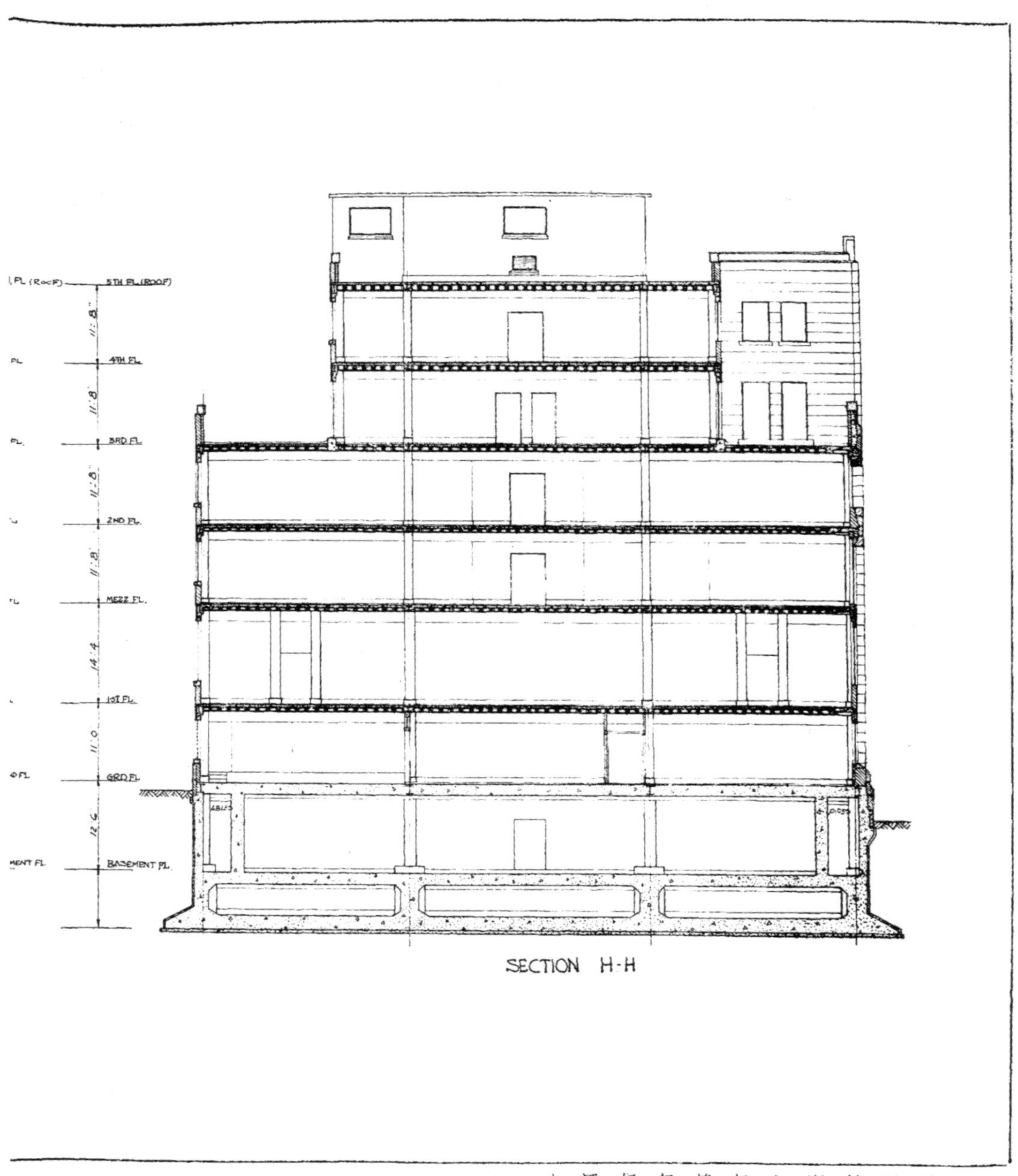

中國銀行總行大廈剖面圖

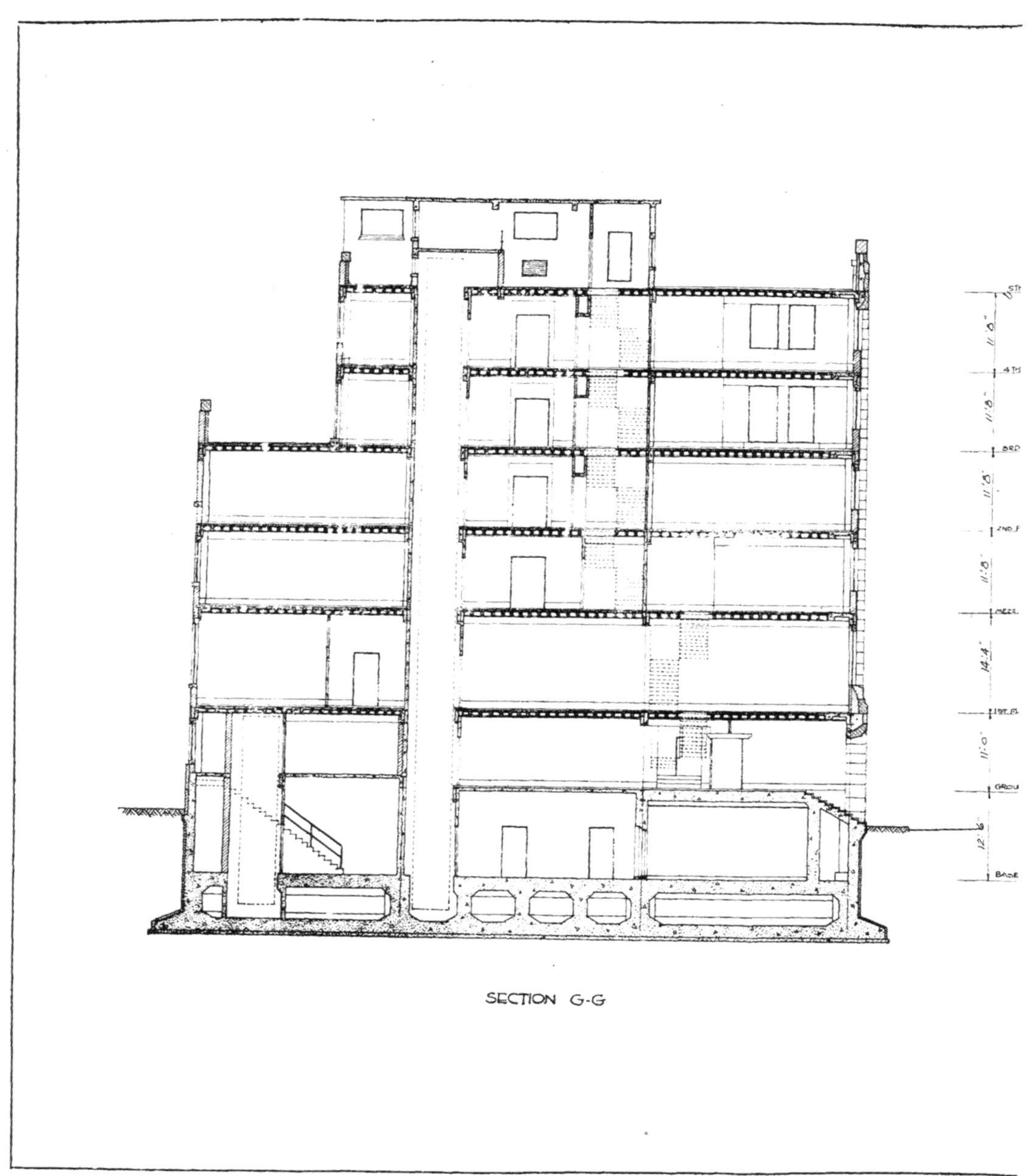

New Head Office for the Bank of China.

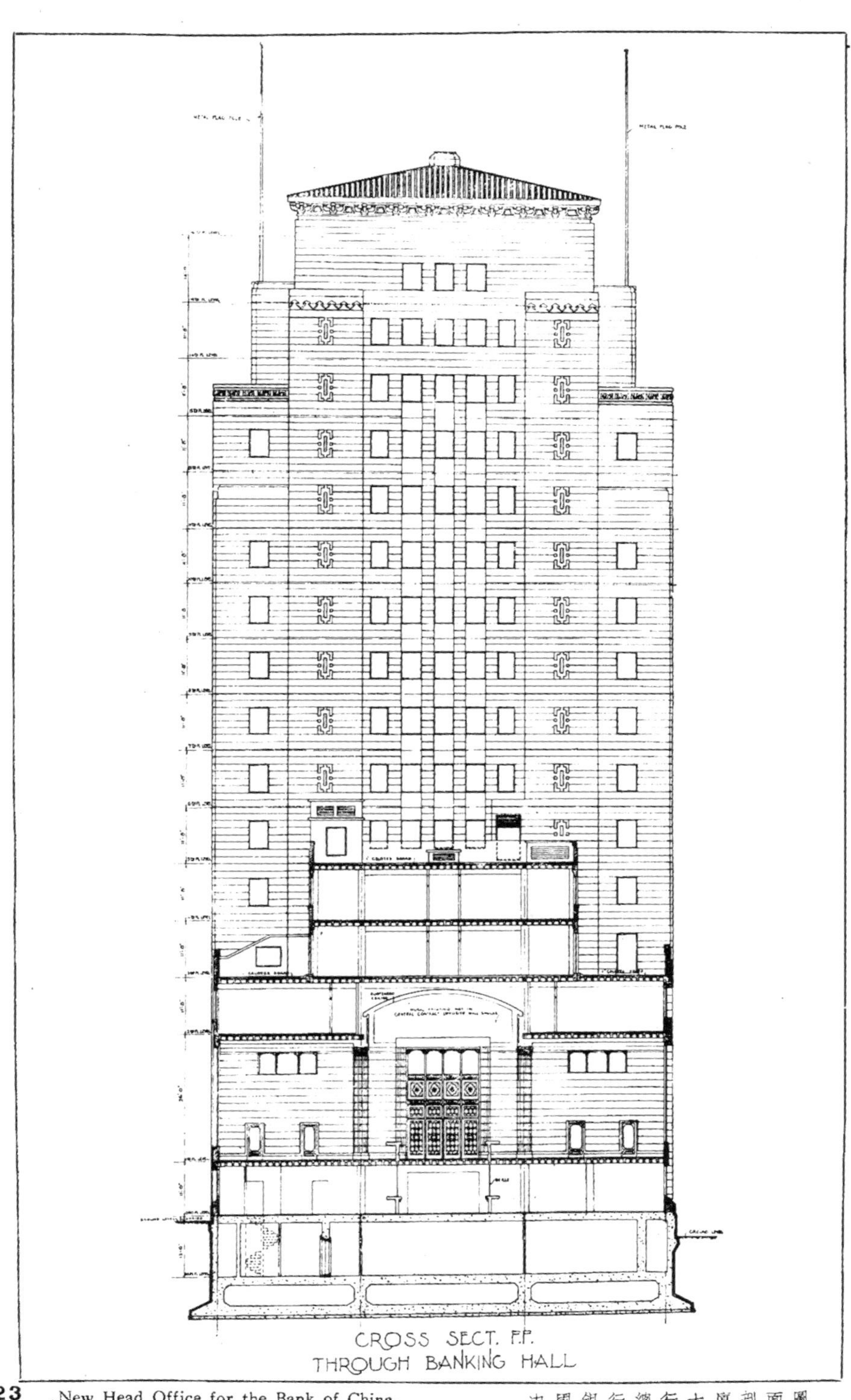

23 New Head Office for the Bank of China.　中國銀行總行大廈剖面圖

聚興誠銀行新廈預誌

述

本埠聚興誠銀行因業務發展，原有行屋不敷應用，特斥資百萬，在九江路江西路角興建十四層大廈，約於明歲四月可以落成。此新建築之設計者，爲著名之基泰工程司。特徵頗多，最著者爲一宋代式之亭子，矗立於距離街面之十層樓上，在熱鬧城區，飾以古代建築，在該行實開其先聲；有此點綴，實增風韻不少。

新建築之中部，高離街面一百九十尺，冠以鐘樓，高凡三層。中部之兩翼，各高十層，頂綫中國宮殿建築之雙層屋簷。外用淺黃式之大理石，屋頂之亭及收進處之屋簷，配以藍色瓦之頂，相互映輝，更感宋代建築之雍容華貴，倍覺渾穆。落成後，銀行部佔用三層，爲下層，地下層及夾層等。營業部份如信託部儲蓄部及銀行部等，均在下層，內部佈置，悉遵古式。將由江西路九江路角大門進出。自二樓起係爲出租寫字間，由江西路進出。有二高速度電梯及一運輸梯，專司升降，以求便利。全部建築裝有空氣調節機云。

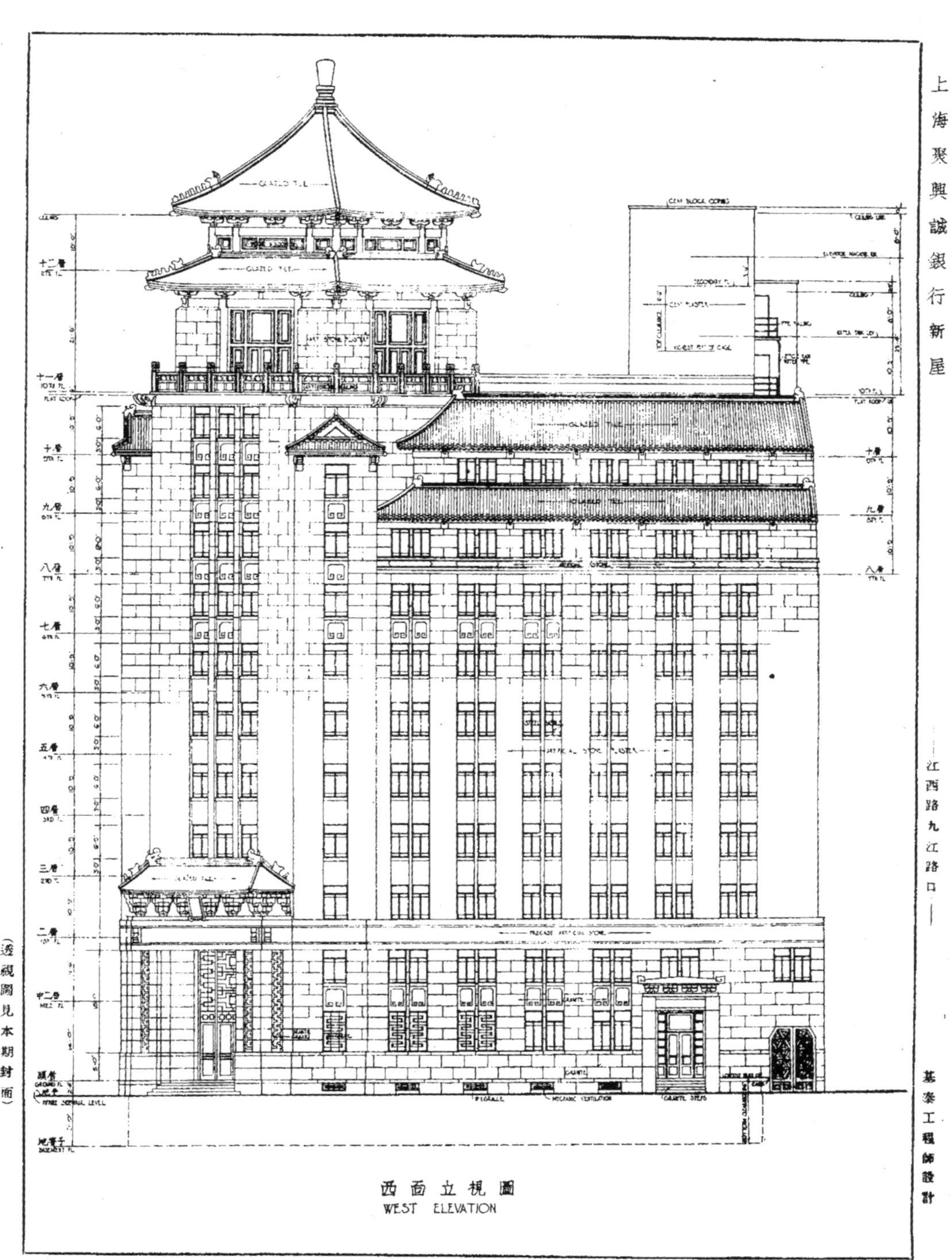

西面立視圖

WEST ELEVATION

New Building of the Young Brothers Banking Corporation, Kiangse and Kiukiang Roads, Shanghai.

Kwan, Chu & Yang, Architects.

上海聚興誠銀行新屋

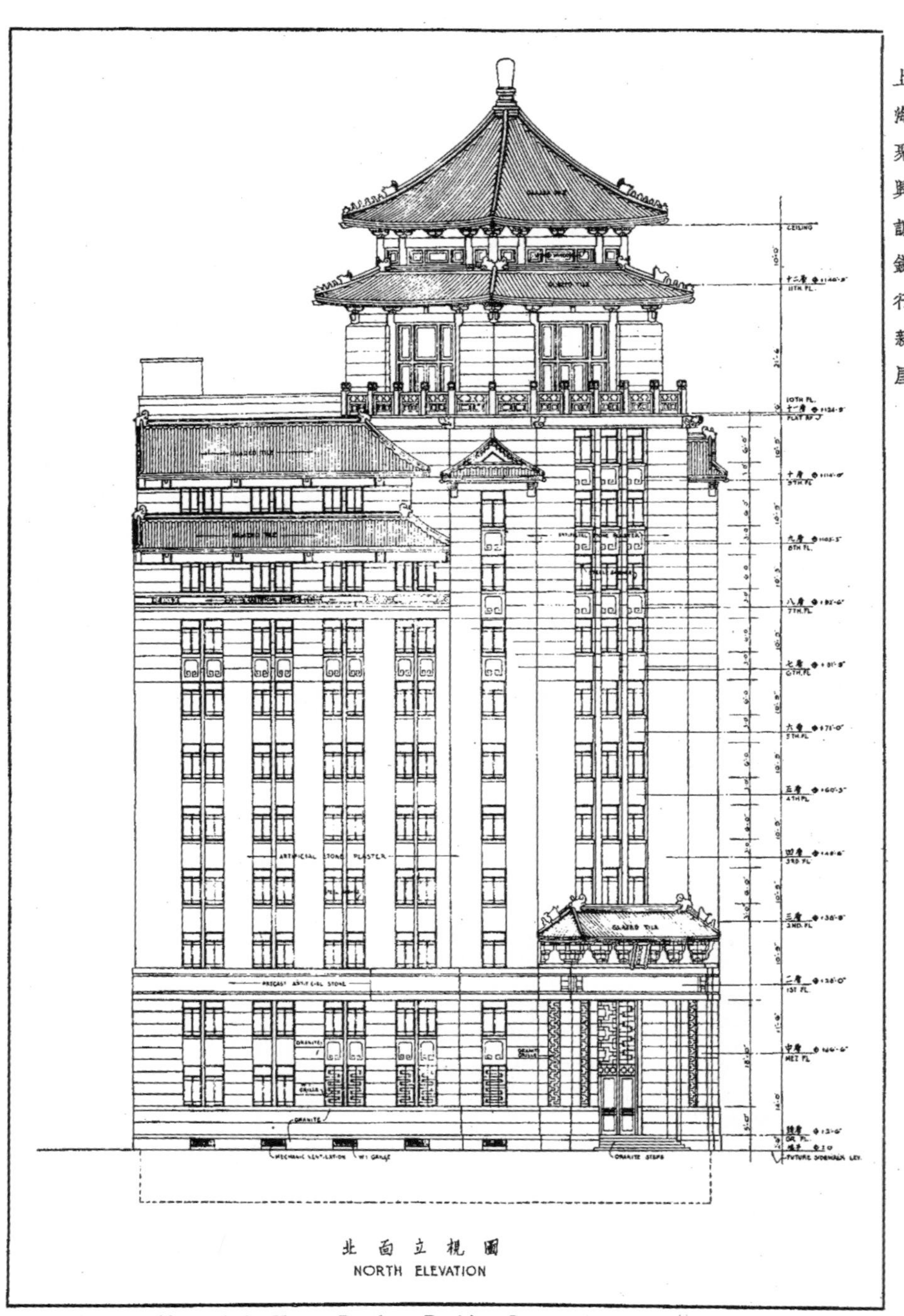

New Building of the Young Brothers Banking Corporation.

上海聚興誠銀行新屋

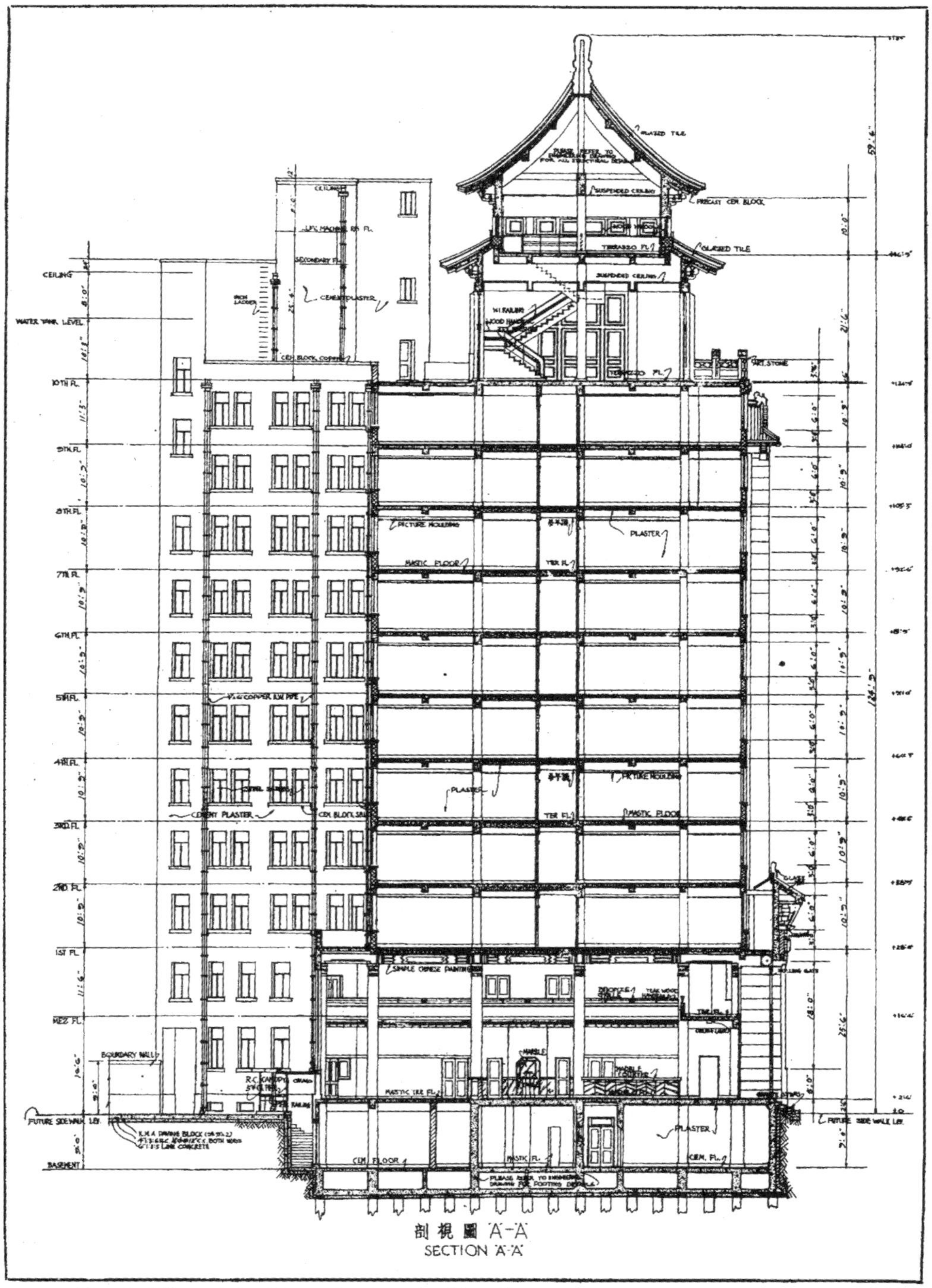

剖視圖 'A-A'

SECTION 'A-A'

New Building of the Young Brothers Banking Corporation.

上海聚興誠銀行新屋

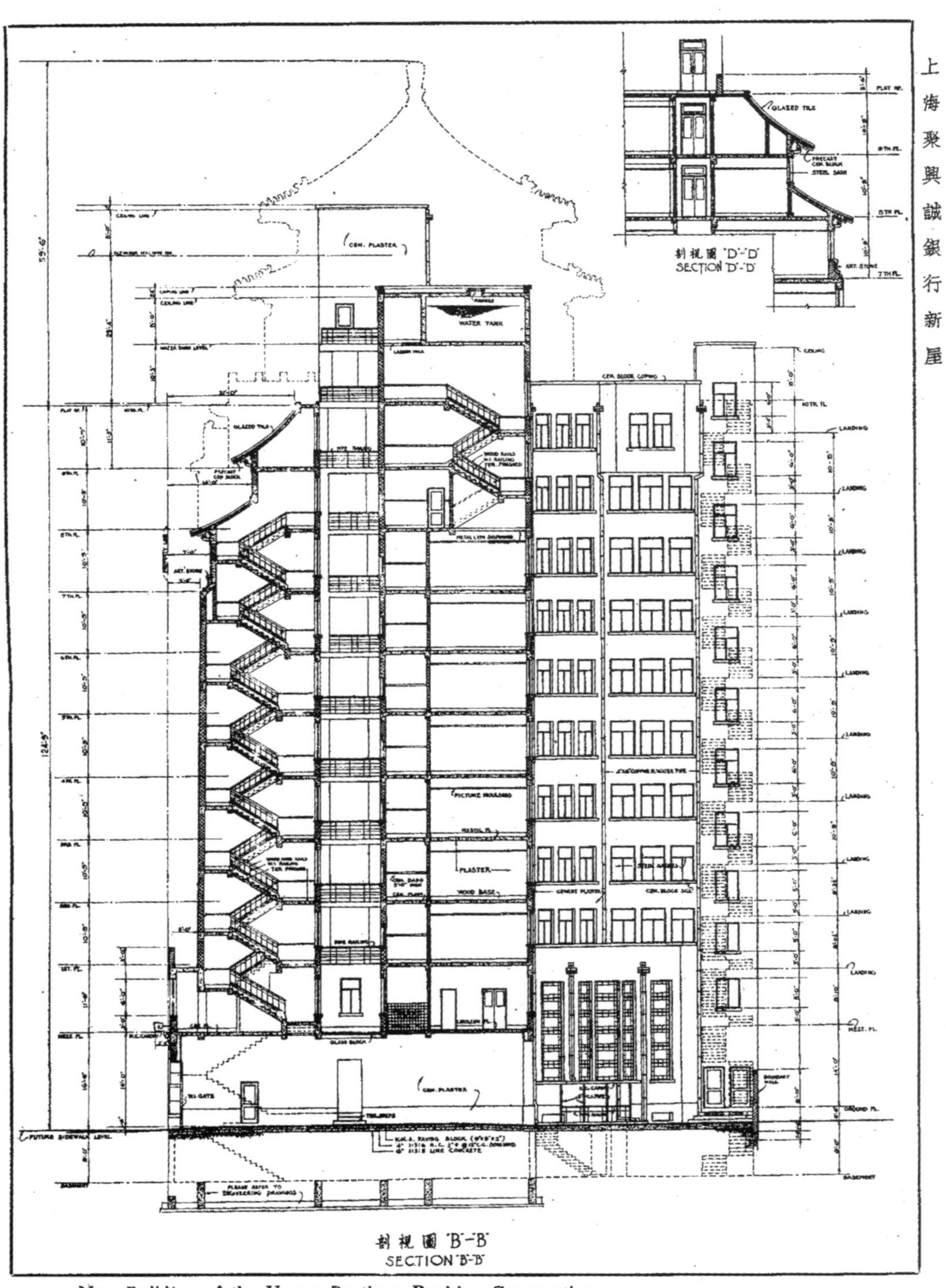

New Building of the Young Brothers Banking Corporation

New Building of the Young Brothers Banking Corporation.

上海聚興誠銀行新屋

地窨子平面圖
BASEMENT PLAN

底層平面圖
GROUND FLOOR PLAN

MEZZANINE FLOOR PLAN

FIRST FLOOR PLAN

New Building of the Young Brothers Banking Corporation.

上海聚興誠銀行新屋

三層樓梯平面圖
STAIR CASE OF 2ND FL.

三四五六七層平面圖
TYPICAL FLOOR PLAN
(2ND, 3RD, 4TH, 5TH, 6TH FLOOR)

七層樓梯平面圖
STAIR CASE OF 6TH FL.

八層平面圖
7TH FLOOR PLAN

New Building of the Young Brothers Banking Corporation.

上海聚興誠銀行新屋

九層平面圖
8TH. FLOOR PLAN

十層平面圖
9TH. FLOOR PLAN

New Building of the Young Brothers Banking Corporation.

上海聚興誠銀行新屋

ELEVATOR MACHINE RM. PLAN

十二層平面圖 11TH FLOOR PLAN

SECONDARY FLOOR PLAN

十一層平面圖 10TH. FLOOR PLAN

立視圖 ELEVATION

剖視圖'C'-'C' SECTION 'C'-'C'

New Building of the Young Brothers Banking Corporation.

上海聚興誠銀行新屋

正在建築中之上海法國郵船公司大廈

中法實業公司設計
潘榮記營造廠承造

New Building of the Compagnie des Messageries Maritimes. Shanghai.

Minutti & Co., Architects.
Poan Young Foo & Co., Contractors.

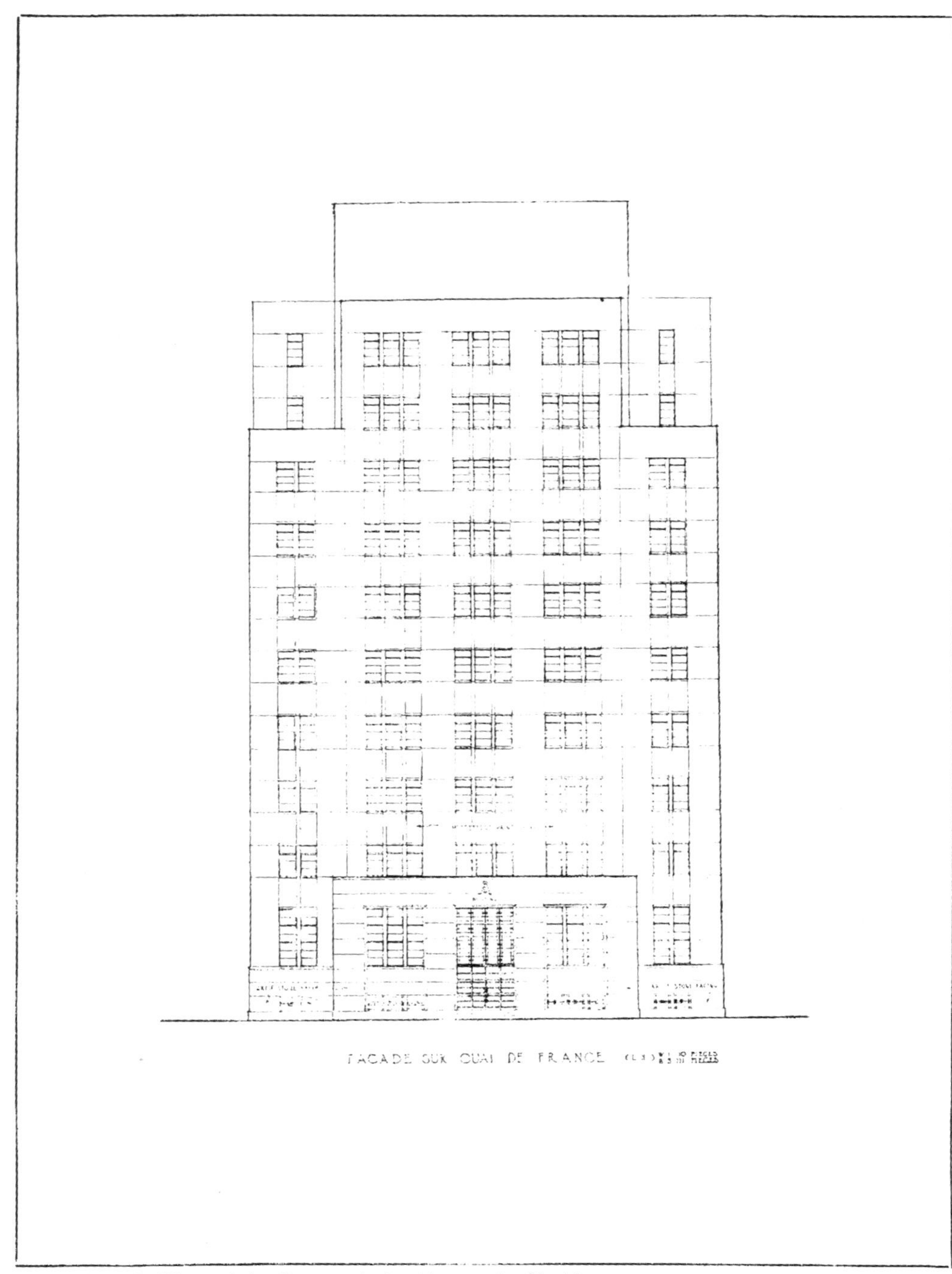

法國郵船公司大廈正面圖

New Building of the Compagnie des Messageries Maritimes.

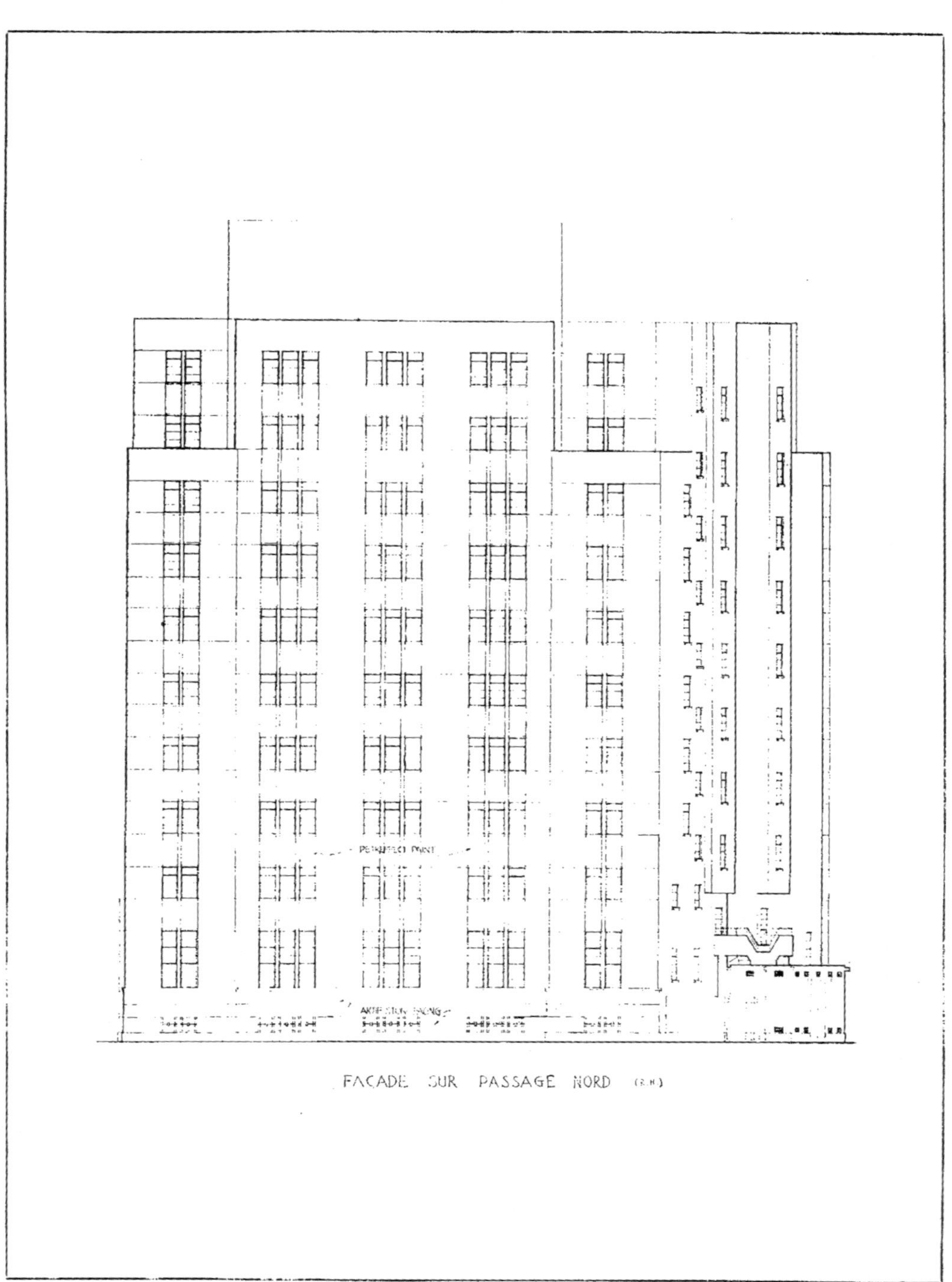

法國郵船公司大廈北面圖

New Building of the Compagnie des Messageries Maritimes.

法國郵船公司大廈後面圖

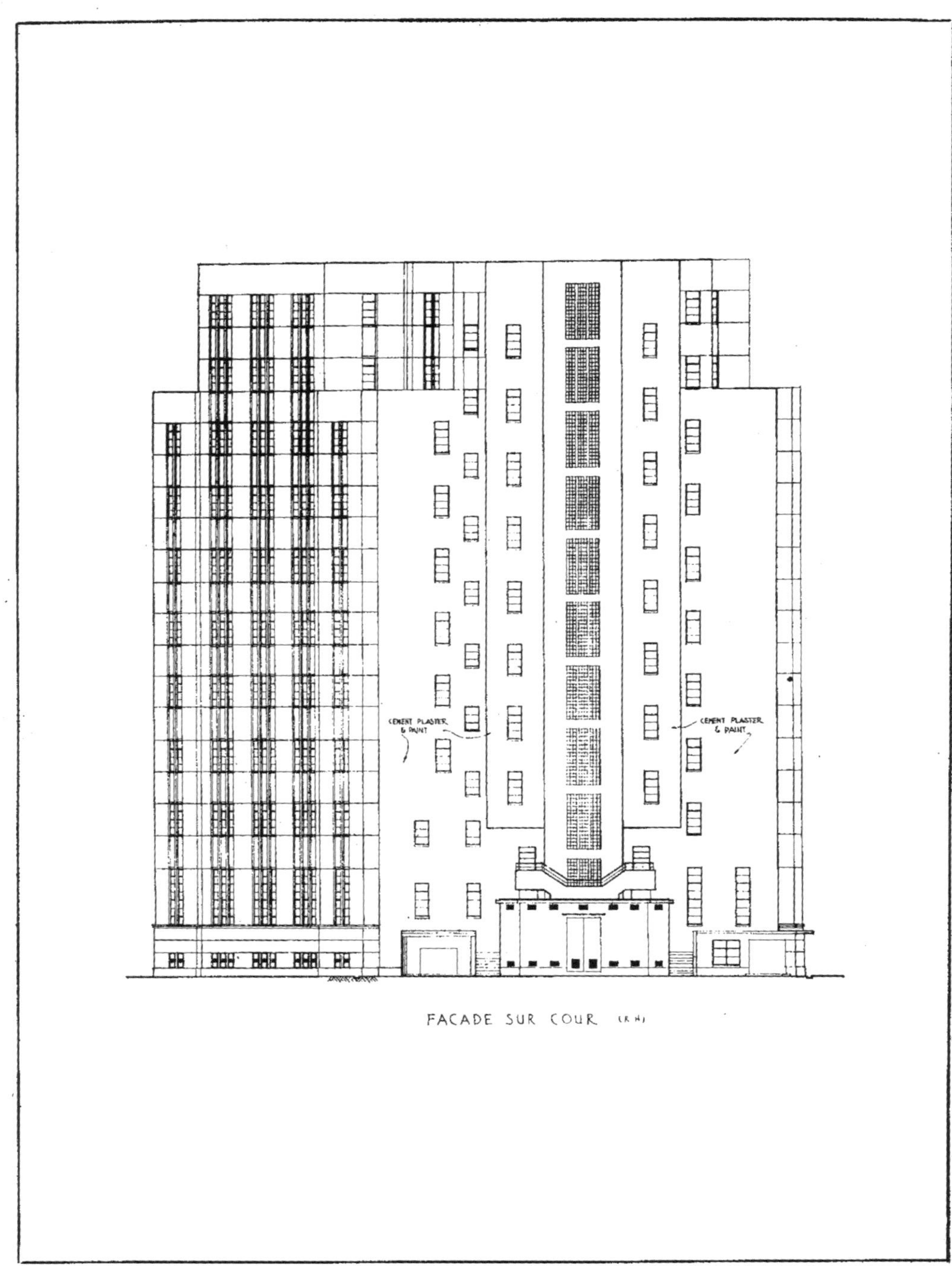

New Building of the Compagnie des Messageries Maritimes.

法國郵船公司大廈南面圖

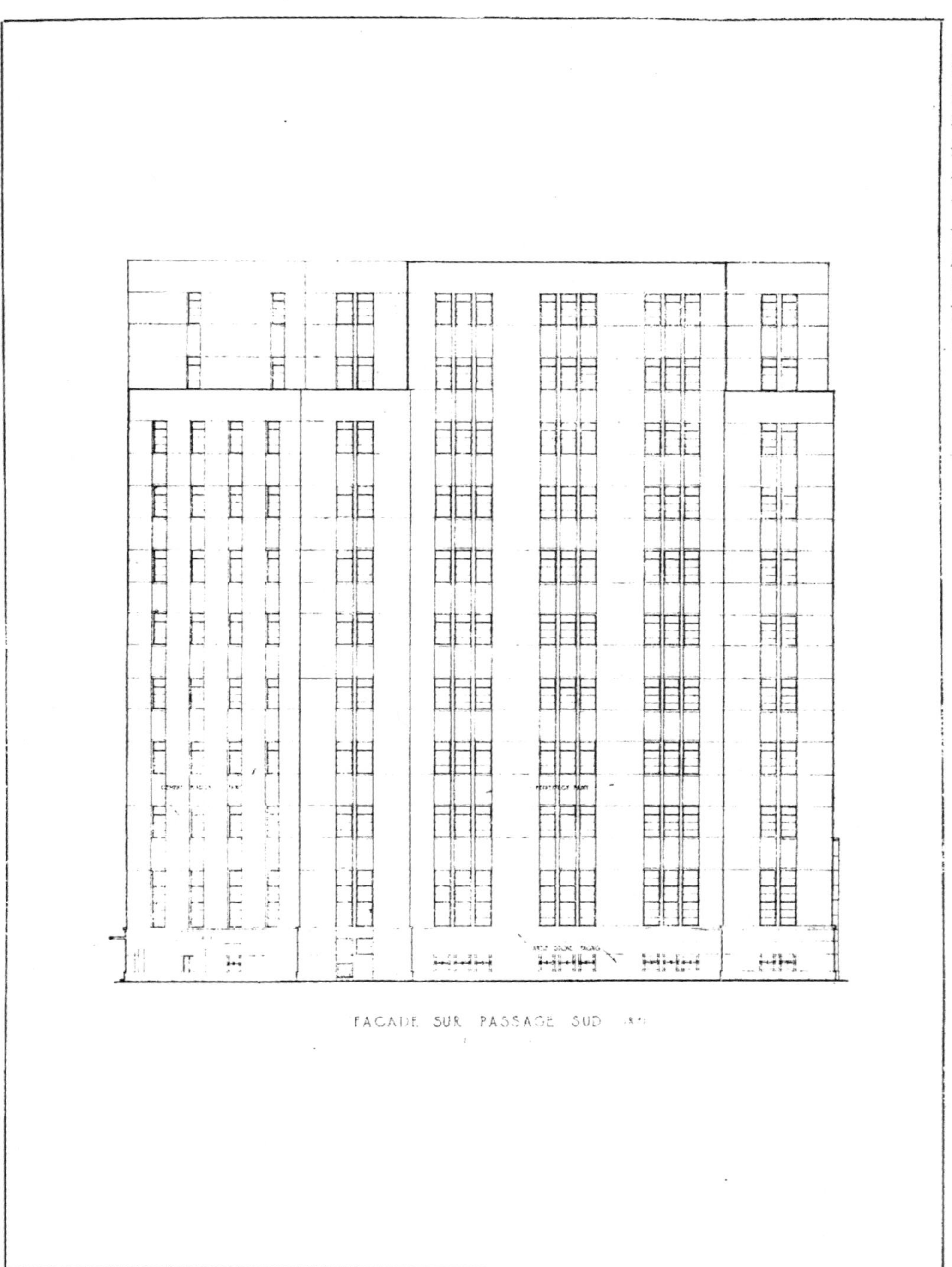

New Building of the Compagnie des Messageries Maritimes.

法國郵船公司大廈剖面圖

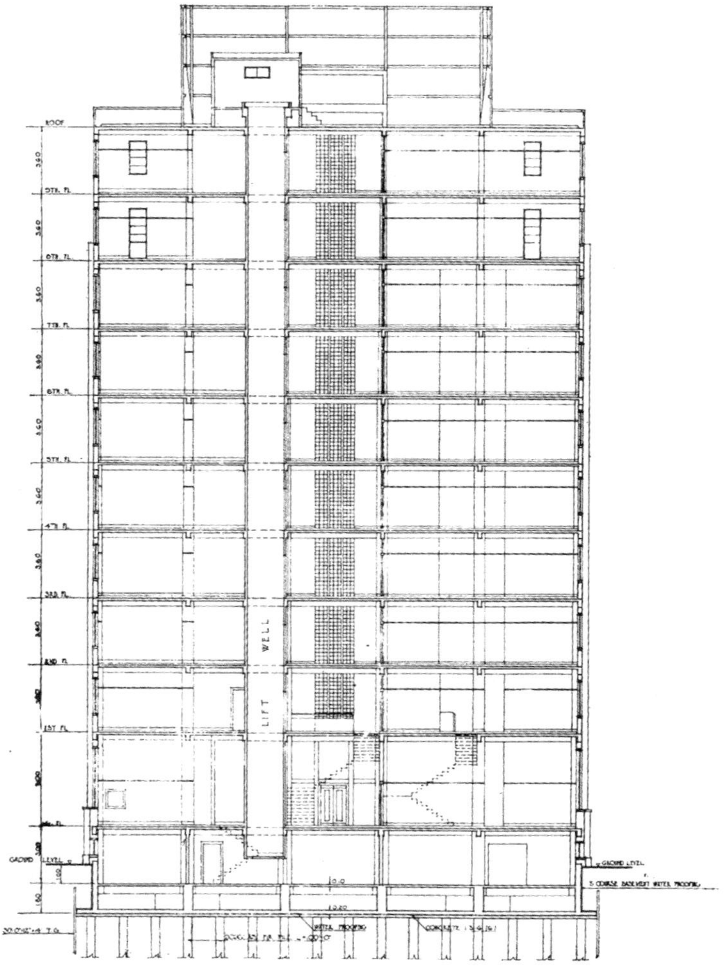

COUPE TRANSVERSALE

New Building of the Compagnie des Messageries Maritimes.

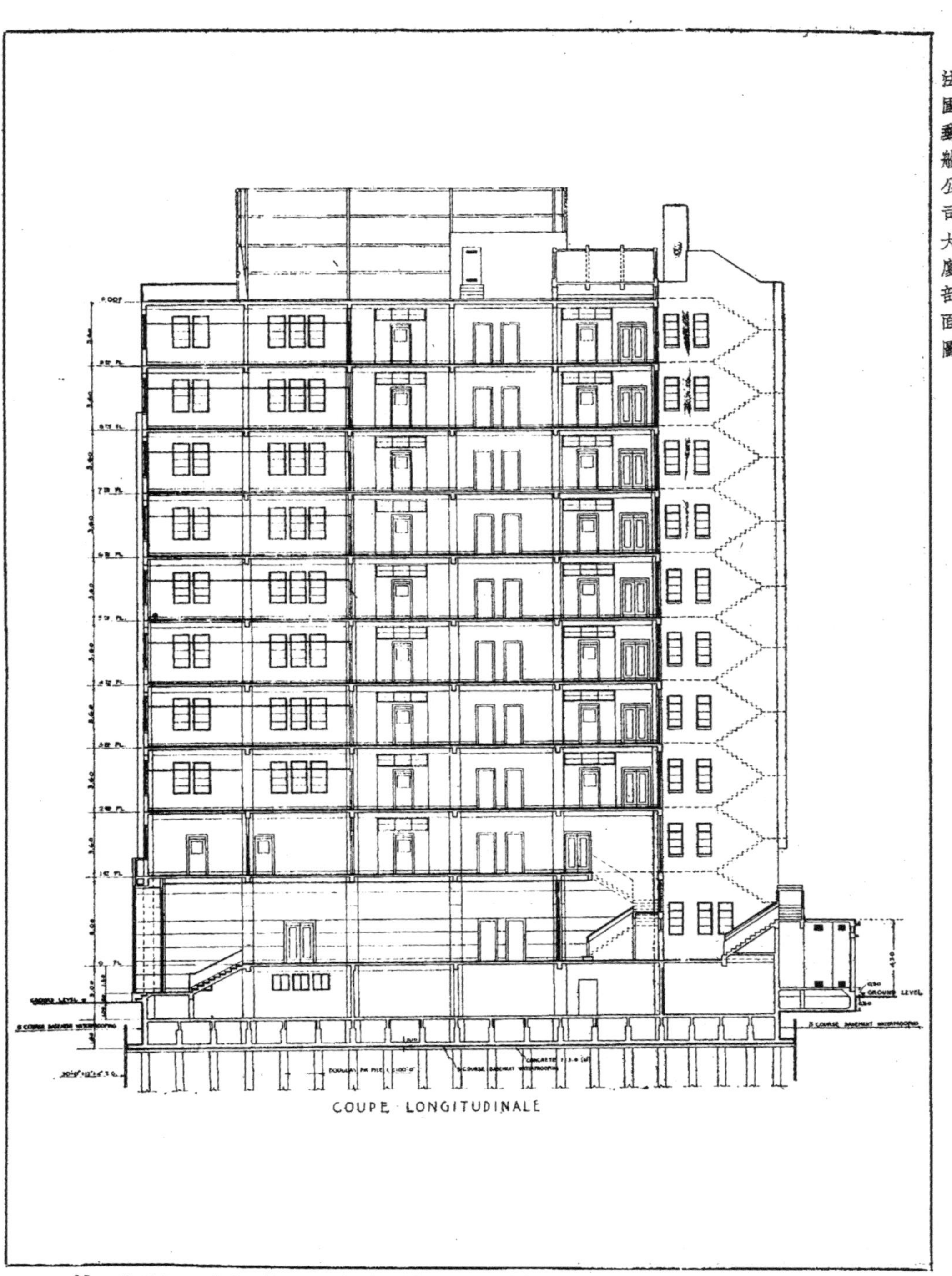

法國郵船公司大廈剖面圖

New Building of the Compagnie des Messageries Maritimes.

40

法國郵船公司大廈下層平面圖及地下層平面圖

PLAN DU REZ DE CHAUSSEE

PLAN DU SOUS-SOL

New Building of the Compagnie des Messageries Maritimes.

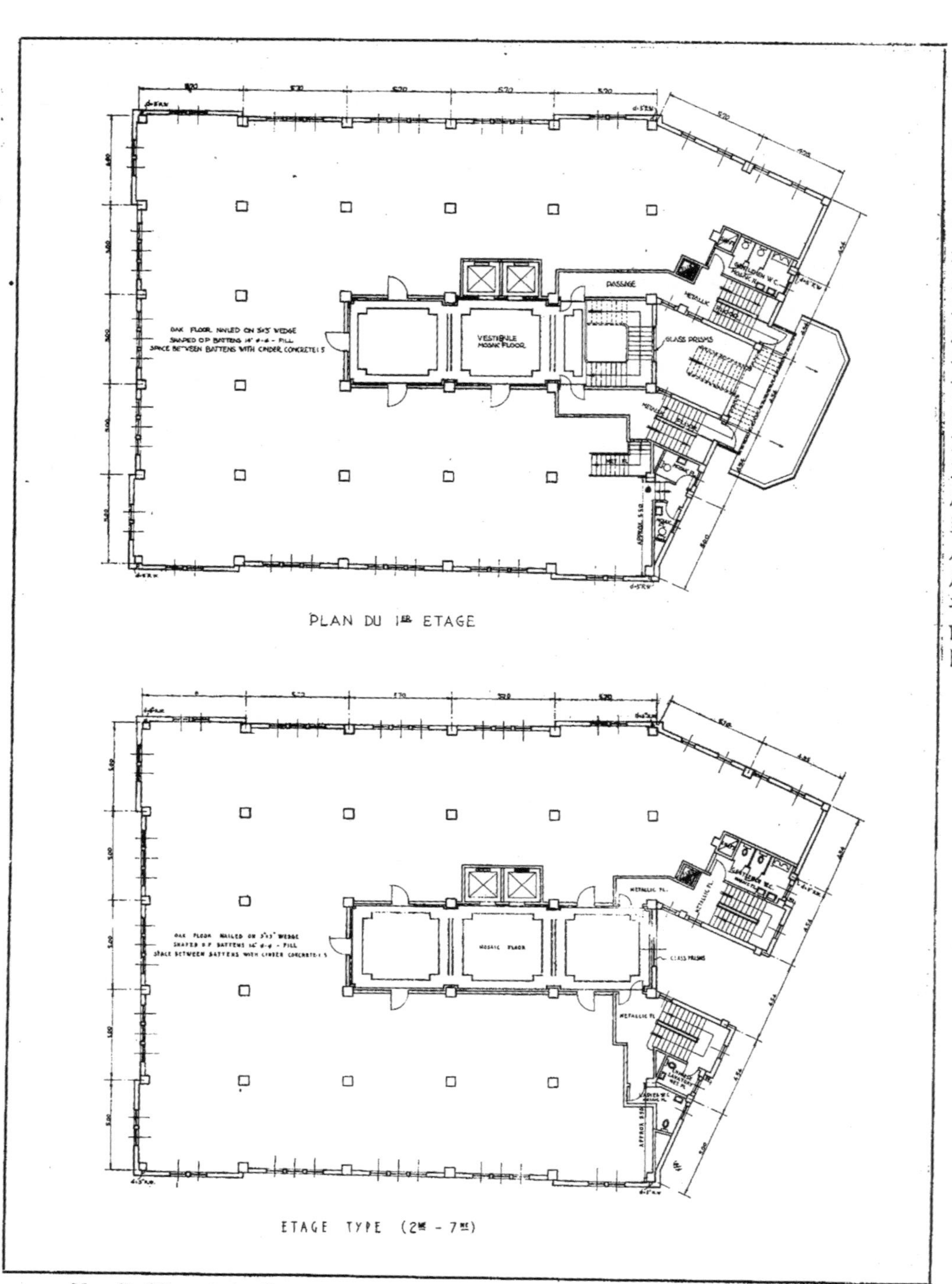

法國郵船公司大廈二層平面圖及三層至八層平面圖

New Building of the Compagnie des Messageries Maritimes.

法國郵船公司大廈九層及十層平面圖

TERRACE
TERRACE
METALLIC FL.
GENTLEMEN W.C.
OAK FLOOR NAILED ON 3"x3" WEDGE SHAPED O.P. BATTENS 14" ♯-6 - FILL SPACE BETWEEN BATTENS WITH CINDER CONCRETE
MOSAIC FLOOR
GLASS PRISMS
METALLIC FL.
TERRACE
TERRACE

PLAN DU 8ME ETAGE

METALLIC FL.
GENTLEMEN W.C.
OAK FLOOR NAILED ON 3"x3" WEDGE SHAPED O.P. BATTENS 14" ♯-6 - FILL SPACE BETWEEN BATTENS WITH CINDER CONCRETE 1:5
MOSAIC FLOOR
GLASS PRISMS
METALLIC FL.

PLAN DU 9ME ETAGE

New Bu lding of the Compagnie des Messageries Maritimes.

法國郵船公司大廈屋頂平面圖及總地盤圖

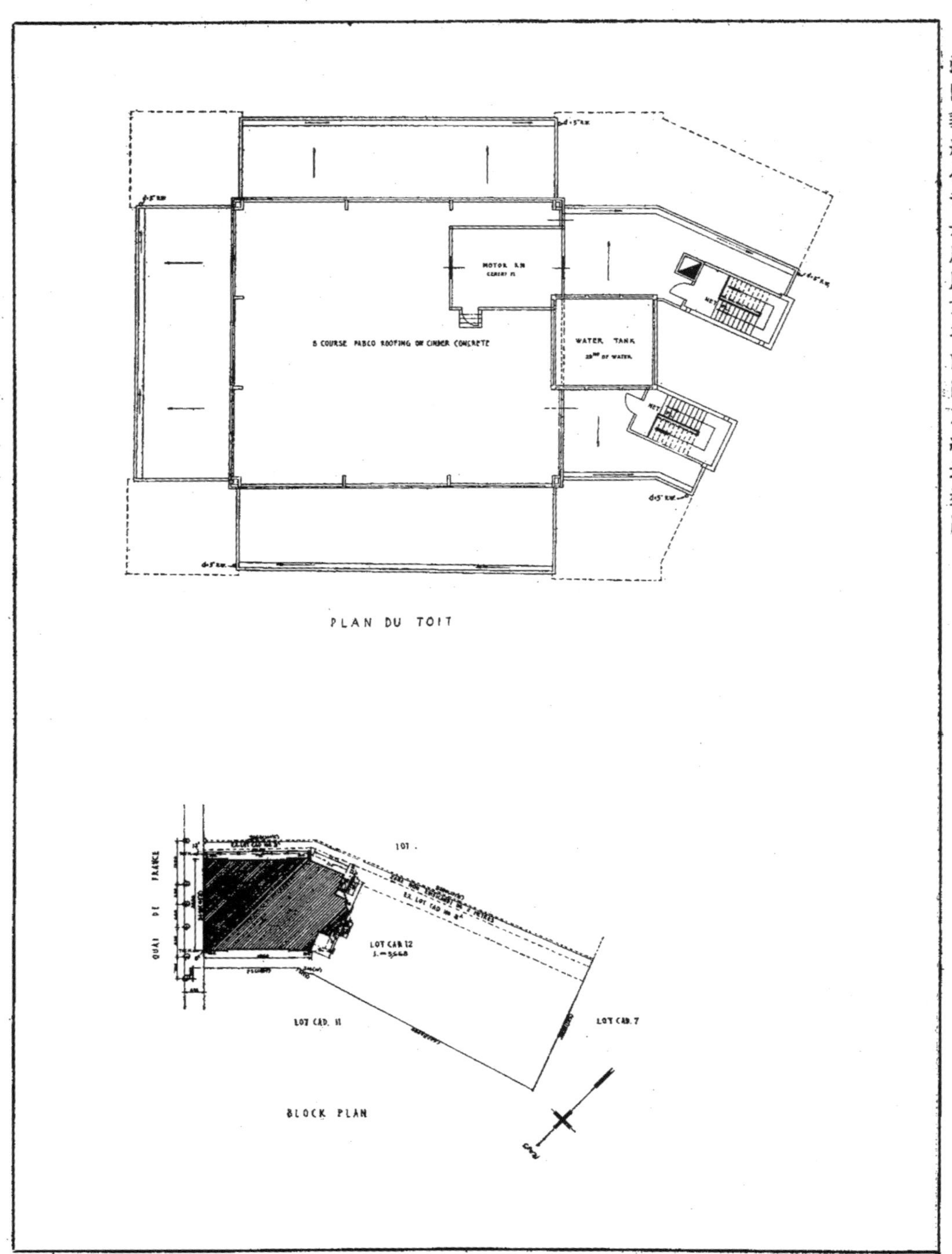

New Building of the Compagnie des Messageries Maritimes.

法國巴黎國際博覽會一瞥

下列各圖爲本年五月一日至十一月一日在法舉行之巴黎國際博覽會各陳列館設計圖，均係該國名建築師及工程師鈎心門角之作，殊堪珍貴。特爲轉錄，以轡閱者。

〔上圖〕愛佛(Eiffel)塔上(即鐵塔)晚間電炬通明，照耀如同白晝。〔下圖〕電器館之設計，具有國際化之式調。

製造高電壓機室之一瞥

光學館之設計

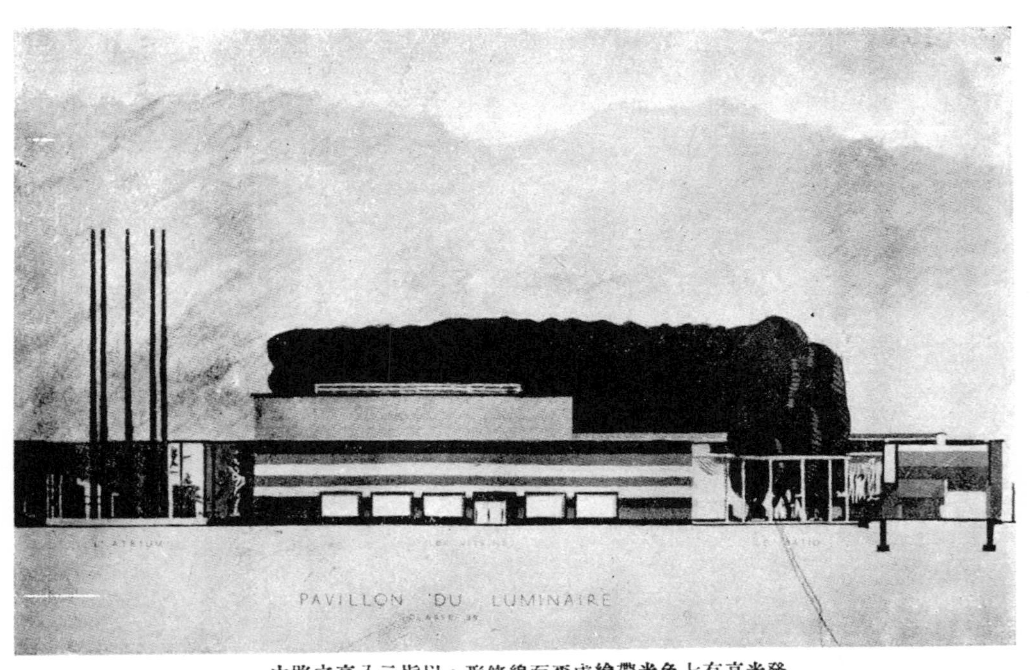

發光亭有七色光帶繪成平面線條形，以指示入亭之路由。

無線電機陳列館

地球旋轉運動時，將太陽光線之焦點集於穹窿之上。

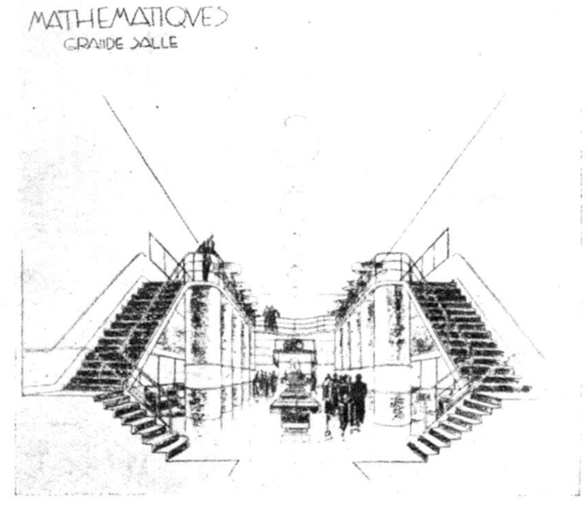

數學館，建築設計深合幾何學原理。

代表國家精神之建築

• 上圖爲英國 • 下左爲德之希特勒 • 下右爲意之墨索里尼

法國以釀酒名於世界，
此爲大會中之酒泉建築。

法屬殖民地「喀麥隆」(Cameroun)建築，傳繪逼眞。

下爲菸草亭，想見吞雲吐霧之樂。

兒童之玩具世界，內陳各種幼童玩具。下圖則爲其姊兄玩樂之所。

遊者經此別出心裁之紀念門，卽可想見博覽會之倍極現代化矣。

防空地下室設計

曹敏永

(一) 引言

防空的呼聲，日高一日，不僅我國如此，就是歐美各國亦然，都趨着防空熱，研究着防空工程，怎樣的建築可使炸彈不易侵入和炸毀，怎樣的設計可使毒氣不易散佈和發揮。努力地討論着，公開地徵求着。近數年來，差不多都醉心在這方面，不論在市政上，經濟上，警備上和學術上等都有具體的辦法，使在空襲威迫下，少受影響。所以他們的進步很快，新建的住宅等，都有防空室的設置，什麼防毒衣，防毒幕等的日新月異，防空訓練，防空統制方面的改進，實足使人欽佩。回看我們中國，簡直幼稚得很，慚愧非常。當然囉！我們經濟不充實，環境不良好，專門人材缺乏，人民智識太低。總之，沒有空去想到這一着上。但是，我們為了這些事情，就可以忍受來日戰事的慘殺麼？老是不顧麼？要知道來日的戰爭是科學的戰爭了，化學的戰爭了。大家來注意一下，急起直追，未為晚也。一方面當然擴張空軍，一方面亦須準備防空呢！

下面所述的防空地下室可以分為二大類。第一類是關於防毒室的，第二類關於防炸室的。因為防空不僅是防炸，亦須注意防毒方面。但是研究防炸和防毒，不得不先把毒氣和炸藥，概括地敘述一下，表示他們的利害

(二) 毒氣和炸藥

化學戰爭使人注意後，毒氣和炸藥的研究更切，因為它可以使人猝斃，使高廳大廈，一瞬間化為灰燼，蠱惑軍心，遮蔽敵方目標，掩匿友軍進展。功用之廣大，言不勝言。下面先講毒氣，後述炸藥。

毒氣的種類頗多，可以流淚，打嚏，發泡，傷肺和產生烟幕，我國研究者頗多，現在僅附了幾張表，內容包括名稱，急救法等，還完全。由美國書The Advanced Engineer Manual—by Lytle Brown中翻譯來的，其他方面不多述了。

流淚　（發淚劑）			
普通名稱	流淚氣 Chlorac Etophenone	氯化苦劑 Chlorpicrin	精溴化甲淪 Brambenylcyanide
軍事符號	CN	PS	CA
生理影響	流淚，效力能强，流淚時間强。	不如光氣之毒，傷肺，流淚	流淚
持久性	固體持久一天。燃燒混合物持久十分鐘。	有持久性，開闊地六小時樹林十二小時，	有持久性，可至數日不散
急救法	使離開毒地，以水洗目，不准手擦，清鮮空氣下靜臥。	同上，使靜臥，保持溫暖。	同 CN
氣味	如蘋果花氣	如蒼蠅紙之甜味。像大茴香味。	
軍略分類	煩擾作用	同上	同上

顏色與說明	棕色結晶體	在硬壳中壓力下爲黄色，油形液體，在爆炸時，大部份變成蒸氣及無色氣體。	在大氣標準狀況下爲墨棕色油形液體
施用方法	製爲固體普通燃燒形，如燭或手溜彈，炸時如雲形小固粒，製成液體，由飛機散播，裝在手溜彈中砲彈，灰漿壳中施用	與CN相混裝在75m.m.彈壳中，炸彈中，化學灰漿壳中，和手溜彈中施用，或由飛機散播，與光氣相混，裝在 Livens 噴壳中應用。	裝在砲彈壳中用之
防禦法	防毒面具	防毒面具	防毒面具

打嚏（噴嚏氣）		
普通名稱	Adamsite（刺激烟）	噴嚏氣（打嚏）Sneeze Gas.
軍事符號	DM	DA.
持久性	不持久，由燭中發出者持久十分鐘	不持久，五分鐘
生理影響	鼻部發燒，打嚏，打惡心，喉部乾燥，吐嘔，不暢。	流淚，打嚏，無力，濃氣味中，不堪忍受
急救法	移往清鮮空氣處，使靜臥。	移往清鮮空氣處，使靜臥。
氣味	如煤烟氣	如擦鞋油氣
軍略分類	煩擾作用	煩擾作用
顏色與說明	黄綠顆粒固體，黄色烟雲。	在彈壳中爲黑色濃體，炸時灰色烟。
施用方法	由燭中點放出，成細小顆粒，造成毒烟，燭僅可點燒數分鐘即完	砲彈中施用
禦防法	防毒面具	防毒面具

發泡（起泡劑）		
普通名稱	芥子氣 Mustard Gas	羅以賽脫 Lewisite
軍事符號	HS	ML.
持久性春天 冬天	開闊地持久一日，樹林一星期。 差不多整個冬季	同上 稍差於HS，但持久性亦佳
生理影響	屬起泡類，不防禦者，可傷肺，甚於光氣，受毒者無事先覺得痛苦，經長時間而發出，極危險，身體之各部份都有傷害，唯一之預告爲眼發熱而流淚皮膚方面僅發燒，後使人垂斃無救。	情形同於上 HS 內含砒霜，由皮膚吸入，稍覺痛苦，如中砒毒然。預兆立刻可以發覺。
急救法	離開毒地，換去染沾衣服，急以水混身洗之，以肥皂水，洋油或汽油擦之更佳，漂白粉水亦可用之，以水洗目，不許擦。	人體染毒，面積小者，割去毒肉，面積大者，先以油擦之，熱水加肥皂洗之，然後揩乾。
氣味	如大蒜氣，或如西洋蔚菜氣。	犍牛兒屬氣。觸鼻。

軍略分類	不測作用	不測作用
顏色與說明	裝在箱或硬殼中，大氣標準狀況下爲濃黑色油形液體	在大氣標準狀況下，施放後成墨綠色油形液體
施用方法	裝在硬壳中或飛機炸彈施用，由飛機中噴出或由坦克車，脚踏車帶往應用，裝 HS 之箱，須置於施用便利無聲之處。	飛機噴播，砲壳中帶出。
防禦法	防毒衣及面具。	防毒衣及面具。
戰場上消毒法	散播漂白粉，再蓋上泥土	噴水蓋上泥土。

傷害肺部			
普通名稱	氯 Chlorine	Phosgene 光氣	二光氣 Diphosgene
軍事符號	CL	CG	DP
持久性…… 夏天…… 冬天……	無持久性 五一十分鐘 十分鐘	無持久性 開闊地五一十分鐘，樹林三十分鐘 ,, ,, ,,十分鐘 ,, ,, ,, 一小時	有持久性 三十分鐘 二小時
生理影響	傷肺，咳嗽，眼痛胸部不舒適	傷肺，較氯氣利害數倍，影響肺之下端，效能不立刻發現，濃聚積多了，才發生，危險非常。	與光氣之功效相同，僅亦使中毒者流淚而已。
急救法	離開毒地，靜臥，保溫咖啡茶作興奮劑	避免勞力，同上	同上
氣味	嗅之不悅，激刺性，霉爛乾草氣，或青殼氣，		特殊，刺激，寒氣，窖中秣草氣
軍略分類	不測作用	不測作用	不測作用
顏色與說明	裝在管體中加壓力者爲黃色液體，在標準狀況下，施放多變成濃青黃色氣體。	裝在圓柱管中加壓力者爲無色液體，在標準狀況下施放爲無色氣體。	裝在管中加壓力者爲液體，大氣標準狀況下施放時爲無氣體。
施用方法	適用於霧雲氣體襲擊，與光氣及氯化苦劑相混於圓柱箱中，箱上裝 Livens噴頭。	在霧雲天時，由圓柱箱，Livens噴頭，及灰漿壳中噴出襲擊對方，裝在鎗炮中施放，或炸彈中由飛機丟下。	德國軍士裝在大砲中及灰漿殼中施放
防禦法	防毒面具	同上	同上

烟幕劑			
普通名稱	白燐 White Phosphrorus	HC混合物 HC Mixture	Titanium Tetrachloride
軍事符號	WP	HC	FM
持久性	依燃燒形式而變，平常在空濶地約十分鐘之久。	無	開闊地可持久十分鐘

生理影響	固體粒，新鮮時燃燒，小塊飛及人身，衣服燒。亦能使皮膚燃燒，烟無毒。	烟無毒	烟無毒，氣體和烟刺激喉部，但無害。
急救法	浸身之染沾部份於水中，立壓熄之，所有沾衣小固粒皆移刷去。	不需要	不需要
氣味	火柴氣味	辛辣的，臭氣的	辛辣的
軍略分類	掩護作用	同上	同上
顏色和說明	淡黃固體，含有蠟質，曝在空氣中發生白烟，產生熱，以致燃燒（自燃）	灰色固體混合物	無色或黃色液體，於空氣中形成白色烟。液體遇皮膚，如遇酸一般，
施用方法	裝成手溜彈，砲彈，灰漿壳而施炸，炸後成小塊而遮蔽場地立時變成烟幕	製成手溜彈，獨或特別炸彈，皆先經燃燒。	砲彈，灰漿壳，飛機噴散，炸彈及特種燃燒形式。
防禦法	不須防禦	不須防禦	不須防禦

炸藥的種類亦多，有棉花火藥，猛炸藥，膠猛炸藥，轟石炸藥，炮火藥和無烟火藥等。其他的不預備多述，但把美國標準火藥T. N. T.炸藥略述一下：

過去的經驗告訴他們說，炸藥中最滿人意而最猛烈的就是T. N. T.炸藥(Trinitrotolvene)美國前方軍隊用作爆炸品，後方用作轟毁障礙物，製造乃由甲笨與濃硝酸作用而生有三硝基引入環中代三氫原子 $C_6H_5CH_3+3HNO_3 \rightarrow 3H_2O+C_6H_2(CH_3)_3(NO_2)_3$ 在溫度 176°c時溶解，炸藥裝在一半磅長方形箱中，斷面爲一⅜平方吋面，長 3¾ 吋，箱端用千層紙裹封，包以馬口鉄漆片，容量不可太大，因爲太大能使溫度增高，有爆發的可能。關於軍用火藥須具之條件爲

1. 搖動時不可太靈敏
2. 轟炸時須速率頗高
3. 力量猛烈
4. 密度高
5. 性質穩健
6. 施用手術便利
7. 不受溫度濕度之影響
8. 裝運手續靈便
9. 在本國土地内可大量採辦者

下面附一表，注明火藥庫與其他建築物應離開之距離；因爲距離太近，危險愈大。

炸藥磅數之容量（不能超過）	最臨近之呎數			
	住宅	鉄道	公路	火藥庫
50	240	140	70	60
100	360	220	110	80
2,000	1,200	720	360	200
25,000	2,110	1,270	630	300
100,000	3,630	2,180	1,090	400

(三) 防空智識

防空方面,關於防毒部份,頗爲注重。現在先將空襲時,人民應具之態度和智識,分列於后:—

1.不疏忽面具,亦不置放無序。(見圖)

2.防毒面具箱中,除置面罩外,不准放入其他雜物。

3.在危險地帶,常帶上面罩,不帶面罩便有危險。

4.毒氣警報一到,立刻停止呼吸,除非己套上面具。

5.不需要時,不多動,不言語,不飲水,不進食品等。

6.不進低凹處,前線兵士不入地溝,戰壕。

7.染有芥子毒的人,立將衣服卸除。

8.在芥子毒氣侵沾的他人或物件,不輕易觸動。

9.注意芥子氣可以持久終日,不消散。

10.有微風(風速在每小時十二哩內)而風向自敵方來,或有霧,雲,小雨,更在晚上的話,爲敵方毒氣侵入之良機。

防毒面具箱

空襲時,都市中各種建築物的危險程度,可略分爲四項,前者更危險,餘依次序略減。

1.自來水廠,電燈廠,電力廠,煤氣廠和軍事機關,行政機關,交通機關等。

2.工廠和公共建築物,如圖書館,遊藝場等。

3.旅館,公寓,住宅和都市附近第一等和第二等之村鎮等。

4.臨近小鎮和村莊中的建築物。

附下列二表以示炸彈爆轟威力之一般:—

炸彈重量(公斤)	貫穿混凝土(公分)	爆炸威力	
		半徑(公分)	厚度(公分)
50	40—50	60—76	80—108
300	75	130	150
1,000	100	200	230

炸彈重量 公斤	可貫通房屋層數	爆破威力
12	2	能爆破十公尺以內的窗玻璃,和能破毀木造房屋
50	3	能毀壞五公尺以內的堅固石壁建築物
100	4—5	能毀壞十公尺以內的堅固石壁建築物
300	6	不但能破壞十五公尺以內的堅固石壁並能由其餘力,破壞後方物件
500到1,000	貫穿地下室及椿底工程	僅落於附近,亦能破壞大建築物,若直接擊中,則能破壞集團之建築

但是須注意一千公斤重的炸彈，祇須二十五公尺泥土或四公尺混凝土，即可保持太平。不過三個三百公斤的炸彈，它的爆炸力較大於一個一千公斤的炸彈。所以飛機上帶一千公斤的炸彈是很少的。

(四)　防炸室設計

關於敵機施行轟炸的目標，在都市方面看來，一方面是破壞後方的資源，另方面是攻擊對方國民的精神。這兒所說的防炸室是止於都市方面的。關於前線或軍事防空室的設計，另有詳細敍述。

在歐美城市建築，普通都有地下室的預備，平日利用作貯藏物件，必要時則可以作爲防空室。或由臨近空地上，建築獨立式防空室。關於設計原則，不外乎

1.須背常年風向(一年中風向最多的那方向)。

2.容積以能容納屋內居民爲準。

3.容量又須以每人所需最小空氣爲標準。

（普通的室內，可容五人到五十人，平均或二十人，增加建屋費約百分之二，每人至少佔三立方公尺。）

4.面積在可能範圍內愈少愈佳，以減少建築費用，而免去不少轟炸危險。

5.須裝備二相距較遠之出入口。

6.須有氣閘之設置。

7.最低限度須裝有向外窗一扇，以備必要時之出口。

8.容納三十人以上，須備水廁一所。

9.可能範圍內裝備換氣機。

10.內容佈置，須簡單，愈清潔愈佳。

其頂面厚度之設計，可分二點注意。(　)破壞力之計算(二)受炸彈創痕後，所剩厚度，以仍能維持屋頂重量爲佳。故用混凝土，加縱橫鋼筋最爲適用。通常我們對於炸彈威力加以計算者，約有：—

(一)侵入力之計算：—

設　h＝侵入深度(公尺)

E＝衝擊力(公尺•公斤，)

d＝彈壳之直徑，以公分計，

c＝抵抗係數(因材料而不同，泥土$c=\frac{1}{150}$，混凝土，$c=\frac{1}{750}$至$\frac{1}{1,200}$，鋼筋混凝土$c=\frac{1}{1,500}$至$\frac{1}{2,500}$；鋼$c=\frac{1}{150,000}$

V＝炸彈墜下地面之速度(每秒鐘若干公尺)

得公式爲　$E=\frac{1}{2}mV^2=\frac{W}{2g}V^2 \quad h=\frac{E}{\frac{xd^2}{4}}\times c$

舉一例，若用下列各種炸彈，投於混凝土上 $c=\frac{1}{1,200}$ 則其侵入深度可列表如下：—

所用炸彈重量	侵入深度
50 公斤	h=0.50 公尺
300 公斤	h=0.76 公尺
1.000 公斤	h=1.08 公尺

(二)氣體爆炸壓力之計算

設 r=破壞半徑(公尺)

L=彈藥重量(公斤)

c=抵抗爆炸係數(即材料係數)

d=破壞效力係數(即阻止係數)

得公式 $r=3\sqrt{\frac{L.d}{c}}$

以混凝土為例，得例如下：—

炸彈重量	侵入深度	爆炸半徑	破毀半徑
50公斤	0.50公尺	0.66公尺	0.82公尺
100	0.62	0.83	0.97
300	0.76	1.29	1.49
1,000	1.08	2.00	2.27

(三)關於空氣震動力

空氣震動力，不僅為壓力，且有時發生吸力，據德國柏林國立化學工業所，試驗所得的結果，列成二表如下：

距離	壓力	距離	吸力
20公尺	5.000公斤/公分^2	300公尺	0.140公斤/公分^2
40	2.000	1,000	0.090
500	0.040	1,500	0.070
1,000	0.019	2,000	0.050
1,500	0.015	2,500	0.050
2,000	0.012		
2,500	0.009		

炸彈重量（以公斤計）	因空氣壓力膨脹能毀房屋之距離（以公尺計）
50	10
100	25
500	115
1,000	200

由上觀來，知道在新建築時，四周牆壁，須有相當厚度，以防空氣壓力的侵毀。

（四）關於爆散力

至於此項力的大小研究，尚未獲得較滿意的結果，因炸藥之種類繁複，使力之測定不易。據美國 Peres 氏的試驗結果，得130公斤之炸藥可爆散泥土65立方公尺和 1,000 公斤之炸藥可爆散 750 立方公尺的泥土，力量之強大，亦須注意的。

（五）其他力量

尚有彈壳之爆炸力及地震之震動力等，雖不能詳細計算，然據試驗結果，知影響亦不少呢！故亦應考慮此二力。

知道了上面幾種力後，普通便有幾個公式去計算防空室屋頂之厚度。因爲這些公式，雖有他的理解，實際上，大家不須要這樣算，平時常用下表，假定一個數目罷了。現先把炸彈對於鋼筋混凝土建築物的摧毀力示表如下：

炸彈	公斤	50	100	200	300	500	1,000	2,000
建築物的侵毀力（公分）	1:2:4混凝土	145	185	328	415	480	687	895
	1:2:4鋼筋混凝土	73	93	164	208	240	344	448

通常鋼筋混凝土的屋頂，若有15公分的厚度則可充份抵擋燃燒彈。若以50公分到70公分的鋼筋混凝土頂面骨架建築物，可抵擋50公斤之炸彈。故最好的建築物爲用鋼骨架構造，並新式防火建築材料。現將抵抗各種炸彈的掩蓋厚度標準表，寫在下面，以作參考。

抵抗各種炸藥的掩蓋厚度表				
炸彈重量	普通土的厚度 公尺	普通圬堵的厚度 公尺	混凝土的厚度 公尺	鋼筋混凝土的厚度 公尺
小炸彈（10公斤以下者）	3.00	0.75	0.40	0.35
中炸彈（50公斤至100公斤者）	5.00 8.00	1.50 1.70	1.00 1.70	0.70 1.10
大炸彈（300公斤至1,000公斤者）	12.00 20.00	4.00 6.00	2.10 3.00	1.40 2.00

至於設計住宅時，欲求得鋼筋混凝土之度厚。Tzzo 主張據炸彈之重量以定50公斤計算爲適

合。Weith主張以100公斤爲計算作爲標準，我們應採用折中辦法，如在設計普通住屋，可以較輕的炸彈爲標準，以便經濟民衆費用。如在一二等之建築物(如市政，軍事機關，公共場所等)則不妨用100公斤炸彈計算。若計算堡壘等，以能抵2,000公斤之炸彈方合用。這都是隨機應變的，沒有一定規則，一定厚度的。

(五) 防毒室設計

防毒室之目的，祇考慮防毒方面。在防毒室中，一方面果然不准毒氣入內，另方面却須屋內空氣充分卽氧氣充足，故先明白氧氣在空氣中應佔若干百分比，

地下室空氣流通器用手搖或電力每分鐘42.4立方尺

最少氧佔空氣1%到8%——可延命幾分鐘。

,, ,, 10%到11%——可延命一二小時。

,, ,, 13%到14%——可延命幾天。

最好者氧佔空氣15%，每人每分鐘呼出二氧化炭0.3到0.4公升。防毒室須合下列四條件：—

1. 最短期內或十分鐘內，須立刻達到(距離不太遠)。
2. 與危險房間等，須有相當遠離。
3. 略有連貫處(與開空處)以便空氣透入。(當然空氣消毒)
4. 上面屋頂板等，須祇少能抗顛屋中材料之倒下力量。優良之調節空氣設備，有用電力機者，有用人工搖動者(人工換氣箱可供2,400公升每分鐘)圖略如下

防毒室之內部佈置，須簡單清潔，並設有二通道，每一通道至少有二扇門，門上掛防毒毯等，並不准在同一線上，廁所在三十人以上，必須裝備

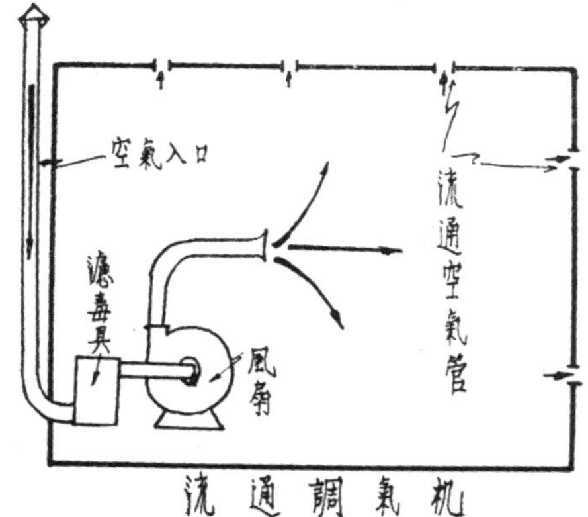

流通調氣机

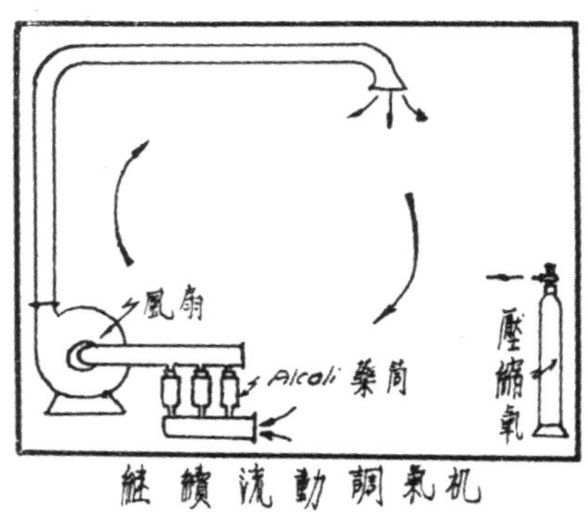

継續流動調氣机

或在內室或在外室，但最好裝在外室。此種防毒室，長而狹，但寬至少二公尺。見圖，

1. 爲防毒內室

2. 爲二防毒外室，每間有三到五平方公尺，

3.爲廁所（在三十人以上者用之）（平常裝漏斗形）

4.用具和飲水等，又電筒，瓶等。

5.金屬水箱，下面一櫥，可裝置衣服。

6.爲防毒侵入需閉門戶。

7.木櫈，或椅子等。

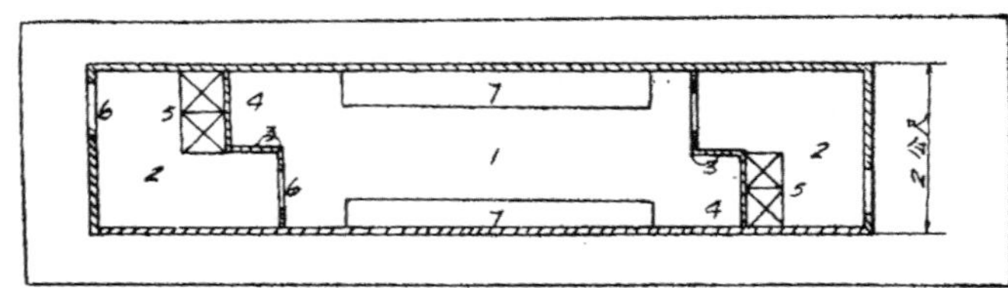

在毒氣散佈後，進防毒室者，須先在外室將衣服換去，或至少將外衣脫去，臉手可在水箱中洗一下，然後方進內室。又每一通道之二扇門不能同時啟開以防毒氣侵入內室；上式佈置可以略更其式樣。此類防毒室不能防炸，欲防毒防炸須見防空地下室。

（六） 防空地下室

防空地下室分前線與後方二大類。其構造有相同處，往往前線者不留意於防毒，因前線軍士皆應常備面罩的。關於前線地下室，時間定忽促，亦不必十分考究，其必要條件有

1.分佈完善，務須軍隊有連絡戰鬭能力。

2.建造不必十分深，以便進出。

3.容量宜小（普通祇二人至八人者。）

4.形式容易掘造。

5.隱匿愈秘愈佳，使敵人不易捉摸。

現在先將前線防空地下室敘述一下，因爲這方面比較簡單些。

在前線火線內的兵士，因砲火的猛烈，或用木板，或用輕便鐵板，材料由軍需處供給爲準，構造形式簡單，時間迅速，功效頗大。在堅實之泥土，可以不動及地面上泥土，僅須在壕溝中橫向蹚掘。在鬆土質上則須先將上面的土，一齊掘起，舖好木板後，再填進去。地板須外向略斜，以便瀉水。障土板可見圖，裝置適妥。敵軍砲火，可作胸牆，以擋一部份力量，中間可以加混凝土和木棍等，使抵抗力量增强。圖如下：—

現在再談後方防空地下室罷！地下室的種類依照防禦程度而分，有下面幾類：—

1.碎片防護室：—抵禦步鎗，機關鎗等，利用大砲彈壳及手溜彈壳等疊成，不能抵抗三吋厚壳之砲彈之直接轟炸。此室上面覆蓋不過一呎厚之實土（或相當厚之其他材料）。

2.輕便地下室：—僅可避去直接射擊，在優良情形下，都可抵抗三吋厚壳之砲彈之繼續轟炸。

3.輕便彈壳防護室：—能抵抗六吋或六吋以上厚壳砲彈之繼續轟炸。

4.堅重硬壳地下室：一能抵抗八吋厚壳砲彈之續繼轟炸，若式樣採取得法，可以抵抗較厚砲

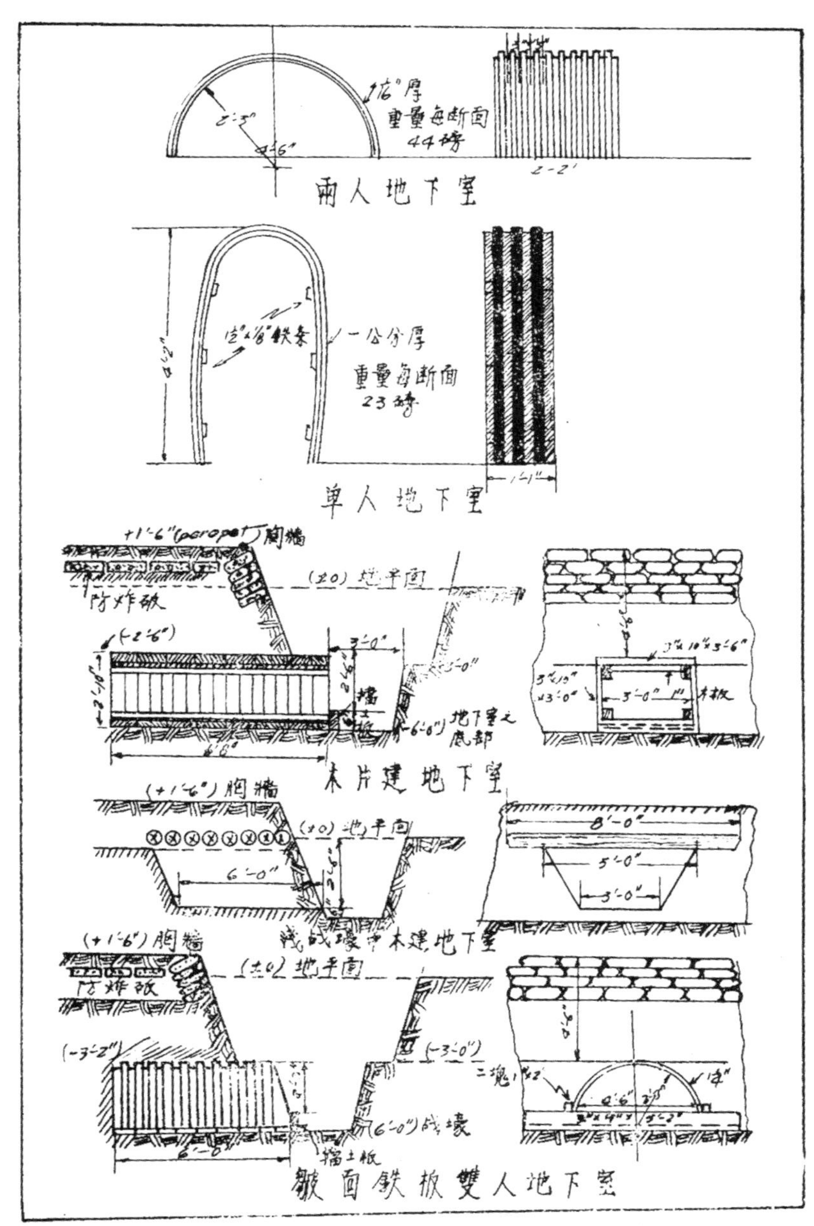

彈之爆力，並一切其他轟炸。

若依照構造方法之不同，可以分類如下：一

1.地面地下室：一或名地面防護室，依照地下室的方法構造，惟不在地下，都在地面上；這種方法，少人工，出走便利，觀望暢達。反之，易受敵方覺察，須有掩應物，防炸程度較低。此

類不用在近火線處，用於隱匿樹林中，凹壁山道中，或在村莊房屋中等，隨地施用。

2.掘蓋式地下室：一先將泥土完全掘起，後做疊架工作，最後又依次蓋上石子，泥土等，但須在掘過的泥土上，加以僞裝，裝成與本來地面同樣的顏色，否則易爲敵機所覺察。爲增高防彈炸毀力起見，可加混凝土板，鋼軌，石塊等作爲覆蓋材料。此法爲地面地下室和洞穴地下室之折中辦法。此類地下室可作爲前線軍士之休息駐軍處，容易收拾清潔，可通光線和流暢空氣，危險性較小。當建築洞穴地下室時，遇有硬石或地下泉時，可改作此式。此室可以抵抗六吋厚壳之炸彈和砲彈。應用極廣。

3.混凝土地下室：一在有適當工具，和充分材料時，地面和掘蓋式地下室，均可用混凝土來建造。在時間充分下，可以建造完美，反增力量不少。

4.洞穴地下室：一用埋地雷法，上面泥土，完全不動。祇在下面工作，費人工不少。不易爲敵方覺察。故危險性較小，材料不費，可大可小，用途極廣。但空氣光線不流通。觀看不便。內中生活情形亦差，出走不易，溝水排泄和地下水避免困難。此種室普通在餘空時，早先造好。比較效用亦增，構造亦堅固。

上面有了許多式樣，挑選由什麽作根據呢？可分下列三點：一

1.視戰略方面之用途：一戰略不同，位置亦不同，故先由戰略上決定採用那一式。

2.視地質岩層：一地質之不同和掘蓋之便利，極有關係。地形方面如材料運輸便利？有沒有樹林供給木料？有沒有村莊房屋遮蔽目標？等等問題，都於挑選形式極有關係。

3.視便利性：一如時間，全體軍士，工具，材料和運輸等，若時間有限，工作困難處，可採用輕便或碎片防護室。碎片防護室，常築在運輸溝中，以便保護運輸軍士，援助通訊兵丁。後方防戰地，可以建築大而深的地下室，反覺經濟便利。

由上觀來，可說挑選式樣，須隨地而決定。不可胡亂應用，反失地下室之最大功效。

（七） 地下室構造法

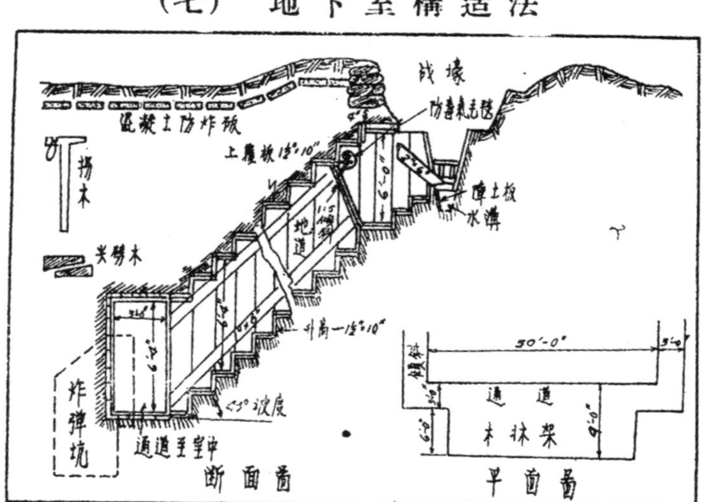

地下室的構造，各人不同，但其原則却相同，平常有用框架法構造地道，普通之長濶度爲進口大小所限制。平常泥土，挖掘常由底部起，先將門檻裝置正確，由木拐放進，撐牢後才將泥土盡數挖起(見圖)當二傾斜地道築好，就平掘作爲二個框架，低下十吋，備置踏步，上覆板，每步高起，以便釘住，使泥土不致掉下。注意掘鑿時，不可先掘若干距離，再架木撐，因恐與工作人性命有關。掘一地道與掘一斜道，方法相同，不過斜道加上踏步而已。

地道之大小度

形式	內容面積	
	高(呎)	濶(呎)
房間式地道	6呎4吋	8呎0吋
大地道	6呎4吋	6呎6吋
普通地道	6呎4吋	3呎0吋
半地道(卽中地道)	4呎6吋	3呎0吋
支地道	2呎10吋	3呎0吋
小支地道	2呎4吋	2呎0吋

現在便把上面說過的各種地道的構造法，概述一下。

〔甲〕掘蓋式地下室：一有三類不同材料的造法：

1.木料地下室：一由軍需處供給木料，或就地取料，圓的或尖頭樹幹都可以。

2.標準皺面鋼板地下室：一以鋼板(皺面)造成拱形，材料充足時，內部亦可用此構造，其斷面須釘住，不准透水。

3.混凝土地下室：一加鋼筋以省石沙及水泥，現今一切差不多都用此類。因爲運輸，力量方面

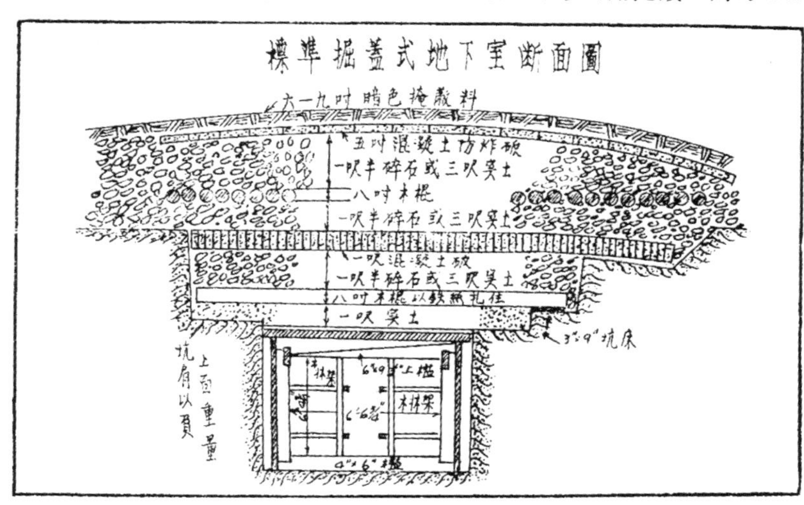

，都有相當成效。上面的圖，就可以完全表現出一間木料地下室：一內可容二十四人，可防六吋厚壳炸彈之直接轟炸。

至於皺面鋼板地下室，構造方面須注意基礎牢固，可能範圍內，須建六吋厚混凝土地板。內可容二十四人，可防六吋厚壳炸彈之直接轟炸。（見下圖）圖中牀未畫出，但與木料地下室者相同。

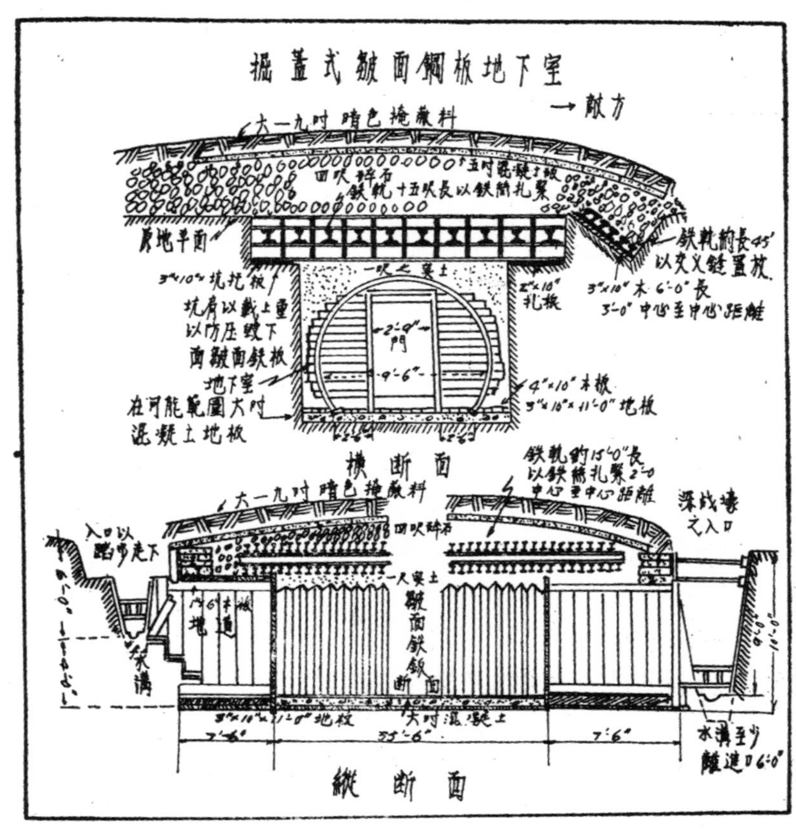

總括上面的應用材料，可分二大類，一類是不動土，一類是學術上的加力材料。不動土若厚度足夠，爲最佳之覆蓋材料。若在軟土上，加混凝土板增力，或碎石，或碎磚（但至少十八吋厚）或加工字鋼樑，鋼筋混凝土樑，鐵軌等。學術上之加力，是一層材料石，一層材料鋼軌，相隔的。普通祗預備載得住八吋壳之砲彈爆炸，已足夠了。覆蓋物之厚度可見下列圖表：—

地下室覆蓋物最小厚度（以呎計）

覆蓋物之種類	彈壳之厚度								
	步鎗等碎鐵片	3 吋	4 吋	6 吋	8 吋	10吋	12吋	16吋	18吋
混凝土	……	1.0	2.4	3.4	*5.0	*6.0	……	7.0	……
灰漿，磚，石，水泥漿	……	1.5	3.6	*5.1	7.5	9.0	……	11.0	……

8吋直徑鐵絲扎木棍	……	2.0	*4.8	6.8	10.0	12.0	……	……	……
碎石		*3.5	8.4	11.0	17.5	21.0	……	……	……
實土	1.0	7.5	18.5	25.5	37.5	……	……	……	……
鬆土	3.0	10.0	24.0	34.0	……	……	……	……	……
洞穴地下室									
沙石	……	2.0	6.0	8.0	10.0	13.0	14.0	17.0	24.0
軟石灰石	……	3.0	9.0	11.0	15.0	20.0	21.0	27.0	36.0
不動土	……	5.0	12.0	17.0	25.0	30.0	32.0	40.0	48.0

表中數字有＊記號者，表示爲構造掘蓋式地下室之標準厚度。表中分界並無十二分限度，不過其大約數字而已。適當與否，還須視地位，材料，人工和時間而定。材料之呎數，自地下室頂量上距地面一呎爲度。若材料相隔而置放，厚度當然須加增。

覆蓋物吃力之程度，當視材料的强度和層層相配的程序而定，它的正當配置方法可見下圖：—

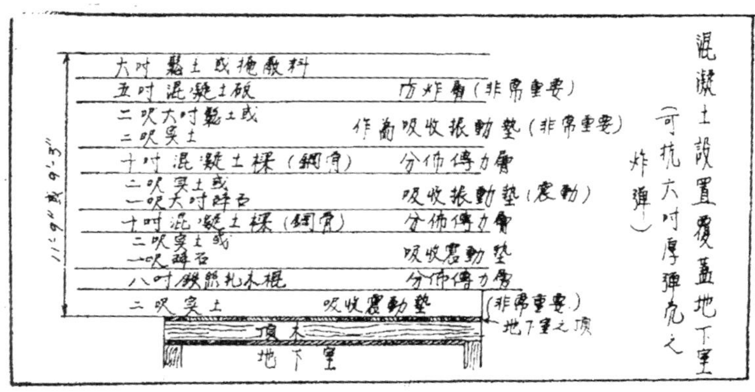

〔乙〕地面防護室：—由建築方面看來，可分

1.隱在樹林中或在反向坡度後者：—由手頭備之材料，無一定標準，如一排木棍，上置皺面鐵板，又舖泥土一層。建築如輕便硬売地下室然，可容十二人，能抗三吋売炸彈。由標準加重皺面鐵板，上加一呎混凝土，沙袋，碎石和實土。二端用木板壁，爲防毒起見，可塗油漆，門上可裝防毒毯二條。內部須用木板舖淨。（見下圖）

2.以村莊中碎鋼筋混凝土塊堆成者：—此類乃應用碎塊而造成者，或在時間倉促時用之。效用不十分大。

3.鋼筋混凝土地下室：—此室可容多數人，並比較安全，此種建築可見諸鋼筋混凝土書籍，不贅言。

4.輕小防護室：—以藏軍火者，利用剩餘材料，靠山壁或靠人民住屋，中置軍火，外加碎鐵

片，木料等，搭架以防爆炸，上置泥土草花等，以不使敵機覺察為主。

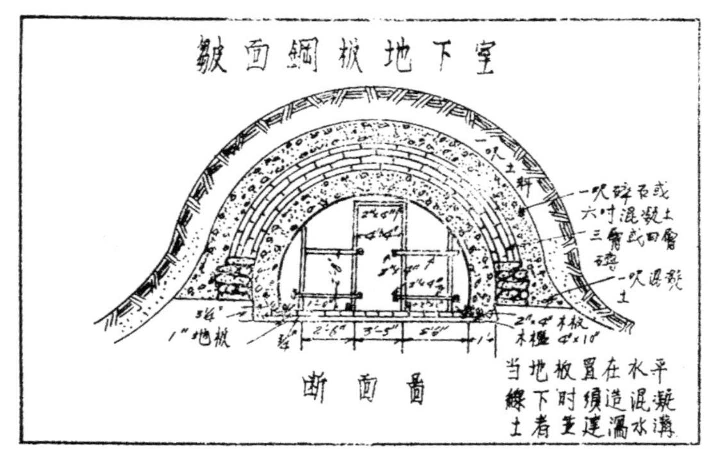

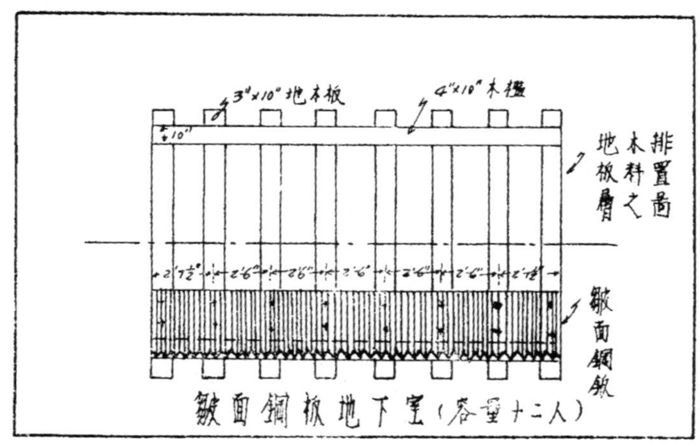

〔丙〕洞穴地下室：一分二種，一是壁櫥式的，一是地道式的，構造之不同當視用途而變更，例如用作急救者，門戶須較普通寬大，地道斜度較平，以便扛抬病牀，可不用扶手。

1.壁櫥式者：一內寬八呎，裝房間式地道，地下室之通道裝在旁邊，如是使牀架地位與通道成直角交，地位經濟，人工省，材料少。每人每尺須估掘七十立方尺泥土，和一百十三尺周圍長。（二人倍之，但不成正比）

2.地道式者：一內寬六呎六吋，備寬大地道，通道和進口都在室之中間，故可裝二項與通道相平之牀架。每人每尺估掘土九十三立方尺，和一百八十五尺周圍長。構造方式較上者簡單，不過掘土過之。

洞穴地下室之進口附近地，亦須梨掘，以保護進口，但不須覆蓋。最簡單之構造法，可見圖：一

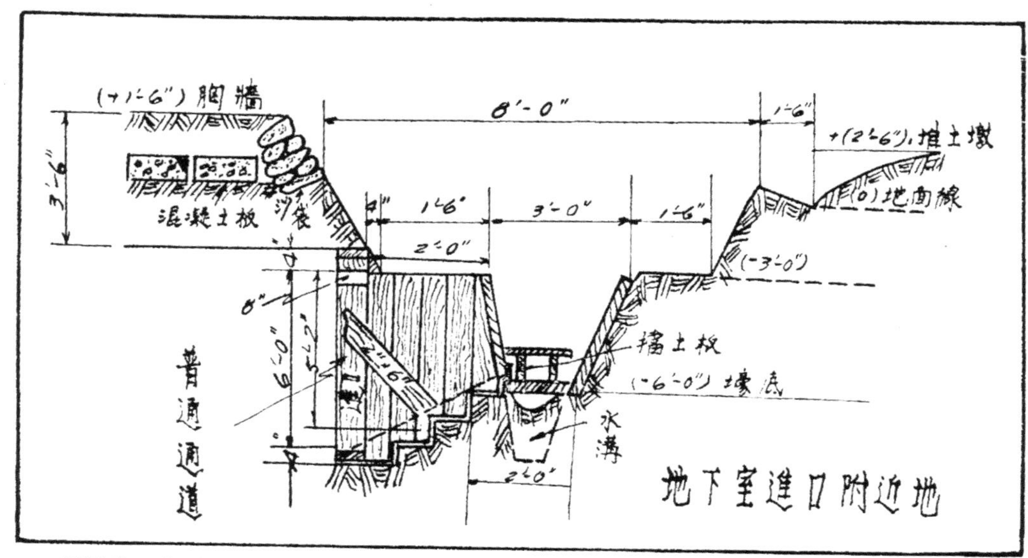

地下室進口附近地

保護進口方面，須避去敵方目標和炮火之轟炸，往往背敵方而建，或在側面，決不可正向敵方。二門之距離須加以注意，不爲一個炸彈皆轟炸掉爲度。二門通道至少不在一直線上。

隱匿方面既不可爲敵方覺察，又不能爲敵機攝照去。故須有僞裝等，不使有疑慮產生。

手溜彈之防禦不可或缺，因恐炸去進口等危險，平常建一炸彈坑，約低於地道六呎，並可利用爲水溝，但須保持清潔，其構造地位在向敵方向。

防水方面，作幾塊防雨布遮住進口之上，溝水可於進口處建一木板或防壁板以防水流入洞內。

防毒氣方面，因爲低於地面之緣故各種地下室往往積聚毒氣而不分散，危險萬分，故須有防毒毯或防毒帷之設備；如此，則在毒氣攻擊時，洞內諸人仍可繼續工作而不必戴面具。防毒帷每一門戶須裝二條，外面一條開啟，則內面一條閉上。不准二條同時開啟，以防毒氣流入。其構造方法爲先將毯子之二端，重疊縫住。並包以金屬條，使下端與地面相吻合，並置重物使能自動拉直而緊伏門口，裝備毯架成3：1之比傾斜度。上端裝有木拴，使不用時可以捲起，並有活結一個，用時一拉毯卽掉下。若毯子未經化學煉過者，祇須不時噴以清水或消毒溶液，亦有相當成效。注意在洞中時間較長，空氣不流通，而人數在三十人上者，可裝備手搖調節空氣箱一隻。

（八） 結　　論

防空地下室構造方式，無時不在進展中，上面所述，不過其大概罷了。關於此種問題，研究最多，首推德國，德國關於此種書籍尤多，其次美國英國亦有相當成績。近來更有緊閉鋼窗等設備，尤宜於長時間之防毒。總之，一方面空軍在進展，另方面防空亦隨之進展着，空襲愈嚴重，防空愈迫切。關於防空施用材料方面，亦須注意，苟若材料缺乏，或須由他國購備，非但價格增高，而且在戰時運輸不便。故材料能由本國全數供給，便利不少。防空之發達亦隨工業之發達而進步。防空不是單獨的一種事情，完全與政治，商業，工業，學術方面，都有密切的關係。希望學術界，建築界上都注意一下防空建設，防空工程，互相切磋，並願多多發表，幸甚幸甚。

雅禮製造廠創建

地下保安室

上海大陸商場雅禮製造廠，爲吾國唯一避水材料製造廠，及避水建築工程專家，歷年經辦之防水工程不下數百餘處。茲該廠鑒於時代之需要，特研究計劃防空地下保安室之建築，容積大小，可隨需要而定，且用途不特限於戰時避彈，對於居住安全衞生，亦均顧及。現該廠特設專部辦理，以週密之設計，低廉之造價，爲國人務服。茲略述其優點如下：

(一)構造　全部採用鋼骨水泥，頂部可舖沙袋，堅固非常。

式樣大小，分甲乙丙丁四種：

(甲)容積較大，尺寸及設備，均可另議。

(乙)長十六尺，闊十尺，高七尺，面積一百六十平方尺，容積一千一百二十立方尺。（此種可容三十人右左，頗合機關行廠里衖之需要，造價約一千五百元，外埠另加旅運費。）

(丙)長十尺，闊八尺，高七尺，面積八十平方尺，容積五百六十立方尺。（此種可容十人右左，頗合家庭之用，造價約七百元，外埠另加旅運費。）

(丁)保管庫式，容積較小，專作儲藏之用，造價僅及保險箱價值十分之一，對於儲藏契券貴重物件等，甚爲相宜，較之鐵箱隱藏秘密，且不致銹爛。

(二)避彈　戰時全家婦孺老幼可避入此保安室，非常安全。

(三)防毒　此保安室有門二重，可另裝空氣銷毒設備，以防毒氣。

(四)避潮　地下建築最困難者，厥爲避水問題，「雅禮地下保安室」全部採用雅禮製造廠之避水材料，內部絕對乾燥。

(五)防火　此保安室全用拒火材料建築，絕無火災之虞。

(六)密藏　家庭中貴重物件契據等物，如藏入此地下室，可免遺失及盜賊覬覦。

(七)却暑　盛夏時此地下室溫度較低，可以却暑，並宜儲藏食物。

(八)該廠對所辦之地下室，絕對保守祕密。

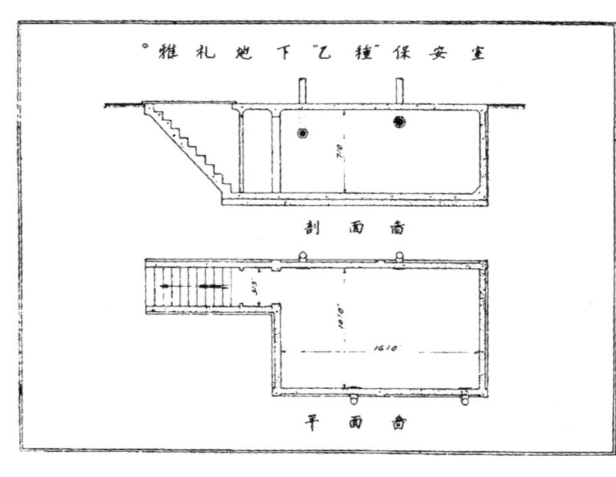

介紹『西摩近』水門汀漆

『西摩近』係純粹之胡麻子油漆，與尋常油漆迥異。茲縷述其優點如下：(一)在各種水門汀物質上，有完全之黏着性，凡水門汀物已經乾燥數星期後，即可施用。(二)凡已曾油漆之壁面，遇有損壞部分，若再用水泥修補之，於數星期後用本漆敷之，則可與舊漆無纖毫之差異。(三)該漆易於塗刷，乾後具有平常油漆之光澤，而其黏性之牢固，尤爲其他油漆所不及。(四)施之於新鉛皮上，亦甚適宜。(五)毫無毒質，內外層均可塗用。該漆歷經工部局及各大建築師採用，認爲滿意。總經理爲上海北京路一〇六號英豐洋行云。

營造學 (十二)

杜彥耿

第六章 樓板（續）

單式樓板 第六〇八及六〇九圖為單式樓板之平面圖，示火爐塉扶梯洞等處千斤擱柵之安置，及與火爐塉成直角及平行之擱柵。

複式樓板 在最小跨度已超過十五呎時，可採用複式樓板法，取其結構精謹與經濟也。其構造係將大梁安置於短小跨度處，以承擱柵；其擱柵則置於縱長跨度處，與大梁成直角。

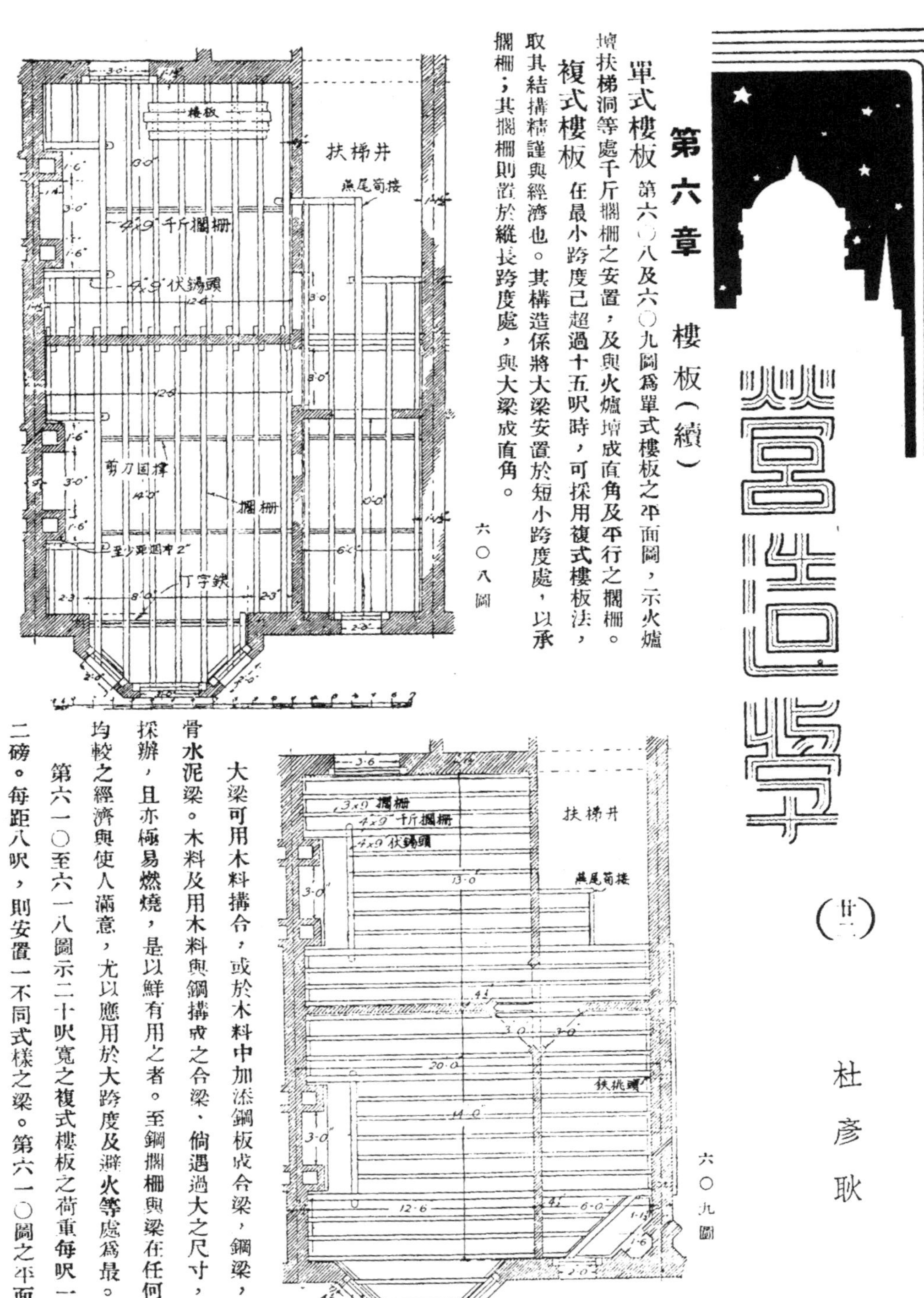

六〇八圖

六〇九圖

大梁可用木料構合，或於木料中加添鋼板成合梁，鋼梁，或鋼骨水泥梁。木料及用木料與鋼構成之合梁，倘遇過大之尺寸，頗難採辦，且亦極易燃燒，是以鮮有用之者。至鋼擱柵與梁在任何部分均較之經濟與使人滿意，尤以應用於大跨度及避火等處為最。

第六一〇至六一八圖示二十呎寬之複式樓板之荷重每呎一百十二磅。每距八呎，則安置一不同式樣之梁。第六一〇圖之平面圖示第一種用木梁上擱置擱柵者；其二則木梁中隔一鋼滌板；其三用鋼梁，及鋼擱柵外包水泥三和土，俾成避火樓板，在鋼擱柵上，再置小木條，以備舖釘樓板之用；其四則爲鋼筋混凝土板梁。第六一一至六一八圖均爲該項梁之詳圖。

撐檔擱柵 在木材之跨度二十五呎時或超過此數時，大梁之側面亦須支持之，中間之梁名曰牽制梁，其上面係擔任擱柵，在下面則擱置於大梁上。因過長木材之不易得，且又易於燃燒，故邇來長大之樓板，均不採用木料矣。用以代之者爲鋼梁，其工字梁或鋼板梁，須視其外力之輕重爲準則。第六一九圖示此類之構造，其距離爲四十呎，大梁十二呎中距，牽制梁則爲八呎中距，其上荷負每呎一百十二磅重之外力。第六一九圖所示之平面爲各種不同式樣與方法結構之梁：其一，大梁用鋼板梁，牽制梁與擱柵皆用木材，見第六一九至六二一圖；其二，用鋼板大梁與牽制鋼梁，樓板則用鋼筋混凝土樓板，見第六二二及六二三圖；其三，一切大梁，牽制梁與樓板。均用鋼筋混凝土構造，見第六二四及六二五圖。第六一九至六二五圖皆爲此類大梁之詳圖。

六一〇圖

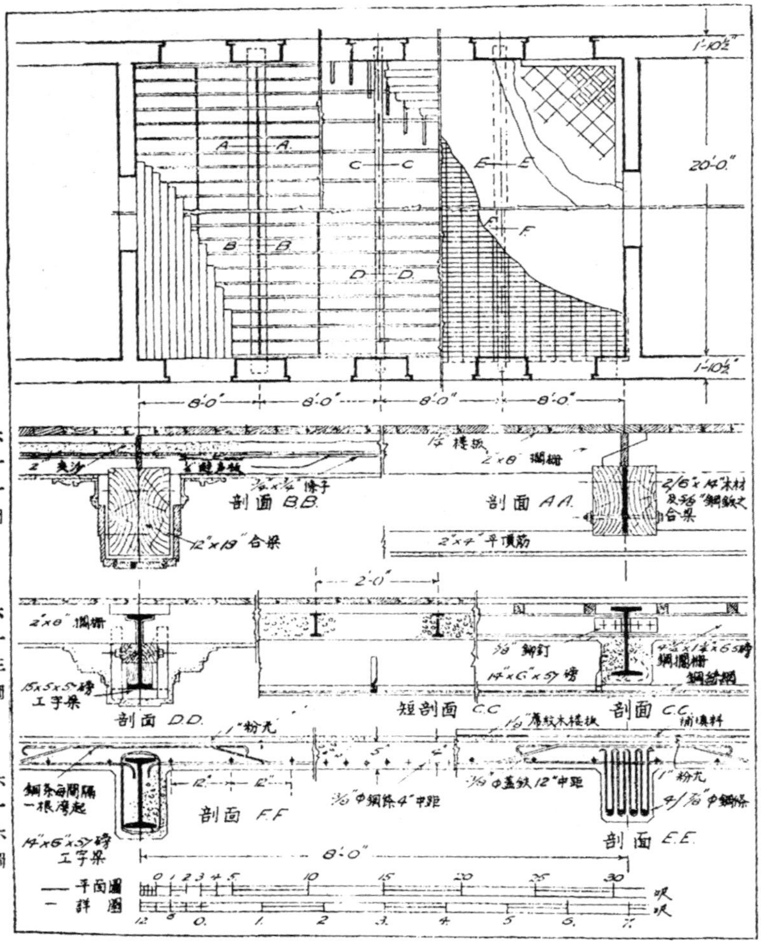

六一一圖　六一二圖　六一三圖　六一四圖　六一五圖　六一六圖　六一七圖　六一八圖

(附圖六一〇至六一八)

大梁或擱柵頭子留空 所有主要之木大梁，其擱置於牆垣墊頭上之頭子，均須四面留以空隙，俾通空氣，不致腐蝕木材。用巨大斷面之大梁，其頭子能減少牆身或墩子之承托面，但須注意其上部有否擱置大梁在同一之礅子或牆身上，若鋼梁並不過於長大，普通可實砌於牆或礅子內，如此可不致減少礅子之面積矣。

樓地板之出風洞 在任何木地板之下，均應築出風洞於近地平線處，以備地下升起之潮氣或臨近材料之潮氣流通，以防止木材之腐朽。用沙立根油或國產之固木油塗於木材之四週，其效驗頗著，而所費亦廉。同時若將木材和以綠化鋅，則能減少木材之燥裂與燃燒性。英國管式地底鉄路，皆採用此法。另一法可用紙毡油毡或其他類似之不透水材料，舖置於樓地板之下；至舖置一部份抑全部，須視情形而定。爲避免燥裂起見，在樓地板與平頂外牆處，將生鐵或空心磚間隔嵌砌其中，見第五九九圖；同時若有平頂筋者，則在擱柵深度中心處，鑽以孔洞，用通空氣。

用一皮穿孔之磚，嵌砌於兩邊或各邊，其功效較之用少數生鐵出風洞爲佳，以其無阻塞之虞也。空氣之流通，光線之充足，對於人類之居住，有極大之利益；而於木材亦然。

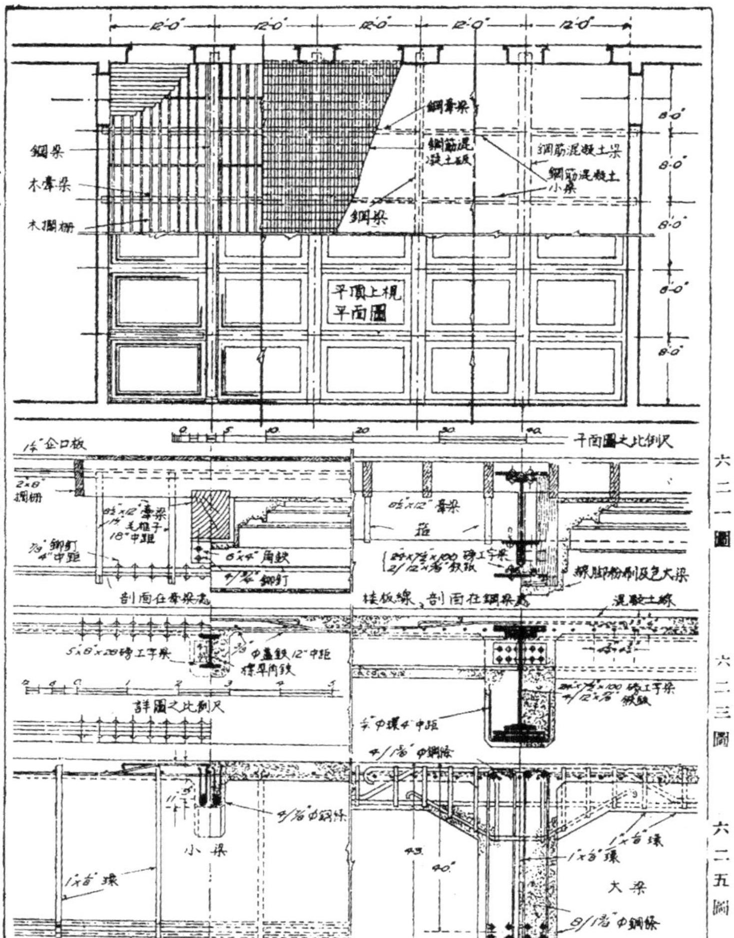

六一九圖　六二〇圖　六二一圖　六二二圖　六二三圖　六二四圖　六二五圖

（附圖六一九至六二五）

第七章 分間牆

定義 分間牆有如簾幕，用以將平坦之地面分隔成需要之居室。加之此分間牆亦深度之架梁，常能助以支持樓板者。

近代建築之趨向，大概均設計鋼架結構，然後再砌以磚塊或磚堵工程，或在鋼筋混凝土先設計柱子，牆垣及樓板者。樓板在此種情形之下，直接由牆垣支持之，分間牆則分隔成所需之居室而已，結構簡易，與分隔各個樓板，皆各不相關，分間牆之優點，取其量輕，小木工易於裝配，且其構造簡單而迅速，有時亦能避火。

適宜於分間牆之材料及分類，見之於下：

磚，空心磚，石膏或浮石混凝土砙，鋼筋混凝土中置鋼絲網，或狀如鋼板之筋肋式骨架。

磚砌分間牆　用半塊磚砌之分間牆，其高度不得超過十二呎；若用水泥灰沙砌，尤能增加堅固與避火，惟其本身重量則略爲增加耳。

空心磚　空心磚乃中空之磚塊。砌牆之空心磚長短尺寸花色頗多，普通用水泥灰沙窩砌其中，而成堅實，避聲與避火之分間牆。其厚度自二吋至九吋不等，極易斬切及應用。第六二六圖所示之空心磚，市上均有出售。

砙分間牆　其構造係用石膏或混凝土。石膏砙澆於模型內，

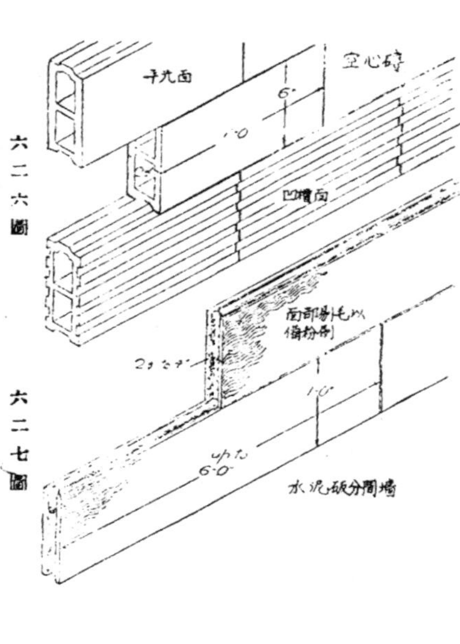

六二六圖

六二七圖

其厚度自二吋至四吋，長度自一呎半至六呎，高度約爲一呎。石膏中和以木屑等混合物。薄砙普通中置細竹，藉增强度；過厚者則中空。砙之面部有光滑與毛糙兩種，如需光滑可搗之於潤滑之金屬板內，然後鋪砌，則其面部可不必再粉刷。砙之面部須加粉刷者，其面部必須毛糙或剔毛，以便粉刷其上。最好將未塗粉刷直接粉上，則鑲嵌之接縫均可被粉刷塗去。用石膏作砙之坯模，易於乾燥，則出品迅速，蓋在十四天內即能乾燥可用。約每隔四呎撐四乘二之直條，支撐於樓板平頂之間；此直條之支撐，須用線錘掛直，然後庶能鋪砌極迅速，可以不必每塊用線錘掛直。釘與螺釘可釘入此分間牆中，見第六二七圖。

砙亦可用浮石混凝土製造。浮石須先磨研，再用二分眼篩子篩過，隨後用一份水泥三份浮石拌和，壓榨於模型之內；如此可成一上選之避火，避聲分間牆，且其本身重量甚輕，同時亦可釘螺釘與釘。其厚度自二吋至四吋，高爲九吋至一呎六吋，長至二十四吋。市上亦有其他材料之混凝土砙出售，如煤屑水泥磚等，應用甚廣。

鋼筋混凝土　混凝土對於繁重之工作，其混凝土撓於壳子之間並配紮鋼條，須視應力之抵禦能力而定應需之鋼條。但在普通情形之下，建築此項混凝土分間牆，未免太浪費，蓋壳子板之消費頗大也。

用鋼絲網搆合而成之分間牆，效用甚佳。鋼條之直徑自三分至半吋，自下端樂釘之點起至內平頂，將鋼條釘牢於木擱柵處之長度，或至樓板處之長度爲標準。倘係鋼擱柵或混凝土者，用特製之箍

鈎牢之。其距離自十二吋至十八吋不等。至於此類之鋼網，可用十六號二分網眼之鋼絲網，用十九號軟鉛絲紮牢其上，每隔四吋，紮軟鉛絲一道，不得超過此距離。在裝置鋼絲網分間牆之前，先宜注意何處預留空檔，以備立門堂之用。是以每個堂子梃均宜置於鋼條旁。在粉刷之先，全部鋼絲網須用撐支持其高度中央與樓板之處，待一面已粉畢，將支撐之一面拆去，再支於他面，以備粉刷。粉成後其板牆之厚度約二吋，而成一極堅實之分間牆矣。

筋肋式鋼絲網，係將鋼板穿孔，軋成一凸起之槽，如此能增强其硬度，且可無需應用木板牆筋或其他支持之物。裝配之法與鋼絲網同，其分間牆須支持者，在第一塗粉刷畢後。

木分間牆　亦稱木板牆，可分為兩類，即普通與架梁兩者是，所謂普通者，應用豎直之木條，即板牆筋，此項板牆筋分間牆用於有荷負其重量之樓板者。架梁則係平行豎直與斜條混合結構而成，其支點在架梁之兩端，有時架梁亦能臂助支持樓板之重量。

特性　木分間牆之功用，一，取其量輕，而其主因在於分間牆之全長度不能有承托者，祇可由兩端牆垣担承之。二，因係由三角形框架支持者，故殊堅强；是以與牆垣有堅實之支撐及能幫助抵禦外壓力也。三，無論何處，均易於裝撐，同時其外力能傳佈於或集中於牆之任何部或一部份。

木分間牆較之磚或混凝土牆，其缺點厥為避火性，對於廣大面積之走廊處，不能避免聲響之傳佈，及在地下層或次於地層之樓板，均不宜築以木分間牆。倘非均有避潮之設備，在此地位當以磚或石牆為佳。

普通分間牆有上檻與下檻，分置於樓板之上及擱柵之底，然後用木條子(即板牆筋)用筋支持其間，見第六二八圖。

安置下檻時須注意者，其地位與樓板下之擱柵成直角。或置在一根與下檻平行之擱柵，因此對於全長能達到堅實與平衡之支持。普通分間牆，不宜舖置於擱柵間之樓板上；否則一旦樓板須重行更換時，分間板亦因之而岌岌可危矣。

板牆筋之斷面尺寸，約用四吋×二吋二分之木條，中距一呎至一呎三吋不等，用短筍鑲接在上下檻上；及須增强其縱長之硬度者，則在每個板牆筋之間，以四吋×二吋之短小木條，用釘釘支其間，此項木條名曰木筋。或用二吋×六分之外板條釘於板牆筋之面部，如此可將其全部約束。門之板牆筋，上檻與兩梃可用四吋×三吋

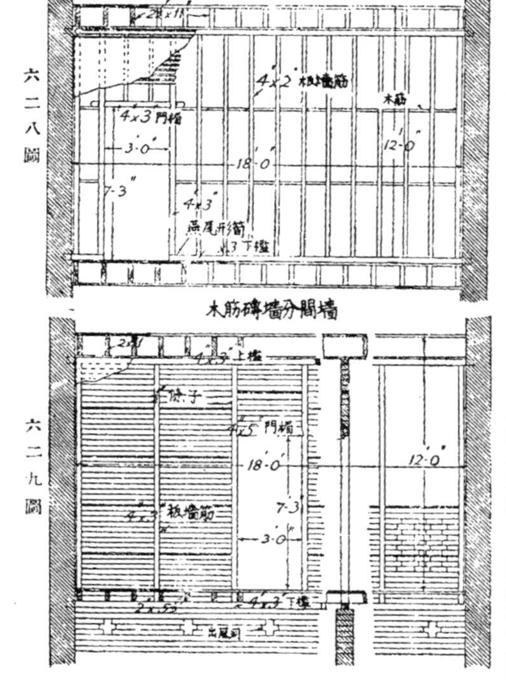

六二八圖

六二九圖

，或四吋方之木條爲之。

木筋磚牆　此項分間牆，狀與普通相仿，惟板牆筋之間砌以四吋半之磚塊，用以避火與走廊之聲音；用四吋×三吋二分之板牆筋，其距離依幾塊磚之長度，通常非二呎三吋卽三呎，及磚塊約砌二呎高，卽平置四吋×三分之條子於板牆筋之間，用釘釘牢，見第六二九圖。木筋磚牆之分間牆，須於其全長有堅實之支撑，否則因其沉陷而使粉刷及線脚等豁裂。半磚分間牆宜用水泥灰沙砌。

若分間牆之高度不超過十呎者，完全可用磚塊建造，半塊磚厚用水泥砌。其超過十呎高度而支持樓板者，須用板牆筋與木條子，以免因震動而損及各部也。

（待續）

新式電影院建築

遠澹

電影院之種類不外乎兩種，而新式影院之設計，卽就其需要而取決。其一爲隣近或鄉鎮之電影院，觀衆類多固定；其一爲處於熱鬧商業區或戲院區者，觀衆亦多變遷。後者之戲院，其地段及區內觀衆之數量，關係至爲重要。而此種城市電影院。若需添設，頗費考慮，因其爲數己多，又甚普遍，宜其有縝密研究之必要也。城市與鄉鎮電影院之區別，卽前者之觀衆多以汽車代步，而鄉鎮之電影院，旣爲一般人所常至，多安步當車也。

在城市添設電影院之需要，可於下列基本條件取決之：

甲・某一區域人口之密度。根據美國上年度觀者之統計，以每千人口設置座位一百只爲最宜。

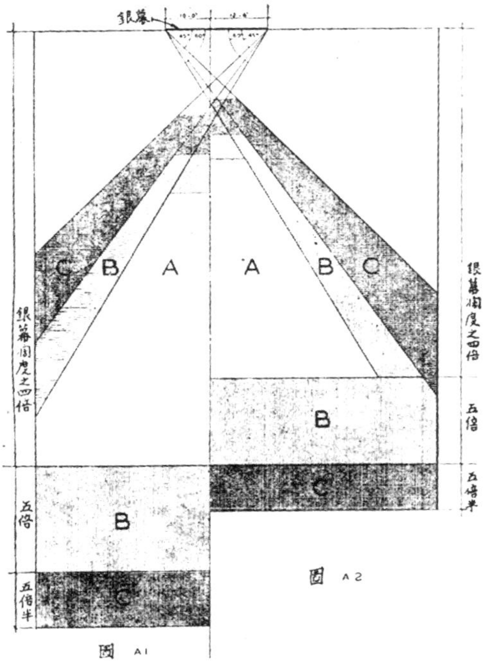

圖A1　圖A2

〔附圖一〕

〔附圖二〕

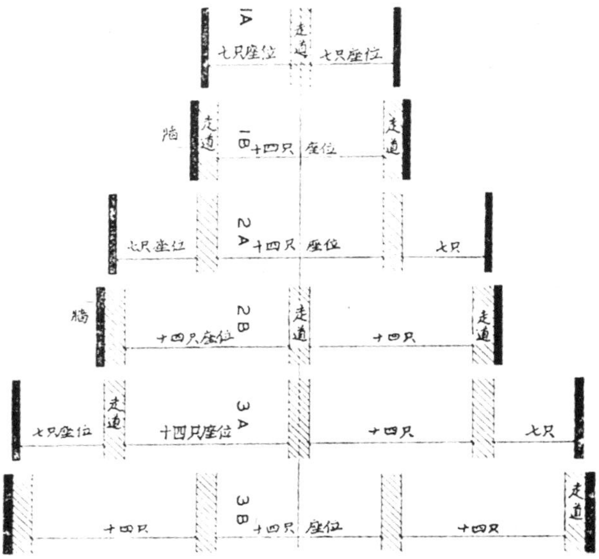

乙・適當映片之流通。

丙・觀看之次數。（映片質佳量多，而售價低廉，則觀者增加。）

丁・現有電影院之廢弛。

戊・與其他電影院之距離。

至若電影院之式樣與數量，則觀衆與院主各有不同之觀點。若院主隨其所欲，則將無新的影院建築之產生。彼亟望院址適中，座位衆多，固不計及觀者出入之不便與院址之不適於充分享受影片之佳處也。就觀者方面言，常願至少有兩所容量適中之電影院(座位約有六百只為宜)對其交通便利，並有充分選擇映片之機會。因近來新片日增，過去之佳片儲藏所(Reservoir of good films)宜於復興，而電影界於焉產生一種新的姿態，即城市之電影院日益普遍化，而院址之選擇，與觀衆愈近愈佳焉。

院址之選擇

在選擇鄰近或鄉鎮之電影院院址時，首須考慮觀衆到達影院，是否便利；是故院址以處於人口中心點，最為合宜。至若處於鄉鎮商業街道之上，雖有若干利益，但尚非首要。通常院址之選擇，以接連貴重地產者為佳。若地價過昂，則將地段較貴部份，供作商店之用，而將影院出入口臨向大街，將大部房屋建築於後面地價較廉之處。因影片本身重要性之增加，故以高貴之地價建築院屋，斷不需要。近時電影院屋之趨勢，每建小形店屋出租，藉以彌補影院本部之租費。但若可能，則以低價購置院址，如此可免除建造店屋出租，而專可致意於戲院正面之建築裝飾矣。

在選擇院址時，角隅地段或向內彎進後通公共街道或里弄者，甚為需要，蓋可依照當地規定，設置太平門等焉。在小鎮中之影院，若觀客亦多以汽車代步者，則亦需與院址毗連之處，另闢空地，藉以安置汽車。並為便利此輩觀客起見，允宜另設一門，俾自車而下，直入院內。圖二示院址最適宜之闊度，內進並可擴充濶度，以備闢作太平門之庭心。

銀幕 A1 A2 B C D

〔附圖三〕

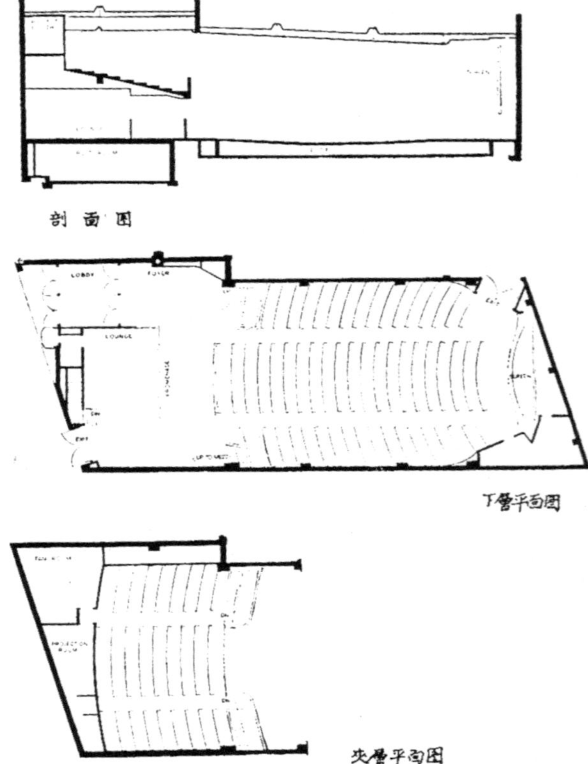

美國紐約布魯克林(Brooklyn)地方之朱蕙爾戲院(Jewel)之佈局。

理財計劃

投資於電影院建築費及設備費之數額，要視清償（Amortization）原來費用之必需速度而定。一般投資者均認專門性之電影院建築，所需清償之期甚短。但此說僅能證其一端，蓋社會之人口，每有劇烈變遷之可能也。大規模之房屋計劃及發展，城市設計之趨勢等，亦須顧慮及之。雖戲院設備之清償期間較短，假定自三年至十年，最為合理。造價之清償期以十年為宜。但有三要點不能忽略者，家庭傳影機（Home Television）或可據為減短清償期間之理由也：其一，在家庭內設置適當巨大之銀幕，其技術問題之困難，尚未克服。其二，鑒於影片之需要日增，足證人民仍喜集衆娛樂。其三，電影事業統制家庭傳影，實佔極大部份，在公共集會場所既可延長娛樂，在家庭更可縮短節目。

土地與建築力求經濟，內部佈置簡單，實可減少初步之投資，但此須無礙於建築物功用與觀衆舒適之詳慎設計也。

所需座位容量

小鎮或鄰近城市之電影院，最少座位數量之決定，一方面須視有關之專門問題，一方面須視映片分配之商業情形。就專門之立場言，影院之座位不

下層平面圖

夾層平面圖

美國緬因州惠陀波羅(Waldoboro)地方之華陀(Waldo)大戲院佈局

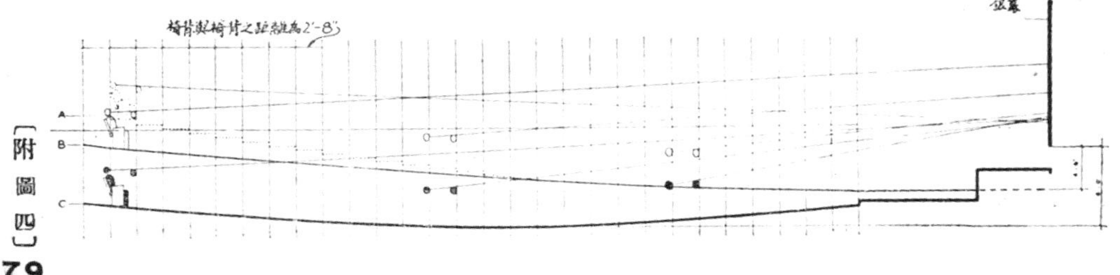

〔附圖四〕

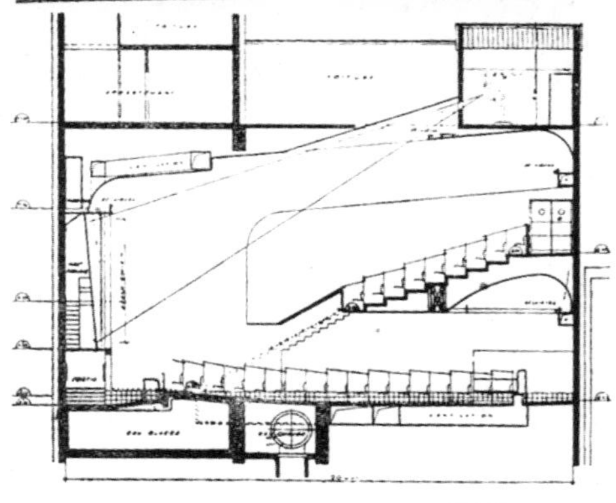

剖面圖

宜逾千，以近六百座爲佳。

映片與院池之大小及式樣

就正確銀幕之觀點，以決定影院之最多座位量，有二限制要因：一爲映片之濶度，一爲銀幕與院池式樣及大小之關係。

職業用之影片，其濶度爲三十五公釐。放映此種濶度之影片，其銀幕大須三十五尺。若映片再大，則片中原料之累粒，將被瞥見，而攝影術中之對照價值 (Contrast Values)，亦有被損之趨勢。三十五尺大小之銀幕，所映影片須放大至四百倍；若欲得優良之映演結果，可將此放大率減低；至求景物宜人，明晰異常，則銀幕之濶度，不能超過二十五尺。

銀幕之大小與院池之大小及式樣，其關係可於下列數點決定之：

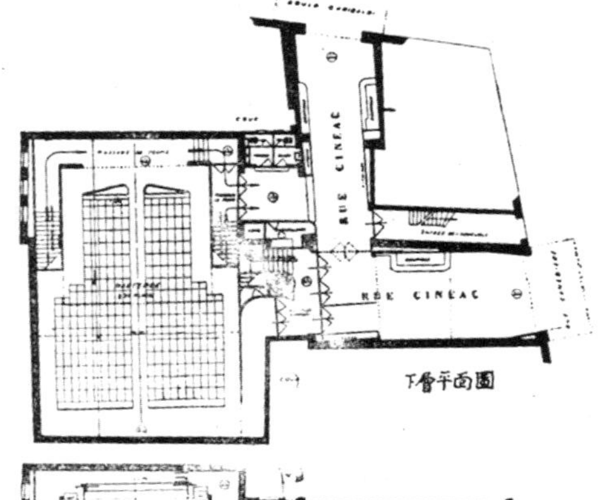

下層平面圖

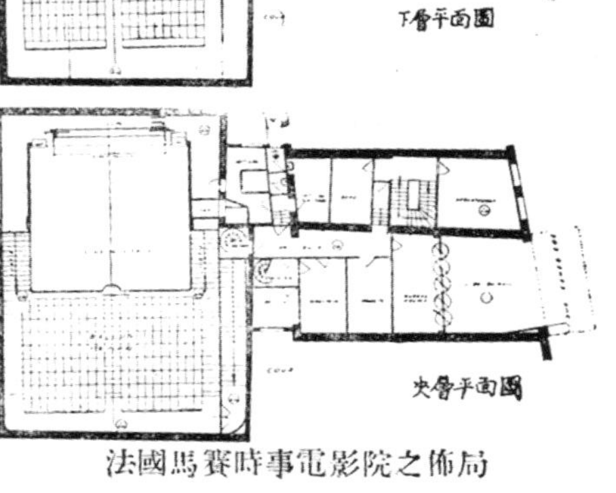

上層平面圖

法國馬賽時事電影院之佈局

一、光線歪曲處避免設置座位。

二、銀幕間與第一排之座位，應規定最低限度之距離。

三、銀幕間與最後一排(卽末排)之座位，應規定最高限度之距離。

甲。視力之銳度，卽攝影細節處辨視力。

乙。銀幕與觀者目部所形成之對向角，使所映景物不致曲歪。

本文第一附圖，係根據現用銀幕式樣之比例，規定距離銀幕之最高視線遠度；計爲銀幕濶度之五倍有半，該圖並將較銀幕濶度之五倍及四倍處，分別誌以界限；蓋五倍之處，雖可應用，而四倍之處，更爲理想之界限，在此距離內，一切表情及景物，觀之固異常清晰也。放大之近景，雖利於後排之觀衆，但須知良好之影片，常多中距離及遠距離之景物也。

視線之限制，對於觀者與銀幕所映之動作，實具密切之關係。是以銀幕之面積，應多多超越觀者之視力範圍，庶可減少過多之牆垣及平頂面之地位、第一附圖之視線限制，曾由美國電影工程師學會詳慎研究；而座位之佈置，更經實地試驗者也。

自銀幕景物之對向角，以爲決定視線距離之觀點，與電影放映機實俱有更直接之關係。實在言之，欲就銀幕觀得明晰之表情及景物，僅有一距離，一如在攝影時鏡片中所見景物之對向角，而此距離亦卽能充分欣賞導演之技藝如何也。

樓上座位

每層座位之容量，最多一千七百隻，上層之最高容量爲二千二百隻。在可能範圍內，樓上座位，須能縮短視線及座位濶度，俾最後一排之座位不致距銀幕過遠。

自銀幕景物之對向角，有殊重要之數點，必須注意者。

(一)後排之觀衆，對銀幕上之視線，須不爲前排觀衆之頭所遮阻。

剖面圖

下層平面圖

法國巴黎時事電影院之佈局及地板坡斜情形。

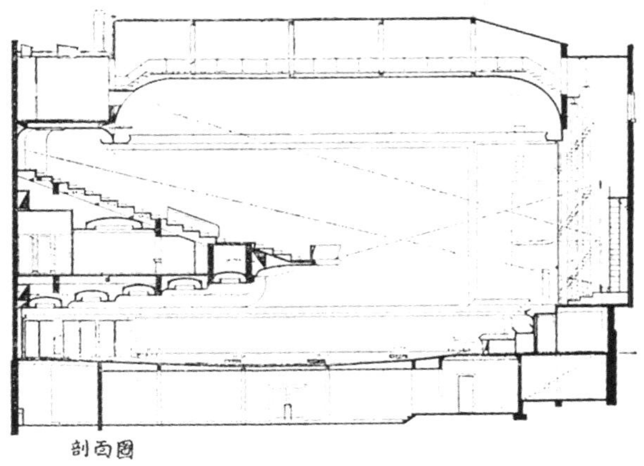

法國盎凡爾斯(Anvers)之臘克司(Rex)電影院，係採用如第四圖所示之地板坡線"B"者。

(二)樓上座位，，列方式，務求精密。

(三)座位須寬舒。

(四)銀幕上之影物，映入觀衆眼簾，不可過偏斜。

(五)須注意凸出廂座之地位。

地板之坡度

附圖三示有數處地位，觀衆之視線爲前排觀客之頭所障蔽，故地板必須成斜坡形，俾能約束而收觀衆視線集中於銀幕之效。附圖四爲電影院之長剖面，其深度足容三十排之座位，此係一般電影院之大概情形。座位之容量，雖有不少大規模之電影院可設至四十排之多；但其障礙視線之力量，自亦增加矣。

附圖四示三種不同之地板坡度式樣。地板坡線B最適用於戲院之映電影者，線引長至第一排深二十二吋，至第三十排已高至一百○七吋；蓋自銀幕起，高度之增加，亦有一定。再視附圖三A1及A2所誌之障礙情形。A1及A2之外形線係等於視線達於銀幕九十三吋高，但其障蔽力量，不能謂爲無有。用於地板坡線之式樣，如與坡線B相同者，在後排不能增加音調之高吭，因音調之直線傳播，在許多建築法規所定者，已屬最高率。後排地板之升高，係爲視線可越前排觀衆之頭而達於銀幕。

附圖四之地板坡線A，示坡度之高起，適與B線成一反向，此線之最後十排已減低至平均二十二吋高。此兩根地板坡線A與B，於樓上之座位，亦可勉强採用，因尙適合於居高臨下之地位，而其坡線亦甚適稱也。

電影院地板坡度，其設計之先決條件：一、避免一切障礙視線；二、於銀幕之視線成斜對角。附圖三示BCD之圈內，其障礙尙無若何影響。惟須注意者，障礙圈B，雖高度最大，但面積較D爲小。障礙圈B之情形，用於前十排座位近銀幕處，頗爲恰當，約等於銀幕高度之九分之二。障礙圈C，則適用於中間十排座位，約等於銀幕高度之六分之一。障礙圈D則適宜於第二十排至三十排座位，約等於銀幕高度之九分之一。如此佈置，觀衆之視線均可集中於銀幕，不致感及任何不適也。

談長安土坯建築

趙育德

最近在某雜誌上，刊載美國工程師在阿拉巴瑪州(Alabama)伯明罕(Birmingham)地方，建造一所泥土往宅，作爲建設經濟住宅實驗之新聞。其設計以混凝土作牆基，屋頂用音疎鬆隔絕材料，四壁均用本地泥土，和砂及頁岩之混合物造成。建築方法，先在基礎上豎立木壳，然後將混合物傾入木壳內，時加搗實，使成堅硬，泥壁之厚度約十七英寸，足能隔離外界寒熱，並能抵抗每方英尺二十噸之壓力。此簡單而省費之建築，據聞亦甚舒適和耐久，與我國西北諸省所築土屋大有相仿之處，足堪注意。茲將長安土坯建築情形，詳述於次，以供關心西北居住問題者之參攷。

土坯亦稱土磚，係由手工將土壓打成塊，曝乾于日光中，待乾硬後方能施用。在早期煉磚未發明前，已用作砌牆之原料，歷史亦很久遠，降至今日，時代進化，建築日趨高層化，並以煉磚業日益發達，此不足任重壓，而無耐久性之土坯，當不適在繁華之都市中立足，而歸淘汰矣。惟在交通不便，煤斤昂貴，土質良好，氣候乾燥之區，尙不失其地位耳。今陝省長安卽爲一例，筆者曾一度調查市內，除年來新建設之大官署，銀行，旅社外，其用土坯爲牆者，仍佔百分之九十以上，隴海鐵路西段附屬建築用之亦頗不少，四鄉村鎮更無論矣。蓋因土質結實，氣候乾燥，足爲一般經濟牆壁之良材，雖新式之機磚窰日有創立，以土坯價廉，一時仍難完全取而代之，其關係西北民居之重要，實不可忽視也。

土坯之大小，普通長十四英寸，寬八英寸

曝乾中之純土坯堆

打製土坯情形

土坯牆未粉刷前留影

已完成之土坯牆小住宅建築

，厚二英寸。共分二類，一爲純土坯，卽以半濕性之泥土，用模打製。一爲麥桿土坯，卽在濕泥中加以切短之麥桿，使格外堅實。後者較前者耐久，而價格亦稍高貴。純土坯之製法，大概均在就地預定取土處，先將泥土翻鬆，和入少量之水，使成微濕性，但勿過分柔軟，以免難于着夯，隨將木模放於平實地面，或石面上，鏟泥入模，用小石夯夯實，傾出後堆列成行。以備暴乾。土坯傾出後，須隨將木模四週撲以草灰，俾免後者留黏模內，平均每工可做五百塊。麥桿土坯之製法，亦先將土翻鬆，或就地挖成池形，傾以多量之水，同時加入切短之麥桿和泥，用人力踐踏，使勻和柔軟。隨將此柔潤之麥泥鏟入模內，稍經壓實，傾出排臥地面備乾；但切不可如純土坯之堆積，因其時本身甚軟，一經堆積，易起變形。每工可做四百塊左右，每千塊約用麥桿五十斤。

土坯須乾硬後始可應用，期免牆砌成後發生走縮。其乾硬期間，須視氣候情形而定；普通在夏季三個晴天，冬季七個至十個晴天，方可施用。如能擱置愈久，自屬愈佳；然亦不如煉磚之能任重壓。故除其本身重量外，不宜担任其他壓力。屋面及屋架，應採用木或磚柱，導至地基。土坯牆通常可建至二層高度，牆身加內外二重粉刷，約厚十五英寸。土坯之組砌，常法一皮橫，一皮平；爲免除土坯弱點起見，自地平上二英尺處至地下，應用煉磚砌作牆基。門窗框邊，亦宜用磚襯邊，俾免日久輪框不正。內外牆面皆用麥泥或灰砂粉刷，如能候至砌畢三日以上，再行粉刷更佳。因砌土坯時其縫塡有泥漿，若立加粉刷，不久恐生裂縫，是爲粉牆之要點。

振華油漆公司

振華油漆公司創立於民國七年。自建製造廠在上海閘北潭子灣。全廠分厚漆，光漆，磁漆，水粉漆，煉油，煉丹，鉛粉，顏色等部。商標飛虎，雙旗，三羊，太極，牡丹，無敵六種。總發行所在上海北蘇州路四七八號，分發行所南京，漢口，杭州，辦事處新加坡，西安，幷特設工程科，專代設計並承包油漆工程。全年銷量，約在三十噸左右，營業區域，除全國各商埠外，並及於南洋羣島。迭獲國民政府工商部，實業部，廣東省政府，福建省政府，廣州市政府，山東省建設廳，浙江省實業廳，上海總商會，新加坡總商會，菲律濱嘉年華會等各種獎狀，獎牌。並經國民政府工商部咨請海陸空軍部暨各省市政府轉飭所屬盡量採用，以資提倡。

鋁業新貢獻

近三十年來，全世界鋁之消耗量，自六千噸增至二十七萬五千噸。此驚人之發展，在工業史上實開一新紀元，深信此種金屬，繼續改良研究，其應用範圍將日益廣泛。至於此種金屬所以蝕銹之主要原因，實爲在潮濕之空氣中感受酸化，因用於近海之處，致受海水襲擊及鹽質浪花飛濺所致。鋁在潮濕之空氣中，酸化頗速，若非設法保護，因此所成之薄層，亦爲防止銹蝕之自然產物。而現時人造之勻淨厚層酸化物，實爲防止鋁之銹蝕之良好方法也。

本埠揚樹浦路六十一號羅達納建築公司，近正設廠製造酸化鋁及鋁之設色方法，最短期內卽可接受外界囑託，從事於鋁之酸化及設色業務，竊鋁之一物，經此新設施，當更可增加美觀，堅固耐用矣。

用新式電力吊車傳運之經濟

論者以爲吾國之勞工，其工資在世界各國最爲低廉，故藉機械用作傳運工具，反不經濟。此說殊不爲然。雖工人之工資，平均每日每人以一元計算，似甚經濟，可無庸裝設機械矣；但詳加觀察，則一經裝置機械，使用時費用儉省而工作之速率，迅捷絕倫，在時間方面較人工幾能節省十分之九。其他之利益，則如免除工人之糾紛，泯滅能工之威脅，以及隨時可以工作，不受勞工之束縛，而更無過時加工及休息時間等事故。

近時裝有新式機械之各工廠，其主持者必考量機器之運用，是否能盡其功能，但各個機器之工作效能高否，尚屬次要，最要者厥爲材料之運達工作地點及分配於各機之間，是否能迅速暢達。故明幹之廠主，爲欲充分發展機械之功能起見，常用架空電力吊車輸送材料，藉以供給工作時之需要，並因而完全摒除以前因原料供給之參差無定而致之機器中輟之弊，據統計結果，使用「台麥格」電力吊車，效能之增加幾達二三倍，其他式樣之機器，亦得有優良之結果。故藉機械之力，將材料運輸，在工作速度方面故能

"台麥格"電力吊車

"台麥格"電力吊車在準備吊運捲筒報紙時之攝影

圖爲專司「台麥格」電力吊車之開關。用手撳於白鈕，即可上升；撳於黑鈕則爲下降。

達到預定之效能，且極經濟。再如營業發達，必需增廣基地，添建廠屋，此舉所費，實爲不貲。若有此項機械，則在原址添建一層，增裝同樣器械，則輸送既便，出品自多，供應需要，亦無虞匱乏矣。且根據已往經驗，在裝置「台麥格」吊車時，無需特殊建築或另添建新屋，普通工形鐵樑之下邊緣，卽爲廣大之行走軌道。總之一切設備，甚爲儉省；在極短期內，當可省出該機及裝置兩項之費用。

現時國內一大部份廠家，其主持者均已深知此項電力吊車之經濟與需要，紛紛裝置，以求廠內外輸送材料之便利。德國「台麥格」廠製造之電力吊車，本埠獨家經理者爲謙信機器公司。使用便利與裝置簡單實爲此項機器之優點。故「台麥格」電力吊車任何人均能管理，管理時僅用一簡單之揿鈕開關，並裝有自動限制開關，使起重吊鈎在最高或最低點時能自動停止，其限制點可隨意較準。該項吊車並裝有特殊絕電綫有避水避灰及避酸之功能。「台麥格」電力吊車可用爲各種升降及輸運工具，效用宏大，（本文附圖卽爲該機之式樣及正在工作時之情形）如用作貨物吊車及棧房絞車，更爲無上之助力。其吊重能力自一二五公斤至十噸止，在上海備有現貨，常可適合顧客之需要，如用於不平之地面或快速度長距離輸送，則可在吊車上附裝管理者之坐位。處於目今極端競爭之際，節省費用，方能獲利倍蓰，凡各廠家，船塢及棧房等其主持者深欲達到最高之工作效能，則用新式機械爲傳運物料之工具，必能獲得廣大之報償。

良好隔離材料之推薦

查軟木一物，在今日仍爲最有效最經濟之隔離材料。市上所售者，以西班牙及葡萄牙所產者爲最佳，享名亦屬最早。此種最經濟之產物，厥爲軟木板。其法係將小塊之軟木，將其烘焙緊壓，形成堅固之板塊，四週則有自然之脂液以爲邊緣。此種板塊通常長三尺闊一尺，厚則一二三寸不等，而藏於堅牢之紙板製成之盒中。現時市上所售者，常有質地較次之貨，外貌甚佳。而其載重增加，隔離之功能亦少，購時宜注意及此。至良好之軟木板，其主要功能爲：

一、建築冷藏間，船中冷藏室，家庭冷藏箱及冰箱等。

二、建造住宅或工廠之屋頂及外牆，一吋厚之軟木板，最宜用於高層之工廠建築，俾減低室內熱度。

三、用以爲機器之底基及減少震動力等用途。

此板在使用時，常以柏油爲黏貼之材料。柏油在高熱度下溶燒，其器之大小須足以容納軟木板，俾板在器內浸醮，使柏油汲收板上，然後取出，卽時膠合於施工之處。若厚度不足，則可將板用柏油塗叠其上，如是則二層三層，可遂已意。小塊軟木用處亦多：較大者亦可用作隔離材料，尤以不適用軟木板之處，此項粒塊之軟木，應用最爲廣大也。

本埠四川路一二六弄十號怡德洋行，備有大宗軟木板材料，以供外界需求。質優價廉，久負盛譽。餘見本期該行廣告，特爲介紹。

建築史（第二編）（十七）

杜彥耿譯

德意志羅馬斯克建築

德國小誌、地理及歷史

一二二、地理　德國西鄰荷蘭，比利時及法蘭西，南連瑞士及奧國，東界波蘭及俄羅斯，北鄰丹麥，並出波羅的海。國內江河暢流，水利稱便。

一二三、氣候　德國氣候夏季熱而冬季冷，其西部較諸東部為暖者，以得北海吹拂之熱氣所致；而大部普魯士及薩克森地域，蒙受俄羅斯及波羅的海之冷風所吹襲。

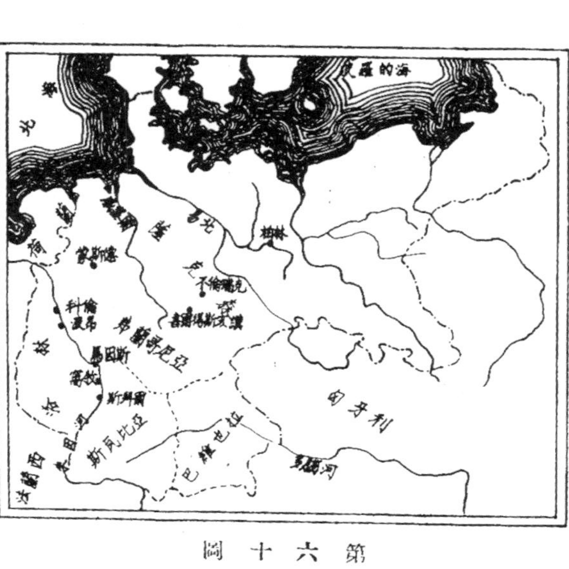

第六十圖

一二四、歷史　德國之歷史，係支出於法蘭西，始於查理曼大帝孫嗣之崩析。當法國喀羅林帝室後代諸君之懦弱無能，尤以遭受北人之侵凌，封建制度遂根深蒂固，但與前茲之舊國不同者，國以行省組織，每省必舉賢者主持省政，而國內一若有數國者，如曰 Franks, Saxons, Bavarians 法蘭克，薩克森，巴維也拉及其他諸族之混統而成德國。茲錄中古時代德意志疆域如圖六十。

一二五、法帝國本係逐漸收集各邦而成至上之帝政。但德國則非，其各個省別之間，互相參商，殊不團結，並且時常公開攻擊，因之雖國王與其受封采邑之有力郡主間之衝突，亦宛如兩國相殺，然其結果則不同。更有一事，德之與法相殊不同者，德王係屬選任，不若法之世襲：故法之傳統一朝，有八世紀之長時間，而德則一朝之時間殊短。且德國亦無首都，如法國之巴黎者，庶人民對於國體之信仰，而助其成者也。

一二六、當分支德國喀羅林一系之滅沒，接傳者為短期之康拉德 (Conrad)，本係法蘭克公爵，後復有薩克森朝之相替，自九一九年以至一〇二四年。當此朝第一君主之時，屢遭馬札兒人 (Magyars) 侵刼之危。馬札兒者竊居匈牙利（見圖六十）平原之野蠻民族後，後被克服歸化於基督教下而為德族矣。有名之奧士德瑪亦

(Oster-March)者，卽現在之奧國，係附近前線之地區。鄂圖大王(Otto the Great)用爲集中軍隊之地。

一二一七、　以城牆及强固碉壘圍繞之城區，名之曰「堡」(Burgh)在此附近，村莊叢集，建此以禦民衆遭受野族侵凌之路徑。人被任爲留守此項城區，或堡壘者曰「Burgher」，遂成一種階級。後此王與該地鄉賢有所爭執，彼卽爲擁王者。

一二一八、　自九三六至九七三之鄂圖大王，係薩克森屬之第二君主，繼續於法之各邦，團結一致，形成整個國家，隨後出師以治東北邊區之蠻酋。尋又攻破意大利，而受倫巴多皇冕於米蘭(Milan)，更於羅馬接受凱撒之位。自茲彼復重創查理曼大帝之羅馬帝國，此後德之君主欲爲倫巴多之君羅馬之皇與基督之主宰，而此政策卽驅使德君屢與意大利戰鬥，因之其戰爭之結果，猛增兩國之帝國主義至於無可限止。

一二一九、　當十一世紀之一○四年至一一二五年，弗蘭哥尼亞(Franconia)帝室爲德之帝皇時，康拉德第二是爲該朝第一君主，並併勃艮第於其版圖。迨至第三代君主亨利第四(Henry IV)時，有著名之喜爾得布藍(Hildebrand)者，接羅馬敎皇之位，是爲格列高里第七(Gregory VII)，立志堅決，處事奮毅；其所下整頓敎會與敎會高於一切，有如下述諸條文：

一、有超越國王之權力，並有對國王授予或取消皇冕之權。

二、敎皇有任命主敎之唯一特權。

三、太子親王不能在敎中任事。

四、敎會任命令不能出諸賣買。

因德國有許多財產及土地，執於主敎之掌握，如此則向之對國君貢獻者，將轉而貢諸敎皇格列高里之定策，遭遇强力之反對，自屬無疑。國君並主組織敎廷，取議廢免敎皇，殊不知各地親王已先國君接洽一切，而擬另選新君迫之。亨利至此，不得不低頭與格列高里和解焉。

一二三○、一波甫平，一波又起，斯瓦比亞之路德福(Rudolph of Swabia)被各地親王選爲國君，最後又得格列高里之同意。因之亨利對彼之競逐者，宣戰而殺之於混戰之中，並攻入意大利追迫格列高里亡命於諾曼底後，遂死於該處。

一二三一、　霍亨斯陶棻(Hohenstaufen)一系之德君，自一一三八年至一二五四年，開基於斯瓦比亞之康拉德第三。彼之柄政，薩克森族反對頗劇。並傳圍攻外因斯堡(Weinsberg)之時，叛軍喊戰口號曰衛爾夫　(Welf)　；衛爾夫者，亨利王之弟卽叛軍領袖之名也。康拉德之軍隊亦有口號，曰「Waiblingen」者，蓋王弟腓特烈(Frederick)之產地村名也。此種口號，被意大利改作「Guelf」與「Ghibeline」，蓋「Guelf」者，擁護敎皇，而「Ghibeline」者，擁護國君之謂也。故此後兩者均以此號爭取敎權高於君權或君主高於敎廷者之鬥爭。

一二三二、　一一五二年康拉德第三崩，姪腓特烈巴巴洛薩，或曰紅鬍子者，被選當國。在此精明强幹之國君統治之下，意大利諸城要求利益與特權起見，時常引起戰爭。而柔弱之區，每被强者壓抑，而呼籲國君求助。因之國君與教皇之紛端又啟，擁護教皇與擁護國君之聲重振。腓特烈攻得米蘭，化爲平地，但倫巴多諸城，依舊據作攻擊國君之根據地。如是經過多年奮爭。而腓特烈始行議和，應允教皇之要求，並稱意大利各城之自治。自此意大利各城，固執此權利，以抗衡各個君主。

一二三三、迨康拉德第四崩於一二五四年，霍亨斯陶棻之一朝便亦終滅，約經廿載之國政中虛時期，此帝國中並無足可紀述之領袖。

建築則例

教堂及主教院

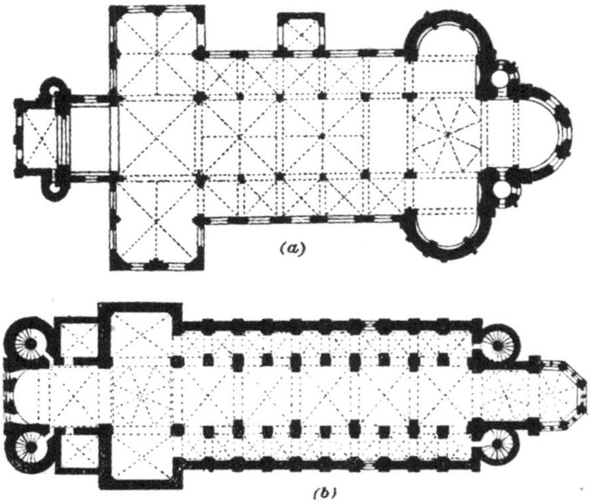

(a)

(b)

第六十一圖

一二三四、顯異之點 以法蘭西及德意志羅馬斯克建築之根，依公會堂之地盤而發展之，施用圓頂發券方式構築之，更進而有德國羅馬斯克學校建築，包括集體之牆垣，叢集之礅子，盛施彫刻之線脚，逐步退收之圓頭發券，以及與歐洲其他各部普通相同之羅馬斯克建築。有頗多方形或八角形之塔，有時其地盤係圓形者，是爲德國羅馬斯克教堂建築顯異之點，惟大體僅與法蘭西之格式類同。

一二三五、科倫之阿坡斯爾聖教堂 在科倫(Cologne)之阿坡斯爾聖教堂，如圖六十一(a)者，有奧壇位於東端聖壇之兩邊，而口與大殿兩旁之走廊相齊者，其屋面初不連接。蓋其間有兩個八角形之燈塔分隔之也。而於西端十字交叉之處，起一大而方形之塔，與東端地盤十字交叉點上

第六十二圖

；，起一八角形塔，相互映輝呼應，如六十二圖。小型連環發券之走廊，處於廊簷之下，殊爲幽緻悅目。自東端總覽其結構之匠心獨到處，如六十二圖，不覺深歎其描繪活潑，栩栩欲生焉。

第六十三圖

第六十四圖

一三六、窩牧主教院　窩牧主教院見六十一圖(b)地盤，想見此來因(Rhenish Church)教堂之一般矣。其大殿之寬度，等諸甬道兩倍之大，與其圓頂，是爲大好之德國羅馬斯克幾成方體之佳作。主要房屋如六十三圖，完全係羅馬斯克式，建於十二世紀，但其原建築，現在祇有東端一部，其餘咸係後來重建者。六十四圖示此主教院之內部，第六十五圖之剖面圖示磴子連續而上，並透越大殿圓頂發券之券脚而上之，支持上述發券之磴子，一大一小分間之。而小磴子係長方形，致其外貌則四角有四個圓形之塔。聖壇之前冠以八角形塔，顯躍於十字交叉之地盤之上。

一三七、斯拜爾主教院　此屋有六個檔間，幾爲德國教會建築之獨出者，以其無西聖壇，而西邊之塔亦減去，惟闢廣大之前廊於西端，其上部可見第六十六圖。大殿寬四十五呎，高一百〇五呎；四角四個方塔與中央兩個八角形塔，如衆星之托月，而亦符於斯拜爾(Speyer)之義者，蓋「Speyer」即「Spire」，是爲尖塔之意也。此院建自十一世紀。

一三八、波昂主教院 波昂(Bonn)院之東端如第六十七圖所示，其建築係與該時期德國其他之教院建築同。有甚大之奧壇，夾持巨大之塔，透露於屋外者。院之大殿兩傍，本無甬道，與中央大塔，位於十字交叉點地盤之上者，係於十三世紀時所增築者也。

第六十六圖

第六十七圖

第六十五圖

建築之詳解

地盤，牆垣，屋面及裝飾

一三九、地盤　德國羅馬斯克教堂，係以公倉堂作藍本。大殿之兩端，常如聖壇之位置。步廊或走廊罕見，附屬之小教堂則絕無。但講壇及外廊廡，則如普通所習見者。在十字交叉之點，有兩端特別向外伸出，俾另置小壇。門口普通開於南北兩甬道處，而教堂之西端鮮有開設門戶者。

一四〇、牆垣　因無拋脚礅子之制，故牆垣厚實，俾可禦抵圓頂傳下之推力。連環發券可謂爲牆飾外貌之一種，又如露在簷下之外廊，亦爲德國羅馬斯克建築斯異之點。

一四一、屋頂　在未有圓頂之前，薩克森式木平頂甚爲普通。迨十二世紀末葉，始有圓頂，惟來因區始終卽用圓頂，雖在早期亦用圓頂者。

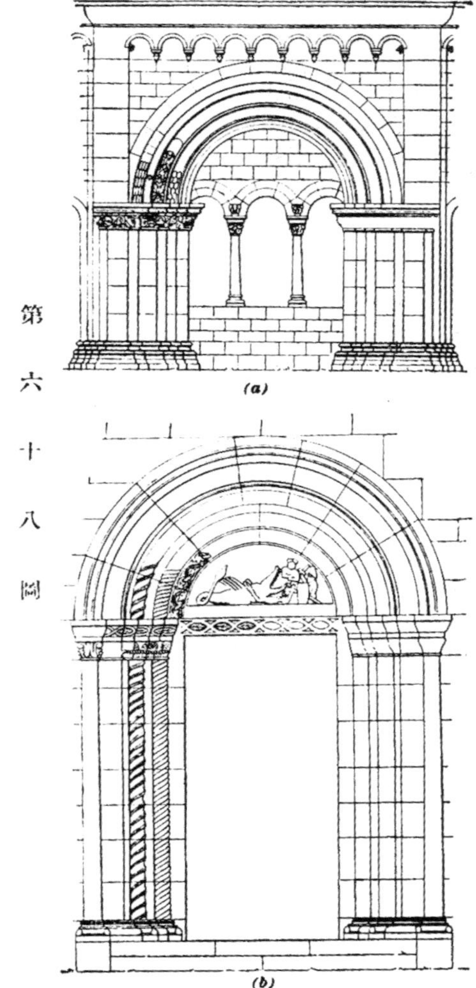

第六十八圖

一四二、柱子　柱子之花帽頭，每用立方體形，並飾以慣用之反葉，或卑鮮丁飾物。大殿之連環發券包括礅子或礅子與柱子混合在一起者。有時並有巨大之柱與簡單之柱相互間夾置立者。

一四三、空堂　狹而圓頭之窗，普通均係單扇窗堂。考其體例，並無大窗之式制。門戶及券拱大門，與法國及英國羅馬斯克時代之格式類同，是以叢集之梃柱與啓施彫刻之發券等爲飾者，極爲普通。

一四四、線脚　最初無特種線脚之創制，均與其他在歐洲羅馬斯克建築所用者相同。迨後德國羅馬斯克建築對於線脚頗爲重視者，以其基於精緻之點而作美飾也。

一四五、裝飾　裝飾之彫刻，均用淺浮彫，是爲踢地起隱花，蓋其花飾刻於陰紋，而將不施花飾之部，任其自然，不加磋琢。裝飾之藍本，不爲希臘，卽或羅馬，此外則隨意爲之耳。顏色裝飾間亦有施之外牆面之粉刷者。瑪賽克殊少，惟顏色之磚則習用之。圖六十八示羅馬斯克建築中普通之裝飾，用之於大門口者。圖(a)爲在萊去之阿比教堂(Abbey Church at Laach)，(b)則爲在阿爾騰斯丹之聖邁克爾教堂(St. Michael's Church, Altonstadt)叢集梃柱之門堂，繞以精緻之線脚與彫刻之拱心，以及他種卑祥丁式之藻飾者，是爲顯特之每一搆築也。

一四六、 其他德國羅馬斯克裝飾見六十九圖(a)(b)及(c)柱子與連環發券之在萊去之阿比如圖(a)是爲卑祥丁之格式。惟小型半圓之發券之在簷下牛腿之間者，爲德國羅馬斯克飾物。圖(b)兩個小花帽頭駢儷於一帽盤之下。此花帽頭之彫刻，係取法於科倫之聖瑪麗敎堂，用怪獸作飾，面以藻飾爲襯。此種式例，於德國殊不多覯。六十九圖(c)係十三世紀時德國南部之花帽頭式。圖(d)爲同時期柱子下之坐盤。此種式樣與其他德國羅馬斯克均根據於古典式雅典則例而來，以及襲取法國羅馬斯克柱下坐盤四角之有角葉者，如六十九圖(d)。

(a)

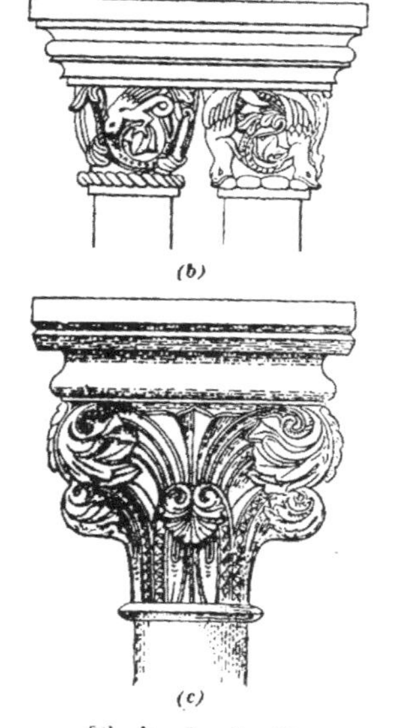

(b) (c)

(d)

第六十九圖

一四七、 圖七十(a)(b)(c)爲德國花飾中之三種代表作。(a)來自德國南部，爲其國中用此藻飾爲飾之最普遍者。(b)圖亦爲羅馬斯克裝飾中常予採取者，名之曰釘頭(Nail Head)圖(c)是爲鑲滾之飾，以帶與葉盤繞而出之圖案也。

(a) (b) (c)

第七十圖

（待續）

建業防水粉新訊

國產建業防水粉，確具防水避濕之功能，爲營造界所深切認識，一致贊許者，蓋本刊已屢介紹之矣。故本外埠新建大廈，均樂爲採用該粉；最近如廣州福盛建築公司承造之國立中山大學，福州橫山福建省立醫院，本埠孫福記營造廠承造之吳淞鎮北國立同濟大學測量館等工程，久泰錦記營造廠承建之阜豐麵粉公司新麥棧，上海律師公會等，均經採用建業防水粉，足證其功效之一斑。該粉由上海愛多亞路中匯大樓二三一號中國建業公司所發明，其電話爲八三九八〇號云

（副本）

強力試驗證明書

(一) 本證明書專證明建業防水粉加入混凝土後對於該混凝土之強力所發生之影響

(二) 本試驗根據德國標準用水門汀一份德國標準沙三份蒸餾水百分之八十五然後加入建業防水粉百分之二或不加兩種（以上均為重量比例）以便作比較試驗

(三) 各種成分配合後置於混和機中作二十次之混和再置入模型於錘擊機下作一百五十次之錘擊其洩水之早遲均合標準（九十五至一百十五）

(四) 當試驗時之溫度為攝氏十七度之二濕度為百分之六十一

一

(五) 以上試塊先在潮濕空氣中經廿四小時後浸於水槽內再隔六日後作以下之試驗

號數	受力面積（平方公分）	壓力（公斤）	每平方公分所受壓力（公斤）	防水粉%備考
（表一）一	五〇	一八九〇〇	三七八	又
二	五〇	二〇二七〇	四〇六	又
三	五〇	一九五八〇	三九二	又

表一為加有建業防水粉之試塊平均每平方公分所受之壓力為三百九十二公斤

號數	受力面積（平方公分）	壓力（公斤）	每平方公分所受壓力（公斤）	防水粉%備考
（表二）四	五〇	一六三〇〇	三二六	無
五	五〇	一八七〇〇	三七四	無
六	五〇	一六六〇〇	三三二	無

表二為不加建業防水粉之試塊平均每平方公分所受之壓力為三百四十四公斤

二

號數	受力面積（平方公分）	拉力（公斤）	每平方公分所受拉力（公斤）	防水粉%備考
（表三）一	五·一六	二八二五	五四八	無
二	五·一四	二六八〇	五二一	無
三	五·二〇	二六三〇	五〇六	無
四	五·一〇	二五三五	四九七	無
五	五·一九	二五七五	四九八	無
六	五·二二	二五六五	四九二	無

表三為不加建業防水粉之試塊平均每平方公分所受之拉力為五百一十公斤

號數	受力面積（平方公分）	拉力（公斤）	每平方公分所受拉力（公斤）	防水粉%備考
（表四）七	五·一五	二七七〇	五三九	又
八	五·〇八	三〇七五	六〇五	又
九	五·〇〇	二八二〇	五六四	又
十	五·二〇	二七四〇	五二七	又
十一	五·〇四	二八七五	五七一	又
十二	五·〇〇	三〇五〇	六一〇	又

表四為加有建業防水粉之試塊平均每平方公分所受之拉力為五百七十一公斤

根據以上各種試驗結果其加有建業防水粉之試塊較不加建業防水粉之試塊壓力增加百分之一四·九八拉力增加百分之一一·九八

結論

加建業防水粉於混凝土後無論壓力拉力均有增加特此證明

此致

建業貿易公司

國立同濟大學材料試驗館主任華振倫

民國二十五年五月廿二日

三

都市住宅問題及其設計

楊大金著
杜彥耿校

著者自序

上古之世，渾渾噩噩，木居穴處，苟能療飢免凍，斯已足矣，固無所謂住宅也。厥後民智漸啟，創造遞增，種種慾望，隨遇觸發，則住宅問題尙焉。考住字之意義，據韻會集韻稱，住止也，居也，望文生義，無庸詮釋。雖然，此字面之淺解耳。若進而言其作用，則可蔽風雨，禦寒暑及防範盜賊鳥獸之侵害，以適於吾人之生存。更進而言之，現代之住宅，不僅爲吾人勞碌後夜間之歸宿所，而於經濟，衞生，道德諸方面，均不能不有賴乎住宅焉。

吾國立國最早，遞嬗數千年，一切典章文物，均多見之於公私著述之中；獨於住宅建築之紀載，竟如鳳毛麟角！試觀歷代史冊，其中每代選舉，職官，兵刑，食貨諸端，載之綦詳。而對於住宅之紀載，獨付闕如。再如通志，通典，通考諸書，博採兼蓄，分門別類，有系統，有範圍，其贍詳實在史書之上；而對於住宅之紀載，仍闕從略。尙有營造法式一書，爲宋李明仲所著，雖帝皇宮宇之建造，網羅靡遺。但民間建築，采錄殊尠，仍不足以按圖索驥，供後人營造居室之參攷。餘如考工記，圖書集成諸書，雖偶有敍述；然一鱗半爪，未成全帙。每代之蒐輯，尙且不詳，遑論上溯下沿，自成系統乎。夫住宅爲人生四大需要之一，關係何等重大！顧竟未著爲專書，垂範後世，試究其故，實因當時之：(一)專重文學，鄙薄工藝也。(二)專重墨守，不尙進取也。在上者不盡其倡導獎勵之責，遂使呫嗶窮酸之士，以獵取衣食爲滿足；而天才異能之士，身懷絕技，轉不免自廁末流，顛沛以終。社會有守舊之習尙，人士無進取之精神，一任蕭規曹隨，自詡守經。一二奇巧之輩，偶有發明，自爲新奇驚衆，遂使智士裹足，巧匠廢繩。是以吾國建築事業較之歐西各國，瞠乎其後，實有由來也。然建築一業，自有巢構木，黃帝制室，蓋已幾及五千年。中古而後，阿房、未央，齊雲、落星，莫不擅極工巧，刻畫烟雲，藻繪之精，雕飾之美，足駭今世。顧其術至今反多茫然，試執巧匠而示之，必愕然無以爲應，蓋未嘗不嘆繼起之無人，慨絕學之消沉也。曩者吾國向習，專重士類，目百工爲末流，賤視等諸雜技；浸假以降，循習成風。有志之士，鄙不研習，付鉅工於駛豎之手，而責以進步，甯非至難？魯班墨翟之儔，未嘗無驚人之發明，自社會視之，徒鄙爲駭世炫俗之技；資爲談助，而不重爲科學。故其往也，一般文人，不屑學而不屑傳，工匠之輩學之矣，而不肯傳，遂至木鳶飛機之製，曠代不傳，山節藻棁之奇，並世無睹。雖有哲匠絕技，僅供一時之誅求，不作異代之借鏡，其影響於建築進化，實堪浩嘆。

住宅建築之所以不爲人所重視者，實以住宅問題究爲何物，對於人生究有何關切，頗少有論著以闡明之。惟至今日，文明演進，人口繁殖，社會組織愈趨複雜，住宅問題對於個人，家庭，社會，乃至國家，均有莫大之關係。世人營營擾擾，此攘彼奪，驟視之各異其業，各治其事，實則以不同之方式，謀取其衣食住而已。衣食住之不可缺既如此，而世間衣食不濟，流雕失所者之充斥又如彼，應宜如何始可彌此缺憾？住貧乏者固當努力自謀，以求解決，卽衣食充裕，住屋安適者，亦宜進而謀全人類之衣食住，期得平均進展，同享住的幸福焉。

居住問題關係人類各方面既如是之切，而其範圍極廣，更非集國內學者，羣策羣力，共同研究，以求適合生存，進至善美，不易達此目的。今將一得之愚，草成此編，譾陋簡拙，在所不免。務望大雅鴻儒，不吝珠璣，進而教之。俾關係極鉅之住宅問題，得一相當解決途徑，則裨益人羣，豈淺鮮耶。

二十六年七月

介紹華新水泥地磚及青筒瓦

華新磚瓦公司創於民國十年，距今十六寒暑；當該廠初辦時，祇出紅色大小平瓦，以其製造精良，爲各界所樂用。迨一二八後，地產零落，建築事業一蹶不振，尤爲磚瓦製造業之致命傷，該廠在此不景氣氛中，仍本精益求精之精神，從事改良紅平瓦，添製青平瓦，遂不脛而走。

年來建築作風突變，競尙東方色彩，需用古式青筒瓦（卽廟宇式筒瓦）甚多，但大率多用手工製造，粗糙不勻。該廠有鑒及此，特創機製古式青筒瓦，尺寸既勻，式樣亦新。除古式筒瓦外，該廠尙有西班牙式青筒瓦之出品，最近首都採用者甚夥，可見其精良之一斑。

該廠出品中最特色者，爲水泥地磚，其質料與市上所銷售者迴不相同，原料採用上等，所需機器壓力最高，花紋顏色澆入甚厚。故用之愈久，磚面愈見光潔；卽數十年之後，仍不減其美觀也。

華新地磚之製造，採用不褪色顏料及最佳之白水泥，用新式汽壓機，光滑之模型，每方尺需壓力四千五百磅，以新穎之方法，製造地磚，尺寸準確，磚面光潔，花紋清朗，色澤鮮明，省費耐久。該磚以八寸方最爲普遍，六寸及四寸方亦頗盛行，色分花素兩種，如公共場所銀行旅舍戲院公寓學校醫院以及市房住宅等之客廳平台走廊浴室等處，用之最宜。

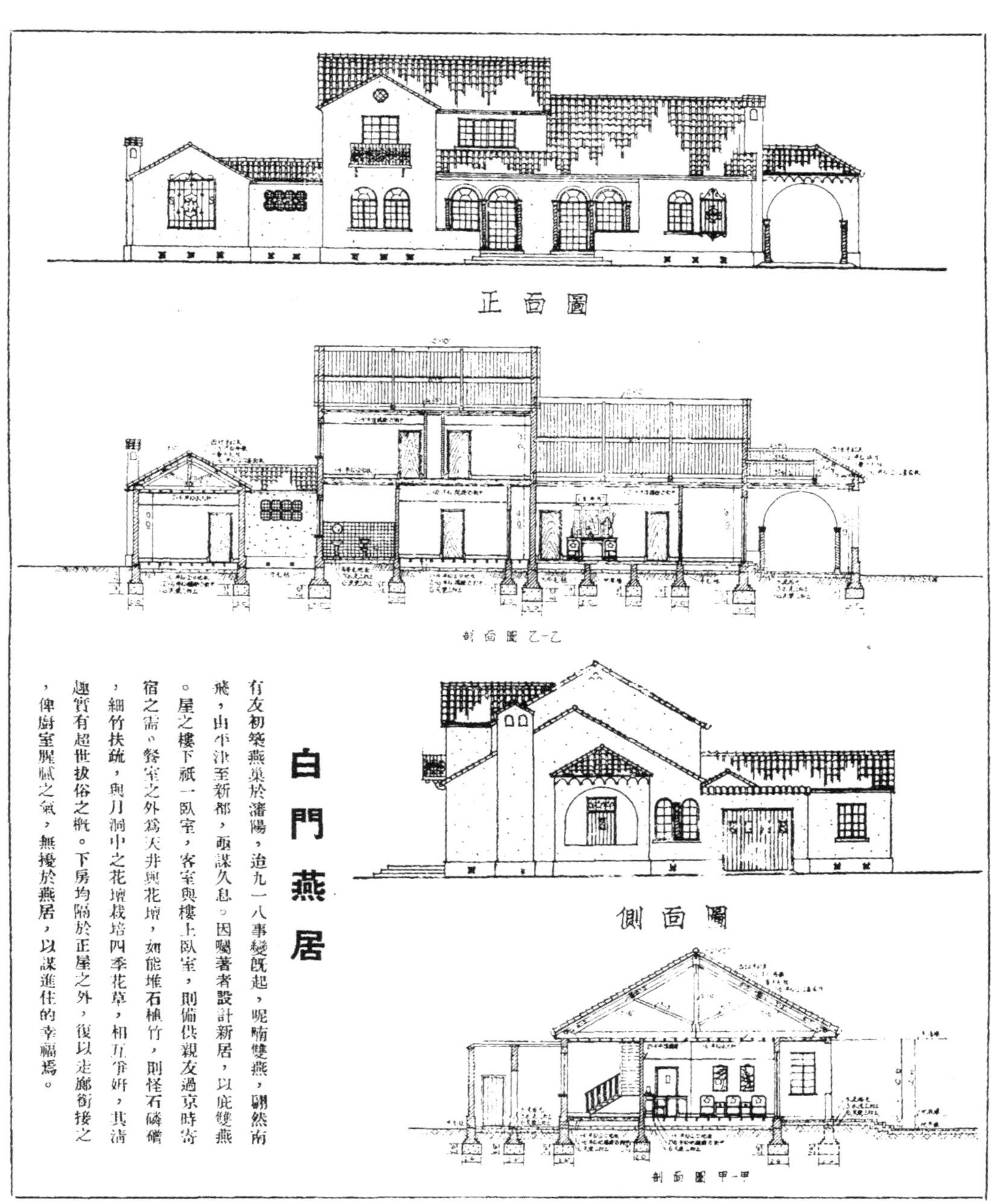

正面圖

剖面圖乙—乙

側面圖

剖面圖甲—甲

白門燕居

有友初築燕巢於瀋陽，迨九一八事變既起，呢喃雙燕，翩然南飛，由平津至新都，亟謀久息。因囑著者設計新居，以庇雙燕。屋之樓下祇一臥室，客室與樓上臥室，則備供親友過京時寄宿之需。餐室之外為天井與花壇，如能堆石植竹，則怪石嶙峋，細竹扶疏，與月洞中之花壇栽培四季花草，相互爭妍，其清趣實有超世拔俗之概。下房均隔於正屋之外，復以走廊銜接之，俾廚室腥膩之氣，無擾於燕居，以謀進住的幸福焉。

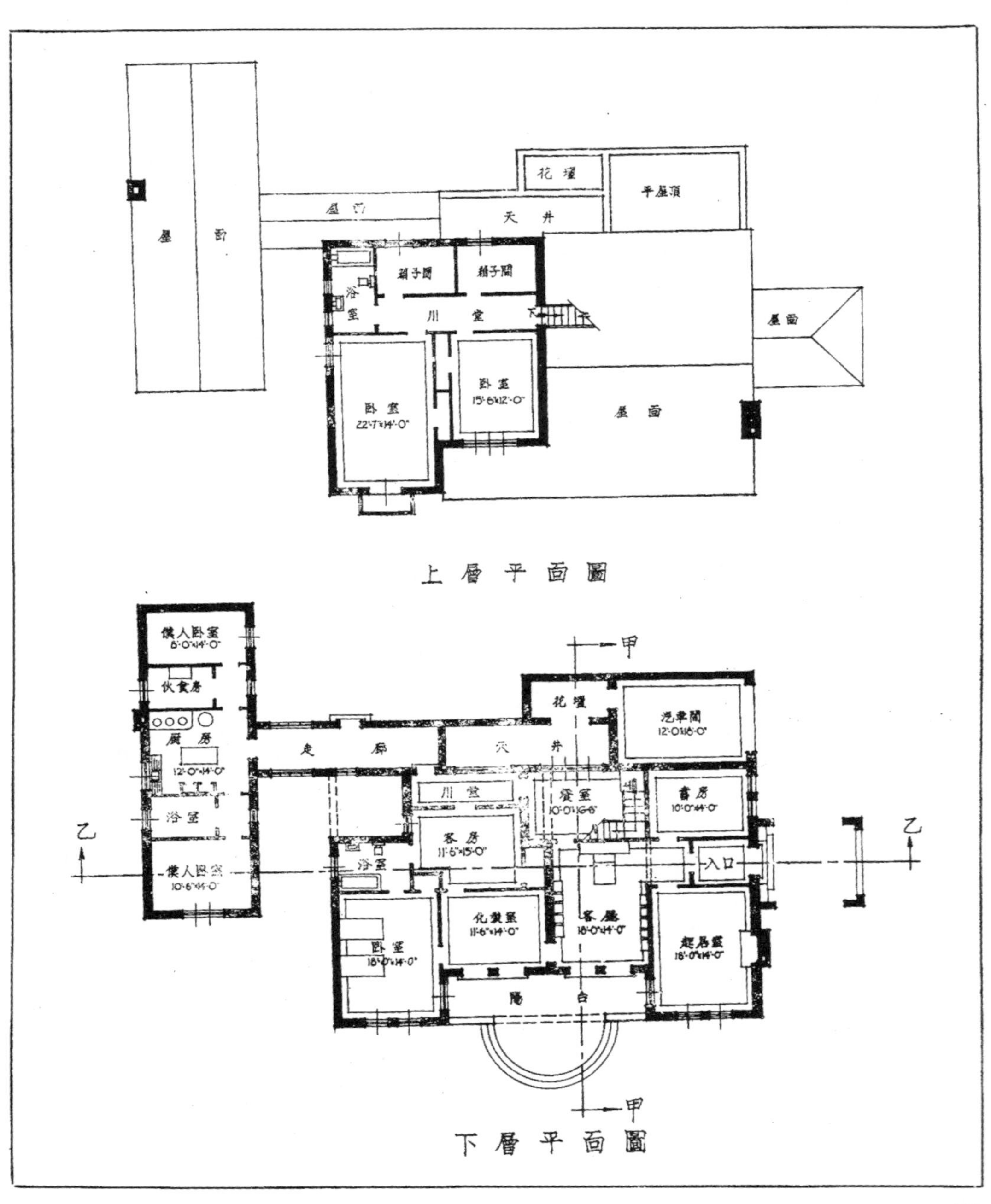

屋面
屋面
花壇
平屋頂
天井
箱子間
箱子間
浴室
川堂
下
屋面
臥室
15'-6"×12'-0"
臥室
22'-7"×14'-0"
屋面
僕人臥室
8'-0"×14'-0"
伙食房
廚房
12'-0"×14'-0"
浴室
僕人臥室
10'-6"×14'-0"
走廊
天井
花壇
汽車間
12'-0"×18'-0"
甲
川堂
餐室
10'-0"×16'-6"
書房
10'-0"×14'-0"
客房
11'-6"×15'-0"
浴室
入口
乙
乙
臥室
18'-0"×14'-0"
化妝室
11'-6"×14'-0"
客廳
18'-0"×14'-0"
起居室
18'-0"×14'-0"
陽台
甲

上層平面圖

下層平面圖

休憩室

傢具与裝飾

臥室

"掃榻以待"

靜居閒讀

幽室

梳粧室

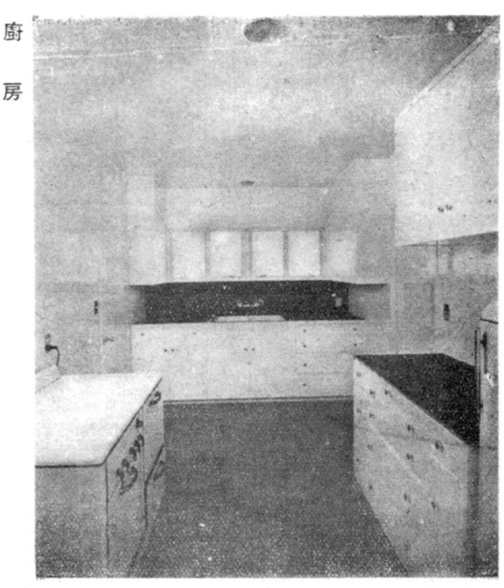
廚房

起居室與眺台

建造寧波中正橋設計組工程顧問等赴甬初勘與甬地籌備委員等留影

專載

籌建中正橋初勘記

漸

同人等遵照決議，於六月二十五日由滬赴甬，至擬建中正橋之新江橋原址，作初度視察。同行者有總主任竺梅先，設計組陳壽芝，杜彥耿，工程組孫德水及顧問工程師施嘉幹，楊寬林，江元仁，王元齡，及陪同赴甬之甬方籌委朱旭昌君等。翌晨抵甬，上輪相迎者，有陳蘭先生及縣府施求臧工程師及倪維熊科長等。即就船上先行商詳，並聽取施工程師關於當地情形之報告後，當即展審鄞縣城廂圖，則覺擬建之

新江橋及江濱街市攝影

中正橋，其地位固不必拘泥於新江橋之舊址。蓋依據餘姚江之形勢，不若放棄新江橋之

視勘時行人圍集，探問造橋情形。

地位，而改由一橫街口青年會起，迤南架跨甬東司巷口者為佳；以其與江勢彎度適成直角，非如新江橋之與江成斜角者可比。再就經濟觀點言，橋之長度若位置於新址。當可較舊址減短，則建築費自可撙節不少。且新江橋南堍街道盤曲，不適跨建新橋，其理甚明。惟施工程師竺主任及甬地籌委等，因格於地方情形與收買土地之關係，頗感躊躇，

遂離輪至橋址實地視察。時王文翰及俞濟民諸先生等亦相繼來迎，欣握之餘，同步向新江橋進發。

至時見現在之新江橋，係以橋面架於浮船，而以鐵練連繫之者。波濤起伏，橋亦隨之簸動。橋身狹隘，而行人及人力車擔夫等往來頗為擁擠。至於汽車，則經越此橋，祇得緩緩駛行，與人力車同其速度。此種現代利器，一遇此種境地，亦如蛟龍受困，不能展其本能；至

竚立船頭探測江底之總主任竺梅先君

若運貨卡車，祇得望橋興嘆。因思鄞縣為浙東交通之樞紐，此橋無論在軍事，商運，及行旅各方面，均具重要性，是故不能任其因陋就簡，坐視弛廢，無怪浙人士之亟亟計劃與滬各界之樂贊其成也。

吾人於視察新江橋附近一帶地區市街後，深感新橋易址之議，實不可移。良以東大路之寬擴，與建築物之整齊，殆為縣區之冠。以之經甬東司巷口而與新橋之南堍街接，便利交通，固不待言；而有此巨構，跨於甬熱鬧街區之端，則雄姿英躍，與靈橋相互映輝，在觀瞻上，亦甚得宜也。

視察一週後，即開始丈量新江橋之長度，與橋下浮船間之每一距離；復行打水扦以測江底之

當視察靈橋時路人為之側目

深度。迨測至江心，因江流湍急，暫難探測。

丈量時留影

遂決俟十一時潮平時再行測之。時正清晨八時，同至靈橋觀察一週，相約至甯紹公司事務所開會討論。先由甬方籌備主任王文翰君報告，略謂委員會僅為主持造橋事宜。關於橋堍收買

坐着想些什麼？　工程組副主任孫德水君

民地開拓街道等，自當由縣府辦理。設縣府經費不裕，造橋經費有餘，在經濟上不妨略加移補，俾得收地築路，竟其全功云。繼即討論各點，計(一)橋址設置新江橋原基或另易新址案。決議：推請施求臧工程師繪製新舊兩址附近路線詳圖；以便初步設計，再行核議。(二)決定橋址地段案。決議：由設計組及工程顧問擬定報告書，分後列五點報告之：甲、新舊江面寬度之比較；乙、江底深度之比較；丙、地方形勢之比較；丁、收地數額之比較；戊、收地價值之比較。以上丁、戊二條由縣政府地政處報告之；餘由設計組及顧問工程師報告之。

會議後竺梅先先生倡議留影以誌紀念，遂即同赴照相館攝影。迨畢，時已將屆十一句鐘，即至新江橋探測水深，更量新址架橋之跨度與水深之探測。事竣，應王文翰先生之邀，赴衡迦飯店歎宴，盛情可感。席間或有不信新址之跨度較新江橋為短，認為量時容有錯誤者，因於席散後商諸施工程師，假測量儀覆核，則與初量時完全相同，固無出入也。時總主任竺梅先先生，因事先行，取道杭州歸滬，以便經過杭州時向錢塘江大橋工程處商借鑽探機，俾資鑽探河床地層，以為着手設計新橋之根據。

吾人事畢，即由王文翰先生陪同遊中山公園。園係前道台衙署花園所改建，佔地雖小，然迴廊曲折，尚具園林之勝。略遊一周即出，乘車遊育王寺。寺為甯波名剎之一，頭山門係用鋼筋混凝建造，甫於去歲完成。該寺有名之舍利殿，在天王殿之後，殿宇軒昂，收拾殊為清潔。廊下兩邊圓洞，以方磚彫刻玄奘西域取經之圖。殿外廣大之天井，兩旁石欄之石刻，亦極

育王寺頭山門

舍利殿外石欄彫刻

舍利殿西邊之圓洞彫刻

精細。他如方丈殿，藏經樓等，忽忽遊觀一過，略用茶點，即辭方丈，出返甬埠，則離開船時間僅五分鐘矣。即與王君等殷殷道別，並致謝意。該晚船行殊穩，不若昨晚之略有風浪。迨一覺醒來，船已駛入淞口，將近虬江碼頭矣。

此次同人等赴甬初勘，倍蒙該地人士熱誠招待，殊深感荷。更觀於當地各界人士，對於新橋之建置，無不赤忱相期，殷殷望成，益感同人等使命之重，敢不黽勉從事，早覩厥成，以答各界之期許也。

舍利殿東邊之圓洞彫刻

建築工程界同仁聯誼會追誌

本會及上海市營造廠業同業公會，，於六月二十四日晚，邀集中國工程師學會及建築師學會，假座北四川路新亞酒店，舉行第五次聯誼會。到者有本會主席陶桂林，同業公會主席張繼光，工程師學會會長王爾綗，及各會委員會員邵英瑞，湯景賢，張起颺，陳松齡，陳壽芝，孫德水，王皋蓀，應興華，江葆眞，樂俊堂，趙景如，徐錦章，唐永變，等六十餘人。樽前聯歡，觥籌交錯，躋蹌一堂，頗極盛况。席間對於建築工程界當前問題，如採用國產建築材料，投標時押標費及手續費之存廢，及推行建築職工意外傷害保險等，均有所討論。繼由王爾綗先生致詞。略謂世界演化無極，吾人自應追踪前進。故向抱聽其自然與退守主義者，在他人則絕塵邁往，得寸進尺，在彼則瞠乎其後，故步自封。若德之戰後，被列强共同牽掣，喘息不安，卒賴其努力掙扎，得脫桎梏，而有今日東山再起之雄概。鄙人研習工程，對於政治原無素養。惟鑑於德之猛進與英之緩進，同有特長，足供採擇，故謬敢論列。海軍會議中，日本之少壯派及對限制日人造艦之議，英出面勸阻，日堅不從，英乃亦積極增加軍備焉。英之態度雖稱和緩，而實力準備有恃，雖少發言，而實有堅毅不撓之意志，所謂以至柔克至剛是也。現再就國內營造界言，在昔營建新廈，原無合同，現時則訂約承攬，手續完備，自亦爲進步之現象。因此欲求單方面的便利。而損及他方面之利益，實不可能。至若押標費手續費之取消，在營造廠業同業公會自有充分理由。惟取消方法，除由會熟籌對策外，並宜由會員自力折衝，以收指臂之效。工程師學會係爲學術團體，對此亦願促其成云。繼由來賓留日東京帝國大學胡兆煇建築師演講「日本明治維新以來之建築」，略謂中日兩國原屬同文，故建築方面，亦難例外，迨歐風東漸該國建築，始採磚瓦建築之歐西式房屋，如羅馬斯克式，哥德式等。迨東京大地震後，鑒於磚瓦建築之不可恃，故紛起興建鋼筋混凝土建築，以求鞏固。至建築材料之自製自給，在明治五六年始燒磚瓦，明治十四年始煉水泥，現在之建築學會成立已達五十年，初僅有會員二十六人，已現擴展至八千餘人。近年最大之建築常推國會，造價二千七百萬日金，全用國產材料，次爲正在醒釀中一九四〇年在日舉行之亞令比亞大會運動場，造價預算約一千五百萬日金。地址及式樣尚未決定，大約卽以現在之明治神宮運動場擴大之。數年前日本建築因受左傾思想之影響，頗有普羅化之傾向，現則法西斯蒂主義之濃厚，故一般建築均採國粹式，尤以軍部各種建築爲最云。

七聯樑算式

勘誤表

期數	頁數	行數	字數	誤刊	更正
四卷十期	33	1		“聯樑算式”中之聯樑	“聯樑算式”中之各聯樑
”	”	4	28	敷	數
”	34	9		$M_D=-C'M_c$	$M_D=-c'M_c$
”	”	17		$M_B=-cM_e$; $M_D=+c'CM'_{C\cdot3}+D'$	$M_B=cM_c$; $M_D=+c'C'M_{C\cdot3}+D'M_{D\cdot3}$
”	35	2		$M_E=+d'D'M_{D\cdot4}+E'M'_{E\cdot4}$; $M_G=-f'M'_F$;	$M_E=+d'D'M_{D\cdot4}+E'M_{E\cdot4}$; $M_G=-f'M_F$;
四卷十一期	24	4		$N_2=\frac{I_3}{I_2}$;…………… $N_4=\frac{I_5}{I_4}$;	$N_2=\frac{I_2}{I_2}$;…………… $N_4=\frac{I_4}{I_4}$;
”	”	9		$N'_E=N_3\left(1-\frac{1}{4N_{EF}}\right)$;	$N'_{FE}=N_3\left(1-\frac{1}{4N_{EF}}\right)$;
”	”	15		$M_C=-g'M_B$;	$M_C=-gM_B$;
”	25	14		$M_C=M_{C\cdot3}-gB'd_B+C'd_c+dDd_D$ $-deD'd_E+defCd_F-defgB'd_G$;	$M_C=M_{C\cdot3}-gB'd_B+C'd_c+dDd_D$ $-deD'd_E+defC'd_F-defgB'd_G$;
”	26	18		$M_B=M_{B\cdot2}+0.53589d_B+0.12436$ $d_C-0.03333d_D-0.00893d_E-0.00240$ $d_F+0.00069d_G$;	$M_B=M_{B\cdot2}+0.53589d_B+0.12436$ $d_C-0.03333d_D+0.00893d_E-0.00240$ $d_F+0.00069d_G$;
”	27	1		$M_F=M_{F\cdot6}+0.00275d_B-0.00962d_C$ $+0.03573d_E-0.13329d_E+0.49743$ $d_F+0.14359d_G$;	$M_F=M_{F\cdot6}+0.00275d_B-0.00962d_C$ $+0.03573d_D-0.13329d_E+0.49743$ $d_F+0.14359d_G$;
”	”	10		度硬及函數　除$N'_{BA}=N_1$ 及6=0.5外,………………	硬度及函數　除$N'_{BA}=N_1$ 及b=0.5外,………………
”	29	7		………及6=0外,……………… ……又$\bar{N}_{GF}-\bar{N}_{CB},\bar{N}'_{FG}-\bar{N}'_{BC}$	………及b=0外,……………… ……又$\bar{N}_{GF}-\bar{N}_{CB},N'_{FG}-N'_{BC}$
”	30	2		M_B-M_G各算式同〔甲〕之(二)第四節荷重	M_B-M_G各算式同〔甲〕之(一)第四節荷重
四卷十二期	21	11		…………………$M_G=0.12436_{F\cdot6}$ $+0.46411M_{G\cdot6}$	…………………$M_G=0.12436M_{F\cdot6}$ $+0.46411_{G\cdot6}$
”	22	5		(四)等硬度等匀佈重	(四)等硬度及等匀佈重
”	”	10		度硬及函數	硬度及函數
”	27	8		$M_G=M_{G\cdot7}-0.00069d_B+0.00275d_C$ $-0.01031d_D+0.03547d_E-0.14359d_F$ $+0.53591d_G$;	$M_G=M_{G\cdot7}-0.00069d_B+0.00275d_C$ $-0.01031d_D+0.03847d_E-0.14359d_F$ $+0.53591d_G$;
”	”	13		結論　其桿件	結論　某桿件
”	28	表內第一行		8	∞

磚瓦

(一) 空心磚

十二寸方十寸六孔　每千洋二百三十元
十二寸方八寸六孔　每千洋一百八十元
十二寸方六寸六孔　每千洋一百三十五元
十二寸方四寸四孔　每千洋九十元
十二寸方三寸三孔　每千洋七十元
九寸二分方六寸六孔　每千洋七十五元
九寸二分方四寸半三孔　每千洋六十元
九寸二分方三寸三孔　每千洋四十五元
四寸半方九寸二分四孔　每千洋三十五元
九寸二分四寸半三寸二孔　每千洋二十二元
九寸三分·四寸半·三寸半·二孔　每千洋二十一元
九寸三分·四寸半·二寸·二孔　每千洋二十元

(二) 八角式樓板空心磚

十二寸方八寸八角四孔　每千洋二百元
十二寸方六寸八角三孔　每千洋一百五十元
十二寸方四寸八角三孔　每千洋一百元

(三) 六角式樓板空心磚

十二寸方十寸六角三孔　每千洋二百五十元
十二寸方八寸六角三孔　每千洋二百元
十二寸方七寸六角三孔　每千洋一百七十五元
十二寸方六寸六角三孔　每千洋一百五十元
十二寸方五寸六角三孔　每千洋一百二十五元
十二寸方四寸六角三孔　每千洋一百元
十二寸八寸十寸六角二孔　每千洋一百六十五元
十二寸八寸八寸六角二孔　每千洋一百三十五元
十二寸八寸七寸六角二孔　每千洋一百十五元
十二寸八寸六寸六角二孔　每千洋一百元
十二寸八寸五寸六角二孔　每千洋八十五元

(四) 深淺毛縫空心磚

十二寸方十寸六孔　每千洋二百四十元
十二寸方八寸半六孔　每千洋二百〇五元
十二寸方八寸六孔　每千洋一百九十五元
十二寸方六寸六孔　每千洋一百四十五元
十二寸方四寸四孔　每千洋九十七元
十二寸方三寸三孔　每千洋七十七元
九寸三分方四寸半三孔　每千洋六十四元

(五) 實心磚

九寸四寸三分二寸半特等紅磚　每萬洋一百四十元
又　普通紅磚　每萬洋一百三十元
八寸半四寸一分二寸半特等紅磚　每萬洋一百三十四元
又　普通紅磚　每萬洋一百二十四元
十寸·五寸·二寸特等紅磚　每萬洋一百三十元
又　普通紅磚　每萬洋一百二十元
九寸四寸三分二寸特等紅磚　每萬洋一百十元
又　普通紅磚　每萬洋一百元
九寸四寸三分二寸二分特等紅磚　每萬洋一百二十元
又　普通紅磚　每萬洋一百十元
九寸四寸三分二寸二分拉縫紅磚　每萬洋一百六十元
十寸五寸二寸特等青磚　每萬一百四十元
又　普通青磚　每萬洋一百三十元
九寸四寸三分二寸特等青磚　每萬一百二十元
又　普通青磚　每萬洋一百十元
九寸四寸三分二寸二分特等青磚　每萬一百三十元
又　普通青磚　每萬一百二十元

（以上統係外力）

(六) 瓦

一號紅青平瓦 每千洋六十元
二號紅平瓦 每千洋五十五元
三號紅平瓦 每千洋四十五元
一號青平瓦 每千洋六十五元
二號青平瓦 每千洋六十元
三號青平瓦 每千洋五十元
西班牙式紅瓦 每千洋五十元
西班牙式青瓦 每千洋五十三元
英國式灣瓦 每千洋四十元
一號古式元筒青瓦 每千洋六十元
二號古式元筒青瓦 每千洋五十元
（以上統係連力）

以上大中磚瓦公司出品

（一）空心磚

十二吋方四寸四孔 每千國幣八十五元
十二寸方六寸八孔 每千國幣一百三十元
十二寸方八寸八孔 每千國幣一百七十五元
十二寸方十寸八孔 每千國幣二百二十五元
九寸二分方八寸六孔 每千國幣一百元
九寸二分方六寸六孔 每千國幣七十元
九寸二分方四寸半三孔 每千國幣五十八元
九寸二分方三寸三孔 每千國幣四十二元
九寸二分四寸半四孔 每千國幣三十三元
九寸二分四寸半三寸二孔 每千國幣二十二元
九寸二分四寸半二孔 每千國幣二十一元
（以上另加車力）

（二）實心機製磚

十寸五寸二寸青紅磚 每萬國幣一百二十五元 一百二十五元
十寸五寸二寸三分青紅磚 每萬國幣一百四十五元 一百三十五元
九寸二分四寸半二寸三分青紅磚 每萬國幣一百二十五元 一百十五元
九寸二分四寸半二寸青紅磚 每萬國幣一百十五元 一百〇五元
八寸半四寸二分二半青紅磚 每萬國幣一百三十元 一百二十元
（以上另加車力）

（三）牛踏泥製實心磚

各項價目同實心機製磚

（四）瓦

青紅平瓦 每千國幣六十元 五十五元
青紅脊瓦 每千國幣一百二十元 一百十元
紅西班牙瓦。 每千國幣五十五元 五十元
青紅西班牙脊瓦 每千國幣一百十元 一百元
（以上車力在內）

普通青放 每萬國幣七十五元
普通紅放 每萬國幣八十五元
天蝶瓦 每萬國幣五十六元

以上振蘇磚瓦公司出品

鋼條

四十尺四分普通花色 每噸二百四十元
四十尺五分普通花色 每噸二百三十元
四十尺六分普通花色 每噸二百二十元
四十尺七分普通花色 每噸二百二十元
四十尺一寸普通花色 每噸二百二十元

泥灰石子

象牌水泥 每桶洋七元一角六分
泰山水泥 每桶洋七元九角
馬牌水泥 每桶洋七元一角五分
三寶牌石膏粉 每噸洋四十六元八角二分
頭號拔灰 每担一元六角
二號拔灰 每担一元三角
甯波黃砂 每噸三元四角
湖州砂 每噸三元
青石子 每噸四元二角
太湖石子 每噸三元八角
黃石子 每噸三元七角
蒼蠅頭 每噸四元

品名	價格
吳淞沙	每方十元
黑泥	每方四元五角
細紙	每塊二角二分

木材

品名	價格
洋松 八尺至卅二尺再長照加	每千尺一百六十元
一寸洋松	每千尺洋一百六十二元
寸半洋松	每千尺洋一百六十三元
四尺洋松條子	每萬根洋一百五十五元
一寸四寸洋松一號企口板	每千尺洋一百七十五元
一寸四寸洋松副頭號企口板	每千尺洋一百五十五元
一寸四寸洋松二號企口板	每千尺洋一百三十五元
一寸六寸洋松一號企口板	每千尺洋一百八十元
一寸六寸洋松副頭號企口板	每千尺洋一百六十元
一寸六寸洋松二號企口板	每千尺洋一百四十元
一二五四寸洋松一號企口板	無市
一二五四寸洋松二號企口板	無市
一二五六寸洋松一號企口板	無市
一二五六寸洋松二號企口板	無市
柚木(頭號)僧帽牌	每千尺洋六百元
柚木(甲種)龍牌	每千尺洋五百六十元
柚木(乙種)龍牌	每千尺洋五百四十元
柚木(旗牌)	每千尺洋五百三十元
柚木(盾牌)	每千尺洋四百八十元
硬木	無市
硬木(火介方)	每千尺洋三百二十元
柳安	每千尺洋二百三十元
紅板	每千尺洋二百元
抄板	每千尺洋三百二十元
十二尺三寸六八皖松	每千尺洋八十元
十二尺二寸皖松	每千尺洋八十元
一二五四寸柳安企口板	每千尺洋二百四十元
一寸六寸柳安企口板	每千尺洋二百四十元
一二五四寸企口紅板	無市
二寸一寸半建松片	市尺每千尺洋九十元
九尺四分建松板	市尺每丈洋五元四角
九尺八分建松板	市尺每丈洋八元八角
六尺半五分青山板	市尺每丈洋四元五角
本松毛板	市尺每塊洋三角五分
本松企口板	市尺每塊洋三角八分
六尺半二分杭松板	市尺每丈洋二元四角
七尺半二分甌松板	市尺每丈洋一元八角
六尺半八分皖松板	市尺每丈洋五元八角
九尺八分皖松板	市尺每丈洋七元八角
六尺半五分皖松板	市尺每丈洋四元五角
台松板	市尺每丈洋四元五角
台州松	每千尺洋九十元
七尺半四分坦戶板	市尺每丈洋三元二角
七尺半三分坦戶板	市尺每丈洋二元八角
六尺二分機鋸紅柳板	市尺每丈洋二元二角
六尺三分毛邊紅柳板	市尺每丈洋二元
六尺二分俄松板	市尺每丈洋三元
六尺半二分俄松板	市尺每丈洋三元二角
七尺半毛邊二分坦戶板	市尺每丈洋一元九角

六尺半五分機介杭松　市尺每丈洋四元五角

白松方　無市

紅松方　無市

麻栗方　無市

啞克方　無市

俄麻栗板　無市

油漆

飛虎牌厚漆

上上白漆　二十八磅　九元五角

AA上白漆　二十八磅　七元五角

A上白漆　二十八磅　五元五角

AA二白漆　二十八磅　九元五角

A二白漆　二十八磅　四元八角

A各色漆　二十八磅　四元五角

白及各色漆　二十八磅　四元

雙旗牌厚漆

及各白色漆　二十八磅　二元九角

乙種白及各色漆　二十八磅　二元二角

飛虎牌鉛丹

紅丹漆　五十六磅　二十四元

飛虎牌乾料及稀薄劑

松節油　五介侖　十二元

松香水　五介侖　七元

燥液　五介侖　十四元五角

燥漆　二十八磅　七元八角

飛虎牌有光調合漆

硃紅漆　一介侖　十元

紅漆　一介侖　七元

白漆　一介侖　五元三角

各色漆　一介侖　四元四角

飛虎牌房屋漆

赭黃紫紅灰棕漆　五十六磅　十八元

飛虎牌水粉漆

硃紅　十四磅　四元四角

白及各色　十四磅　四元

飛虎牌填眼漆及油灰

填眼漆　二十八磅　十元

油灰　七磅　一元五角

（以上係振華油漆公司出品）

生鐵搪瓷衛生用具

（益豐搪瓷公司出品）

$18'' \times 24''$水盤　每只國幣十四元五角

$16'' \times 24''$水盤　每只國幣十四元

$17'' \times 19''$圓角面盆　每只國幣十九元

耐火材料

（益豐搪瓷公司出品）

（一）一枚火磚（$9'' \times 4\frac{1}{2}'' \times 2\frac{1}{2}''$）

上等益豐火磚　每千國幣一百五十元

二等金錢火磚　每千國幣一百廿元

三等IFC火磚　每千國幣七十元

（二）斜一枚火磚{$9'' \times 4\frac{1}{2}'' \times (1\frac{3}{4}-2\frac{3}{4})$}

上等益豐火磚　每千國幣一百五十五元

二等金錢火磚　每千國幣一百廿五元

三等IFC火磚　每千國幣七十五元

（三）火泥

上等火泥　每噸國幣五十元

二等火泥　每噸國幣三十四元

三等火泥　每噸國幣十七元

（以上統係連力）

五金

（一）釘

中國貨元釘　每桶洋十三元五角

（二）避水材料及牛毛毡

雅禮避水漿　每介侖一元九角五分

雅禮避水粉　每八磅一元九角五分

雅禮避水漆　每介侖三元二角五分

雅禮紙筋漆　每介侖三元二角五分

雅禮避潮漆　每介侖三元二角五分

雅禮透明避水漆 每介侖四元二角
雅禮敵水靈 每介侖十元
雅禮膠珞油 每介侖四元
雅禮保地精 每介侖四元
雅禮保木油 每介侖二元二角五分
雅禮快燥精 每介侖二元
(以上出品均須五介侖起碼)
建業防水粉(軍艦牌) 每磅國幣三角
五方紙牛毛毡 每捲洋二元四角
半號牛毛毡(人頭牌) 每捲洋二元五角
一號牛毛毡(人頭牌) 每捲洋三元五角
二號牛毛毡(人頭牌) 每捲洋四元五角
三號牛毛毡(人頭牌) 每捲洋七元五角

(二) 門鎖

一寸六分金色彈子掛鎖 每打洋四十八元
二寸金色彈子掛鎖 每打洋五十四元
三寸七分古銅色鋼壳彈子門鎖 每打洋三十元
三寸七分黑色鋼壳彈子門鎖 每打洋三十七元六角
三寸七分銀色鋼壳彈子門鎖 每打洋三十三元一角
三寸五分古銅色明螺絲彈子門鎖 每打洋三十三元
三寸五分黑色明螺絲彈子門鎖 每打洋三十二元
三寸七分古銅色彈子門鎖 每打洋四十元
三寸七分黑色彈子門鎖 每打洋三十八元
三寸黑色彈弓門鎖 每打洋十元
三寸古銅色彈弓門鎖 每打洋十元
六寸六分金色執手插鎖 每打洋二十六元
六寸六分古銅色執手插鎖 每打洋二十六元
六寸六分克羅米執手插鎖 每打洋三十二元
六寸六分金色一號花板執手插鎖 每打洋二十五元
六寸六分克羅米執手插鎖 每打洋二十八元七角五分
八寸金色二號花板G號執手插鎖 每打洋二十五元
八寸克羅米二號花板G號執手插鎖 每打洋二十八元七角五分
七寸七分金色細邊花板元執手三葉插鎖 每打洋三十九元
七寸七分古銅色細邊花板元執手三葉插鎖 每打洋三十九元
七寸七分克羅米細邊花板執手三葉插鎖 每打四十五元
六寸四分金色細花板元執手插鎖 每打洋二十一元
六寸四分古銅色細花板元執手插鎖 每打洋二十一元
三寸四分棕色元瓷執手插鎖 每打洋十六元五角
三寸四分白色元瓷執手插鎖 每打洋十六元五角
五寸二分金色執手小插鎖 每打洋十四元四角
五寸二分古銅色執手小插鎖 每打洋十四元四角
五寸二分古銅鐵質小插鎖 每打洋十二元
五寸二分克羅米銅質執手小插鎖 每打洋十七元六角
五寸二分噴銅黑漆執手小插鎖 每打洋九元六角
五寸二分噴銀黑漆執手小插鎖 每打洋九元六角
六寸四分古銅色鐵質細花板執手插鎖 每打洋十七元五角
三寸四分棕色瓷執手葉式鎖 每打洋十六元五角
三寸四分白色瓷執手葉式鎖 每打洋十六元五角
八寸四分金色一號花板D號執手彈子插鎖 每打洋一百〇八元
八寸四分克羅米一號花板D號執手彈子插鎖 每打洋一百廿元
九寸六分金色二號花板A號執手彈子插鎖 每打洋一百〇八元
九寸六分克羅米二號花板A號執手彈子插鎖 每打洋一百廿元
七寸金色A號執手鋼壳彈子鎖 每打七十四元
七寸克羅米A號執手鋼壳彈子鎖 每打八十二元
六寸六分金色一號花板D號執手三葉插鎖 每打五十二元
六寸六分克羅米一號花板D號執手三葉插鎖 每打五十八元
八寸金色二號花板執手鋼壳三葉插鎖 每打三十六元
八寸克羅米二號花板執手鋼壳三葉插鎖 每打四十元

品名	價格
四寸四分金色自關彈子頭插鎖	每打六十四元
四寸四分克羅米自關彈子頭插鎖	每打七十元
四寸四分金色自關門雙彈子頭插鎖	每打八十二元
四寸四分克羅米自關門雙彈子頭插鎖	每打九十元
九寸六分金色二號花板執手彈子頭保險插鎖	每打二百十六元
九寸六分克羅米二號花板執手彈子頭保險插鎖	每打二百三十八元
十四寸金色執手特號撳舌彈子頭大門插鎖	每打三百六十元
十四寸克羅米執手特號撳舌彈子頭大門插鎖	每打四百元

（四）其他

品名	價格
鋼絲網 (27"×96" 2¼lbs.)	每方洋四元二角
鉛絲布（闊三尺長百尺）	每捲二十五元
綠鉛紗（同上）	每捲洋十五元
銅絲布（同上）	每捲三十五元

其他

品名	價格
三愛橡紙坭	每噸洋八元
雙愛橡紙坭	每噸洋六元
愛皮橡紙坭	每噸洋四元八角
三皮橡紙坭	每噸洋三元八角
雙皮橡紙坭	每噸洋三元
皮西橡紙坭	每噸洋二元五角
三西橡紙坭	每噸洋二元
雙西橡紙坭	每噸洋一元七角五分
紅藍橡紙絨	每聽洋六元
封面硬性石棉	每噸洋三十元
較質鎂絨	每包十五元
厚薄紙柏板	每方尺洋七角

（以上係泰記石棉製造廠出品）

玻璃

品名	價格
厚白片一六寸十二寸	一元五角
厚白片二四寸十二寸	二元四角
厚白片二四寸十八寸	三元七角
厚白片三六寸二四寸	十元五角
厚白片四八寸十八寸	十六元五角
厚白片一百廿寸一百寸	二百元
哈夫片十六寸十二寸	四角
哈夫片二四寸十六寸	九角
哈夫片二四寸十八寸	一元
哈夫片三六寸二四寸	二元七角
哈夫片四八寸十八寸	二元六角
哈夫片一百寸九十寸	四十二元
哈夫片一百廿寸一百寸	六十八元
一百尺耀華二四項子二合　長闊四十寸	十二元
又　又五十寸	十三元
又　又六十寸	十四元
又　又七十寸	十五元
又　又八十寸	十六元
又　又九十寸	十七元
又　又一百寸	十八元
又　又一百十寸	十九元五角
又　又一百廿寸	二十一元
正號車光十六寸十二寸	二元
鉛絲片十八寸十二寸一百尺	三十一元
鉛絲片廿寸十四寸六四寸十八寸一百尺	卌三元
鉛絲片八十四寸三十六寸一百尺	卌五元
白冰梅一百尺	十六元五角
色冰梅一百尺	三十元
小梅花	十二元
磨砂片	十一元五角
二分白磁片十寸作一尺	一元一角
二分黑磁片十寸作一尺	一元一角

水木作工價

品名	價格
木作（包工連飯）	每工六角三分
水作（同上）	每工六角
水木作（點工連飯）	每工八角五分
漆匠（點工連飯）	每工一元一角

中華郵政特准掛號認爲新聞紙類

建築月刊
THE BUILDER

內政部登記證警字第二五五四號

第五卷第一號

民國二十六年四月發行

刊務委員　江長庚　陳壽芝　姚長安

主編　杜彥耿

廣告　藍克生 (A. O. Lacson)

發行　上海市建築協會
南京路大陸商場六二〇號
電話九二〇〇九號

印刷　新光印書館
上海聖母院路聖達里三〇號
電話七四六三五號

定價

每月一冊　全年十二冊

訂購辦法	價目	郵費本埠	郵費外埠及日本	郵費香港澳門	郵費國外
零售	五角	二分	五分	一角八分	三角
預定全年	五元	二角四分	六角	二元一角六分	三元六角

廣告刊例
Advertising Rates Per Issue

地位 Position	全面 Full Page	半面 Half Page	四分之一 One Quarter
底封面外面 Outside back cover.	七十五元 $75.00		
封面及底面之裏面 Inside front & back cover	六十元 $60.00	三十五元 $35.00	
封面裏面及底面裏面之對面 Opposite of inside front & back cover.	五十元 $50.00	三十元 $30.00	
普通地位 Ordinary page	四十五元 $45.00	三十元 $30.00	二十元 $20.00

小廣告　每期每格一寸高三寸半闊洋四元
Classified Advertisements - $4.00 per column

廣告概用白紙黑墨印刷，倘須彩色，價目另議；鑄版彫刻，費用另加。
Designs, blocks to be charged extra.
Advertisements inserted in two or more colors to be charged extra.

注意：本期爲特大號另售每冊國幣壹元

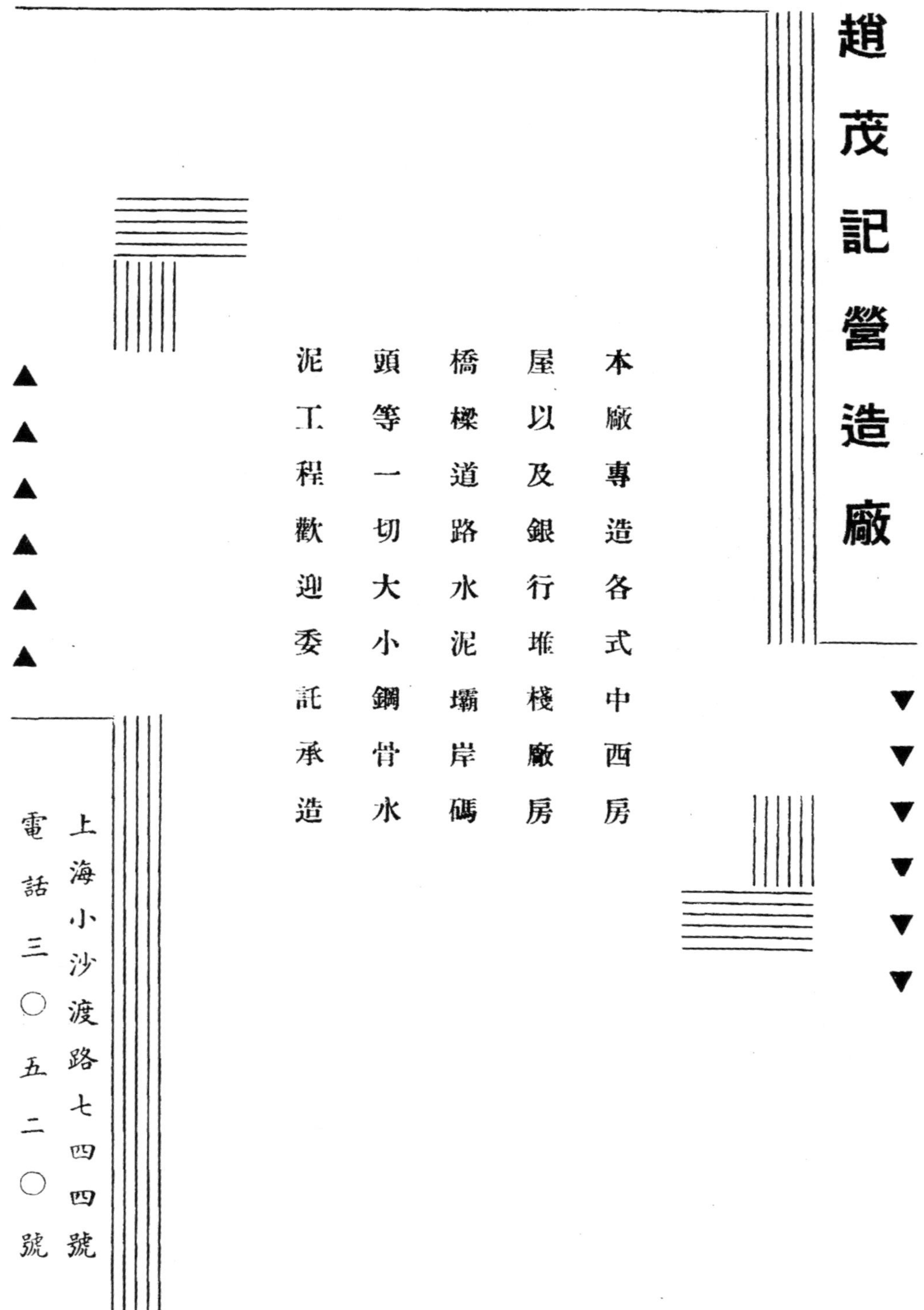
趙茂記營造廠
本廠專造各式中西房
屋以及銀行堆棧廠房
橋樑道路水泥壩岸碼
頭等一切大小鋼骨水
泥工程歡迎委託承造
上海小沙渡路七四四號
電話三〇五二〇號

上海市建築協會附設
私立正基建築工業補習學校招生

民國十九年秋創立 ○ 上海市教育局備案

宗旨 本校以利用業餘時間進修工程學識培養專門人才為宗旨（授課時間每晚七時至九時）

編制 普通科一年專修科四年（普通科專為程度較低之入學者而設修習及格免試升入專修科一年級肄業）

招考 本屆招考普通科一年級及專修科一二三年級（專四暫不招考）各級投考程度如左：

普通科一年級　高級小學畢業或具同等學力者（免試）

專修科一年級　初級中學肄業或具同等學力者

專修科二年級　初級中學畢業或具同等學力者

專修科三年級　高級中學工科肄業或具同等學力者

報名 即日起每日上午九時至下午五時親至南京路大陸商場六樓六二○號上海市建築協會內本校辦事處填寫報名單隨付手續費一元（錄取與否概不發還）領取應考証憑証於規定日期到校應試（如有學歷證明文件應於報名時繳存本校審查）

考科 各級入學試驗之科目　（專一）英文・算術　（專二）英文・幾何　（專三）英文・解析幾何

考期 九月五日（星期日）上午八時起在本校舉行

校址 派克路協利里

附告 （一）普通科一年級照章得免試入學投考其他各年級者必須經過入學試驗

（二）本校章程可向派克路本校或大陸商場上海市建築協會內本校辦事處函索或面取

中華民國二十六年七月　日　校長　湯景賢

江裕記營造廠

本廠專門
承造一切
大小建築
鋼骨水泥
工程工場

KEE & SONS.

CONTRACTORS

Well Road　　Tel. 92464

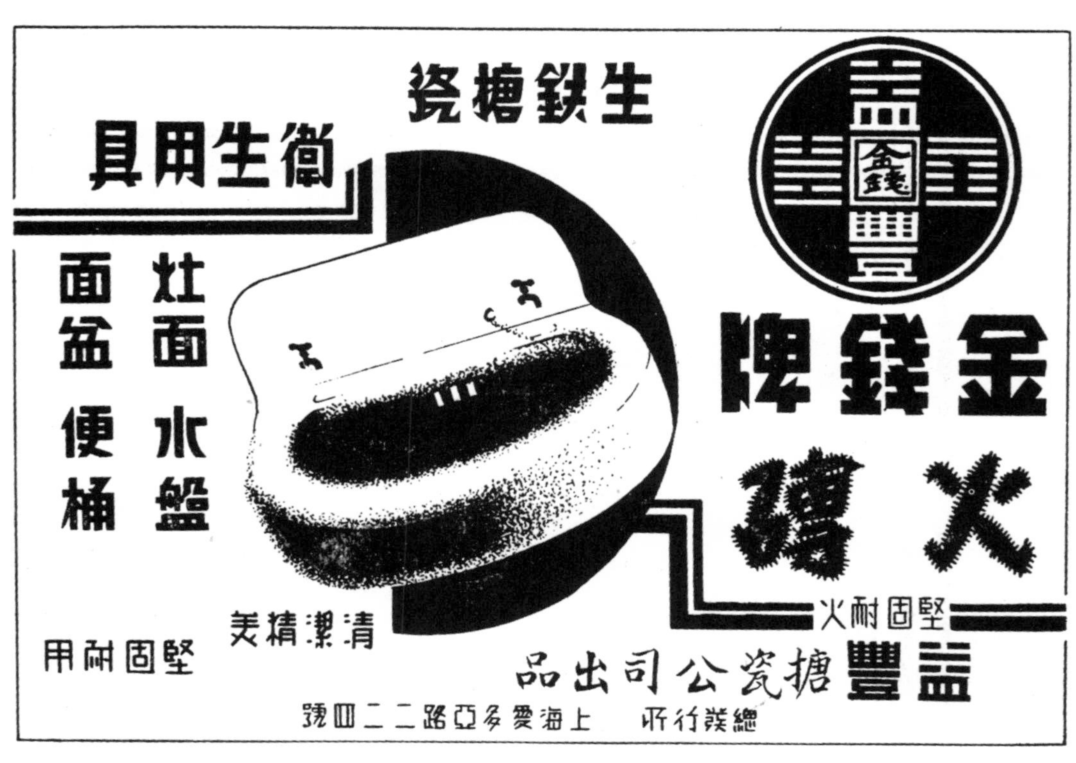

生鉄搪瓷
衛生用具
灶面
水盤
面盆
便桶
益豐
金錢
金錢牌
火磚
堅固耐火
清潔精美
堅固耐用
益豐搪瓷公司出品
總發行所　上海愛多亞路二二四號

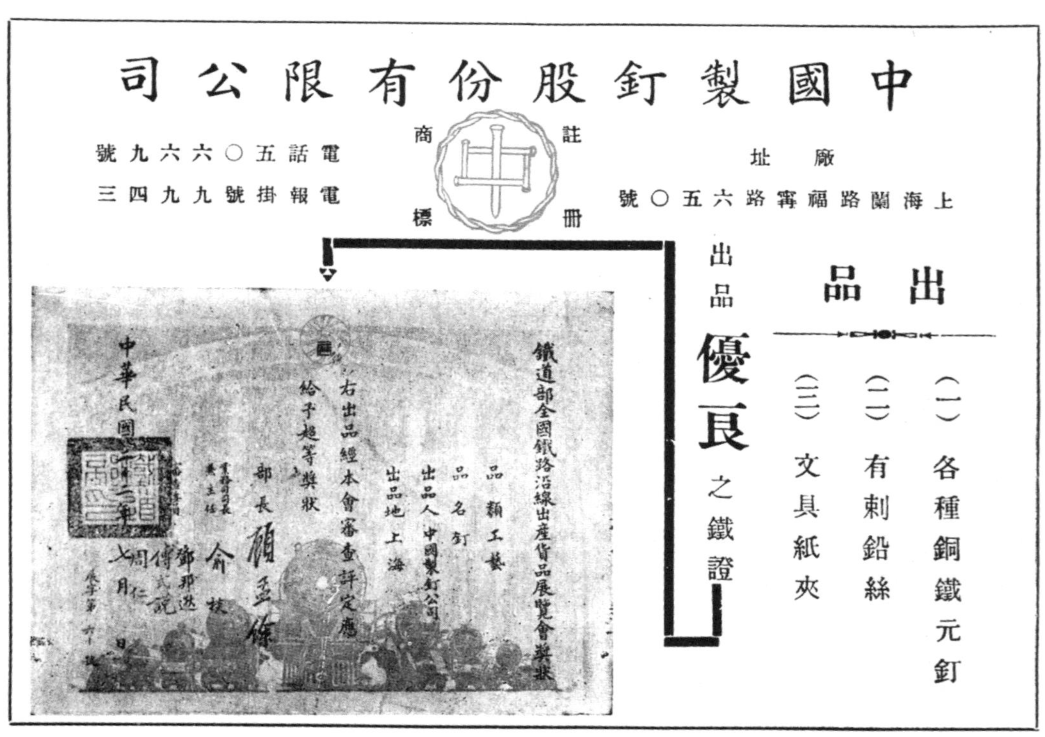

中國製釘股份有限公司
電話五〇六六九號
電報掛號九九四三
註冊商標
廠址
上海蘭路福寧路六五〇號
出品
（一）各種銅鐵元釘
（二）有刺鉛絲
（三）文具紙夾
出品
優良之鐵證
鐵道部全國鐵路沿線出產貨品展覽會獎狀
品類　工藝
品名　釘
出品人　中國製釘公司
出品地　上海
右出品經本會審查評定應給予超等獎狀
部長　顧孟餘
中華民國
七月　日

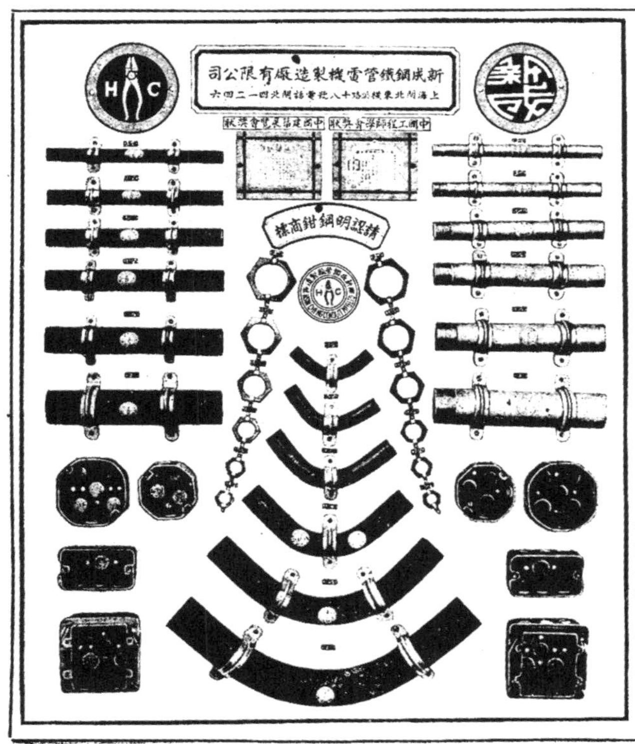
新成鋼管電機製造廠有限公司
上海閘北東橫浜路德培里十八號電話閘北四二一四六
請認明鋼鉗商標

長橋臥波五英里
舊金山之大建築落成　爲世界最長之橋
（本報舊金山星期四特約通訊）本日由羅斯福總統於華盛頓電鈕一揿，而橫跨舊金山灣之世界最大鐵橋卽告開幕。同時二百五十架海軍飛機盤旋於橋上之天空。是項工程，曾經計劃二十年而於三年中完成。建築費約一千六百萬金鎊。建築期間，曾有工人二十四名喪命，一千二百名受傷。
此巨橋實卽衆橋聯繫而成，連接舊金山與其大灣對面之近郭烏克蘭城，併其附近地段而計之，其長可在八英里以上。該橋跨水部分凡二萬九千八百五十英尺，約爲五英里又五分之三。其上層有通行汽車之廊道六條。下有公共汽車之穿廊三道，及供乘客用之電車軌道兩組。大概該橋於落成之第一年中，當有一千萬輛汽車及公共汽車通過。據該橋之工程師云，開足速率之戰鬥艦，猛衝任何一橋棟，亦不能使之搖撼，雖加尼福利亞曾經發生之最烈地震，對於該橋亦必無如何之影響。世界第二之長鐵橋，則爲橫跨非洲低三伯西之橋。其長約二英里又三分之一。
爲保護及粉飾舊金山與烏克蘭灣間之大鐵橋起見，曾用去新式鋁漆顏料，卽鋁漿五萬磅。
「鋁漿」係一種新的鋁漆顏料，製成膏體，而非粉狀。
「鋁漿」之鋁漆比粉狀之鋁漆，有下列種種優點：
塗漆力較大百分之十至二十。反射性更强，漆後更見光滑，抗熱性更大，格外耐久，富有禦濕性。
「鋁漿」之鋁漆，對於任何物面，幾乎俱可施塗。請卽來函索閱「鋁漆之保護力」之精印小冊可也。
鋁業有限公司經售
Alpaste
鋁漿
乃新式鋁漆顏料
（漆一）

本廠承造之百老滙大廈 Broadway Mansions

本廠承造一切大小鋼骨水泥房屋工程各項人員。無不經驗豐富工作認眞如蒙委託承造或估價不勝歡迎之至

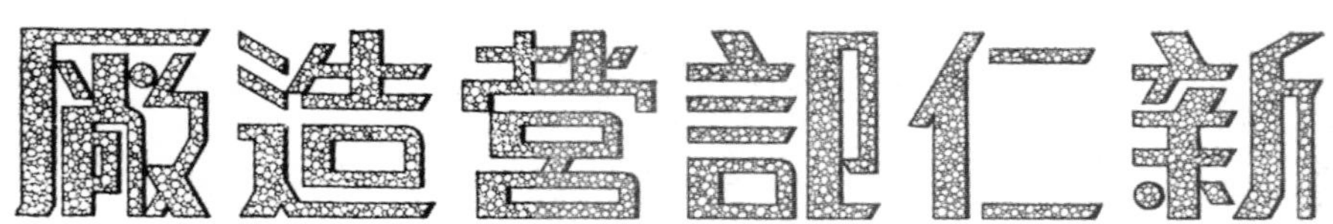

上海法租界呂班路二百十六號A
電話八三三四三

Ciro's Ball Room　　本廠承建之薛羅架舞場

褚掄記營造廠

事務所　上海湖北路二〇三弄九號
廠　址　上海臨平路二一號

本廠專門承造一切大小建築鋼骨水泥工程工場廠房以及碼頭橋樑等迅速經濟堅固如蒙委託無任歡迎

THU LUAN KEE CONTRACTOR

Office: Lane 203, No.9 Hoopeh Road.

Factory: 21 Lingping Road.

上海
公勤鉄廠出品
最新出品鍍鋅鐵絲
鍍鋅鐵絲網籬
震旦大學校舍內籬
新時代建築材料
請認明
註冊
商標
質料 貨品 編織 裝置
出類拔萃
製造廠
楊樹浦臨青路
電話五〇二一四 五〇一六七
事務所
南京路哈同大樓 電話一四三〇九

FLOORING
TILING &
PANELLING
Agents for:-
經　售
Tile-Tex Floor & Wall Tile
美國太附台斯含土瀝青牆地磚
Wrightex Prefelt-set Rubber Tile
美國拉的克斯橡皮地磚
Plain, Jaspe & Marble Linoleum
英國花牌油地磚
Syra-Bord T. & G. Rubber Tile
英國花牌企口橡皮地磚
Delma Cork Floor Tile
德國台而瑪軟木地磚
Marbolith Jointless Flooring
英國含油木屑地板
Betonac Metallic Flooring
英國鐵屑地板
Duromit Paving
英國礦質不滑地板
Contractors of:-
包　承
Cast-Stone
人造花崗石
Terrazzo
人造磨光石
Wall Board
六夾隔絕紙板
Marb-l-cote interior plaster
屋內花色粉牆
Cullamix Stucco
屋外水泥花色粉牆
Duco Paint
噴　漆
Artificial Marble
人造大理石
METROPOLE
司公　CRAFTSMEN　都藝
1588 RUE RATARD, SHANGHAI TEL. 70893
三九八〇七話電　號一弄八八五路達籟巨海上

南昌中正橋

分事務所 南京中山東路——馥記大樓
南昌荷包巷五十九號

分廠 河南 重慶 九江 廣州
杭州 青島 南京 貴溪
盱眙 邵伯 淮陰 劉澗

電報掛號 七四五〇

本廠承建一切大小建築工程如橋樑銀行廠房堆棧碼頭等無不經驗豐富工作認真有口皆碑倘蒙 委託承造或估價竭誠歡迎

第一堆棧 上海閘北廣林街

第二堆棧 上海浦東慶寧寺

馥記營造廠

總事務所 上海四川路三三號
電話 一七三三六
一七三三七
電報掛號 一五二七

總廠 上海戈登路三五五號

CHUNG CHENG BRIDGE, NANCHANG.

由本廠承造

本廠為現代唯一建築專家，依據工業技術之豐富經驗，承造現代科學化，美術化，一切大小建築工程，工堅料實，美觀迅速，深荷業主暨各界一致嘉許。

上海阜豐麵粉公司之最新式麥庫機房及運麥室等，其設備新穎在遠東尚屬創見，亦為本廠最近承造工程之一，承蒙委託，敢以信譽，確保滿意。

久泰錦記營造廠

上海博物院路一三一號
電話一四七二六號

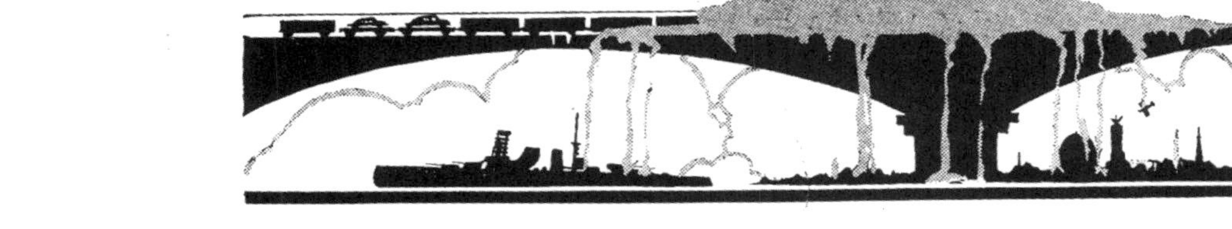

中國建業公司

註冊商標

建業防水粉•任何建築•不可不用•

採用"建業防水粉"之浦東同鄉會大廈

功效

凡建築房屋。堆棧。廠房。機間。住宅地坑。屋頂。貯藏室。牆垣。游泳池。水塔。水池。堤岸。道路。庫房。橋樁。橋樑。及粉刷外牆。等所需之水門汀三合土或水泥灰漿中如和入建業防水粉即能保險乾燥潔淨永無滲漏潮濕之弊並能增加壓力拉力是更能使建築物多一保障誠於建築物之安全居處之衛生均大有裨益

用量

無論攙入水門汀三合土或鋼筋混凝土及水門汀灰漿中均占水門汀數量百分之二即每壹百磅水門汀中加入建業防水粉二磅攪和後即可應用手續捷便

注意用法

如用手工拌和之三合土或水泥灰漿請將水門汀與「建業防水粉」先行乾拌勻和再與黃沙等充分拌和然後照常加水倘用機器拌和之水泥三合土可將水泥與「建業防水粉」同時加入照常攪和之

事務所 上海愛多亞路中滙大樓二三一至二三二號

電話 第八三九八〇號

THE CHIEN YEH WATER PROOFING POWDER

MANUFACTURED BY

THE CHINA CHIEN YEH CO

OFFICE: Room No.231-232 Chung Wai Bank Building.
147 Avenue Edward VII, Shanghai. Tel. 83980

炳耀工程股份有限公司

南京	上海	南昌
中山北路七六號	白利南路三十號	民德路附一百號
電話三一〇一〇	電話二一九三八	

承裝衛生・暖氣・防險設備

永光油漆
出品
厚漆
調合漆
凡立水
水牆粉
乾牆粉
地板蠟
其他花色繁多不勝備載
註冊商標
狗牌
牛牌
熊牌
羊牌
猴牌
特點
原料——多數購自歐美名廠
製造——聘請英國著名油漆專家督製
品質——優良並經各大建築師認與舶來品無異
定價——特別低廉
服務——凡遇有油漆工程發生困難問題本公司備有專家可供諮詢
上海永光油漆有限公司
總經理 太古公司
法租界外灘
電話八二〇二〇
瑪瑙石